普通高等学校土木工程专业新编系列教材
中国土木工程学会教育工作委员会　审订



# 混凝土结构（上）

主编　谷　倩　田　水
主审　彭少民

武汉理工大学出版社
·武　汉·

**图书在版编目(CIP)数据**

混凝土结构. 上 / 谷倩, 田水主编. -- 武汉 : 武汉理工大学出版社, 2024. 5. -- ISBN 978-7-5629-7077-4

Ⅰ. TU37

中国国家版本馆 CIP 数据核字第 2024NB5704 号

**混凝土结构(上)**

Hunningtu Jiegou (shang)

**武汉理工大学本科教材建设专项基金项目**

**项目负责人:**汪浪涛　高　英　　**责任编辑:**高　英

**责 任 校 对:**张　晨　　**排版设计:**正风图文

**出 版 发 行:**武汉理工大学出版社

**社　　址:**武汉市洪山区珞狮路 122 号　　**邮　　编:**430070

**网　　址:**http://www.wutp.com.cn

**印　刷　者:**武汉市洪林印务有限公司

**经　销　者:**各地新华书店

**开　　本:**889×1194　1/16　　**印张:** 15.5　　**字　　数:**461 千字

**版　　次:**2024 年 5 月第 1 版

**印　　次:**2024 年 5 月第 1 次印刷

**定　　价:**38.50 元

凡购本书,如有缺页、倒页、脱页等印装质量问题,请向出版社发行部调换。

本社购书热线电话:027－87391631　027－87523148　027－87165708(传真)

# 前　言

本书是面向我国普通高等学校土木工程专业编写的专业核心课教材，分为上、下两册。上册为专业基础课教材，主要讲述基本理论和基本构件设计；下册为专业课教材，主要讲述楼盖、单层厂房、多层框架和装配式混凝土结构的设计。

本书以混凝土结构基本理论和我国现行国家标准《工程结构通用规范》(GB 55001—2021)、《混凝土结构通用规范》(GB 55008—2021)、《建筑结构可靠性设计统一标准》(GB 50068—2018)、《混凝土结构设计标准》(GB/T 50010—2010)、《建筑抗震设计标准》(GB/T 50011—2010)、《建筑结构荷载规范》(GB 50009—2012)、《装配式混凝土建筑技术标准》(GB/T 51231—2016)为编写依据，结合普通高等学校本科工程教育认证通用标准和土木类专业补充标准的培养目标和毕业要求，贯彻“以教学为主、少而精”的原则，在内容上从结构基本原理、概念到设计，由浅入深，循序渐进，突出重点和难点，注重体现结构概念设计的理念和方法，注重体现国内外先进的科学技术成果。

本书上册共有 10 章，由谷倩(第 1、4、5 章)、田水(第 6、7、8 章)、蒲武川(第 3、9、10 章)、柯杨(第 2 章)编写；由谷倩、田水主编和统稿。武汉理工大学彭少民教授审阅了全部书稿，提出了宝贵建议，在此深表敬意和感谢。

本书适用面较广，内容全面，深度适当，例题步骤完整，思考题和习题覆盖知识点全面，有利于提升读者解决复杂工程问题的能力。本书适合作为普通高等学校土木工程专业本科生的教学用书，也可用作其他相关专业的教学用书和土建类专业工程技术人员参加执业资格考试的参考用书。

限于水平，书中难免会有不足之处，敬请读者批评指正。

**编者**

**2023 年 11 月**

# 目　　录

# 1 绪　　论

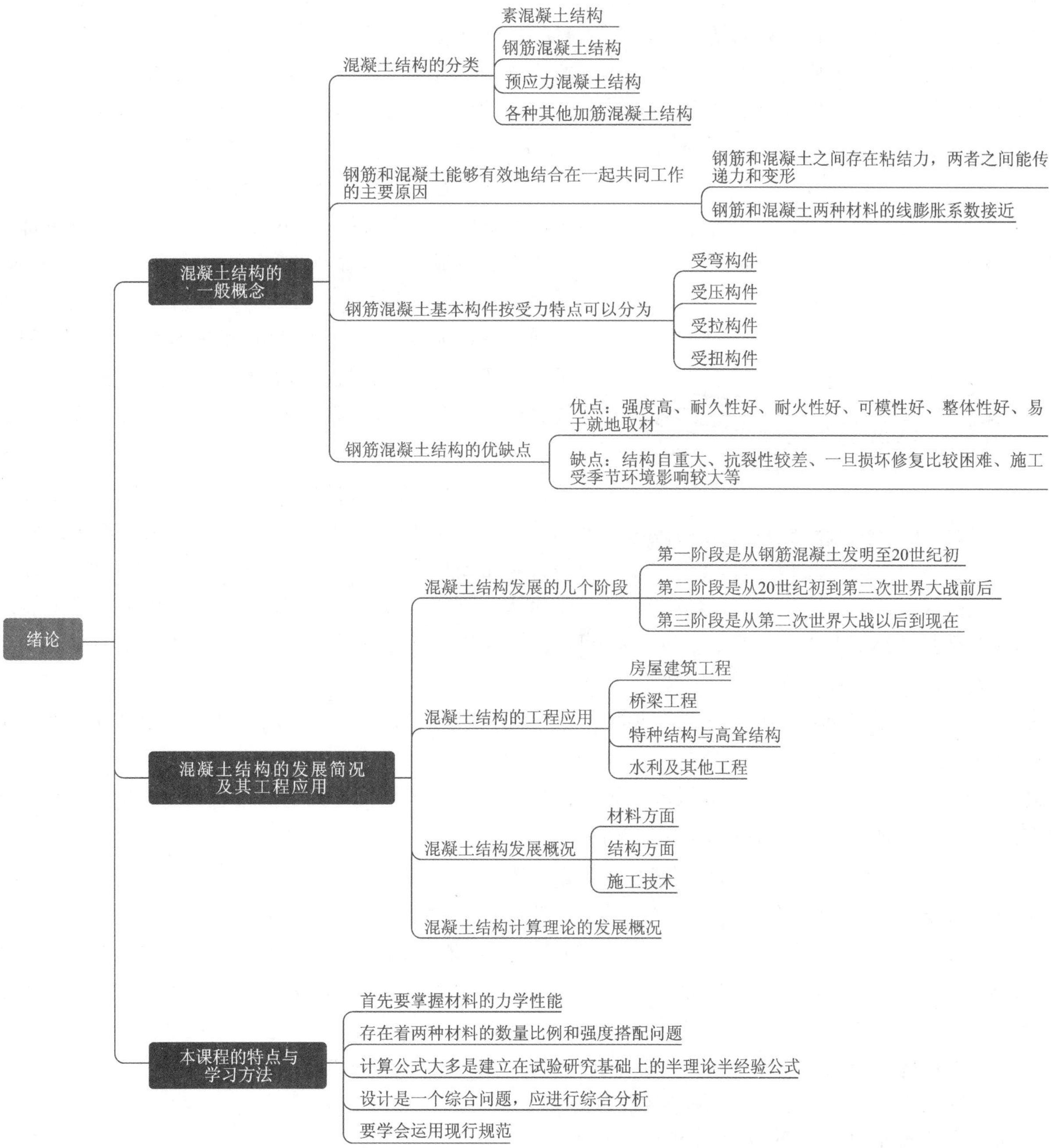


**本 章 提 要**

本章介绍了混凝土结构的一般概念，钢筋和混凝土这两种性质不同的材料能够结合在一起共同工作的条件，以及混凝土结构的优缺点；混凝土结构在房屋建筑工程、交通土建工程、水利工程及其他工程中的应用；混凝土结构的发展前景，包括在材料、结构、施工技术、计算理论等方面的发展；“混凝土结构”课程的特点和学习方法，以及指导工程设计的混凝土结构设计标准等概况。

## 1.1 混凝土结构的一般概念

混凝土结构包括素混凝土结构、钢筋混凝土结构、预应力混凝土结构和各种其他加筋混凝土结构。素混凝土结构较少被采用，预应力混凝土结构是在结构或构件中配置了预应力钢筋并施加预应力的结构；在多数情况下采用的是由钢筋和混凝土组成的钢筋混凝土结构。

钢筋和混凝土是重要的土木工程材料，钢筋的抗拉和抗压强度都很高，但价格也相对较高；混凝土的抗压强度较高而抗拉强度却很低。为了充分发挥材料的性能，把钢筋和混凝土这两种材料按照合理的方式结合在一起共同工作，使钢筋主要承受拉力，混凝土主要承受压力，就组成了钢筋混凝土。

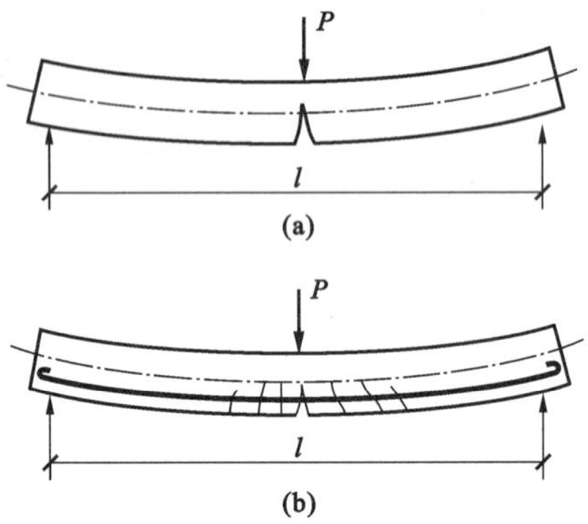


**图 1.1　素混凝土梁和钢筋混凝土梁的破坏情况**

(a) 素混凝土梁；(b) 钢筋混凝土梁

图 1.1(a)为一用素混凝土制成的简支梁。由试验可知，由于混凝土抗拉强度很低，在不大的荷载作用下，梁下部受拉区边缘的混凝土即出现裂缝，而受拉区混凝土一旦开裂，裂缝迅速发展，梁瞬时断裂而破坏。此时受压区混凝土的抗压强度还远远没有被充分利用，梁的承载力很低。如果在梁的底部受拉区配置抗拉强度较高的钢筋[图 1.1(b)]，形成钢筋混凝土梁，当荷载增加到一定值时，梁的受拉区仍会开裂，但钢筋可以代替混凝土承受拉力，裂缝不会快速发展，梁的承载能力能够明显提高。如果配筋适当，梁破坏时钢筋的应力可以达到屈服强度，受压区混凝土的抗压强度也能得到充分利用。而且在破坏前，裂缝充分发展，梁的变形迅速增大，有明显的破坏预兆。因此，在混凝土中配置一定形式和数量的钢筋形成钢筋混凝土构件后，可以使构件的承载力得到很大提高，构件的受力性能也得到显著改善。

【视频资源】

钢筋和混凝土是两种物理力学性能很不相同的材料，它们能够有效地结合在一起共同工作的主要原因是：

(1) 混凝土硬化后，钢筋和混凝土之间存在粘结力，使两者之间能传递力和变形。粘结力是使这两种不同性质的材料能够共同工作的基础。

(2) 钢筋和混凝土两种材料的线膨胀系数接近，钢筋为$(1.2\times10^{-5})$/℃，混凝土为$[(1.0\sim1.5)\times10^{-5}]$/℃，所以当温度变化时，钢筋和混凝土的粘结力不会因两者之间过大的相对变形而破坏。

以钢筋混凝土为主要承重骨架的土木工程构筑物称为钢筋混凝土结构。钢筋混凝土结构是由一系列受力类型不同的构件组成，这些构件称为基本构件。钢筋混凝土基本构件按其主要受力特点的不同可以分为：

(1) 受弯构件，如各种单独的梁、板以及由梁组成整体的楼盖、屋盖等。

(2) 受压构件，如柱、剪力墙和屋架的压杆等。

(3) 受拉构件，如屋架的拉杆、水池的池壁等。

(4) 受扭构件，如带有悬挑雨篷的过梁、框架的边梁等。

也有不少构件受力情况较复杂，如压弯构件、拉弯构件、弯扭构件、拉弯扭构件等。

由于钢筋混凝土结构具有众多优点，其在土木工程结构中得到了广泛的应用，其主要优点有：

(1) 强度高。和砌体材料、木材相比，钢筋混凝土的强度高。在一定条件下可以用来代替钢材，达到节约钢材、降低造价的目的。

(2) 耐久性好。在一般环境条件下，钢筋可以受到混凝土的保护而不易生锈，而且混凝土的强度随着时间的增长还会有所增长，能减少维护费用。

(3) 耐火性好。当发生火灾时，由于有混凝土作为保护层，混凝土内的钢筋不会像钢结构那样很快达到软化温度而破坏。

(4) 可模性好。可以根据需要浇筑成各种形状和尺寸的结构。

(5) 整体性好。现浇式或装配整体式的钢筋混凝土结构整体性好，对抗震、抗爆有利。

(6) 易于就地取材。在混凝土结构中，钢筋和水泥这两种工业产品所占的比例较小，砂、石等材料所占比例虽然较大，但属于地方材料，可就地供应。

但是钢筋混凝土结构也存在一些缺点，主要是结构自重大、抗裂性较差、一旦损坏修复比较困难、施工受季节环境影响较大等，这也使钢筋混凝土结构的应用范围受到限制。随着科学技术的发展，钢筋混凝土的上述缺点已在一定程度上得到了克服和改善。如采用轻质混凝土可以减轻结构自重，采用预应力混凝土可以提高结构或构件的抗裂性能，采用植筋或粘钢等技术可以较好地对发生局部损坏的混凝土结构或构件进行修复等。

## 1.2 混凝土结构的发展简况及其工程应用

19 世纪中期混凝土结构才开始得到应用。与砌体结构、木结构、钢结构相比，混凝土结构是一种出现较晚的结构形式。但是由于混凝土结构具有很多明显的优点，使其在各方面的应用发展很快，现已成为世界各国占主导地位的结构。

### 1.2.1 混凝土结构发展的几个阶段

混凝土结构的发展，大体上可分为三个阶段。

第一阶段是从钢筋混凝土被发明起至 20 世纪初。这一阶段，所采用的钢筋和混凝土的强度都比较低，主要用来建造中小型楼板、梁、拱和基础等构件。计算理论套用弹性理论，设计方法采用容许应力法。

第二阶段是从 20 世纪初到第二次世界大战前后。这一阶段混凝土和钢筋的强度有所提高，预应力混凝土结构的发明和应用，使钢筋混凝土被用来建造大跨空间结构。混凝土结构的试验研究开始进行，在计算理论上已开始考虑材料的塑性，开始按破损阶段计算结构的破坏承载力。

第三阶段是从第二次世界大战以后到现在。这一阶段的特点是随着高性能混凝土和高强钢筋的出现，预制装配式混凝土结构、高效预应力混凝土结构、泵送商品混凝土以及各种新的施工技术等被广泛地应用于各类土木工程，如超高层建筑、大跨度桥梁、跨海隧道、高耸结构等。在计算理论上已过渡到充分考虑混凝土和钢筋塑性的极限状态设计理论，在设计方法上已过渡到以概率论为基础的多系数表达的设计公式。

### 1.2.2 混凝土结构的工程应用

(1) 房屋建筑工程

在房屋建筑工程中，厂房、住宅、办公楼等多高层建筑广泛采用混凝土结构。在 7 层以下的多层房屋中虽然墙体大多采用砌体结构，但其楼板几乎都采用预制混凝土楼板或现浇混凝土楼盖。目前采用混凝土结构的高层和超高层建筑已十分普遍，我国 20 世纪 90 年代建成的广州国际大厦（高 200 m，地上 63 层，地下 2 层）、1990 年建成于美国芝加哥的威克・德赖夫大楼（高 296 m，65 层）、德国的密思垛姆大厦（高 256 m，70 层）、我国香港中心大厦（高 374 m，78 层）等都采用了混凝土结构。

在大跨度建筑方面，预应力混凝土屋架、薄腹梁、V 形折板、SP 板，钢筋混凝土拱、薄壳等已得到广泛应用。法国巴黎国家工业与发展技术展览中心大厅，平面为三角形，屋盖结构采用拱身为钢筋混凝土装配整体式薄壁结构的落地拱，跨度为 206 m。美国旧金山地下展厅，采用 16 片钢筋混凝土拱，跨度为 83.8 m。澳大利亚悉尼歌剧院的主体结构由三组巨大的壳片组成，壳片曲率半径为 76 m，建筑为白色，状如帆船，已成为世界著名的风光建筑。

(2) 桥梁工程

在桥梁建设方面，中小跨度桥梁中很大一部分采用钢筋混凝土建造，结构形式有梁、拱、桁架等。一些大跨度桥虽已采用钢悬索或钢斜拉索，但其桥面结构也有用混凝土结构的。洛阳黄河大桥共67孔，由跨度为50 m的预应力混凝土简支梁组成。厦门高崎—集美跨海大桥的主跨为46 m，桥体结构由平行的两个带翼箱形梁组成。用钢筋混凝土建造拱桥有较大优势，如克罗地亚的克尔克1号桥，为钢筋混凝土拱桥，跨度达390 m。公路拱桥在我国应用很广，如1989年建成的涪陵岛江桥，全长351.8 m，主跨200 m，为拱结构，矢跨比为1/4。在我国西南交通干线上，有许多桥梁采用钢筋混凝土结构，其中清水河大桥，主跨为72 m＋128 m＋72 m，为预应力连续刚架结构，其4号桥墩高100 m，是世界上最高的铁路桥墩。跨度超过500 m的大桥往往采用悬索桥或斜拉桥，但目前也常与混凝土结构混合使用。如香港的青马大桥，跨度1377 m，桥体为悬索结构，其中支撑悬索的两端立塔为混凝土结构，高202 m。又如上海杨浦大桥，主跨602 m，为斜拉桥，其桥塔和桥面均为混凝土结构。

(3) 特种结构与高耸结构

混凝土结构在道路、港口工程中也有大量应用，许多贮水池、贮仓构筑物、电线杆、上下水管道等均可见到混凝土结构的应用。由于滑模施工技术的发展，许多高耸建筑也可采用混凝土结构。加拿大多伦多电视塔，高549 m，是目前世界上最高的混凝土结构建筑物。

(4) 水利及其他工程

在水利工程中，因混凝土自重大，其中砂石比例大、易于就地取材，故常用来修建大坝。瑞士狄克桑斯坝，坝高285 m，坝顶宽15 m，坝底宽225 m，坝长695 m，库容量4亿立方米，是目前世界上最高的混凝土重力坝。我国龙羊峡水电站拦河大坝为混凝土重力坝，坝高178 m，坝顶宽15 m，坝底宽80 m，坝长393.34 m，是我国目前已建坝中最高的。

混凝土结构在其他特殊的结构中也有广泛的应用，如地下铁道的支护和站台工程，核电站的安全壳，飞机场的跑道，海上采油平台，填海造地工程等。

### 1.2.3 混凝土结构的发展现状及前景

混凝土已成为现代最主要的工程结构材料之一，中国更是广泛应用这一材料的国家。目前，我国水泥年产量已超过4亿吨，年混凝土用量约为5亿立方米，年钢筋用量接近2000万吨，混凝土结构在各类工程结构中占有主导地位。可以预见，今后混凝土仍将是一种重要的工程材料，并将在材料、结构、施工技术和计算理论等方面得到进一步发展。

(1) 材料方面

混凝土材料主要发展方向是高强、轻质、耐久、提高抗裂性和易于成型，钢筋的发展方向是高强、较好的延性和较好的粘结锚固性能。

目前国内常用的混凝土强度为25～50 $N/mm^2$，国外常用的混凝土强度为60 $N/mm^2$。我国已制成强度为120 $N/mm^2$ 以上的混凝土，美国已制成强度为200 $N/mm^2$ 的混凝土。今后常用的混凝土强度可达100 $N/mm^2$，在特殊结构(如高耸、大跨、薄壁空间结构等)的应用中，可配制出强度为400 $N/mm^2$的混凝土。

为了减轻混凝土结构的自重，国内外都在大力发展轻质混凝土。轻质混凝土主要采用轻质集料。轻质集料主要有天然轻集料(浮石、凝灰岩等)、人造轻集料(页岩陶粒、黏土陶粒、膨胀珍珠岩等)和工业废料(炉渣、矿渣粉煤灰陶粒等)。轻质混凝土的体积密度一般为14～18 $kN/m^3$，可在预制或现浇混凝土结构中使用。目前国外轻质混凝土的强度为30～60 $N/mm^2$，国内轻质混凝土的强度为20～40 $N/mm^2$。由轻质混凝土制成的结构自重可比普通混凝土减少20%～30%，在地震区采用轻质混凝土结构可有效地减小地震作用，节约材料、降低造价。

为了提高混凝土的抗裂性和耐久性，掺入高分子化合物的混凝土(如浸渍混凝土、聚合物混凝土等)将会得到发展和应用。实验室研究显示，这类混凝土不仅抗压强度高，抗拉性能也很好，而且耐磨、抗渗、抗冲击、耐冻等性质大大优于普通混凝土。纤维混凝土因改善了混凝土的抗裂性、耐磨性及延性，在一些有特殊要求的工程中得到应用。

外加剂的发明与应用对改善混凝土的性能起到了很大作用。目前的外加剂主要有四类:①改善混凝土拌合物流动性的外加剂,如各种减水剂、增塑剂等;②调节混凝土凝结时间的外加剂,如缓凝剂、早强剂、速凝剂等;③改善混凝土耐久性的外加剂,如引气剂、防水剂、阻锈剂等;④改善混凝土其他性能的外加剂,如加气剂、防冻剂、膨胀剂、着色剂等。今后一段时间内各种高性能的外加剂还会不断地被研制出来。

超高性能混凝土(Ultra-High Performance Concrete,简称 UHPC)是过去三十年中最具创新性的水泥基复合材料。超高性能混凝土包含超高的耐久性和超高的力学性能。与早期的密实增强复合材料(Compact Reinforced Composite,CRC)、活性粉末混凝土(Reactive Powder Concrete,RPC)相比,随着材料设计理论的完善、超高效减水剂(聚羧酸系)的问世和制备技术的进步,UHPC 已具备了广泛应用的条件,如具备普通混凝土的施工性能,甚至可以实现自密实,可以常温养护,材料和施工成本也不断下降等。

钢筋主要是向高强并有较好延性、防腐、高粘结锚固性等方向发展。我国用于普通混凝土结构的钢筋强度标准值已达 500 $N/mm^2$,在中等跨度的预应力构件中将采用强度为 800～1270 $N/mm^2$ 的中强螺旋肋钢丝,在大跨度的预应力构件中将采用强度为 1570～1860 $N/mm^2$ 的高强钢丝和钢绞线。试验结果显示,中强和高强螺旋肋钢丝不仅强度高、延性好,而且与混凝土的粘结锚固性能也优于其他钢筋。为了提高钢筋的防腐性能,带有环氧树脂涂层的热轧钢筋已开始在某些有特殊防腐要求的工程中得到应用。

近年来,纤维增强复合材料筋材(FRP 筋)[如碳纤维筋(CFRP)、玻璃纤维筋(GFRP)、玄武岩纤维筋(BFRP)等]取代钢筋应用于混凝土结构得以不断发展和应用。FRP 筋具有轻质、高强、耐腐蚀等优点,替代钢筋应用于海洋环境下混凝土结构可有效提高结构耐久性,具有较广泛的应用前景。因 FRP 筋的材料性能与传统热轧钢筋不同,FRP 筋混凝土结构的计算理论、设计方法和工程应用仍有待进一步深入研究。

(2) 结构方面

预应力混凝土结构是 20 世纪工程结构的重大发明之一,现在已有先张法、后张法、无粘结预应力和体外张拉等技术,将来预应力技术在混凝土结构中的应用还会有重大发展。

钢和混凝土组合结构近年来应用范围逐渐扩大。在约束混凝土概念的指导下,外包 FRP 钢混凝土柱已在高层建筑、地下铁道、桥梁、火电厂厂房以及石油化工企业构筑物中得到应用。钢-混凝土组合梁、钢骨混凝土(劲性钢筋混凝土)构件,由于其具有强度高、截面小、延性好以及简化施工等优点,今后也将得到更加广泛的应用。

近年来,装配式混凝土结构发展迅速,特别是应用于高层住宅建筑的装配式混凝土剪力墙结构体系的研究和应用日益增多,装配式框架结构体系在公共建筑中的应用也得到不断发展。在国外引进的较为成熟的预制混凝土构件钢筋连接技术、节点构造技术基础上,我国科研人员自主研发,不断创新钢筋连接技术,如套筒灌浆连接、浆锚搭接连接、非接触式间接搭接连接等,从而使结构体系(如装配式墙板结构体系、装配整体式混凝土剪力墙结构体系和叠合剪力墙结构体系、预应力装配式混凝土框架结构体系、干法连接混凝土框架结构体系等)得以不断发展和应用。

(3) 施工技术方面

在混凝土结构施工过程中,施工技术的改进起了很大作用。预应力技术的发明使混凝土结构的跨度大大增加。滑模施工法的发明使高耸结构和贮仓、水池等特种结构的施工进度大大加快。泵送混凝土技术的出现使高层建筑、大跨桥梁的浇筑更加方便。蒸汽养护法使预制构件成品出厂时间大为缩短。喷射混凝土、碾压混凝土等施工技术也日益广泛地被应用于公路、水利工程中。

除了目前使用的木模板、钢模板、铝模板、竹模板、硬塑料模板外,今后模板将向多功能发展。如发展薄片、美观、廉价又能与混凝土牢固结合的永久性模板,将使模板可以作为结构的一部分参与受力,还可省去装修工序。

在钢筋的绑扎和焊接成型方面,人们正在大力发展各种钢筋成型机械、绑扎机具和自动化焊接设备,以减少大量的手工操作。

随着电子信息科学与工程、控制科学与工程、工程管理、机械工程等学科的快速发展,建筑工业化与智能建造协同发展成为现阶段我国建筑业转型升级的重要手段。传统混凝土结构施工技术与多学科交叉融合,实现建筑全生命周期的数字化设计、工业化建造、自动化施工、智能运维与服务,已成为混凝土结构工程未来发展的方向。

### 1.2.4 混凝土结构计算理论的发展概况

(1) 混凝土结构计算理论发展概况

混凝土结构基本理论和设计方法也在不断发展中。早期由于混凝土结构材料的性能及其内在规律尚未被人们认识,多数国家采用以弹性理论为基础的容许应力计算混凝土结构。实践证明,这种设计方法和结构的实际情况有很大出入,不能正确揭示混凝土结构或构件受力性能的内在规律,现在绝大多数国家已不采用。

由于钢筋混凝土构件极限强度试验的发展,20 世纪 40 年代出现了按破损阶段的设计方法。这种方法考虑了混凝土和钢筋的塑性,更接近于钢筋混凝土的实际情况,比容许应力法前进了一步,但在总安全系数的规定方面带有很大的经验性。

随着对荷载和材料变异性的研究,学者们认识到各种荷载对结构产生的效应以及结构的抗力均非定值,于是在 20 世纪 50 年代提出了按极限状态的设计方法:结构的极限状态是一种特定状态,当达到此状态时,结构或构件即丧失承载力或不能正常使用。而计算系数则是根据荷载及材料强度的变异性由统计规律分项确定,并考虑了影响结构构件承载力的非统计因素,这种设计方法又称为半经验、半概率极限状态设计方法。由于这种方法概念较明确,比按破损阶段的设计方法合理,到了 20 世纪 70 年代已为多数国家所接受。

随着结构设计理论的进一步发展,为了合理规定结构及其构件的安全系数或分项系数,结构可靠度理论也得到发展,出现了以失效概率来度量结构安全性、以概率理论为基础的极限状态设计方法。由于这种方法对各种荷载、材料强度的变异规律进行了大量的调查、统计、分析,各分项系数的确定比较合理,而且用失效概率和可靠度指标能够比较明确地说明结构"可靠"或"不可靠"的概念,目前已有许多国家采用了以概率理论为基础的极限状态设计方法。

(2) 我国混凝土结构设计标准发展概况

反映我国混凝土结构学科水平的混凝土结构设计标准,也随着我国工程建设经验的积累、科研工作的成果以及世界范围内技术的进步而不断改进。中华人民共和国成立后,东北地区首先颁布了《建筑物结构设计暂行标准》,1955 年又制定了《钢筋混凝土结构设计暂行规范》(结规 6-55),采用了当时苏联规范中的按破损阶段设计方法。1966 年《钢筋混凝土结构设计规范》(GBJ 21—66)中采用了当时较为先进的以多系数表达的极限状态设计方法。在总结工程经验和科学研究成果的基础上,1974 年出版的《钢筋混凝土结构设计规范》(TJ 10—74),采用了多系数分析、单一系数表达的极限状态设计方法。

20 世纪 70 年代,为了解决各类材料的建筑结构可靠度的合理和统一问题,相关部门组织了有关高校,科研、设计单位对荷载、材料性能及构件几何尺寸等设计基本变量进行了大量实测统计,并认真借鉴了国外的先进经验,于 1984 年颁布了《建筑结构设计统一标准》(GBJ 68—84),规定了我国各种建筑结构设计规范均采用以概率理论为基础的极限状态设计方法,从而把我国结构可靠度设计方法提高到当前的国际水平。

近十年来,随着我国经济建设的加快,工程建设领域出现了许多新技术和新材料,而且随着人民生活水平的提高,对房屋建筑结构可靠性、耐久性的要求也进一步提高,原有的规范已不能满足工程建设的需要。因此,2024 年新的《混凝土结构设计标准》(GB/T 50010—2010)问世。新规范反映了近年来在工程建设中的新经验和混凝土结构学科新的科研成果,标志着我国混凝土结构的计算理论和设计水平又有了新的提高。

与 GBJ 10—89 相比,GB/T 50010—2010 将混凝土强度等级提高为 C20～C80,混凝土结构中的非预应力钢筋以 400 MPa、500 MPa 级热轧带肋钢筋作为主导钢筋,预应力钢筋以钢绞线和高强钢丝作为主导钢筋，并适当调整了材料设计强度的取值以提高结构的安全度。GB/T 50010—2010 中增加了耐久性设计的有关内容，主要包括环境分级、对混凝土和钢筋材料性能的要求、设计工作寿命等；还增加了混凝土结构内力及应力分析的基本方法。为适应复杂结构分析的需要，GB/T 50010—2010 中增加了混凝土及钢筋本构关系及破坏准则的有关内容。GB/T 50010—2010 中还对结构构件承载力计算方法、各类构件的构造措施等进行修订、补充和完善，并明确了工程设计人员必须遵守的强制性条文。GB/T 50010—2010 的颁布实施促进了我国混凝土结构设计水平进一步提高。本书除了介绍混凝土结构设计的基本原理外，在设计方法上将主要阐述《混凝土结构设计标准》(GB/T 50010—2010，2024 版，以下都是指这个版本)的有关内容。

## 1.3 本课程的特点与学习方法

本课程从学习钢筋混凝土材料的力学性能和以概率理论为基础的极限状态设计方法开始，然后对各种钢筋混凝土构件的受力性能、设计计算方法及配筋构造进行介绍，如受弯构件正截面和斜截面承载力计算，受扭构件承载力计算，受压和受拉构件承载力计算，受弯构件变形和裂缝宽度验算以及预应力混凝土构件的计算等。最后介绍了钢筋混凝土楼盖设计方法和单层工业厂房、多层及高层建筑混凝土结构的设计方法。

学习本课程时应注意以下几点：

(1) 钢筋和混凝土是两种力学性能不同的材料，它们与材料力学中单一理想的弹性材料不同，钢筋混凝土构件与单一理想的弹性材料构件的力学性能不同，所以钢筋混凝土构件不能直接应用材料力学的计算公式进行分析。为了对钢筋混凝土的受力性能和破坏特性有较好的了解，首先要掌握好钢筋和混凝土材料的力学性能。

(2) 钢筋和混凝土在结构中混合使用，就存在着两种材料的数量比例和强度搭配问题，超过一定范围，钢筋混凝土构件的受力性能就会改变，不能正常使用。以钢筋混凝土简支梁为例，随着受拉区配置的纵向受拉钢筋的增加，梁的破坏形态就可能由受拉钢筋先屈服变为受压区混凝土先压碎。

(3) 钢筋混凝土材料的力学性能和构件的计算方法都是建立在试验研究基础上的，许多计算公式都是在大量试验资料的基础上用统计分析方法得出的半理论半经验公式。这些公式的推导并不像数学或力学公式那样严谨，但却能较好地反映钢筋混凝土的真实受力情况。

(4) 学习本课程是为了在工程建设中进行混凝土结构的设计。混凝土结构的设计包括结构布置方案、材料选择、截面形式、配筋、构造措施等。结构设计是一个综合问题，要求做到技术先进、经济合理、安全适用、确保质量。同一构件在相同的荷载作用下，可以有不同的截面形式、尺寸、配筋方法及配筋数量。设计时需要进行综合分析，结合具体情况确定最佳方案，以获得良好的技术经济效果。所以在学习过程中，要学会对多种因素进行综合分析的设计方法。

(5) 学习本课程时，要学会运用现行的《混凝土结构设计标准》(GB/T 50010—2010)。《混凝土结构设计标准》(GB/T 50010—2010)代表了该学科在一个时期的技术水平。

由于科学技术水平和生产实践经验是不断发展的，所以设计规范也必然需要不断修订和补充。因此，要用发展的眼光来看待设计规范，在学习和掌握钢筋混凝土结构理论和设计方法的同时，要善于观察和分析，不断地进行探索和创新。

混凝土结构是我国工程建设中应用最广泛的一种结构，在中国现代化建设事业中起着重要作用。随着改革开放的不断深入，中国的建筑业必将走向世界，所以应该继续深入开展混凝土结构的科学研究，努力提高生产技术水平，采用先进的设计理论，推广新材料、新工艺，使我国的混凝土结构理论、设计水平和工程应用能力尽快达到国际先进水平。

## 本章小结

（1）钢筋混凝土是把钢筋和混凝土这两种材料按照合理的方式结合在一起共同工作，充分发挥两种材料各自的优点。在混凝土中配置一定形式和数量的钢筋形成钢筋混凝土构件后，可以使梁、板、柱、墙、基础等构件的承载力得到很大提高，构件的受力性能也得到显著改善。

（2）钢筋和混凝土能够有效地结合在一起共同工作的主要原因：钢筋和混凝土之间存在粘结力，使两者之间能传递力和变形；钢筋和混凝土两种材料的温度线膨胀系数接近。

（3）钢筋混凝土结构的主要优点是强度高、耐久性好、耐火性好、可模性好、整体性好、易于就地取材等。主要缺点是结构自重大、抗裂性较差、一旦损坏修复比较困难、施工受季节环境影响较大等。

（4）混凝土材料主要发展方向是高强、轻质、耐久、提高抗裂性和易于成型等。钢筋的发展方向是高强、较好的延性和较好的粘结锚固性能等。

（5）《混凝土结构设计标准》(GB/T 50010—2010)中的条文，尤其是强制性条文，是设计中必须遵守的带法律性质的技术文件，遵守规范是为了使设计方法达到统一化和标准化，从而有效地贯彻国家的技术经济政策，保证工程质量。

（6）为保障混凝土结构工程质量、人民生命财产安全和人身健康，促进混凝土结构工程绿色高质量发展，国家标准《混凝土结构通用规范》(GB 55008—2021)自2022年4月1日起实施，本规范为强制性工程建设规范。所有混凝土结构工程必须严格执行该规范。

## 思考题与习题

1.1 在混凝土构件中配置一定形式和数量的钢筋有哪些作用？

1.2 钢筋和混凝土这两种不同材料能够共同工作的主要原因是什么？

1.3 钢筋混凝土结构有哪些优点？有哪些缺点？如何克服这些缺点？

1.4 简述混凝土结构计算理论的发展过程。

1.5 学习“混凝土结构”课程时应注意哪些问题？

# 2 钢筋混凝土材料的力学性能

## 本 章 提 要

钢筋和混凝土的力学性能与力学中所学的理想弹性材料不完全相同。钢筋混凝土作为一种结构材料，是由钢筋和混凝土两种材料共同工作而形成的，这种复合材料具有特殊的力学性能。这种结构的设计涉及对不同受力条件下强度和变形的变化规律的研究，以及钢筋和混凝土共同工作的性能分析。

在工程实践中，理论知识与实际设计密切相关，对于建筑结构的设计需要深入了解材料的力学性能和结构的受力规律。这不仅仅是一种技术挑战，更是一项社会责任。因为我们设计的结构将直接关系到人们的生命安全和财产安全。因此，作为工程师，我们需要不断提升专业技能，确保所设计的结构具有足够的强度和稳定性，以应对各种自然和人为的挑战。

本章的讨论不仅介绍了有关计算理论，为进行钢筋混凝土构件的设计提供重要的依据，更是为了唤起我们对于工程实践的社会责任感。通过深入研究材料性能，我们能够更好地履行工程师的职责，为社会创造更安全、更稳定的建筑环境。因此，在学习的过程中，我们应时刻保持对社会责任的认识，将所学应用到实践中，为社会的可持续发展做出积极的贡献。

【视频资源】

# 2.1 钢　　筋

### 2.1.1 钢筋的形式和品种

钢筋是建筑钢材的一种，其力学性能主要取决于它的化学成分。从理论上讲，凡含碳量在2.06％以下、含有害杂质较少的铁碳合金便可称之为钢，其主要成分是铁元素，其次是碳，此外还含有少量的锰、硅、硫、磷等元素。锰、硅元素可提高钢材强度，并保持一定塑性；磷、硫是有害元素，其含量超过一定限度时，会使钢材塑性明显降低，硫使钢材热脆，磷使钢材冷脆，且焊接质量也不易保证。

增加含碳量可提高钢材的强度，但会降低钢材的塑性和可焊性。根据含碳量的多少，钢材通常可分为低碳钢（含碳量少于0.25％）、中碳钢（含碳量在0.25％～0.6％）和高碳钢（含碳量大于0.6％）。在碳素钢的基础上，特意加入少量合金元素（如锰、硅、钒、钛等）即制成低合金钢（合金元素不大于5％），低合金钢能显著改善钢筋的综合性能。

目前我国钢筋混凝土及预应力混凝土结构中常采用的钢筋产品有热轧钢筋，预应力混凝土用钢丝、钢绞线，预应力混凝土用螺纹钢筋和冷加工钢筋等。其中应用量最大的是热轧钢筋，一般作为普通钢筋；钢丝和钢绞线、螺纹钢筋通常用在预应力混凝土配筋中。

(1) 热轧钢筋

钢筋的牌号由英文字母缩写和屈服强度标准值共同构成（表2.1）。作为普通钢筋使用的热轧钢筋，根据其屈服强度标准值由低到高分为三个级别：300 MPa、400 MPa、500 MPa。在计算书和施工图中，分别用符号 Φ、Φ和Φ表示。但根据“四节一环保”的要求，《混凝土结构设计标准》（GB/T 50010—2010）中淘汰了335 MPa级热扎带肋钢筋（即HRB335）。热轧钢筋按其表面特征可分为热轧光圆钢筋HPB（Hot-rolled Plain-steel Bars）和热轧带肋钢筋HRB（Hot-rolled Ribbed-steel Bars）两类。带肋钢筋又称变形钢筋，过去通用的肋纹有螺纹和人字纹，近年来为了改进生产工艺并改善使用性能，变形钢筋的螺纹形式已逐步被月牙纹取代（图2.1）；月牙肋钢筋具有生产简便、强度高、缓解应力集中、敏感性小、耐疲劳性能好等优点。HRBF是细晶粒热轧带肋钢筋的英文缩写，F为在热轧带肋钢筋英文缩写后加“细”（Fine）的英文首字母；细晶粒热轧带肋钢筋能保持较好的强度和韧性。RRB（Remained-heat-treatment Ribbed-steel

Bar)表示余热处理带肋钢筋，是由轧制钢筋经高温淬水、余热处理后制得；余热处理可以提高钢筋的强度，但是其延性、可焊性、机械连接性能及施工适应性会有所降低，一般可用于对变形性能及加工性能要求不高的构件中。

**表 2.1　普通热轧钢筋的牌号、符号、直径范围和强度标准值**(MPa)

| 牌号 | 符号 | 公称直径 $d$(mm) | 屈服强度标准值 $f_{yk}$ | 极限强度标准值 $f_{stk}$ |
|---|---|---|---|---|
| HPB300 | $\phi$ | 6～14 | 300 | 420 |
| HRB400<br>HRBF400<br>RRB400 | $\Phi$<br>$\Phi^{F}$<br>$\Phi^{R}$ | 6～50 | 400 | 540 |
| HRB500<br>HRBF500 | $\Phi$<br>$\Phi^{F}$ | 6～50 | 500 | 630 |

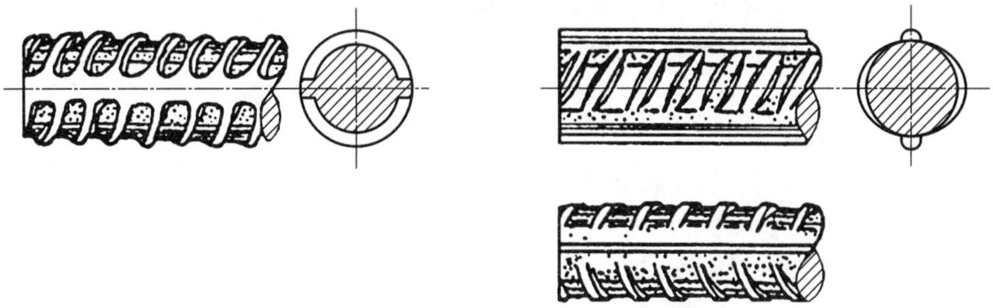

(a)　　　　(b)

**图 2.1　变形钢筋的外形**

(a) 螺纹钢筋；(b) 月牙纹钢筋

(2) 钢丝和钢绞线

预应力混凝土用钢丝是采用优质碳素钢或其他性能相应的钢种，经冷加工及时效处理或热处理而制得的高强度钢丝。钢丝按加工状态分为冷拉钢丝和消除应力钢丝两类；按外形可分为光圆钢丝、螺旋肋钢丝和刻痕钢丝三种。目前，锚固性能很差的刻痕钢丝已被淘汰。钢丝的直径一般为 5～9 mm。预应力混凝土用钢绞线是以数根(2 根、3 根、7 根或 19 根)钢丝经绞捻成一股后，再经过消除内应力的热处理后制成。目前混凝土用钢绞线常用的钢丝数量为 3 根和 7 根(图 2.2)，分别表示为 1×3 和 1×7，直径范围为 8.6～21.6 mm。钢丝和钢绞线在进行拉伸试验时没有屈服点，但其抗拉强度却远远大于热轧及冷轧钢筋，并具有较好的柔韧性，且应力松弛率低，质量稳定，施工简便，主要适用于大荷载、大跨度及需曲线配筋的预应力混凝土结构。

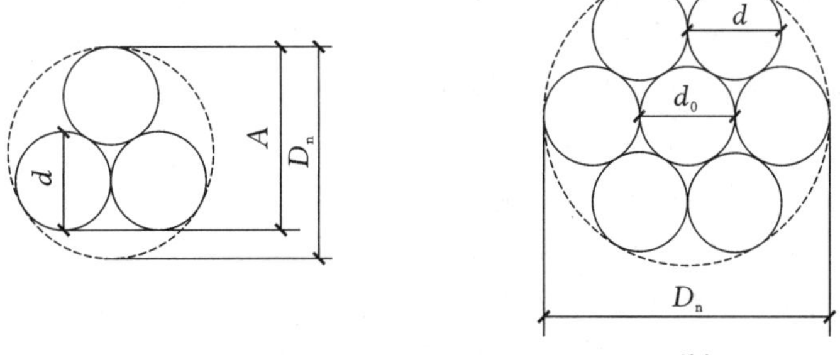


(a)　　　　(b)

**图 2.2　不同结构钢绞线外形示意图**

$d_0$—中心钢丝直径；$d$—外丝钢丝直径；$A$—1×3 结构钢绞线测量尺寸；$D_n$—钢绞线直径

(3) 预应力混凝土用螺纹钢筋

预应力混凝土用螺纹钢筋(也称精轧螺纹钢筋),是经过热轧后余热处理或热处理等工艺制成的一种大直径、高强度、高精度的直条钢筋。其直径范围为 18～50 mm,屈服强度标准值为 785～1080 MPa。与普通热轧带肋钢筋相比,螺纹钢筋具有不连续的外螺纹且无纵肋,便于与带内螺纹的连接器连接,具有连接、锚固简便,张拉锚固安全可靠,粘着力强等特点,可省却焊接工艺,避免因焊接引起的性能缺陷。螺纹钢筋主要适用于核电站、水电站、高铁、隧道、桥梁等重要工程中。

(4) 冷加工钢筋

冷加工钢筋是指在常温下对某些等级的热轧钢筋进行加工而成的钢筋,比如冷拉钢筋和冷拔钢筋。冷拉工艺可以有效提高钢材的强度,但是也会使钢材的塑性和韧性显著降低。近年来,随着我国钢材产能和冶炼技术的提高,建筑钢材一般不选用冷加工钢筋。

### 2.1.2 钢筋的力学性能

根据钢筋在单调受拉时应力-应变性质的不同,我们可以把钢筋分为有明显屈服点的钢筋和没有明显屈服点的钢筋两大类,有时也分别称为有明显物理流限和无明显物理流限的钢筋。

热轧钢筋和冷加工钢筋属于有明显屈服点的钢筋;钢丝、钢绞线和预应力混凝土用螺纹钢筋属于无明显屈服点的钢筋。

(1) 有明显屈服点的钢筋

图 2.3 表示有明显屈服点的钢筋试件在试验机上进行拉伸试验得出的典型应力-应变曲线。从图中可以看出,当应力达到 $a'$ 点之前,应力和应变成比例,此时钢筋具有理想的弹性性质,若此时卸去荷载,则应变恢复为零,故 $a'$ 点称为比例极限。

【视频资源】

【视频资源】

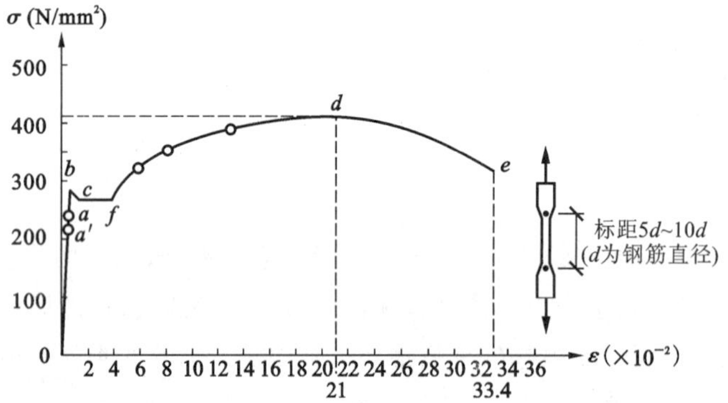


**图 2.3 有明显物理流限钢筋的应力-应变曲线**

应力超过比例极限后,应变的增长速度将逐渐变得比应力增长速度略快。但若在应力达到 $a$ 点的“弹性极限”之前卸荷,应变基本上仍能完全恢复。曲线的 0 点到 $a$ 点,通常称为“弹性阶段”。

在应力达到 $b$ 点后,钢筋的应力-应变性质将发生明显变化。超过 $b$ 点后,钢筋应力将下降到 $c$ 点,然后应变将在应力不增长或略有波动的情况下不断增大,从而产生相当大的纯塑性变形。这种现象被称为“屈服”或“流动”,$b$、$c$ 两点被称作上、下屈服点,而与下屈服点对应的应力则称为“屈服强度”或“流限”。这种塑性应变一直延续到 $f$ 点,$c$、$f$ 两点之间的应变则称为钢筋的“流幅”。曲线的 $af$ 段通常称为“屈服阶段”。

超过 $f$ 点后,钢筋的应力重新开始增长,但这时曲线的斜率变得远比弹性阶段小,而且随着应力的增长越来越小,直到 $d$ 点处钢筋达到了它的极限抗拉强度。曲线的 $fd$ 段通常称为“强化阶段”。

当钢筋应力达到极限抗拉强度($d$ 点)后,在试件内的某个较为薄弱的部位应变急剧增长,试件直径迅速变细,最后试件到达 $e$ 点,在这种“颈缩”部位被拉断,所以 $de$ 段通常称为“颈缩阶段”。产生颈缩现象后,试件在该处的截面面积缩小,因此材料所受的实际应力仍在不断增长。但若按初始截面计算,则应力是在不断降低的,从而出现了应力-应变曲线上的下降段 $de$。

钢筋的受压性能通常是用短粗钢筋试件在试验机上测定的，测得的应力-应变曲线表明，在达到屈服强度之前，受压钢筋也具有理想的弹性性质，而且屈服强度与受拉时基本相同。在达到屈服强度后，受压钢筋也将在压应力不增长的情况下产生明显的塑性压缩，然后进入强化段。

(2) 没有明显屈服点的钢筋

从拉伸试验中测得的没有明显屈服点的钢筋的典型应力-应变曲线如图 2.4 所示。从图 2.4 中可以看出，当应力未超过对应于图中 $a$ 点的弹性极限时，钢筋具有理想弹性性质；应力超过弹性极限之后，钢筋将表现出越来越明显的塑性性质，但应力、应变都是持续增长的，而且在曲线上找不到一个明显的屈服点。在达到极限抗拉强度后，同样由于颈缩现象而使曲线具有一个下降段。

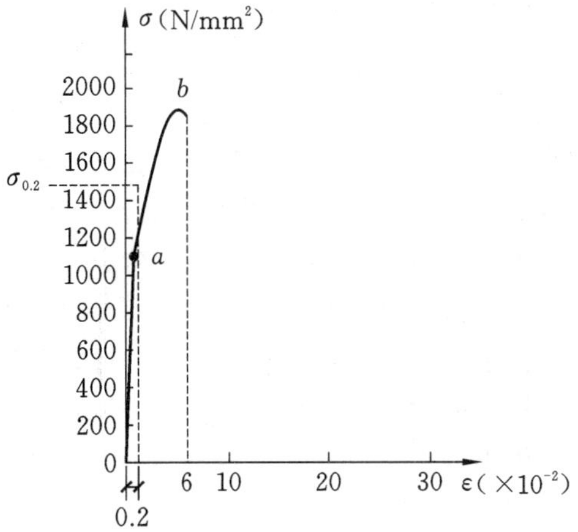

图 2.4　无明显屈服点钢筋的应力-应变曲线

这类钢筋虽然没有明显的屈服点，但可以参照有明显屈服点钢筋的思路，为它在塑性变形开始明显增长处找到一个相当的假想屈服点，以便在设计中把这个点作为这类钢筋可以利用的应力的上限，一般取残余应变为 0.2% 的应力 $\sigma_{0.2}$（图 2.4，加荷到这个应力后再卸去荷载，这时残存的塑性应变为 0.2%）作为这个应力的上限，并称之为“条件屈服强度”。对于传统的预应力钢丝和钢绞线，$\sigma_{0.2}$ 大致相当于极限抗拉强度的 0.85 倍。对于《混凝土结构设计标准》(GB/T 50010—2010) 里新增的中强度预应力钢丝和预应力混凝土用螺纹钢筋，按上述原则计算并考虑工程经验进行了适当调整。

### 2.1.3　钢筋的冷加工和热处理

(1) 钢筋的冷加工

钢筋的冷加工主要有冷拉和冷拔。所谓冷拉是指把有明显屈服点的钢筋用卷扬机或其他拉伸装置逐根拉到其应力超过原有的屈服强度，使之进入应力-应变曲线的强化段，然后卸掉全部拉力，使钢筋应力重新恢复到零，并停留一段时间。在这个第一次加荷的过程中，从钢筋应力超过弹性极限开始，随着塑性变形的增大，其内部晶格产生滑移和错位。由于错位的堆集，使得钢筋对塑性变形的阻力增大，从而在第二次受拉时能够获得比原来更高的屈服强度。这种现象称为钢筋的“冷拉强化”(图 2.5)。冷拉只能提高钢筋的抗拉强度。

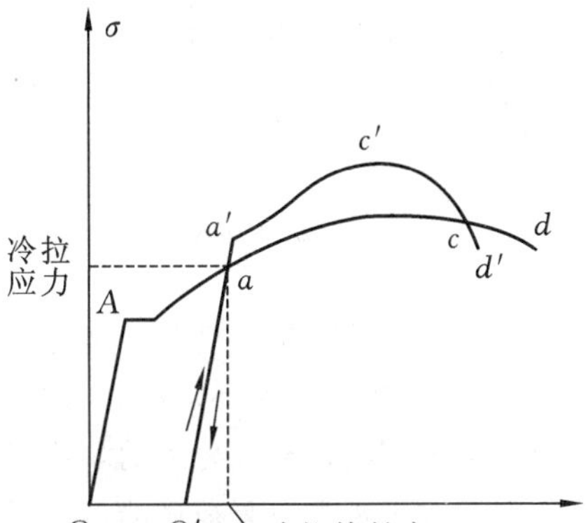

图 2.5　钢筋冷拉前后的应力-应变曲线

【视频资源】

冷拔加工是用强力把光圆钢筋通过比其本身直径稍小的、硬质合金模上的锥形拔丝孔，使钢筋产生塑性变形，横截面减小，长度增大。钢筋经过多次冷拔，延伸率不断减小，塑性明显降低，而且经冷拔后的钢丝没有明显的屈服点和流幅，对冷拔后的碳素钢丝如进行低温回火处理，则可改善其塑性性能。冷拔可同时提高钢筋的抗拉和抗压屈服强度。

冷拉和冷拔固然可以提高钢筋的强度，但也会使钢筋的脆性增加，使钢筋受力后容易发生突然断裂，因此目前已不推荐使用。

(2) 钢筋的热处理

热处理是对某些特定钢号的热轧钢筋进行淬火和回火处理，比如预应力混凝土用螺纹钢筋就是一种热处理钢筋。钢筋经淬火后，硬度大幅度提高，但塑性和韧性降低，通过回火又可以在不降低强度的前提下，消除由淬火产生的内应力，改善塑性和韧性，使这些钢筋成为较理想的预应力钢筋。

## 2.1.4 对钢筋质量的要求

【视频资源】 【视频资源】

### 2.1.4.1 力学性能

(1) 钢筋强度

强度是钢筋质量的重要力学性能指标。对于有明显屈服点的钢筋，由于受拉或受压而达到屈服强度后，它将在荷载基本不增长的情况下产生持续的塑性变形。而各类结构构件的试验结果表明，绝大多数结构构件的钢筋尚未进入强化阶段之前或最多进入强化阶段后不久就将产生最终破坏。对于无明显屈服点的钢筋，在受力达到条件屈服点后也将产生较大的塑性变形，且很快就最终破坏。因此，在一般结构的设计中统一规定不考虑钢筋在强化阶段（或达到条件屈服强度以后）的能力，而取屈服强度（或条件屈服强度）作为可以利用的应力上限，也就是钢筋的强度。因此，屈服强度就成为钢筋最关键的质量指标。

为了保证钢筋能满足所规定的综合强度性能，在检验钢筋的质量时还要保证它的极限抗拉强度满足检验标准的要求。在抗震结构中，考虑到钢筋可能受拉进入强化阶段，还要保证极限抗拉强度与屈服强度的比值不低于 1.25。

(2) 钢筋塑性

检验钢筋质量的另一个力学性能指标是反映钢筋受拉时塑性性质的伸长率 $\delta$。如果在试件受力之前把钢筋试件上量测伸长值的基本标距取为 $l_1$，而试件拉断并重新合拢后量的这个标距为 $l_1'$，则伸长率为

$$\delta=\frac{l_1'-l_1}{l_1} \tag{2.1}$$

### 2.1.4.2 工艺性能

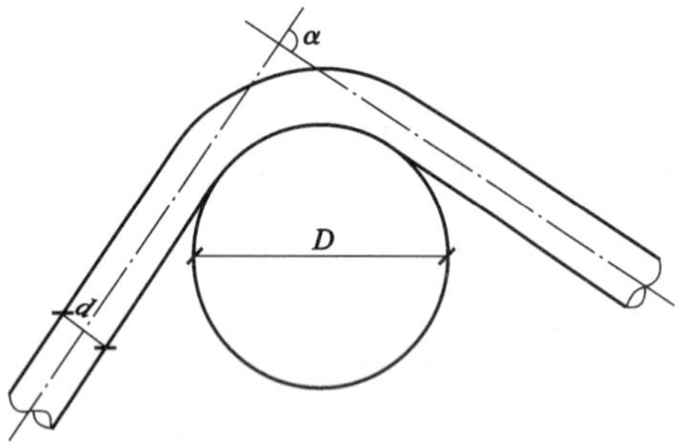


图 2.6 钢筋的弯转

根据质量检验标准，钢筋还应满足冷弯要求。这是指把钢筋围绕某个具有规定直径 $D$ 的辊轴（弯心）进行弯转（图 2.6），要求在达到规定的冷弯角度 $\alpha$ 时，钢筋不发生裂纹、起层或者断裂。冷弯试验是检验钢筋韧性和内部匀质性的有效方法。在冷弯试验中，钢筋内部组织的不均匀性、内应力以及夹杂物等的不利影响更容易表现出来。

### 2.1.4.3 疲劳性能

钢筋的疲劳破坏是指钢筋在承受重复、周期动荷载作用下，经过一定次数后，从塑性破坏的性质转变成脆性突然断裂的现象。钢筋在疲劳破坏时的强度低于钢筋在静荷载下的极限强度。疲劳强度是指在某一规定应力幅度内，经受某一规定次数循环加载后，才发生疲劳破坏的最大应力值。通常认为，在外力作用下，钢筋产生疲劳断裂是由于钢筋内部或外表的缺陷引起了应力集中，钢筋中超负载的弱晶粒发生滑移，产生疲劳裂纹，最后断裂。对于承受重复荷载的钢筋混凝土构件（如吊车梁、桥梁面板等），为了确保其在正常使用期间不发生疲劳破坏，需要在设计时考虑钢筋的疲劳强度。

在设计承受反复荷载且须进行疲劳验算的结构时，应当了解所用钢材的疲劳强度。国内外的疲劳试验研究表明：影响钢筋疲劳强度的主要因素为钢筋的疲劳应力幅（即应力循环中最大应力和最小应力的差值）。因此，《混凝土结构设计标准》(GB/T 50010—2010)中根据钢筋疲劳强度设计值，给出了考虑疲劳应力比值（即应力循环中最小应力与最大应力之比的值）的钢筋疲劳应力幅限值。

### 2.1.4.4 钢筋间的连接性能

钢筋连接可采用绑扎搭接、焊接或机械连接。三种连接形式各有各自的优缺点，对绑扎搭接，一般钢筋工在任何环境条件下均可操作，施工速度较快，但此连接形式不利于浇筑和振捣密实混凝土，且使用钢材多，传力性能差。随着钢筋强度的提高以及各种机械连接技术的发展，对绑扎搭接连接钢筋的应用范围及直径限制都更为严格。在进行钢筋接头、钢筋网、钢筋骨架、预埋件之间的连接以及装配式构件的安装

时，大多采用焊接；焊接连接对钢筋类型有一定要求，不同牌号钢筋可焊性及焊后力学性能影响会有差别，应符合《钢筋焊接及验收规程》(JGJ 18—2012)的有关规定。机械连接是三种连接中传力性能最好的，比如混凝土用螺纹钢筋的连接就多采用带有内螺纹的套管进行连接，但这种连接因套管价格较高，造成其工程费用也较高。

2.1.4.5　与混凝土的粘结性能

为了保证钢筋和混凝土的共同工作，要求钢筋具备与混凝土粘结的良好性能，这主要取决于钢筋的表面形状。

### 2.1.5　钢筋的蠕变、松弛

钢筋在高应力作用下，随时间增长其应变继续增加的现象称为蠕变。钢筋受力后，若保持长度不变，则其应力随时间增长而降低的现象称为松弛。

蠕变和松弛随时间的增长而增大，它们与钢筋初始应力的大小、钢材品种和温度等因素有关，通常初始应力大时蠕变和松弛也大。温度增加时蠕变和松弛则增大。

## 2.2　混　凝　土

混凝土是由水泥、砂、石子和水拌和而成，浇筑后逐渐硬化成具有很高强度的密实块体。混凝土的力学性能和组成它的各种材料都不相同，这可以由图 2.7 中的应力-应变曲线看出。

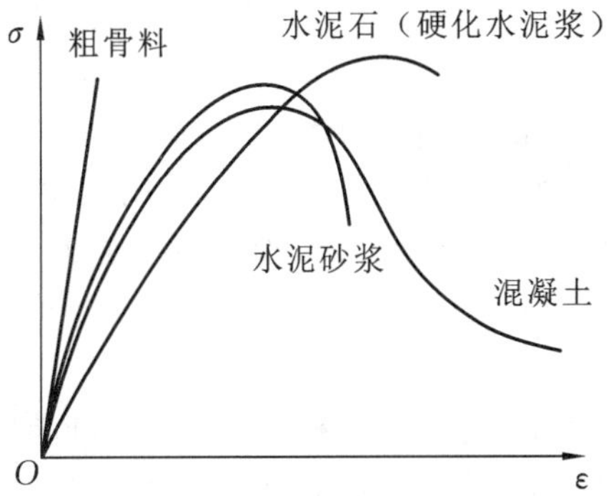

**图 2.7　混凝土的复合材料性质**

### 2.2.1　混凝土的强度

混凝土的强度概念包括抗压、抗拉和复杂应力状态下的强度。

2.2.1.1　混凝土强度等级和立方体抗压强度

我国《混凝土结构设计标准》(GB/T 50010—2010)中规定的混凝土强度等级是按立方体抗压强度标准值 $f_{cu,k}$(有 95%的超值保证率，即按混凝土强度总体分布的平均值减去 1.645 倍标准差的原则确定，详见第 3 章 3.4.4)确定的，用符号 C 加不同数字表示，即：C20、C25、C30、C35、C40、C45、C50、C55、C60、C65、C70、C75、C80。字母 C 代表混凝土，后面的数字表示以 $N/mm^2$ 为单位的立方体抗压强度标准值。

混凝土的立方体抗压强度是衡量混凝土强度大小的基本指标，也是评价混凝土等级的标准。《混凝土结构设计标准》(GB/T 50010—2010，以下的《混凝土结构设计标准》均指这个版本)规定，用边长为 150 mm 的标准立方体试件，在标准养护条件下(温度 20 ℃±2 ℃，相对湿度不小于 95%)，养护 28 d 后，在试验机上进行受压测试。试验时，试块表面不涂润滑剂，全截面受力。加荷速度取决于混凝土的强度等级：当立方体抗压强度等级小于 C30 时，加荷速度宜取0.3～0.5 MPa/s；当立方体抗压强度等级为 C30～C60 时，宜取 0.5～0.8 MPa/s；当立方体抗压强度等级大于或等于 C60 时，宜取 0.8～1.0 MPa/s。

混凝土立方体抗压强度是在一定的试验条件下得出的。试件在试验机上受压时，纵向缩短，横向就要扩张。在一般情况下，试件的上下表面和试验机垫板之间有摩擦力，这是由试件横向扩张产生的。摩擦力就如同在试件上下端各加了一个套箍，会阻碍试件的横向变形，这样就延缓了裂缝的开展，从而提高了试件的抗压极限强度。在试验过程中也可以看到，试件破坏时，首先是试块中部外围混凝土发生剥落。这也说明，试块和试验机垫板之间的摩擦对试块有“套箍”作用，且这种“套箍”作用，越靠近试块中部则越小。如果在试件的上下表面加润滑剂后再做试验，由于在受压时没有“套箍”作用的影响，横向变形几乎不受约束。试验表明，这样的试件不仅测得的混凝土抗压强度低，而且试件破坏情况与前述试件也不相同。

混凝土的立方体抗压强度还与试块的尺寸有关，试验表明，立方体尺寸越小，测得的混凝土抗压强度越高，这也可以从上述试块和试验机垫板之间的摩擦力对试块的影响得到解释。因此，《混凝土结构设计标准》规定，当混凝土强度等级小于 C60 时，用非标准试件测得的强度值均应乘以尺寸换算系数，对 200 mm×200 mm×200 mm 试件，尺寸换算系数为 1.05；对 100 mm×100 mm×100 mm 试件，尺寸换算系数为 0.95。

在实际工程中，混凝土构件的形状、尺寸都与立方体试件大不相同。受压构件的高度通常要比构件截面的边长大许多倍，受力时也不存在前述的“套箍”作用。这样，实际工程中混凝土的工作条件与前述立方体试块试验时的工作条件并不相同，因而两者表现出的强度是存在差异的。因此，立方体抗压强度并不能直接用于结构设计。但因为立方体抗压强度试验所需设备和试验方法都比较简单，试验结果的离散性也相对较小，尤其适合于在施工过程中检验和控制混凝土的强度，因此立方体抗压强度是混凝土的基本强度指标。混凝土结构设计中使用的混凝土其他强度值，都可以根据立方体强度值换算得出。

#### 2.2.1.2 混凝土的轴心抗压强度(棱柱体强度)

用标准棱柱体试件测定的混凝土抗压强度，称为混凝土的轴心抗压强度或棱柱体强度。

为了计算准确，实际工程中受压构件的设计和计算，必须测定混凝土在实际受压构件中的强度。为此，也必须确定和实际受压构件工作条件相同或接近的试件，用以测定混凝土在实际轴心受压构件中的强度。试验表明，对于棱柱体试件，当其高度 $h$ 与截面边长 $b$ 的比值太小时，由于前述“套箍”作用的影响而使测出的强度值随 $h$ 与 $b$ 的比值减少而增大；当 $h$ 与 $b$ 的比值太大时，又由于难以避免的附加偏心距的影响，使混凝土的强度随 $h$ 与 $b$ 的比值的增大而减少。而当试件的 $h$ 与 $b$ 之比值在 2～4 之间时，测出的混凝土的抗压强度值比较稳定。这是因为在此范围内既可消除大部分垫板与试件之间摩擦力对抗压强度的影响，又可消除大部分附加偏心距对试件强度的影响。因此，国家标准《混凝土物理力学性能试验方法标准》(GB/T 50081—2019)规定以 150 mm×150 mm×300 mm 的试件作为试验混凝土轴心抗压强度的标准试件。

混凝土的立方体抗压强度与轴心抗压强度之间关系复杂，但也有一定规律。《混凝土结构设计标准》规定，混凝土棱柱体抗压强度标准值 $f_{ck}$ 与边长为 150 mm 立方体抗压强度标准值的关系为：

$$f_{ck}=0.88\alpha_{c1}\alpha_{c2}f_{cu,k} \tag{2.2}$$

式中 0.88——考虑到结构中混凝土的实体强度与立方体试件混凝土强度之间的差异而给出的修正系数；

$\alpha_{c1}$——棱柱强度与立方强度之比值，对 C50 及以下取 $\alpha_{c1}=0.76$，对 C80 取 $\alpha_{c1}=0.82$，中间按线性内插法取值；

$\alpha_{c2}$——C40 以上混凝土的脆性折减系数，对 C40 取 $\alpha_{c2}=1.0$，对 C80 取 $\alpha_{c2}=0.87$，中间按线性内插法取值。

【视频资源】

不同等级的混凝土轴心抗压强度标准值见表 2.2。

**表 2.2 混凝土轴心抗压强度标准值**(N/mm²)

| 强度 | 混凝土强度等级 | | | | | | | | | | | | |
|---|---|---|---|---|---|---|---|---|---|---|---|---|---|
| | C20 | C25 | C30 | C35 | C40 | C45 | C50 | C55 | C60 | C65 | C70 | C75 | C80 |
| $f_{ck}$ | 13.4 | 16.7 | 20.1 | 23.4 | 26.8 | 29.6 | 32.4 | 35.5 | 38.5 | 41.5 | 44.5 | 47.4 | 50.2 |

#### 2.2.1.3 混凝土的轴心抗拉强度

混凝土的抗拉强度远小于其抗压强度，一般只有抗压强度的 1/18～1/9。因此，在钢筋混凝土结构中，一般不采用混凝土承受拉力。但是，在钢筋混凝土结构构件中，处于受拉状态下的混凝土，在未开裂之前，确实承受了一部分拉力。如果计算混凝土构件在混凝土开裂之前的承载力，或者控制混凝土构件的开裂，就必须知道混凝土的抗拉强度。混凝土的轴心抗拉强度标准值用 $f_{tk}$ 表示。

混凝土抗拉强度的测定方法分为两类：一类为直接测试法，即对棱柱体试件两端预埋拉环、拉杆或拉板，且其位于试件的轴线上，然后施加拉力，试件破坏时截面的拉应力即为混凝土的轴心抗拉强度。这种试验对试件的制作及试验要求较严格。另一类为间接测试方法，如弯折试验、劈裂试验等，这些试验一般需要较高的试验技术及条件。

结构中混凝土的轴心抗拉强度标准值与边长为 150 mm 的立方体抗压强度标准值的关系是：

$$f_{tk}=0.88\times0.395f_{cu,k}^{0.55}(1-1.645\delta)^{0.45}\alpha_{c2} \tag{2.3}$$

式中，0.88 和 $\alpha_{c2}$ 的意义同式(2.2)；系数 0.395 和上角标 0.55 为轴心抗拉强度与立方体抗压强度的折算关系，是根据试验数据进行统计分析以后确定的；$(1-1.645\delta)^{0.45}$ 体现了试验离散程度对标准值保证率的影响。不同等级的混凝土轴心抗拉强度标准值见表 2.3。

**表 2.3　混凝土轴心抗拉强度标准值**（$N/mm^2$）

| 强度 | 混凝土强度等级 | | | | | | | | | | | | |
|---|---|---|---|---|---|---|---|---|---|---|---|---|---|
| | C20 | C25 | C30 | C35 | C40 | C45 | C50 | C55 | C60 | C65 | C70 | C75 | C80 |
| $f_{tk}$ | 1.54 | 1.78 | 2.01 | 2.20 | 2.39 | 2.51 | 2.64 | 2.74 | 2.85 | 2.93 | 2.99 | 3.05 | 3.11 |

在混凝土结构设计中，不同的极限状态（正常使用或承载能力极限状态）下进行计算的时候，考虑到平衡安全性和经济性，需要使用不同的材料强度值（标准值或设计值）。混凝土的强度设计值是在强度标准值基础上除以混凝土材料分项系数 $\gamma_c$ 确定，混凝土的材料分项系数取为 1.40。各个强度等级混凝土的轴心抗压强度设计值（$f_c$）和轴心抗拉强度设计值（$f_t$）见表 2.4、表 2.5。进行结构计算时，可以直接查用，而不必再根据它们与立方体强度的关系进行换算。

**表 2.4　混凝土轴心抗压强度设计值**（$N/mm^2$）

| 强度 | 混凝土强度等级 | | | | | | | | | | | | |
|---|---|---|---|---|---|---|---|---|---|---|---|---|---|
| | C20 | C25 | C30 | C35 | C40 | C45 | C50 | C55 | C60 | C65 | C70 | C75 | C80 |
| $f_c$ | 9.6 | 11.9 | 14.3 | 16.7 | 19.1 | 21.1 | 23.1 | 25.3 | 27.5 | 29.7 | 31.8 | 33.8 | 35.9 |

**表 2.5　混凝土轴心抗拉强度设计值**（$N/mm^2$）

| 强度 | 混凝土强度等级 | | | | | | | | | | | | |
|---|---|---|---|---|---|---|---|---|---|---|---|---|---|
| | C20 | C25 | C30 | C35 | C40 | C45 | C50 | C55 | C60 | C65 | C70 | C75 | C80 |
| $f_t$ | 1.10 | 1.27 | 1.43 | 1.57 | 1.71 | 1.80 | 1.89 | 1.96 | 2.04 | 2.09 | 2.14 | 2.18 | 2.22 |

#### 2.2.1.4　复杂受力状态下混凝土的强度

严格地说，结构构件中的混凝土理想单轴压力作用的情况是很少的，多数是处在多轴正应力，甚至是多轴正应力和剪应力的复合作用之下。到目前为止，对复合受力情况下的混凝土强度问题已做了不少试验和理论分析工作。但由于问题的难度较大，至今尚不能给出能同时圆满解释各种现象的强度理论。因此更多的是采用由试验结果总结出来的一些经验性规律。

试验表明，混凝土两向受压时，两个方向的抗压强度都有所提高，最大可以达到单向受压时的 1.2 倍左右。混凝土三向受压时（侧向压应力均为 $\sigma_2$），各个方向上的抗压强度都有很大的提高（图 2.8），其最高抗压强度值的取值可以达到单轴抗压强度的 5 倍。这类情况下混凝土强度提高的原因通常用“侧向约束”的概念来说明。侧向约束限制了混凝土受压后的横向变形，包括限制了混凝土内部裂缝的产生和发展，从而提高了混凝土在受压方向上的抗压强度。用侧向约束的概念来研究、分析混凝土的多向应力状态，可以避开直接应用多向应力分析时在概念上和分析方法上的复杂性。

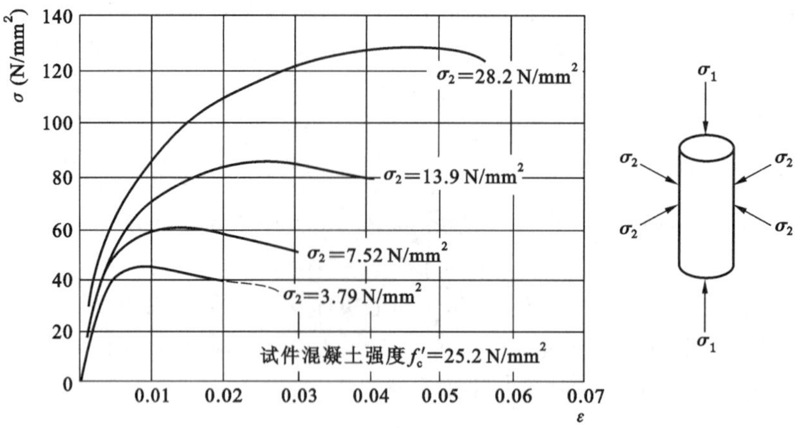


**图 2.8　侧向压力对混凝土强度的影响**

$\sigma_1$—试件纵向抗压应力值；$\sigma_2$—试件侧向约束应力值

在实际工程中，常常采用横向钢筋约束混凝土的办法来提高混凝土的抗压强度，例如在柱中采用密排螺旋钢筋。由于这种钢筋有效地约束了混凝土的横向变形，所以使混凝土的强度和延性都有较大的提高。当混凝土内部沿某一剪切面受剪时，垂直于剪切面的正应力对混凝土的抗剪能力有所影响。当垂直于剪切面的压应力在一定范围内增加时，压应力能提高混凝土的抗剪能力，但压应力过大时又将削弱混凝土的抗剪能力。垂直于剪切面的拉应力总会削弱混凝土的抗剪能力。在计算混凝土构件抗剪能力时要考虑上述影响。

## 2.2.2　荷载作用下混凝土的变形性能

### 2.2.2.1　单轴短期单调加载下的混凝土的应力-应变关系

混凝土在单轴短期单调加载过程中的应力-应变关系（$\sigma$-$\varepsilon$ 曲线）是混凝土最基本的力学性能之一，它是研究钢筋混凝土构件强度、裂缝、变形、延性所必需的依据。

（1）混凝土应力-应变曲线特征

混凝土的应力-应变曲线通常用棱柱体试件进行测定，在试件的四个侧面安装应变仪记录纵向压应变的变化，图 2.9 所示为轴心受压混凝土典型的应力-应变曲线，$f_c^0$ 表示棱柱体抗压强度的试验值（上标 0 表示试验值）。图中几个特征阶段如下：

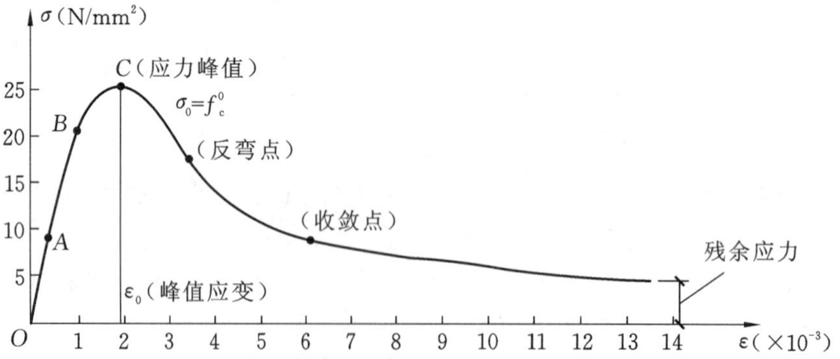


**图 2.9　混凝土的应力-应变曲线**

$OA$ 段：应力较小，$\sigma \leqslant 0.3 f_c^0$，混凝土表现出理想的弹性性质，应力-应变关系呈直线变化，混凝土内部的初始微裂缝没有发展。

$AB$ 段：$\sigma = (0.3 \sim 0.8) f_c^0$，混凝土开始表现出越来越明显的非弹性性质，应力-应变关系偏离直线，应变增长速度比应力增长速度快。在此阶段，混凝土内部微裂缝已有所发展，但处于稳定状态。

*BC* 段：$\sigma=(0.8\sim1.0)f_c^0$，应变增长速度进一步加快，应力-应变曲线的斜率急剧减小，混凝土内部微裂缝进入非稳定发展阶段。

*C* 点：当应力到达 *C* 点即应力峰值 $\sigma_0$ 时，混凝土发挥出它受压时的最大承载能力，即轴心抗压强度 $f_c^0$。此时，内部微裂缝已延伸扩展成若干通缝。对应于最大应力的应变值 $\varepsilon_0$ 称为峰值应变，随混凝土强度等级的不同，$\varepsilon_0$ 在 $1.5\times10^{-3}\sim2.5\times10^{-3}$ 之间变动，实用中对轴心受压通常取 $\varepsilon_0=2\times10^{-3}$。曲线的 *OC* 段一般称为应力-应变曲线的"上升段"。

*C* 点以后：超过 *C* 点后，试件的承载力随应变增长逐渐减小，应力开始下降。试件表面出现一些不连续的纵向裂缝，其后应力下降加快，应力-应变曲线的坡度变陡，当应变增大到 $4\times10^{-3}\sim6\times10^{-3}$ 时，应力下降减缓，最后趋向于稳定的残余应力。*C* 点以后的应力-应变曲线称为"下降段"。下降段反映了混凝土内部沿裂缝面的剪切滑移及骨料颗粒处裂缝不断延伸扩展，此时的承载能力主要靠滑移面上的摩擦咬合力提供。

上述试验如果采用等应力加载方法在普通压力机上进行时，则当试件的应力到达最大值后，试件将突然破坏，而无法测到应力-应变曲线的下降段。因此，为了测定混凝土应力-应变曲线的全过程，需采用控制应变速度的特殊装置或在普通压力机上采用辅助装置。

从混凝土的应力-应变曲线可以看出：混凝土的应力-应变关系图形是一条曲线，这说明混凝土是一种弹塑性材料，只有当压应力很小时，才可将其视为弹性材料。曲线分为上升段和下降段，说明混凝土在破坏过程中，承载力有一个从增加到减少的过程，当混凝土的压应力达到最大时，并不意味着立即破坏。因此，混凝土最大应变对应的不是最大应力，最大应力对应的也不是最大应变。

(2) 混凝土应力-应变曲线影响因素

影响混凝土应力-应变曲线形状的因素很多，如混凝土强度、组成材料的性质及配合比、试验方法及约束情况等。试验表明，不同混凝土强度对应力-应变曲线上升段的影响不大(图 2.10)，压应力的峰值 $f_c$ 对应的应变值大约为 0.002。对于下降段，混凝土强度越高，应力下降越剧烈，也即延性越差。而强度较低的混凝土，曲线的下降段较平缓，也即低强度混凝土的延性比高强度混凝土的延性要好些。

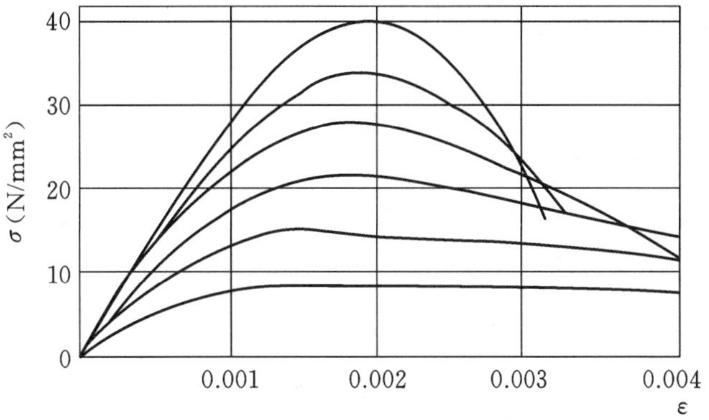


**图 2.10　不同强度混凝土的应力-应变曲线**

试验表明，加荷速度对混凝土的应力-应变曲线也有影响。随着加荷速度的增加，最大应力值也增加，但到达最大应力值时的应变减小了，也使曲线的下降比较陡峭。

试验还表明，横向钢筋的约束作用对混凝土的应力-应变曲线也有较明显影响。随着配箍量的增加及箍筋的加密，混凝土应力-应变曲线的峰值不仅有所提高，而且峰值应变的增大及曲线下降段的下降减缓都比较明显。在这里横向钢筋实际上起到了侧向约束的作用，构件已处于多向应力状态。承受地震作用的构件，采用加密箍筋的方法不仅可使混凝土强度有所提高，而且可以有效地提高混凝土构件的延性。

2.2.2.2　*多次重复荷载下的混凝土应力-应变关系*

如果我们对混凝土棱柱体试块加荷，使其压应力达到某个数值 $\sigma$，然后卸荷至零，并把这一循环多次重复下去，就称为多次重复加荷(图 2.11)。

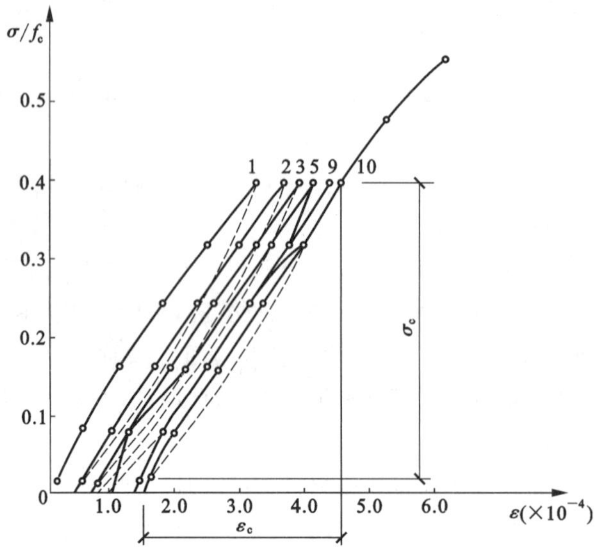


图 2.11　混凝土弹性模量试验

混凝土在经过一次加卸荷循环后将有一部分塑性变形不能恢复。在多次加、卸荷循环过程中这些塑性变形将逐渐累积，只不过每次循环产生的残余塑性变形将随循环次数的增加而不断减小。

当每次循环所加的压应力较小时，经过若干次加卸荷循环后，累积塑性变形将不再增长，混凝土的加卸荷应力-应变曲线将变成直线，此后混凝土将按弹性性质工作，加卸荷循环几百万次混凝土也不会破坏。

如果每次加荷时的最大压应力都低于混凝土的抗压强度，但超过了某个限值，则经过若干次循环后，混凝土将会破坏。我们通常把能使试件在循环 200 万次后发生破坏的压应力称为混凝土的疲劳抗压强度。

混凝土在重复荷载作用下的这种破坏称为疲劳破坏。试验证明，混凝土的疲劳抗压强度低于其轴心抗压强度。在工程中，对于承受重复荷载的构件，例如吊车梁、汽锤基础等，必须对混凝土的强度进行疲劳验算。

此外，还有混凝土的疲劳抗拉强度，《混凝土结构设计标准》里分别用符号 $f_c^f$、$f_t^f$ 表示混凝土轴心抗压、抗拉疲劳强度设计值，取值根据混凝土强度设计值乘以疲劳强度修正系数 $\gamma_p$（表 2.6、表 2.7）确定。而混凝土受压或受拉疲劳强度修正系数应根据疲劳应力比值 $\rho_c^f$（$\sigma_{c,min}^f/\sigma_{c,max}^f$，即截面同一纤维上混凝土的最小应力与最大应力的比值），分别按表 2.6、表 2.7 采用；当混凝土承受拉-压疲劳应力作用时，疲劳强度修正系数取 0.60。

**表 2.6　混凝土受压疲劳强度修正系数 $\gamma_p$**

| $\rho_c^f$ | $0\leqslant\rho_c^f<0.1$ | $0.1\leqslant\rho_c^f<0.2$ | $0.2\leqslant\rho_c^f<0.3$ | $0.3\leqslant\rho_c^f<0.4$ | $0.4\leqslant\rho_c^f<0.5$ | $\rho_c^f\geqslant0.5$ |
|---|---|---|---|---|---|---|
| $\gamma_p$ | 0.68 | 0.74 | 0.80 | 0.86 | 0.93 | 1.00 |

**表 2.7　混凝土受拉疲劳强度修正系数 $\gamma_p$**

| $\rho_c^f$ | $0\leqslant\rho_c^f<0.1$ | $0.1\leqslant\rho_c^f<0.2$ | $0.2\leqslant\rho_c^f<0.3$ | $0.3\leqslant\rho_c^f<0.4$ | $0.4\leqslant\rho_c^f<0.5$ |
|---|---|---|---|---|---|
| $\gamma_p$ | 0.63 | 0.66 | 0.69 | 0.72 | 0.74 |
| $\rho_c^f$ | $0.5\leqslant\rho_c^f<0.6$ | $0.6\leqslant\rho_c^f<0.7$ | $0.7\leqslant\rho_c^f<0.8$ | $\rho_c^f\geqslant0.8$ | |
| $\gamma_p$ | 0.76 | 0.80 | 0.90 | 1.00 | |

注：直接承受疲劳荷载的混凝土构件，当采用蒸汽养护时，养护温度不宜高于 60 ℃。

2.2.2.3　混凝土的弹性模量

(1) 初始弹性模量(原点模量)

弹性模量反映了材料受力后的应力-应变性质。当应力较小时，混凝土具有弹性性质，混凝土在这个阶段的弹性模量 $E_c$ 可用应力-应变曲线过原点切线的正切表示(图 2.12)，称为初始弹性模量，也称原点模量。

$$E_c = \tan\alpha_0 \tag{2.4}$$

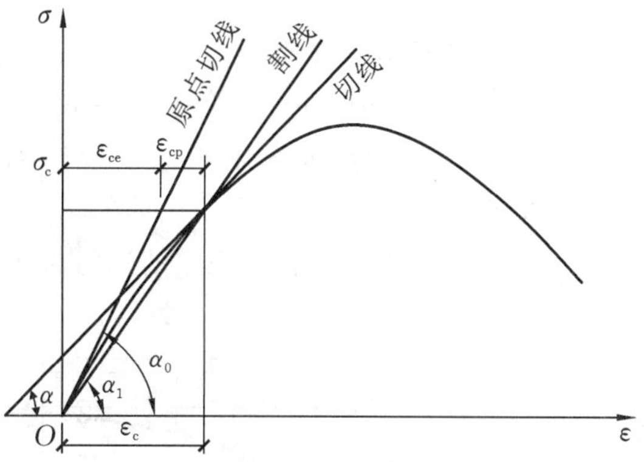

图 2.12　混凝土变形模量的表示方法

工程中的混凝土结构总是要承受多次的重复加载，而且混凝土在一次加载下的初始弹性模量也不易准确测定，故通常借助多次重复加载后的应力-应变曲线的斜率来确定混凝土的弹性模量。一般情况下，只要重复荷载的最大应力不超过 $0.5f_c$，则随荷载重复次数的增加，残余变形将逐渐减小，应力-应变曲线近于直线，并且该直线与第一次加载时应力-应变曲线原点的切线大致平行。通常取 10 次加载循环后应力差 $\sigma_c$ 与相应的应变差 $\varepsilon_c$ 的比值来计算初始弹性模量(图 2.11)。即

$$E_c = \frac{\sigma_c}{\varepsilon_c} \tag{2.5}$$

混凝土的弹性模量和它的立方体强度有关，因此影响混凝土立方体强度的各种因素对混凝土的弹性模量也有影响。根据大量的试验结果，我国《混凝土结构设计标准》给出的混凝土的弹性模量 $E_c(\mathrm{N/mm^2})$ 与立方体抗压强度标准值 $f_{cu,k}$ 的关系为

$$E_c = \frac{10^5}{2.2 + \frac{34.7}{f_{cu,k}}} \tag{2.6}$$

由上式计算得到的混凝土弹性模量见附表 3。

上述关系将混凝土的弹性模量定义为原点模量，且是在应力较小情况下采用反复加荷确定的，适用于大多数情况下的结构内力分析和结构设计。

混凝土受拉弹性模量与受压时基本一致，因此可取相同值。当混凝土达到极限强度即将开裂时，可取其受拉弹性模量为 $0.5E_c$。

(2) 切线模量和割线模量

严格来说，当混凝土进入塑性阶段后，初始弹性模量已不能反映这时的应力-应变性质。因此有时用切线模量和割线模量来表示这时的应力-应变关系。

切线模量是指在混凝土的应力-应变曲线上某一应力 $\sigma_c$ 处作一切线，该切线的斜率，即为相应于应力为 $\sigma_c$ 时的切线模量(图 2.12)。

$$E_c'' = \tan\alpha \tag{2.7}$$

如果对混凝土应力-应变曲线原点和曲线上某一点作割线，割线的斜率为曲线上那点的割线模量。由于割线模量表示了曲线上某点总应力与总应变之比，而总应变包括弹、塑性变形，所以割线模量也称为混凝土的变形模量(图 2.12)。

$$E_c' = \tan\alpha_1 \tag{2.8}$$

(3) 剪切弹性模量

根据弹性理论，混凝土的剪切弹性模量 $G_c$ 为

$$G_c = \frac{E_c}{2(1+\nu)} \tag{2.9}$$

式中　$\nu$——横向应变与纵向应变之比，称为泊松比。

当压应力较小时，混凝土的泊松比为 0.15～0.18，可近似取 0.2；混凝土接近破坏时，可达 0.5 以上。

影响混凝土剪切弹性模量的因素一般认为与弹性模量相似，可按混凝土弹性模量的 0.4 倍采用，即 $G_c=0.4E_c$。

2.2.2.4 混凝土的徐变和收缩

混凝土在荷载长期作用下产生随时间而增长的变形称为徐变。徐变会造成结构的内力重分布，会使结构变形增大，会引起预应力损失，在高应力作用下，还会导致构件破坏。

(1) 混凝土的徐变

图 2.13 是某混凝土试件在稳定的长期荷载作用下所得的应变和时间的关系曲线。

【视频资源】

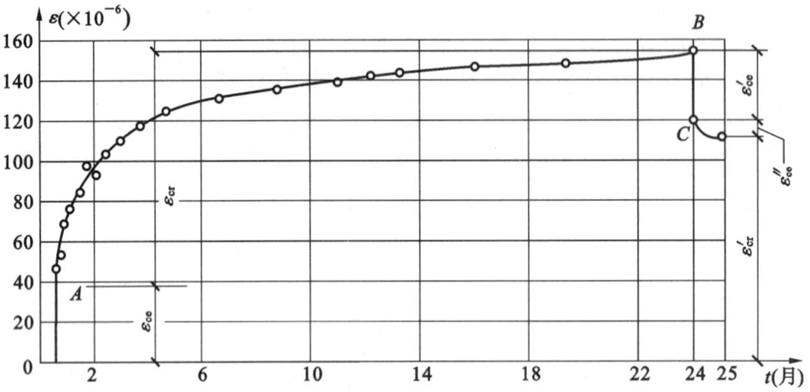


**图 2.13 混凝土的徐变**

图中 $\varepsilon_{ce}$ 为加载时立即产生的瞬时应变，$\varepsilon_{cr}$ 为随时间而增长的徐变。徐变开始时增长很快，6 个月可达最终徐变量的 70%～80%，以后增长渐缓慢，24 个月产生的徐变为 $\varepsilon_{ce}$ 的 2～4 倍。此时，如卸去全部荷载(图 2.13 中 $B$ 点)，则 $\varepsilon'_{ce}$ 为卸荷时的瞬时恢复变形，经过一段时间(约 20 d)，又有一部分应变逐渐恢复($\varepsilon''_{ce}$)，这种现象称为弹性后效，最后剩下的 $\varepsilon'_{cr}$ 为不可恢复的变形。混凝土的组成成分和配合比直接影响徐变大小。骨料的弹性模量愈大，骨料体积在混凝土中所占的比重就愈高，则由凝胶体流变后转给骨料压力所引起的变形愈小，徐变亦愈小。水泥用量愈大，凝胶体在混凝土中所占比重愈大，会使徐变增大。水胶比高，水泥水化后残存的游离水也多，也会使徐变增大。

此外，养护时温度高，湿度大，则水泥水化作用充分，徐变减小。受荷载作用后混凝土在湿度低、温度高的条件下所产生的徐变要比湿度高、温度低时明显增大。构件体表比(构件体积与构件表面面积的比值)愈小，徐变愈大。受荷载时混凝土龄期愈长，则水泥石中结晶所占比例愈大，凝胶体黏性流动相对减小，徐变也愈小。

徐变对钢筋混凝土结构的影响有时是明显的。例如钢筋混凝土轴心受压构件在不变荷载的长期作用下，混凝土将产生徐变。由于钢筋与混凝土的粘结作用，两者共同变形，混凝土的徐变将迫使钢筋的应变增大，钢筋应力也相应增大。但外荷载保持不变，由平衡条件可得，混凝土应力必将减小，这样就产生了应力重分布，使得构件中钢筋和混凝土的实际应力和设计计算时所得出的数值不一样。

(2) 混凝土的收缩

混凝土在空气中结硬时其体积会缩小，这种现象称为混凝土的收缩。混凝土在水中结硬时体积会膨胀。收缩和膨胀是混凝土在不受力情况下因体积变化而产生的变形。

通常认为混凝土的收缩是由凝胶体本身的体积收缩(即凝结)和混凝土因失水产生的体积收缩(即干缩)组成。混凝土的收缩在早期发展较快，以后逐渐减缓(图 2.14)，整个收缩过程可延续 2 年以上，最后趋于一个最终收缩值，通常情况下，其值在 $2\times10^{-4}$～$5\times10^{-4}$ 范围内变化。

试验表明，混凝土中水泥用量越多、水胶比越大、骨料颗粒越小、孔隙率越高、骨料的弹性模量越低，则混凝土的收缩也越大。此外，在混凝土结硬过程中周围湿度大以及服役环境的湿度大时，混凝土的收缩则

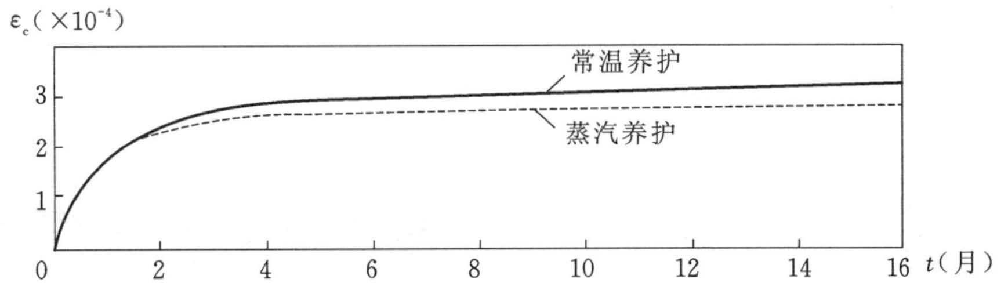


**图 2.14　混凝土的收缩**

较小。

当混凝土不能自由收缩时，会在混凝土内产生拉应力而引起裂缝。在钢筋混凝土构件中，由于钢筋限制了混凝土的部分收缩，构件的收缩变形比混凝土的自由收缩要小些。钢筋与混凝土之间存在粘结作用，粘结应力使钢筋随混凝土缩短而受压，其反作用力相当于将自由收缩的混凝土拉长，使混凝土受拉。当混凝土收缩较大、构件截面配筋又较多时，会使混凝土构件产生收缩裂缝。混凝土的膨胀数值一般较小，对结构的危害也不大。

混凝土徐变和收缩对钢筋混凝土结构的影响不可忽视，规范中的不少规定都考虑了这种影响。只要设计、施工符合规范要求，就不会因混凝土徐变、收缩造成结构的质量问题。在特殊情况下，徐变或收缩可能影响结构的质量，这时就必须在设计和施工中采取相应的技术措施。

## 2.3　钢筋与混凝土的粘结

### 2.3.1　粘结应力的定义

钢筋与混凝土之间的粘结是保证钢筋和混凝土这两种力学性质不同的材料在结构构件中共同工作的基本前提之一。

(1) 粘结力的产生机理

在结构弯矩构件中，根据内力沿构件的变化情况，将在钢筋表面产生沿纵向按不同规律分布的粘结应力。通过对比图 2.15(a)和(b)中的两种情况，可以说明这种粘结应力的存在。

在图 2.15(a)中假定梁内钢筋与混凝土之间没有任何粘结作用(例如把钢筋放在构件中预留的纵向孔道内)，则当混凝土梁受弯矩作用而产生弯曲变形时，虽然与钢筋处在同一高度的混凝土纤维将受拉伸长，但钢筋和混凝土之间发生相对滑移，钢筋保持原有长度不变，不能与混凝土共同承担拉力。这种梁的受力性能与不配钢筋的素混凝土梁没有什么差别。而在图 2.15(b)所示的梁中，由于钢筋与混凝土粘结在一起，所以当构件受弯矩作用产生弯曲变形时，钢筋就必然要与受拉的混凝土一起伸长。与图 2.15(a)相比，这相当于混凝土通过它与钢筋表面之间的粘结应力[图 2.15(c)]而把钢筋强制拉长。

如果在梁上取一微段 $dx$ 来研究，设钢筋直径为 $d$，截面面积为 $A_s$，周长为 $S$；钢筋的应力增量为 $d\sigma_s$；钢筋和混凝土接触面上的粘结应力为 $\tau_b$。作用在微段两端的两个截面的弯矩分别为 $M$ 和 $M+dM$。当截面及配筋沿梁长不变时，微段左右两个截面中钢筋的拉力也会由于弯矩的变化而相应按比例变化，即分别为 $\sigma_s A_s$ 和 $(\sigma_s+d\sigma_s)A_s$，如图 2.15(c)所示。钢筋两端拉力差就只能由作用在钢筋与混凝土接触面的纵向剪应力即粘结力来平衡。于是平衡方程为

$$\tau_b S dx+\sigma_s A_s=(\sigma_s+d\sigma_s)A_s \tag{2.10}$$

则

$$\tau_b=\frac{d\sigma_s \cdot A_s}{S dx} \tag{2.11}$$

由以上分析可知，如果微段左右截面弯矩相同，钢筋两端不存在拉力差，那么也就不存在粘结力。也

可以说：因为有粘结应力的存在，钢筋应力沿长度方向才会发生变化，如果没有钢筋应力沿长度方向的变化，就不存在粘结应力。钢筋单位表面面积上所能承担的最大纵向剪应力被称为“粘结应力”或“粘结强度”。

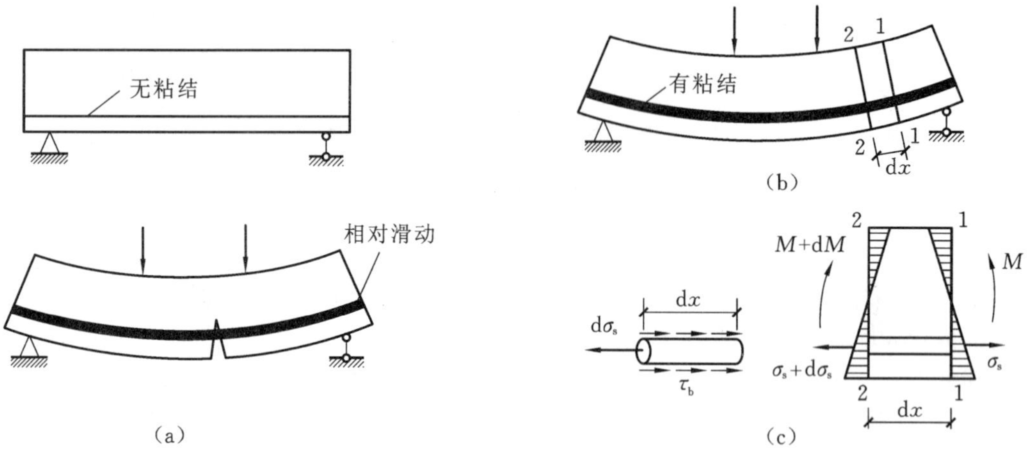


图 2.15　混凝土与钢筋的粘结作用图

粘结不仅仅限于水泥凝胶体对钢筋表面的黏着力，而是包含了黏着作用、摩擦作用以及钢筋表面凸凹不平或表面肋纹与周围混凝土之间的机械咬合作用的一个综合概念。

当粘结力较小时，粘结作用主要来源于钢筋和混凝土之间的胶结力，接触面上基本上不产生滑移，其胶结强度通常亦不大。

粘结应力稍大时，胶结力的黏着作用被破坏，钢筋与混凝土两者之间的摩擦力在粘结中起到重要的作用。对于变形钢筋，与摩擦力同时起作用的还有接触面上钢筋纵肋和混凝土之间的挤压力。

对于光面钢筋，当钢筋与混凝土之间的摩擦力已不能阻止两者之间的相对滑动时，粘结就遭到了破坏。对于表面凹凸不平的变形钢筋，在摩擦力丧失作用以后，接触面上的挤压作用仍可以提供一些粘结力(图 2.16)。当挤压力增加到一定程度时，混凝土齿状突起部分的折角处因应力集中而开裂，并沿着每条横肋朝外侧呈放射状发展，形成了如图 2.17 所示的一个个圆锥状的斜裂面。

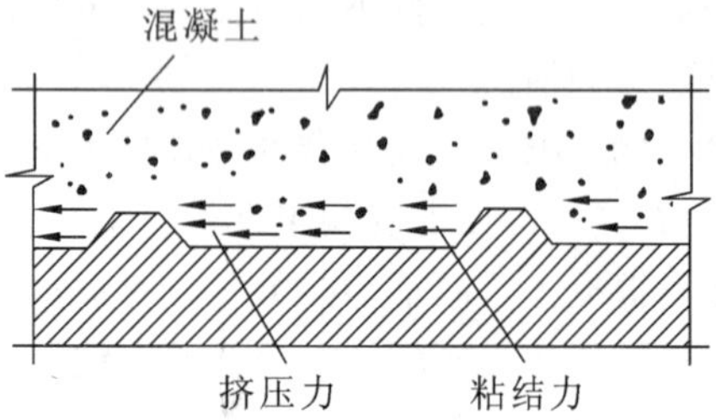


图 2.16　变形钢筋横肋间应力

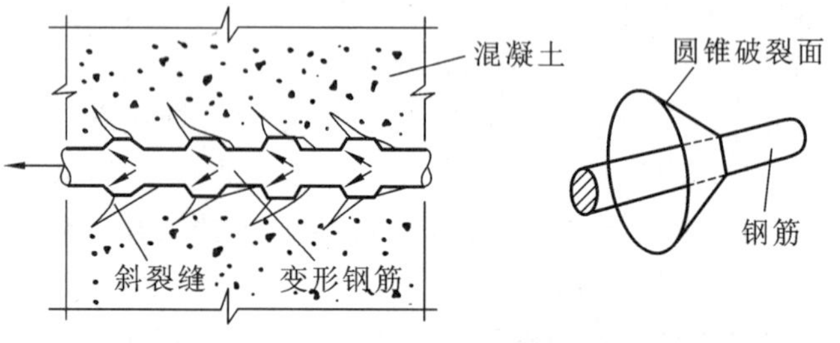


图 2.17　钢筋横肋处的挤压力和内裂缝

(2) 粘结强度的影响因素

研究钢筋和混凝土之间的粘结力时，常采用“拔出试验”(图 2.18)。从试验结果可以看出，粘结力沿钢筋长度的分布是不均匀的，这增加了粘结问题的复杂性。试验还表明，影响钢筋和混凝土粘结强度的因素很多：粘结强度随混凝土强度的提高而提高，但不成正比；变形钢筋粘结强度大于光面钢筋；混凝土浇筑深度过大时，由于混凝土的泌水下沉气泡逸出，使其与“顶部”水平钢筋之间产生空隙层，从而削弱钢筋与混凝土的粘结力；混凝土保护层太薄，可能使钢筋与混凝土产生径向劈裂裂缝而使粘结强度降低；钢筋间距太小，可能出现水平劈裂而使整个保护层脱落，使粘结强度显著降低。

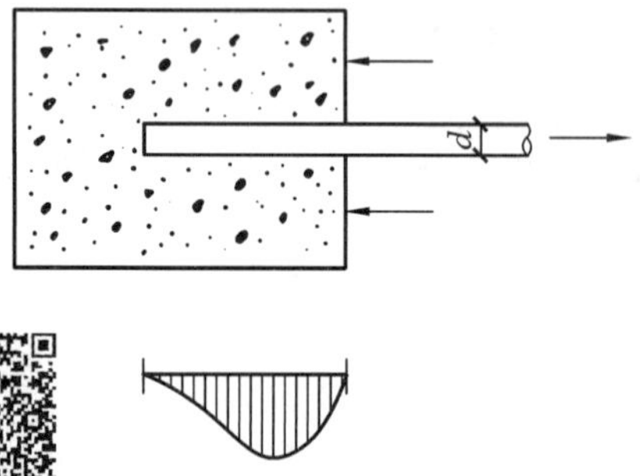


图 2.18　粘结应力的分布

【视频资源】

梁中的箍筋可以延缓径向劈裂裂缝向构件表面发展，并可限制到达构件表面的劈裂裂纹宽度，从而提高粘结强度。因此，在较大直径钢筋的锚固区和搭接长度范围内，以及当一排的并列钢筋根数较多时，均设置较多数量的箍筋，以防止混凝土保护层的劈裂崩落。

(3) 粘结的类型

钢筋和混凝土的粘结，按其在构件中作用的性质可分为两类。第一类是锚固粘结或称为延伸粘结。例如梁底部的钢筋在支座内截断[图 2.19(a)]，或支座负筋在跨间切断时[图 2.19(b)]，必须有足够的锚固长度(或延伸长度)，才能保证钢筋的端头不会在钢筋内力的作用下发生相对于混凝土的滑动；或者说，通过这段长度上粘结力的积累，才能使钢筋中建立起所需发挥的拉力。这类粘结考虑的部位是在钢筋端头附近。

第二类是裂缝附近的局部粘结。这种局部粘结是指在开裂构件两侧，钢筋和混凝土接触面上的与钢筋拉应力方向相反的粘结应力。

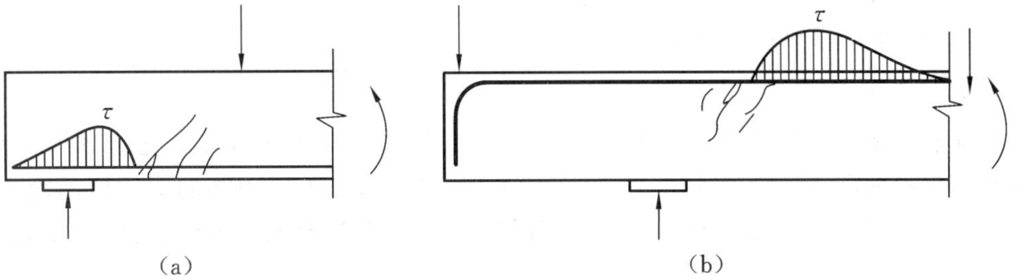


**图 2.19 锚固粘结**

弯矩作用下的一段梁，当弯矩较小时，受拉钢筋与其附近的混凝土变形相同，钢筋和混凝土虽然粘结在一起，但它们之间并不存在粘结应力。当弯矩增加致使受拉区混凝土的拉应力达到其抗拉强度时，则在混凝土的较薄弱部位出现裂缝。开裂截面处混凝土退出工作，且向裂缝两侧回缩(图 2.20)。由于钢筋和混凝土粘结在一起，混凝土的回缩则受到钢筋的约束，这样，在钢筋和混凝土之间产生的剪力即粘结力。这类粘结考虑的部位是在钢筋的中部，而不是端头。

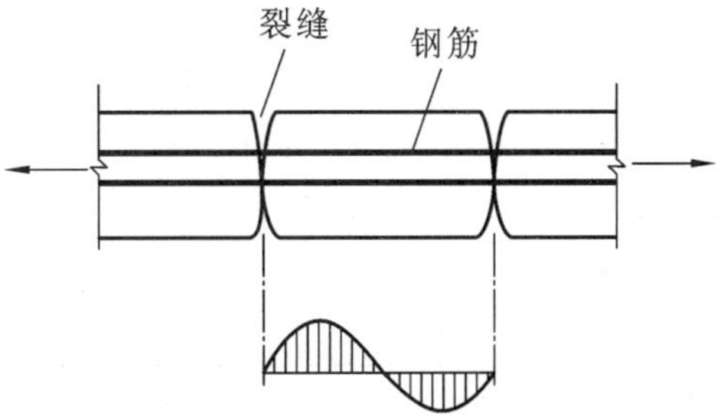


**图 2.20 局部粘结应力图**

在两裂缝之间，粘结力的存在使钢筋应力发生变化。钢筋应力的变化反映了裂缝间混凝土参与工作的程度。裂缝附近局部粘结应力大小会影响裂缝的间距大小和裂缝的宽度，并且会影响受弯构件的刚度。

### 2.3.2 钢筋混凝土的一般构造规定

由于粘结破坏机理的复杂性，影响粘结力的因素较多，以及实际工作中粘结受力情况的多样性，使得至今尚未对粘结建立起比较完整的计算理论。目前各国规范处理粘结问题的方法也不相同。有的规范以试验得到的粘结应力为基本粘结应力，要求对锚固长度进行计算，使沿锚固长度的平均粘结应力不超过基本粘结应力；有些规范用规定构造措施来保证钢筋和混凝土间的粘结力。

我国《混凝土结构设计标准》为了计算的简化，采用了不进行粘结计算，而用规定构造措施的方法来保证钢筋和混凝土的粘结力。构造措施中规定了钢筋的最小搭接长度和锚固长度，钢筋的最小间距和混凝土保护层的最小厚度，钢筋在搭接接头范围内应箍筋加密，受力的光面钢筋端部要做弯钩等。

钢筋连接除焊接外，也常采用搭接(图 2.21)。搭接时依靠钢筋与混凝土之间的粘结力传力，而非依靠绑扎传力，因此钢筋的搭接接头可视为锚固的一个特例，但搭接接头的受力情况较为不利。由于搭接范围内两根钢筋贴近且同时受力，钢筋与混凝土间的粘结作用被削弱，钢筋间的混凝土易被磨碎或剪坏。因此，如果同一截面内钢筋的搭接接头的百分率过大或搭接钢筋的横向间距过密时，锚固作用将会严重下降。

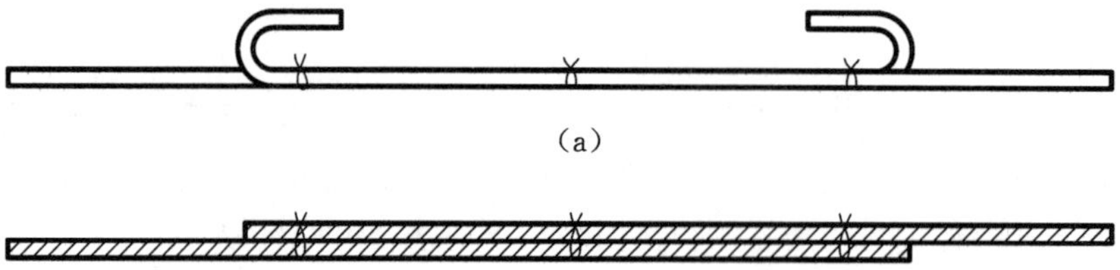

(a)

(b)

**图 2.21　钢筋的搭接接头**

(a) 光面钢筋；(b) 变形钢筋

钢筋承受压力时会产生横向膨胀，这种膨胀增大了钢筋和混凝土之间的粘结力；对于受压钢筋，对其锚固长度和对其接头的要求可适当放宽。

2.3.2.1　混凝土保护层

纵向受力钢筋及预应力钢筋、钢丝、钢绞线的混凝上保护层的厚度(从钢筋外边缘到构件表面的距离)不应小于钢筋的公称直径；设计工作年限为 50 年的混凝土结构，最外层钢筋的保护层厚度应符合表 2.8 的规定；设计工作年限为 100 年的混凝土结构，最外层钢筋的保护层厚度不应小于表 2.8 中数值的 1.4 倍。

**表 2.8　混凝土保护层的最小厚度 $c$(mm)**

| 环境类别 | 板、墙、壳 | 梁、柱、杆 |
|---|---|---|
| 一 | 15 | 20 |
| 二 a | 20 | 25 |
| 二 b | 25 | 35 |
| 三 a | 30 | 40 |
| 三 b | 40 | 50 |

注：① 混凝土强度等级不大于 C25 时，表中保护层厚度数值应增加 5 mm；

② 钢筋混凝土基础宜设置混凝土垫层，基础中钢筋的混凝土保护层厚度应从垫层顶面算起，且不应小于 40 mm。

2.3.2.2　钢筋的锚固

(1) 基本锚固长度

当计算中充分利用钢筋的抗拉强度时，其基本锚固长度应按下式计算

$$l_{ab}=\alpha\frac{f_y}{f_t}d \tag{2.12}$$

式中　$l_{ab}$——受拉钢筋的基本锚固长度；

$f_y$——普通钢筋、预应力筋的抗拉强度设计值 $f_{py}$；

$f_t$——混凝土的轴心抗拉强度设计值，当混凝土强度等级高于 C60 时，按 C60 取值；

$d$——锚固钢筋的直径；

$\alpha$——锚固钢筋的外形系数，按附表 13 取用。

(2) 受拉钢筋的锚固

① 锚固长度

受拉钢筋的锚固长度应根据锚固条件按下列公式计算，且不应小于 200 mm

$$l_a=\xi_a l_{ab} \tag{2.13}$$

式中　$l_a$——受拉钢筋的锚固长度；

$\xi_a$——锚固长度修正系数。

$\xi_a$ 应符合以下规定：

(a) 当带肋钢筋的公称直径大于 25 mm 时取 1.10；

(b) 环氧树脂涂层带肋钢筋取 1.25；

(c) 施工过程中易受扰动的钢筋取 1.10；

(d) 当纵向受力钢筋的实际配筋面积大于其设计计算面积时，修正系数取设计面积与实际配筋面积的比值，但对有抗震设防要求及直接承受动力荷载的结构构件，不应考虑此项修正；

(e) 锚固钢筋的保护层厚度为 $3d$ 时修正系数可取 0.80，保护层厚度不小于 $5d$ 时修正系数可取 0.70，中间按线性内插法取值，此处 $d$ 为锚固钢筋的直径；

(f) 当多于一项时，可按连乘计算，但不应小于 0.6；

(g) 对预应力筋，可取 1.0。

② 横向构造钢筋

当锚固钢筋的保护层厚度不大于 $5d$ 时，锚固长度范围内应配置横向构造钢筋，其直径不应小于 $d/4$；对梁、柱、斜撑等构件间距不应大于 $5d$，对板、墙等平面构件间距不应大于 $10d$，且均不应大于 100 mm。

③ 锚固措施

当纵向受拉普通钢筋末端采用弯钩或机械锚固措施时，包括弯钩或锚固端头在内的锚固长度（投影长度）可取为基本锚固长度 $l_{ab}$ 的 60%。弯钩和机械锚固的形式和技术要求应符合图 2.22 的规定。

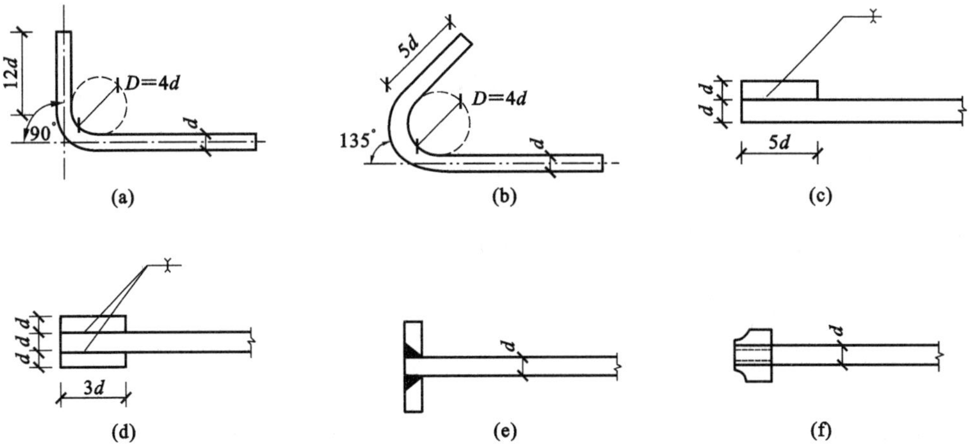


**图 2.22 弯钩和机械锚固的形式和技术要求**

(3) 受压钢筋的锚固

混凝土结构中的纵向受压钢筋，当计算中充分利用其抗压强度时，锚固长度不应小于相应受拉锚固长度的 70%。受压钢筋不应采用末端弯钩和一侧贴焊锚筋的锚固措施。受压钢筋锚固长度范围内的横向构造钢筋与受拉钢筋相同。

(4) 其他构件中的锚固

承受动力荷载的预制构件，应将纵向受力普通钢筋末端焊接在钢板或角钢上，钢板或角钢应可靠地锚固在混凝土中。钢板或角钢的尺寸应按计算确定，其厚度不宜小于 10 mm。其他构件中受力普通钢筋的末端也可通过焊接钢板或型钢实现锚固。

2.3.2.3 钢筋的搭接

受力钢筋的连接接头宜设置在受力较小处。在同一根钢筋上宜少设接头。轴心受拉及小偏心受拉杆件的纵向受力钢筋不得采用搭接接头；其他构件中的钢筋采用绑扎搭接时，受拉钢筋直径不宜大于 25 mm，受压钢筋直径不宜大于 28 mm。

同一构件各根钢筋的搭接接头宜相互错开。不在同一连接范围内的搭接接头中心间距不应小于 1.3

倍搭接长度，即搭接钢筋端部间距应不小于搭接长度的30%。

位于同一连接区段内的受拉钢筋搭接接头面积百分率：对梁类、板类及墙类构件，不宜大于25%；对柱类构件，不宜大于50%。当工程中确有必要增大受拉钢筋搭接接头面积百分率时，对梁类构件，不宜大于50%；对板、墙、柱及预制构件的拼接处，可根据实际情况放宽。纵向受拉搭接接头的长度应根据钢筋搭接接头面积百分率按下式计算，且不应小于300 mm。

$$l_l = \zeta_l l_a \tag{2.14}$$

式中 $l_l$——受拉钢筋的搭接长度；

$l_a$——受拉钢筋的锚固长度；

$\zeta_l$——受拉钢筋搭接长度修正系数，按表2.9取用。

**表2.9 纵向受拉钢筋搭接长度修正系数**

| 纵向搭接钢筋接头面积百分率(%) | ≤25 | 50 | 100 |
|---|---|---|---|
| $\zeta_l$ | 1.2 | 1.4 | 1.6 |

构件中的纵向受压钢筋当采用搭接连接时，其受压搭接长度不应小于上述纵向受拉钢筋搭接长度的70%，且不应小于200 mm。

在梁、柱类构件的纵向受力钢筋搭接长度范围内的横向构造钢筋应符合上节钢筋锚固对横向构造钢筋的基本要求；当受压钢筋直径大于25 mm时，尚应在搭接接头两个端面外100 mm的范围内各设置两道箍筋。

## 2.4 新型材料

随着时代的不断发展和科技的飞速进步，土木工程领域使用的材料除了传统的钢筋和混凝土外，还涌现出越来越多的新型材料。这些新型材料不仅解决了特殊工程问题，也满足了多样化的工程需求。在本节中，我们将介绍目前土木工程领域中几种应用相对广泛的新型材料，如轻骨料混凝土、钢纤维混凝土和纤维增强复合材料。

学习这些新型材料时，我们应该深入了解它们各自的特点，并注意它们在结构设计上与传统材料的区别。这不仅有助于我们更好地理解工程设计的多样性，还培养了我们对新技术的敏感性和适应性。同时，我们要认识到科技进步给我们带来的责任。在应用新型材料时，我们需要权衡其优点和缺点，确保工程安全、稳定，并考虑其对环境产生的影响。

这一学习过程不仅仅是对技术的掌握，更是培养我们对社会的责任感。作为土木工程师，我们的设计和选择直接影响人们的生活和社会的可持续发展。因此，在学习新型材料时，我们要保持对社会责任的认识，将技术应用于实践中，为社会的可持续发展贡献智慧和力量。

### 2.4.1 轻骨料混凝土

混凝土作为当代使用最广泛的建筑材料，有较多优点。但普通混凝土的自重大且热工性能不好，制约了其应用。轻骨料混凝土的出现，实现了混凝土的轻质高强，同时也在不同程度上改善了其热工性能。根据《轻骨料混凝土应用技术标准》(JGJ/T 12—2019)的定义，轻骨料混凝土是用轻粗骨料、轻砂或普通砂、胶凝材料、外加剂和水配制而成的干表观密度不大于1950 kg/m$^3$的混凝土。根据所使用的砂的类型不同，混凝土可分为：全轻混凝土(由轻砂做细骨料配制而成的轻骨料混凝土)和砂轻混凝土(由普通砂或普通砂中掺加部分轻砂做细骨料配制而成的轻骨料混凝土)。

轻骨料按其来源可分为：工业废渣轻骨料(如粉煤灰陶粒、自燃煤矸石、膨胀矿渣珠、煤渣)、天然轻骨料(如浮石、火山渣)和人造轻骨料(通常也称为陶粒，如页岩陶粒、黏土陶粒)。相比于普通骨料，轻骨料因其内部多孔，所以强度较低且弹性模量较小，但是因为质量轻，能有效降低结构自重，因此由其配制而成的轻骨料混凝土适用于高层和多层建筑、软土地基、大跨度结构、抗震结构等。此外，内部多孔的特点也使轻骨料混凝土具有良好的热工性能，其导热系数远低于普通混凝土，可用于建筑节能设计。轻骨料混凝土的使用也存在一些问题，轻骨料混凝土的离析问题比普通混凝土严重，虽然拌合物的黏聚性和保水性好，但流动性差；若加大流动性，则轻骨料易离析上浮，聚集在拌合物表面，不仅造成抹面困难，而且会造成混凝土表面因缺少砂浆填充而充满空隙，降低了其均匀性，影响其强度和耐久性。

通常的轻骨料混凝土有13个强度等级：LC5、LC7.5、LC10、LC15、LC20、LC25、LC30、LC35、LC40、LC45、LC50、LC55、LC60。和普通混凝土强度等级的规定类似，字母LC是轻骨料混凝土(Lightweight aggregate Concrete)的英文缩写，后面的数字表示以$N/mm^2$为单位的混凝土立方体抗压强度标准值。轻骨料混凝土的破坏特点与普通混凝土有显著区别，在受压试验中可以观察到，普通混凝土的破坏面出现在骨料和水泥石的粘结界面上，这是因为普通骨料强度大于水泥石，而它们的交界面则是最薄弱的区域，所以破坏面环绕普通骨料而发展；而对于轻骨料混凝土，因为骨料强度往往低于水泥石强度，破坏面常常贯穿轻骨料而发展。

结构用轻骨料混凝土应采用砂轻混凝土。不同用途的轻骨料的强度规定与普通混凝土一致，即：轻骨料混凝土结构的混凝土强度等级不应低于LC20；采用强度为400 MPa及以上的钢筋时，轻骨料混凝土的强度等级不应低于LC25；预应力轻骨料混凝土结构的混凝土强度等级不宜低于LC40，且不应低于LC30。结构用人造轻骨料混凝土的轴心抗压和抗拉强度标准值$f_{ck}$和$f_{tk}$，轴心抗压和抗拉强度设计值$f_c$和$f_t$，均与普通混凝土的强度采用规定保持一致。有些轻骨料混凝土强度的离散性比较大，因此其轴心抗拉强度标准值和设计值采用乘以折减系数的方式保证其安全性，比如，在表2.3、表2.5中数值的基础上，自燃煤矸石混凝土应乘以系数0.85，火山渣混凝土应乘以系数0.80。另外，在计算现浇钢筋轻骨料混凝土轴心受压及偏心受压构件时，对于截面的长边或直径小于300 mm的构件，混凝土的强度设计值应在表2.4中数值基础上乘以系数0.80。

《轻骨料混凝土应用技术标准》对有抗震设防要求的轻骨料混凝土结构构件最高和最低的混凝土强度等级进行了限制，以保证构件在地震作用下的承载力和延性，这与普通混凝土结构的抗震设防思路是一致的，但是其最高和最低限值与普通混凝土稍有区别：抗震设防烈度不低于8度时，不宜超过LC50；一级抗震等级的结构构件，轻骨料混凝土强度等级不应低于LC25；对二、三、四级抗震等级的结构构件，轻骨料混凝土强度等级不应低于LC20。

同强度等级的轻骨料混凝土的弹性模量远低于普通混凝土。结构用轻骨料混凝土的弹性模量$E_{LC}$可按表2.10取值。当有可靠试验依据时，弹性模量$E_{LC}$也可根据实测数据确定。结构用轻骨料混凝土的剪切变形模量$G_{LC}$可按$G_{LC}=(5/12)E_{LC}$计算。轻骨料混凝土的泊松比可取0.2。

**表2.10 结构用轻骨料混凝土的弹性模量**($\times 10^4$ $N/mm^2$)

| 强度等级 | 密度等级 | | | | | | | |
|---|---|---|---|---|---|---|---|---|
| | 1200 | 1300 | 1400 | 1500 | 1600 | 1700 | 1800 | 1900 |
| LC15 | 0.94 | 1.02 | 1.10 | 1.17 | 1.25 | 1.33 | 1.41 | 1.49 |
| LC20 | 1.08 | 1.17 | 1.26 | 1.36 | 1.45 | 1.54 | 1.63 | 1.72 |
| LC25 | — | 1.31 | 1.41 | 1.52 | 1.62 | 1.72 | 1.82 | 1.92 |
| LC30 | — | — | 1.55 | 1.66 | 1.77 | 1.88 | 1.99 | 2.10 |
| LC35 | — | — | — | 1.79 | 1.91 | 2.03 | 2.15 | 2.27 |
| LC40 | — | — | — | — | 2.04 | 2.17 | 2.30 | 2.43 |
| LC45 | — | — | — | — | — | 2.30 | 2.44 | 2.57 |
| LC50 | — | — | — | — | — | 2.43 | 2.57 | 2.71 |
| LC55 | — | — | — | — | — | — | 2.70 | 2.85 |
| LC60 | — | — | — | — | — | — | 2.82 | 2.97 |

由于轻骨料的弹性模量小和骨料限制变形的能力低，故一般轻骨料混凝土收缩和徐变要比普通混凝土大。另外，也正是由于轻骨料对水泥石的温度变化约束力小，所以其线膨胀系数也低于普通混凝土。

在轻骨料钢筋混凝土结构中，普通钢筋和预应力筋的选用原则与《混凝土结构设计标准》相同，钢筋的强度标准值、强度设计值和弹性模量等材料性能指标也按该标准确定。

### 2.4.2　钢纤维混凝土

普通混凝土存在抗拉强度低、脆性大等问题，限制了其应用范围。为了弥补其缺陷，纤维混凝土应运而生，以水泥浆、砂浆或混凝土作基材，以纤维作增强材料所组成的水泥基复合材料称为纤维混凝土。通过纤维改性，可以大幅增强混凝土的抗拉能力、抗弯能力、变形能力和耐动荷能力。

在工程实用中，常用的纤维有玻璃纤维、聚丙烯纤维、碳纤维、钢纤维、石棉纤维、植物纤维和高弹模合成纤维等。

在承重结构中，国内目前常用的是钢纤维混凝土。钢纤维通常以短纤维的形式乱向随机分布于混凝土或水泥砂浆基体中。生产钢纤维的材料有：碳素钢和不锈钢。纤维的形状有：平直形和异形（压痕形、波形、端勾形、大头形和不规则麻面形等）。钢纤维主要有四种制造方法：高强钢丝切断型、薄板剪切型、钢锭铣削型和熔抽型。

（1）钢纤维对混凝土的增强效果和影响因素

在钢纤维混凝土中，混凝土内部微裂缝的扩展和宏观裂纹的发生与发展被乱向分布的短纤维所阻碍和限制，因此，混凝土相对薄弱的抗拉强度和主要由主拉应力控制的强度（抗剪、抗弯、抗扭等）有了明显的改善。但是相对来说，抗压强度的提高幅度不大。

根据纤维增强机理理论（纤维间距理论、复合材料理论和微观断裂力学等）和大量的实验数据表明，纤维的增强效果主要取决于以下因素：基体强度 $f_m$，纤维的长径比（$l_f/d_f$），纤维的体积率（$\rho_f$），纤维与基体的粘结强度（$\tau$），以及纤维在基体的分布和取向的影响系数（$\eta$）。因此，钢纤维混凝土的强度（$f_f$）可表达为：

$$f_f = F[f_m,(l_f/d_f)\cdot\rho_f\cdot\tau\cdot\eta]$$

分析钢纤维混凝土增强机理，应结合拉伸性能进行论述和试验，因为钢纤维混凝土的拉伸性能是其诸优异特性的集中体现。普通混凝土基体受力前后裂缝的变化分为：裂缝收缩（受压试验中）、裂缝的受力引发、裂缝稳定扩展、裂缝不稳定扩展。混凝土基体中掺入钢纤维后，这些阶段依然存在，但因钢纤维对混凝土的阻裂作用，这些阶段的特征发生了显著变化。其差异幅度同样与纤维特性（$\rho_f$、$l_f/d_f$、品种、外形等）、混凝土基体特征（组成材料性能、基体强度等级）、纤维-基体的相对体积含量和纤维-基体的界面粘结性能等因素有关。应注意的是，钢纤维对混凝土的作用绝非限于裂后阶段，在受力和初裂之前，钢纤维已通过抑制混凝土基体收缩，减少与缩小了裂缝源的数量和尺度；在受力后达到初裂之前，当钢纤维混凝土拉伸应变达到混凝土基体极限拉应变时，混凝土并不立即开裂，直至轴拉应变值倍增时，钢纤维混凝土才有可能出现初裂。所以，钢纤维的掺入提高了混凝土的极限应变值和钢纤维的初裂强度，其提高幅度同样与上述因素有关。

图 2.23 为典型的轴拉应力-应变曲线，同时也反映了 $\rho_f$ 对其的影响。当 $\rho_f$ 增大，初裂应变、初裂强度、极限应变、极限强度均相应提高，应力-应变曲线下包面积增大。当 $\rho_f$ 为 0.5%～2%时，荷载达峰值后，并非突然下降，而有一个缓慢下降的过程，从而提高了韧性。$l_f/d_f$ 也有类似的影响规律，但是不及 $\rho_f$ 的影响那么显著。根据实际应用发现，钢纤维适用体积率一般为 0.35%～1.5%，最大不宜超过 2.0%，因为用普通拌和方法，体积率超过 1.5%以后，拌和均匀性不佳，其增强效果也变差。

钢纤维的破坏大多数表现为纤维被拔出，而不是被拉断，因此改善纤维与基体间的粘结强度是提高纤维增强效果的主要控制因素之一，改善方法有：增加纤维的粘结长度（即增加长径比）；提高基体强度以改

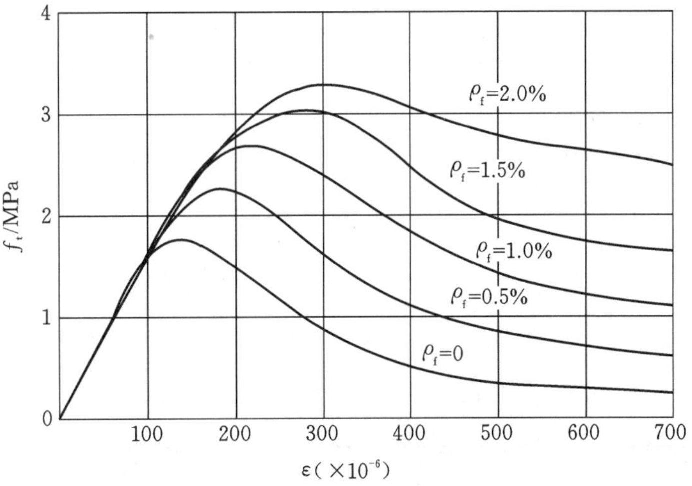


**图 2.23 钢纤维混凝土轴心受拉应力-应变理论曲线**

善基体的粘结性能；改善纤维的形状，增加纤维与基体的摩阻力和咬合力。此外，纤维分布和取向的影响也很重要，比如：若能使纤维分布于受拉区并按受拉方向定向排列，则增强效果将大大加强。

(2) 钢纤维混凝土的基本受力性能

与普通混凝土相同，钢纤维混凝土的强度等级按立方体抗压强度标准值确定，采用符号 CF 与立方体抗压强度标准值(以 N/mm$^2$ 为单位)表示。根据《钢纤维混凝土》(JG/T 472—2015)可知，常用的钢纤维混凝土有 17 个强度等级：CF20、CF25、CF30、CF35、CF40、CF45、CF50、CF55、CF60、CF65、CF70、CF75、CF80、CF85、CF90、CF95、CF100。

《钢纤维混凝土结构设计标准》(JGJ/T 465—2019)规定，在结构设计中的钢纤维强度等级不应低于 CF25。喷射钢纤维混凝土和承受重复荷载的钢筋钢纤维混凝土结构构件的钢纤维混凝土强度等级不应低于 CF30；预应力钢纤维混凝土结构构件的钢纤维混凝土强度等级不应低于 CF40。

由于纤维对混凝土抗压强度的增强效果有限，钢纤维混凝土的轴心抗压强度的标准值和设计值均与相同等级的普通混凝土一致。

相对于普通混凝土，钢纤维混凝土的轴心抗拉和抗弯能力得到了显著提高，因此其强度可在普通混凝土的强度基础上乘以大于 1 的系数。钢纤维混凝土轴心抗拉强度的标准值和设计值可按式(2.15)和式(2.16)确定，弯拉强度标准值按式(2.17)确定，公式体现了纤维对混凝土强度的贡献因素：

$$f_{ftk}=f_{tk}(1+\alpha_t\lambda_f) \tag{2.15}$$

$$f_{ft}=f_t(1+\alpha_t\lambda_f) \tag{2.16}$$

$$f_{ftm}=f_{tm}(1+\alpha_{tm}\lambda_f) \tag{2.17}$$

式中 $f_{ftk}$，$f_{ft}$，$f_{ftm}$——钢纤维混凝土轴心抗拉强度标准值、轴心抗拉强度设计值、弯拉强度标准值(N/mm$^2$)；

$f_{tk}$，$f_t$，$f_{tm}$——与钢纤维混凝土相同强度等级的普通混凝土轴心抗拉强度标准值、轴心抗拉强度设计值、弯拉强度标准值(N/mm$^2$)，根据《混凝土结构设计标准》确定；

$\lambda_f$——钢纤维含量特征值，$\lambda_f$ 由纤维的长径比($l_f/d_f$)和纤维的体积率($\rho_f$)共同确定；

$$\lambda_f=(l_f/d_f)\cdot\rho_f \tag{2.18}$$

$\alpha_t$，$\alpha_{tm}$——钢纤维对混凝土轴心抗拉、弯拉强度的影响系数，主要与钢纤维的品种、外形和混凝土的强度等级有关，见表 2.11。

表 2.11　钢纤维对抗拉强度、弯拉强度的影响系数

| 钢纤维品种 | 纤维外形 | 强度等级 | $\alpha_t$ | $\alpha_{tm}$ |
|---|---|---|---|---|
| 高强钢丝切断型 | 端钩形 | CF25～CF45 | 0.76 | 1.13 |
| | | CF50～CF80 | 1.03 | 1.25 |
| 钢板剪切型 | 平直形 | CF25～CF45 | 0.12 | 0.68 |
| | | CF50～CF80 | 0.46 | 0.75 |
| | 异形 | CF25～CF45 | 0.55 | 0.79 |
| | | CF50～CF80 | 0.63 | 0.93 |
| 钢锭铣削型 | 异形 | CF25～CF45 | 0.70 | 0.92 |
| | | CF50～CF80 | 0.84 | 1.10 |

(3) 钢纤维混凝土的变形性能

钢纤维混凝土在弹性阶段的变形能力与相同条件下的普通混凝土没有显著差别。其受压弹性模量和泊松比与普通混凝土基本相同;受拉弹性模量虽略有提高,但是幅度不大,在设计中也可忽略。因此,《钢纤维混凝土结构设计标准》(JGJ/T 465—2019)规定:钢纤维混凝土受压和受拉弹性模量以及剪切变形模量取值与相同等级的普通混凝土保持一致,并符合《混凝土结构设计标准》的有关规定;钢纤维混凝土的弯拉弹性模量宜通过试验确定,在无实测资料时,与相同等级的普通混凝土保持一致;泊松比和线膨胀系数也与相同等级的普通混凝土保持一致。

钢纤维混凝土在塑性变形阶段表现出良好的韧性。韧性是指基体开裂后继续维持一定抗力的变形能力,通常用与应力(荷载)-应变(变形)曲线下的面积有关的参数来衡量(图 2.24)。从图 2.24 可以看出,钢纤维混凝土的曲线下包面积远远大于素混凝土的。据文献试验数据统计,在通常的纤维掺量下,抗压韧性可提高 2～7 倍,抗弯韧性可提高几倍到几十倍,弯曲冲击韧性可提高 2～4 倍。

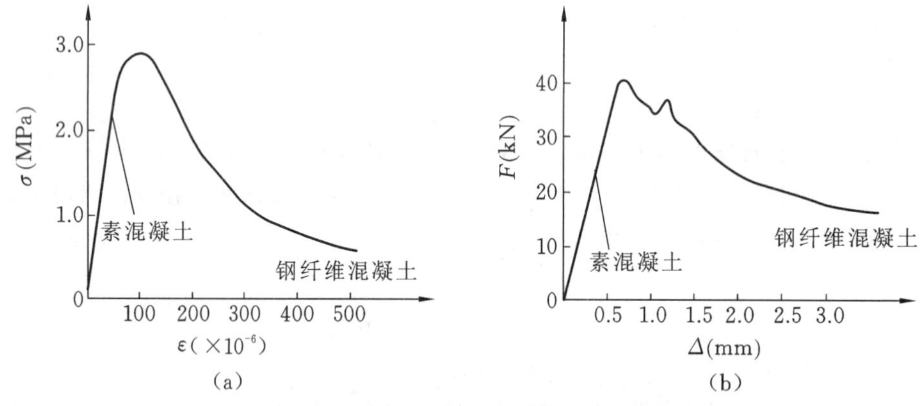


图 2.24　纤维混凝土的应力-应变曲线

(a) 应力-应变关系图;(b) 荷载-挠度曲线图

钢纤维混凝土的收缩值随着纤维掺量的增加而有所减少。

钢纤维混凝土的受压徐变与条件相同的普通混凝土相比略有降低,但若钢纤维掺量较多,影响钢纤维混凝土振捣后的密实性时,钢纤维混凝土的受压徐变可能会比同条件普通混凝土的大,因此,钢纤维对受压徐变的影响不显著,在设计中可忽略。

(4) 钢纤维混凝土的耐疲劳性能

钢纤维混凝土的抗弯和抗压疲劳性能较普通混凝土都有较大改善。国家现行规范《钢纤维混凝土》(JG/T 472—2015)给出了钢纤维混凝土弯拉疲劳强度设计值的计算公式

$$f_{ftm}^{f}=f_{ftm}(0.885-0.063\lg N_e+0.12\lambda_f) \tag{2.19}$$

式中 $f^{f}_{ftm}$——钢纤维混凝土弯拉疲劳强度设计值($N/mm^2$);

$f_{ftm}$——钢纤维混凝土弯拉强度设计值($N/mm^2$);

$N_e$——设计工作年限内,钢纤维混凝土结构所经历的累计重复作用次数。

钢纤维混凝土的疲劳强度是其疲劳特征的重要指标,它同样与钢纤维含量特征参数 $\lambda_f$ 有关,并与静载抗折强度、疲劳次数、应力比、疲劳损伤及损伤过程有关。从式(2.19)中可以看出,因钢纤维的掺入,延长了混凝土的疲劳寿命,提高了疲劳承载能力,降低了疲劳损伤程度,并推迟了破坏进程。

(5) 钢纤维混凝土的耐久性

一般来说钢纤维混凝土在各种物理因素作用下的耐久性都有不同程度的提高,其中耐冻融性、耐热性和抗气蚀性有显著提高。掺有不锈钢纤维的耐火混凝土,在高温下的抗弯强度和耐剥落寿命都有明显提高。另外,钢纤维混凝土在高速水流作用下的抗蚀能力有一定提高。钢纤维混凝土的抗渗性能与普通混凝土相比没有明显变化,但是由于其抗裂性能好,故也常用于有抗渗要求的薄壁蓄液结构。

钢纤维混凝土耐化学腐蚀性是人们最关心的问题。钢材锈蚀后,锈蚀物比原来钢材体积增大 2～3 倍,于是产生很大的膨胀力,甚至将周围混凝土保护层胀裂,这种现象在普通钢筋混凝土结构的腐蚀过程中容易发生,裂缝会顺着钢筋发展,并随着腐蚀介质的进一步侵入,使腐蚀加剧。但是,对于钢纤维混凝土来说,由于钢纤维细小而且分散,即使钢纤维产生这种锈蚀,也不会产生混凝土胀裂现象。对此,研究者们做了大量的试验,几乎得出一致的结论:钢纤维混凝土在空气、污水和海水中都呈现出良好的耐腐蚀性。钢纤维掺入混凝土中因自身的阻裂能力,改善了混凝土孔缝结构,使有害物质难以侵入,同时当混凝土因腐蚀引起膨胀时,钢纤维还有抑制混凝土膨胀、提高混凝土抗腐蚀能力的作用。

### 2.4.3 FRP

FRP 是纤维增强复合材料英文的简称(Fiber Reinforced Polymer,或 Fiber Reinforced Plastic)。FRP 是由增强纤维材料(如玻璃纤维、碳纤维、芳纶纤维、玄武岩纤维等)与基体材料(树脂)经过缠绕、模压或拉挤等成型工艺而形成的复合材料。常用的基体材料有环氧树脂、聚酯树脂和乙烯酯树脂。根据增强材料的不同,常见的纤维增强复合材料分为玻璃纤维增强复合材料(GFRP)、碳纤维增强复合材料(CFRP)、芳纶纤维增强复合材料(AFRP)以及玄武岩纤维复合材料(BFRP)。

尽管纤维的种类和成型工艺不同,但所有 FRP 材料的应力-应变关系是相同的:受拉时线弹性上升直至脆断。这是 FRP 材料的一个重要特性,用于结构加固时必须予以重视。图 2.25 是典型的 GFRP、CFRP 和热轧钢筋的应力-应变曲线,除了材料强度间的明显差别,还可以看出,FRP 为脆性材料,而钢筋为延性材料。用于结构加固时,FRP 的脆性性能会对结构性能产生以下两点影响:第一,FRP 材料不像钢筋那样具有延性,其脆性性能会限制加固后钢筋混凝土结构的延性(但当 FRP 材料用于约束柱加固时,可

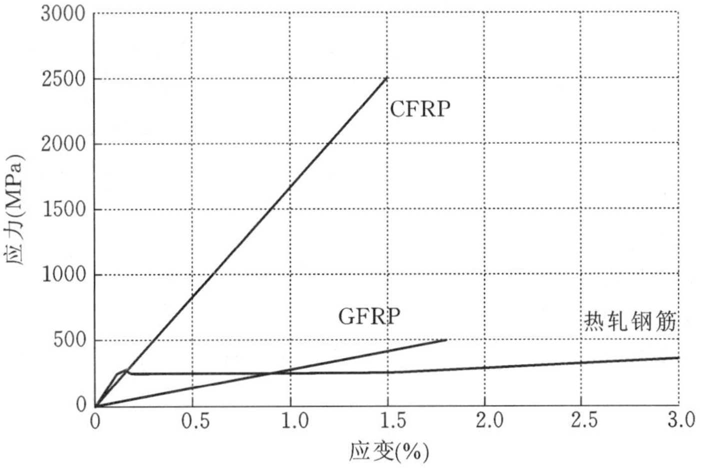


**图 2.25 典型 FRP 材料和热轧钢筋的应力-应变曲线**

大幅度提高柱子的承载力和延性)；第二，FRP材料的脆性性能限制了应力的重分布。因此，FRP材料的加固设计，不能简单地按照现有钢筋混凝土结构的设计方法，仅将FRP作为钢筋进行等强代换。也就是说，需要在深入研究的基础上，考虑FRP材料的脆性性能，对现有钢筋混凝土结构的设计方法进行修正。

纤维增强复合材料具有如下特点：①抗拉强度高；②质量轻；③抗腐蚀性和耐久性能好。FRP材料的强度一般至少是钢材的2倍，甚至可高达10倍，而其质量仅为钢材的20%。这些特点使得FRP材料能满足现代结构向大跨、高耸、重载、轻质高强发展以及在恶劣条件下使用的需要，同时也能满足现代建筑施工工业化发展的要求，因此FRP材料被越来越广泛地应用于各种民用建筑、桥梁、公路、海洋、水工结构以及地下结构等领域中。另外，工程中使用FRP，主要是利用其卓越的抗拉能力，但其抗压能力是明显不足的，在使用中要合理应用。

按照产品形式，FRP可以分为纤维片材(布或板)和纤维筋。纤维片材增强是通过外贴纤维布(或板)加固钢筋混凝土结构；纤维筋增强则是通过在钢筋混凝土结构中用纤维筋取代钢筋进行结构设计。

【扫码演示】

## 本章小结

(1) 钢筋屈服以前可视为弹性材料，屈服以后就接近完全破坏，而且此时钢筋的变形急剧加大，使钢筋混凝土构件不适于继续承载。因此，设计中取屈服应力(或条件屈服应力)作为钢筋的强度。

(2) 混凝土的强度等级是按立方体抗压强度决定的。混凝土的轴心抗拉、抗压等强度值都可根据立体强度换算得出。

(3) 混凝土的抗拉强度远低于其抗压强度。

(4) 混凝土受侧向约束时抗压强度提高；剪切面上的压应力只要不是太高，就能提高混凝土的抗剪能力，剪切面上的拉应力会降低混凝土的抗剪能力。

(5) 混凝土不是理想的弹性材料。在应力较小时(相应于结构的正常工作的状态)可将其视为弹性材料，其弹性模量、泊松比和剪切弹性模量均可取常数。

(6) 钢筋与混凝土之间的粘结是钢筋混凝土这种复合材料的工作基础；《混凝土结构设计标准》规定了具体的构造措施来保证这种粘结力。

(7) 除了钢筋和混凝土材料之外，越来越多的新型材料在混凝土结构中被采用，解决了特殊的工程问题，满足了不同的工程需求。

## 思考题与习题

2.1 有明显屈服点的钢筋和没有明显屈服点的钢筋两者的应力-应变关系有什么不同？

2.2 为什么将屈服强度作为设计中混凝土的强度取值？

2.3 混凝土的立方体抗压强度是如何确定的？与试块尺寸和试验方法有什么关系？

2.4 什么是单轴短期单调加载？这种加载方式下的轴心受压混凝土的应力-应变关系有什么特点？

2.5 混凝土的弹性模量是如何确定的？

2.6 混凝土的徐变和收缩有什么不同？

2.7 钢筋与混凝土之间的粘结力是如何产生的？影响粘结强度的因素有哪些？

2.8 混凝土构件应采取哪些构造措施来保证钢筋与混凝土的粘结作用？

2.9 本章中所列举的新型材料分别弥补了传统混凝土结构中的哪些不足？你还知道有什么其他材料被应用于传统混凝土结构？

# 3 混凝土结构基本设计原则

- 混凝土结构基本设计原则
  - 结构的功能要求
    - 作用与作用效应
      - 作用：施加在结构上的荷载或者引起变形、内力等的各种原因
      - 作用效应：作用在结构上产生的内力、变形等
      - 荷载分类
        - 按作用时间：永久作用、可变作用、偶然作用
        - 按作用位置：固定作用、自由作用
        - 按结构反应：静态作用、动态作用
    - 结构抗力：抵抗内力和变形等的能力
    - 结构功能要求：安全性、适用性、耐久性
    - 结构可靠性：在规定时间内、规定的条件下，完成预定功能的能力
    - 结构安全等级：一级（重要）、二级（一般）、三级（次要）
  - 极限状态概念
    - 极限状态　超过某一状态不满足某一功能要求而处于失效或不可靠状态
    - 三个极限状态
      - 承载能力极限状态
      - 正常使用极限状态
      - 耐久性极限状态
    - 极限状态方程　抗力-作用效应=0
  - 随机变量统计特征
    - 结构设计中的随机变量　作用效应，材料强度
    - 常用概率分布　正态分布，对数正态分布，极值分布
    - 概率分布特征值　平均值，标准差，标准值
  - 概率极限状态设计法
    - 结构可靠度
      - 概念：在规定时间、规定条件下完成预定功能的概率
      - 目标可靠度取值：2.7~4.2（根据安全等级、破坏类型等确定）
    - 时间尺度
      - 设计基准期：确定可变作用统计特征的时间区间
      - 设计工作年限：结构不用大修即能完成预定功能的工作年限
    - 设计状况
      - 持久设计状况
      - 短暂设计状况
      - 偶然设计状况
    - 荷载效应组合
      - 基本组合　荷载设计值（分项系数）
      - 标准组合　荷载标准值
      - 频遇组合　荷载频遇值
      - 准永久组合　荷载准永久值
  - 设计方法的演变
    - 容许应力法
    - 破坏阶段法
    - 概率极限状态设计法

**本章提要**

本章主要介绍以概率理论为基础的极限状态设计方法的一些基本知识，此内容是学习本课程及其他结构设计类课程的理论基础。由于内容涉及新的概念和名词术语较多，又牵涉到数理统计和概率论方面的内容，有一定的难度，需要逐渐克服。极限状态设计原则这一节，讨论的是关于建筑结构设计和安全度的基本内容和定义，也是砌体结构、钢结构等其他建筑结构的设计原则，要加以领会和理解。对于荷载和材料强度的取值，要求能领会、理解。对于极限状态表达式，要理解和掌握其内涵，以便今后学习与工作中能够正确运用。

# 3.1 结构的功能要求

【视频资源】

## 3.1.1 混凝土结构的组成

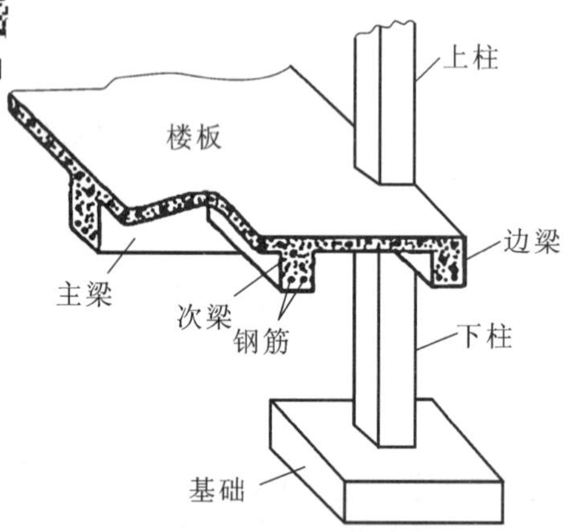


**图 3.1 混凝土结构中力的传递**

结构是由不同受力构件组成的承受各种外部作用的骨架。混凝土结构建筑物可大体上区分为楼板、梁、柱、墙以及基础等不同部分，这些不同的部分统称为构件。图 3.1 是一混凝土结构的示意图。楼板的主要作用是承受竖向荷载，并将荷载传递到梁上，梁则支撑在柱上。楼板也可直接支撑在柱上。楼板主要承受弯矩，梁主要承受弯矩和剪力，而柱的主要作用是承受压力，基础的作用是把柱所承受的荷载均匀地传递到地基上。墙除了起围护作用外，有时也起承重作用。此时，板或梁所承受的荷载经由墙传递到基础上。

## 3.1.2 结构上的作用和结构抗力

我国《建筑结构可靠性设计统一标准》(GB 50068—2018)(以后《建筑结构可靠性设计统一标准》均指此版本)对结构上的作用有明确的阐述。所谓结构上的作用是指施加在结构上的集中荷载或分布荷载(包括永久荷载、可变荷载等)，以及引起结构外加变形或约束变形的原因，如基础沉降、温度变化、混凝土收缩、焊接等作用。施加在结构上的集中荷载和分布荷载称为直接作用，引起结构外加变形和约束变形的其他作用称为间接作用。

【视频资源】

《建筑结构可靠性设计统一标准》按下列原则对结构上的作用进行分类：

(1) 按随时间的变化分类

① 永久作用：在设计基准期内其值不随时间变化，或其变化与平均值相比可以忽略不计。例如结构自重、土压力、预加应力等。

② 可变作用：在设计基准期内其值随时间变化，且其变化与平均值相比不可忽略。例如安装荷载、楼面活荷载、风荷载、雪荷载、吊车荷载、温度变化等。

③ 偶然作用：在设计基准期内出现或不一定出现。例如地震、爆炸、撞击等。

(2) 按随空间位置的变化分类

① 固定作用：在结构空间位置上具有固定的分布。例如工业与民用建筑楼面上的固定设备荷载、结构构件自重等。

② 自由作用：在结构空间位置上的一定范围内可以任意分布，例如工业建筑中的吊车荷载等。民用

建筑楼面的人员、家具等荷载虽然可动，但由于作用点数量多，每个点作用力较小，移动也无规律等，常应用“等效均布荷载”的概念简化为可变的固定作用，称为楼面活荷载。

(3) 按结构的反应特点分类

① 静态作用：不使结构或结构构件产生加速度，或所产生的加速度很小而可以忽略不计。例如结构自重、住宅与办公楼的楼面活荷载等。

② 动态作用：使结构或结构构件产生不可忽略的加速度。例如地震作用、吊车荷载、设备振动、作用在高耸结构上的风荷载等。

这些作用使结构产生的内力和变形(如轴力、弯矩、剪力、扭矩、挠度、转角和裂缝等)称为作用效应 $S$。若作用为直接作用，则其效应也可称为荷载效应，荷载与荷载效应在线弹性结构中是线性关系，因而荷载效应可用荷载值乘以荷载效应系数来表达。结构上的作用 $F$，除永久作用外，都是不确定的随机变量，有时还与时间参数甚至与空间参数有关，所以作用效应 $S$ 一般来说也是随机变量或随机过程，宜采用概率论等方法予以描述。

结构或结构构件承受内力和变形的能力(如构件的承载能力、刚度等)称为结构抗力 $R$。影响结构构件抗力的主要因素都是不确定的随机变量，原因在于材料性能(材质、强度、弹性模量)受工艺与环境等影响，几何参数受制作偏差和安装误差的影响，计算所采用的基本假设和计算公式的不够精确导致的计算模式精确性的不确定性等，由这些因素综合而成的结构抗力 $R$ 也是随机变量。

### 3.1.3 结构的功能要求

结构设计的目的就是要使结构建成后能满足各项预定的“功能要求”。结构的功能要求可概括为以下三个方面：

(1) 安全性

结构在正常的设计、施工和使用条件下，应该能够承受可能出现的各种作用。在偶然荷载作用下或偶然事件发生时或发生后，结构应能保持必要的整体稳定性，不致倒塌。

(2) 适用性

建筑结构在正常使用时应能满足预定的使用要求，有良好的工作性能，其变形、裂缝或振动等均不超过规定的限度。

(3) 耐久性

建筑结构在正常使用、维护的情况下应有足够的耐久性。如保护层不得过薄、裂缝不得过宽而引起钢筋锈蚀，混凝土不得风化、不得在化学腐蚀环境的情况下影响结构预定的使用期限等。

上述功能统称为结构的可靠性。

### 3.1.4 结构的可靠性与安全等级

结构可靠性定义为结构在规定的时间内(即设计时所假定的设计工作年限)，在规定的条件下(结构正常的设计、施工、使用和维护条件)，完成预定功能(如强度、刚度、稳定性、抗裂性、耐久性等)的能力。结构可靠性涉及时间概念，因为设计中所考虑的基本变量，特别是可变荷载，大多是随时间而变化的，而材料的很多性能也都与时间有关，且结构完成预定功能的能力又因使用周期的长短而异。我国取建筑结构的设计基准期 $T$ 为 50 年。需说明的是，当建筑结构的工作年限到达或超过设计基准使用期后，并不意味该结构应立即报废不能再行使用，而是指它的可靠性水平已经不能得到保证。

成功的结构设计应合理考虑可靠性与经济性。将结构的可靠度水平定得过高，会提高结构造价，与经济性原则相违背。但若一味强调经济性，又会不利于可靠性。设计时应根据结构破坏可能产生的各种后果(是否危及人的生命、造成怎样的经济损失、产生怎样的社会影响等)的严重性，对不同的建筑结构采用不同的安全等级。我国《建筑结构可靠性设计统一标准》将建筑结构的安全等级划分为三级(表 3.1)。

**表 3.1　建筑结构的安全等级**

| 安全等级 | 破坏后果 | 建筑物类型 |
| --- | --- | --- |
| 一级 | 很严重 | 重要的工业与民用建筑 |
| 二级 | 严重 | 一般的工业与民用建筑 |
| 三级 | 不严重 | 次要的建筑物 |

当然,对于特殊的建筑物,其安全等级可根据具体情况另行确定。对于有抗震或其他特殊要求的建筑结构,其安全等级还应符合抗震标准或其他特定规范的规定。

一般来说,建筑结构构件的安全等级宜与整个结构同级。不过也可以对其中部分构件的安全等级作调整,但不得低于三级。

【视频资源】

## 3.2　结构极限状态

### 3.2.1　极限状态的概念

结构是否满足功能要求,要有明确的判别标准。结构能满足功能要求,则处于可靠或有效的工作状态;如果整个结构或结构的一部分在承载能力、变形、稳定、裂缝宽度、耐久性等方面超过某一特定状态,以致不能满足设计规定的某一功能要求,则结构处于不可靠或失效状态。结构在即将不能满足某项功能要求时的特定状态称为该功能的极限状态。是否超过极限状态就是判别是否满足功能要求的标准。

结构的各种极限状态,其标志及限值均有明确的规定,并列入相应设计规范。

### 3.2.2　极限状态分类

我国《建筑结构可靠性设计统一标准》将结构的极限状态分为下列三类:

(1) 承载能力极限状态

这类极限状态是对应于结构或结构构件达到了最大承载能力或者产生了不适于继续承载的过大变形。当结构或结构构件出现了下列状态之一时,即认为超过了承载能力极限状态:

① 结构构件或连接因超过材料强度而破坏,或因过度变形而不适于继续承载,如轴心受压构件中混凝土达到了轴心抗压强度、构件的钢筋因锚固长度不足而被拔出,或者因为塑性变形过大而不适于继续承受荷载。

② 整个结构或结构的一部分作为刚体失去平衡,如雨篷压重过大而倾覆、烟囱抗风不足而倾倒、挡土墙抗滑不足而在土压力作用下整体滑移。

③ 结构转变为机动体系,如构件发生三铰共线而形成机动体系,丧失承载能力。

④ 结构或结构构件丧失稳定,如细长杆到达临界荷载后压屈失稳而破坏。

⑤ 结构因局部破坏而发生连续倒塌,如框架结构单根柱失效导致的结构整体垮塌。

⑥ 地基丧失承载力而破坏,如地基承载力不足导致的结构整体倾覆。

⑦ 结构或结构构件的疲劳破坏,如加荷应力大于疲劳强度时的重复荷载构件。

(2) 正常使用极限状态

这类极限状态是对应于结构或结构构件达到正常使用的某项规定限值。当出现下列状态之一时,即认为结构或结构构件超过了正常使用极限状态:

① 影响正常使用或外观的变形,如吊车梁变形过大致使吊车不能正常行驶、梁挠度过大影响观瞻,或

导致非结构构件的开裂等。

② 影响正常使用的局部损坏，如水池池壁开裂漏水不能正常使用、裂缝过宽导致钢筋锈蚀。

③ 影响正常使用的振动，如机器振动导致结构的振幅超过按正常使用要求所规定的限值。

④ 影响正常使用的其他特定状态，如相对沉降量过大等。

(3) 耐久性极限状态

这类极限状态是对应于结构或结构构件达到耐久性能的某项规定限值。当出现下列状态之一时，即认为结构或结构构件超过了耐久性极限状态：

① 影响承载能力和正常使用的材料性能劣化，如混凝土严重碳化导致承载能力显著下降。

② 影响耐久性能的裂缝、变形、缺口、外观、材料削弱等，如钢筋截面径向锈蚀深度过大。

③ 影响耐久性能的其他特定状态。

### 3.2.3 结构极限状态方程

结构和结构构件的工作状态，可以由该结构或结构构件所承受的荷载效应 $S_d$ 和结构抗力 $R_d$ 两者的关系来描述

$$Z=R_d-S_d=g(R_d,S_d) \tag{3.1}$$

上式称为功能函数，可以用来表示结构的三种工作状态：

当 $Z>0$ 时，结构处于可靠状态；

当 $Z<0$ 时，结构处于失效状态；

当 $Z=0$ 时，结构处于极限状态。

$Z=g(R_d,S_d)=0$ 称为极限状态方程，它是结构是否失效的判断标准。结构功能函数的一般表达式为

$$Z=g(x_1,x_2,\cdots,x_n) \tag{3.2}$$

式中　$x_1,x_2,\cdots,x_n$——基本变量，表示结构上的各种效应和影响结构抗力的各种因素，如材料性能、几何参数等。

在一般情况下，$R_d$ 和 $S_d$ 都是非确定性的变量，用随机变量来描述，所以求解 $R_d>S_d$ 的 $x_1,x_2,\cdots,x_n$ 是非确定性问题。

## 3.3 随机变量的统计特征

### 3.3.1 随机变量及其概率分布

前文提到，表述结构功能的一些基本参数(如荷载和材料强度)均为随机变量，基本参数的确定以及可靠度的计算都要用到随机变量数理统计方面的知识。

具有多种可能结果的事件称为随机事件。表示随机事件各种可能结果的变量称为随机变量。研究随机变量时必须拥有大量统计数据和资料，才能从中找出该随机变量的统计规律和特征，了解该随机变量的特点。随机变量的平均值可由下式计算

$$\mu=\frac{\sum_{i=1}^{n}x_i}{n} \tag{3.3}$$

标准差(或称均方差)由下式计算

$$\sigma=\sqrt{\frac{\sum_{i=1}^{n}(\mu-x_i)^2}{n}} \tag{3.4}$$

随机变量取值的统计规律可用分布函数或者用密度函数描述，连续型随机变量 $X$ 的分布函数可以表示为

$$F(x)=\int_{-\infty}^{x} f(x)\mathrm{d}x \tag{3.5}$$

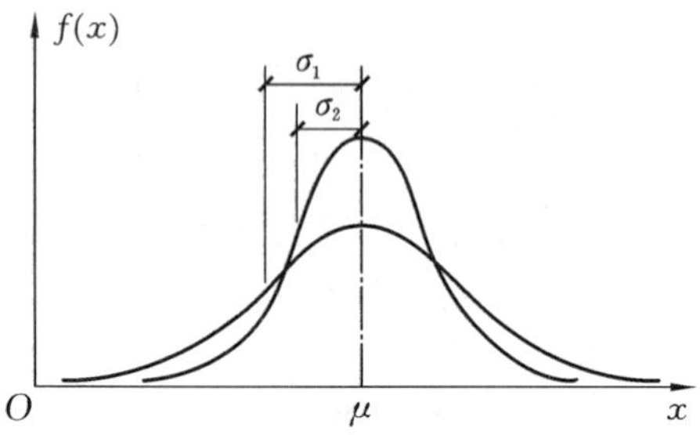

图 3.2　正态分布的概率密度曲线

其中，$f(x)\geqslant 0$，称为 $X$ 的密度函数。连续型随机变量的统计规律也完全可以用密度函数描述。

现以一典型分布说明常见随机变量的分布特征。正态分布是研究随机变量分布规律时常遇到的一种分布，其概率密度曲线如图 3.2 所示。峰点横坐标为平均值 $\mu$，峰点两侧($\mu\pm\sigma$)处各有一个拐点。曲线以 $x$ 轴为渐近线。正态分布的概率密度函数为

$$f(x)=\frac{1}{\sqrt{2\pi}\sigma}\exp\frac{-(x-\mu)^2}{2\sigma^2} \tag{3.6}$$

从图 3.2 中可以看出，正态分布概率密度曲线有下列特点：

(1) $\mu$ 越大，则曲线离原点越远。

(2) $\sigma$ 越大，则数据越分散，曲线扁而平；$\sigma$ 越小，则数据越集中，曲线高而窄。

大部分单峰值分布的随机变量，其概率密度曲线也具有上述特点。

### 3.3.2　结构主要荷载与抗力参数的分布

建筑结构设计中遇到的主要基本变量均可借助于统计数学研究。对于与时间参数无关的永久荷载，一般采用随机变量概率模型；对于与时间参数有关的可变荷载，一般采用随机过程概率模型。如果同时考虑荷载随时间、空间变异时，则采用多维随机概率模型更为合理，但目前此模型还处于研究阶段。此处，仅介绍一些常用荷载与抗力参数的统计分析结果，对其分析过程不作详细介绍。

(1) 荷载

① 永久荷载(恒荷载)：在现行荷载规范中对各种恒荷载规定的标准值为 $G_{\mathrm{k}}$(设计尺寸乘以标准重度)，通过对有代表性的恒荷载的实测数据进行统计假设检验，认为其服从正态分布。

② 民用建筑楼面活荷载：一般可分为持久性活荷载和临时性活荷载，前者指在设计基准期内经常出现的荷载，后者指短暂出现的活荷载。根据统计假设检验，楼面活荷载在任意时点均服从极值Ⅰ型概率分布，并可得出相应的在设计基准期内最大活荷载概率分布。

③ 风荷载：分析表明，在主导风向上，年最大风压也服从极值Ⅰ型概率分布。根据概率理论，也可得出在设计基准期内最大风荷载概率分布。

(2) 结构抗力

由于结构抗力是多个随机变量的函数，如果已知各随机变量的概率分布函数，理论上可通过多维积分求得抗力 $R$ 的概率分布函数。但其实际计算有很大困难，因此一般将结构构件抗力作为一个综合基本变量来考虑，并根据概率论原理，近似认为抗力服从对数正态分布。

### 3.3.3　概率分布的特征值

在工程应用中，通常要求变量的数值不大于或不小于某一数值。这个数值称为特征值，相应的概率值在工程中称为保证率。特征值可用数理统计方法计算出来，其公式为

$$f_{\mathrm{k}}=\mu\pm\alpha\sigma \tag{3.7}$$

式中　$f_{\mathrm{k}}$——特征值；

$\alpha$——与特征值取值保证率相应的系数，可根据概率分布函数由概率理论计算得出。

上式中如果要求变量值小于特征值的概率等于保证率时取加号，如果要求变量值大于特征值的概率

等于保证率时取减号。在正态分布中如果取95%的保证率，这时的特征值取值保证率系数为 $\alpha=1.645$。例如，当材料强度取值为 $f_k=\mu-1.645\sigma$ 时，统计样本中有95%的强度值高于 $f_k$。

后面讨论中所用的荷载标准值和材料强度标准值就是一种特征值。

## 3.4 概率极限状态设计法

### 3.4.1 结构可靠度

可靠性的定量描述就是可靠度。结构可靠度可定义为：结构在规定的时间内，在规定的条件下，完成预定功能的概率。

基于前述作用效应、结构抗力的不确定性及可靠度的概念，《建筑结构可靠性设计统一标准》中规定的结构设计所采用的方法为概率极限状态设计法。概率极限状态设计法又称基于概率的极限状态设计法，是按结构达到不同极限状态的要求进行设计，而在其计算中应用了概率的方法。

在此用一简单的例子对此方法加以说明：若一构件的荷载效应为 $S_d$、抗力为 $R_d$，$S_d$ 与 $R_d$ 均为随机变量。假设 $S_d$ 与 $R_d$ 均服从正态分布，其平均值分别为 $\mu_R$、$\mu_S$，标准差分别为 $\sigma_R$、$\sigma_S$，其概率密度曲线如图3.3所示。

显然，$\mu_R$ 应大于 $\mu_S$。从图3.3中可见，在大多数情况下，构件抗力 $R_d$ 大于荷载效应 $S_d$。但由于离散性，在两条概率密度分布曲线相重叠的范围内，仍有可能出现 $R_d$ 小于 $S_d$ 的情况。重叠范围的大小反映了 $R_d$ 小于 $S_d$（即结构失效）的概率的高低，但并非成正比关系。$\mu_R$ 比 $\mu_S$ 大得越多，或 $\sigma_R$、$\sigma_S$ 越小（即曲线高而窄），均可使重叠范围减少，结构的失效概率也就越低。由此可见，失效概率的大小不仅与平均值之差（$\mu_R-\mu_S$）的大小有关，且与标准差 $\sigma_R$、$\sigma_S$ 的大小有关。加大平均值之差或减小标准差均可使失效概率降低。因为加大结构抗力的富余度，减小抗力与作用的离散程度，减少不确定因素的影响，必将提高结构构件的可靠程度。

令 $Z=R_d-S_d$，则 $Z$ 亦为正态分布的随机变量，其概率密度分布曲线如图3.4所示。从图3.4中可见，$Z=R_d-S_d<0$ 的事件（即构件失效）出现的概率称为失效概率，为图中阴影部分的面积（称为尾部面积），其值为

$$P_f=P(Z<0)=\int_{-\infty}^{0}f(Z)\mathrm{d}Z \tag{3.8}$$

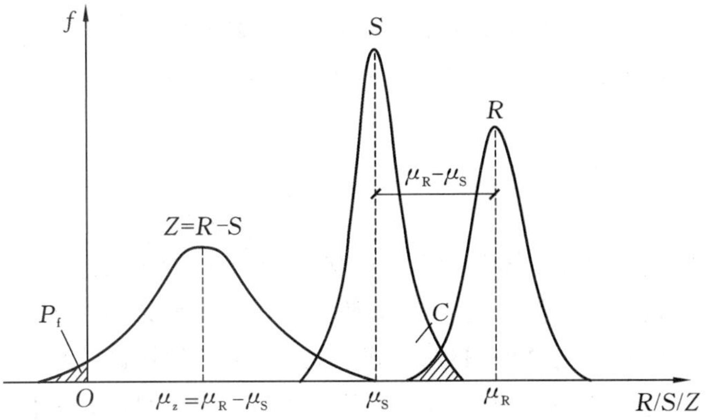


图3.3 构件失效和抗力与荷载的关系

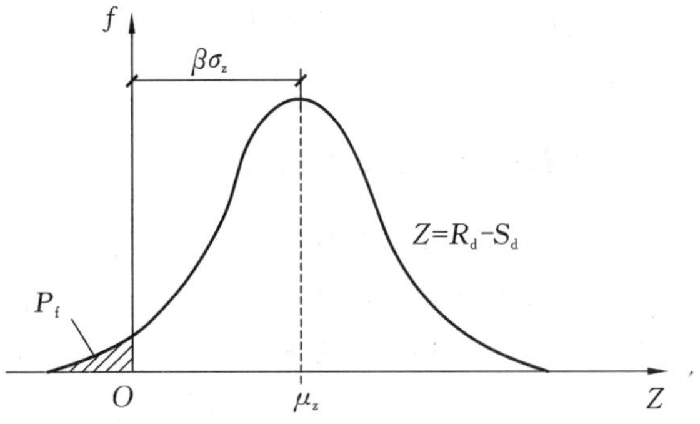


图3.4 失效概率的定义

失效概率 $P_f$ 的计算要用到积分，比较麻烦，通常采用另一种比较简便的方法来计算。由图3.4可见，阴影部分的面积与 $\mu_z$、$\sigma_z$ 的大小有关；增大 $\mu_z$，曲线右移，阴影面积将减少；减小 $\sigma_z$，曲线变高变窄，阴影面

积亦将减少。现将 $\mu_z$ 表示为 $\sigma_z$ 的倍数，即令

$$\mu_z=\beta\sigma_z \tag{3.9}$$

$$\beta=\frac{\mu_z}{\sigma_z}=\frac{\mu_R-\mu_S}{\sqrt{\sigma_R^2+\sigma_S^2}} \tag{3.10}$$

$\beta$ 大，则失效概率小，故 $\beta$ 和失效概率一样可作为衡量结构可靠度的一个指标，称为可靠指标。对于标准正态分布，$\beta$ 与失效概率 $P_f$ 之间存在一一对应关系，可由概率理论得出。表 3.2 为几个常用可靠指标与构件失效概率的对应关系。

**表 3.2　可靠指标 $\beta$ 值与构件失效概率的对应关系**

| $\beta$ | 2.7 | 3.2 | 3.7 | 4.2 |
|---|---|---|---|---|
| $P_f$ | $3.5\times10^{-3}$ | $6.9\times10^{-4}$ | $1.1\times10^{-4}$ | $1.3\times10^{-5}$ |

以上讨论是假定结构抗力和作用效应均服从正态分布而得出的。当这两个变量不服从正态分布且极限状态方程为非线性时，可换算成所谓“当量正态分布”。

### 3.4.2　结构目标可靠指标

为了使结构设计安全可靠，经济合理，应对不同情况下的目标可靠指标 $\beta$ 值做出规定。使结构在按承载能力极限状态设计时，其完成预定功能的概率不低于某一允许的水平。由结构构件的实际破坏情况可知，破坏状态有延性破坏和脆性破坏之分。结构构件发生延性破坏前有预兆，可及时采取补救措施，故目标可靠指标可定得稍低些。反之，结构发生脆性破坏时，破坏常系突然发生，比较危险，目标可靠指标就应定得高。承载能力极限状态设计目标可靠指标 $\beta$ 值见表 3.3。

**表 3.3　承载能力极限状态设计目标可靠指标 $\beta$ 值**

| 破坏类型 | 安全等级 | | |
|---|---|---|---|
| | 一级 | 二级 | 三级 |
| 延性破坏 | 3.7 | 3.2 | 2.7 |
| 脆性破坏 | 4.2 | 3.7 | 3.2 |

应当指出，在此所讲的概率极限状态设计法仅是一种近似方法，因其中用到的概率统计特征值大多只有平均值和均方差，并非实际的概率分布，且在分项系数等计算中还做了一些假定，因而其计算结果是近似的，属于近似概率设计方法。完全掌握符合随机变量的实际分布，得出真正的失效概率，目前还处于研究阶段。

### 3.4.3　实用设计表达式

理论上，当荷载的概率分布、统计参数以及材料性能、尺寸的统计参数已确定，根据规范规定的目标可靠指标，即可按照结构可靠度的概率分析方法进行结构设计。但是，这样进行设计对于一般性结构构件工作量很大，过于烦琐。考虑到实用上的简便和广大工程设计人员的习惯，我国《建筑结构可靠性设计统一标准》没有推荐直接根据可靠指标来进行结构设计，仍然采用了工程设计人员熟悉的以基本变量的标准值和分项系数表达的结构构件实用设计表达式。

这里需要说明的是，采用实用设计表达式，虽然形式上与我国以往采用过的多系数设计表达式相似，但实质上却是不同的。主要在于，以往设计表达式中采用的各种安全系数主要是根据经验确定的，而现在的设计表达式中采用的各种分项系数，则是根据基本变量的统计特性，以结构可靠度的概率分析为基础经

优选确定的，它们间接地反映了 $\beta$ 值的大小。

3.4.3.1　承载能力极限状态设计表达式

进行承载能力极限状态设计时，应考虑作用(荷载)效应的基本组合，必要时还应考虑作用效应的偶然组合，采用下面设计表达式

$$\gamma_0 S_d \leqslant R_d \tag{3.11}$$

式中　$\gamma_0$——结构重要性系数，对安全等级为一级的结构构件，$\gamma_0 \geqslant 1.1$；对安全等级为二级的结构构件，$\gamma_0 \geqslant 1.0$；对安全等级为三级的结构构件，$\gamma_0 \geqslant 0.9$。

$S_d$——作用(荷载)效应组合的设计值，分别表示为弯矩设计值 $M$、剪力设计值 $V$、轴力设计值 $N$、扭矩设计值 $T$ 等。

$R_d$——结构构件抗力设计值。

$$R_d = R_d(f_c, f_s, a_k, \cdots) \tag{3.12}$$

式中　$f_c$，$f_s$——混凝土、钢筋强度设计值；

$a_k$——几何参数(构件尺寸、钢筋截面面积等)的标准值。

设计工作年限是指设计规定的结构或结构构件不需进行大修即可按其预定目的工作年限(表 3.4)。

**表 3.4　设计工作年限分类**

| 类别 | 设计使用年限(年) | 示例 |
|---|---|---|
| 1 | 5 | 临时性结构 |
| 2 | 50 | 普通房屋和构筑物 |
| 3 | 100 | 纪念性建筑和特别重要的建筑结构 |

【视频资源】

(1) 作用(荷载)效应的基本组合

对于基本组合，作用(荷载)效应组合的设计值 $S_d$ 应符合以下规定：

① 基本组合的效应设计值按下式中的最不利组合值确定：

$$S_d = S\left(\sum_{i \geqslant 1} \gamma_{G_i} G_{ik} + \gamma_p P + \gamma_{Q1} \gamma_{L1} Q_{1k} + \sum_{j>1} \gamma_{Q_j} \psi_{cj} \gamma_{Lj} Q_{jk}\right) \tag{3.13}$$

式中　$S(\cdot)$—— 作用组合的效应函数；

$G_{ik}$—— 第 $i$ 个永久作用的标准值；

$P$—— 预应力作用的有关代表值；

$Q_{1k}$—— 第 1 个可变作用的标准值，该可变作用标准值的效应大于其他任意第 $j$ 个可变作用标准值的效应；

$Q_{jk}$—— 其他第 $j$ 个可变作用标准值；

$\gamma_{G_i}$—— 第 $i$ 个永久作用的分项系数；

$\gamma_p$—— 预应力作用的分项系数；

$\gamma_{Q1}$，$\gamma_{Qj}$—— 第 1 个和其他第 $j$ 个可变作用的分项系数；

$\gamma_{L1}$，$\gamma_{Lj}$——第 1 个和其他第 $j$ 个考虑结构使用年限的荷载调整系数，设计工作年限为 100 年及以上时取 1.1，设计工作年限为 50 年时取 1.0，设计工作年限为 5 年时取 0.9；

$\psi_{cj}$—— 可变作用 $Q_j$ 的组合值系数，对民用建筑的楼面和屋面均布活荷载，一般情况下 $\psi_{cj}=0.7$，对书库、档案库、贮藏室、密集书柜库等，$\psi_{cj}=0.9$，其他可变作用 $Q_j$ 的组合值系数按有关规定选用。

② 当作用与作用效应按线性关系考虑时，基本组合的效应设计值取下式中的最不利组合值：

$$S_d = \sum_{i \geqslant 1} \gamma_{G_i} S_{G_{ik}} + \gamma_p S_P + \gamma_{Q1} \gamma_{L1} S_{Q1k} + \sum_{j>1} \gamma_{Q_j} \psi_{cj} \gamma_{L_j} S_{Q_{jk}} \tag{3.14}$$

式中　$S_{G_{ik}}$—— 第 $i$ 个永久作用标准值的效应；

$S_P$—— 预应力作用有关代表值的效应；

$S_{Q1k}$，$S_{Q_{jk}}$—— 第 1 个和第 $j$ 个可变作用标准值的效应。

(2) 基本组合的作用分项系数取值的规定

① 永久作用分项系数 $\gamma_G$

当其效应对结构不利时，$\gamma_G = 1.3$；当其效应对结构有利时，$\gamma_G \leqslant 1.0$，例如对结构的倾覆、滑移或漂浮验算，应取 $\gamma_G = 0.9$。

② 预应力作用分项系数 $\gamma_P$

当作用效应对承载力不利时取 1.3，当作用效应对承载力有利时取 $\leqslant 1.0$。

③ 可变作用的分项系数 $\gamma_Q$

当作用效应对承载力不利时取 1.5，当作用效应对承载力有利时取 0。

3.4.3.2　正常使用极限状态设计表达式

对于正常使用极限状态，结构构件应分别按作用效应的标准组合、频遇组合或准永久组合设计。

① 作用效应的标准组合

$$S_d = S\left(\sum_{i \geqslant 1} G_{ik} + P + Q_{1k} + \sum_{j>1} \psi_{cj} Q_{jk}\right) \tag{3.15}$$

② 作用效应的频遇组合

$$S_d = S\left(\sum_{i \geqslant 1} G_{ik} + P + \psi_{f1} Q_{1k} + \sum_{j>1} \psi_{qj} Q_{jk}\right) \tag{3.16}$$

式中　$\psi_{f1}$—— 起主导作用的可变作用的频遇值系数；

$\psi_{qj}$—— 可变作用 $Q_{jk}$ 的准永久值系数，按现行国家标准 GB 50009《建筑结构荷载规范》的规定采用。

③ 作用效应的准永久组合

$$S_d = S\left(\sum_{i \geqslant 1} G_{ik} + P + \sum_{j \geqslant 1} \psi_{qj} Q_{jk}\right) \tag{3.17}$$

当作用与作用效应为线性关系时，与式(3.14)类似，以上各种组合得到的作用效应也可表示为各种作用效应的线性组合。

### 3.4.4　材料强度代表值

(1) 材料强度标准值

钢筋混凝土结构在按极限状态方法设计时，钢筋和混凝土的强度是主要的因素。材料强度的标准值是一种特征值，可取其概率分布的 0.05 分位数，具有不小于 95％的保证率，其表达式为

$$f_k = \mu_{fk} - 1.645\sigma_{fk} = \mu_{fk} - 1.645\mu_{fk}\delta_{fk} \tag{3.18}$$

式中　$f_k$——材料强度的标准值；

$\mu_{fk}$——材料强度的平均值；

$\sigma_{fk}$——材料强度的标准差；

$\delta_{fk}$——材料强度的变异系数。

【视频资源】

(2) 材料强度设计值

材料强度的设计值是在承载能力极限状态设计中(根据目标可靠度的需要)采用的材料强度代表值，其定义为强度标准值除以相应的材料分项系数

$$f_c = \frac{f_{ck}}{\gamma_c} \tag{3.19}$$

$$f_s=\frac{f_{sk}}{\gamma_s} \tag{3.20}$$

式中　$f_c$，$f_s$——混凝土、钢筋强度设计值；

$f_{ck}$，$f_{sk}$——混凝土、钢筋强度标准值；

$\gamma_c$——混凝土强度分项系数，取1.4；

$\gamma_s$——钢筋强度分项系数，对延性较好的热轧钢筋，如HPB300、HRB400钢筋取$\gamma_s=1.1$，对HRB500等高强度钢筋取$\gamma_s=1.15$，对预应力钢丝、钢绞线和热处理钢筋取$\gamma_s=1.2$。

### 3.4.5　荷载的代表值

（1）荷载的标准值

荷载的标准值是结构设计时采用的荷载基本代表值，其他荷载代表值是在荷载标准值的基础上乘以相应系数得到的。

① 永久荷载的标准值$G_k$可按结构的设计尺寸$a_k$和结构材料的标准重力密度计算而得。

② 可变荷载的标准值$Q_k$应根据设计基准期内最大荷载概率分布的某一分位值确定。

$$Q_k=\mu_Q+\alpha_Q\sigma_Q \tag{3.21}$$

式中　$\mu_Q$——设计基准期内最大荷载概率分布的平均值；

$\sigma_Q$——设计基准期内最大荷载概率分布的标准差；

$\alpha_Q$——与保证率有关的系数。

（2）可变荷载的准永久值

可变荷载的准永久值是按正常使用极限状态设计时，考虑可变荷载长期效应组合时采用的荷载代表值。作用在结构上的可变荷载值是变化的（时大时小、时有时无），若可变荷载达到或超过某一荷载值的持续时间$T_q$较长，与设计基准期$T$之比已达到某一定值（对楼面活荷载、雪荷载、风荷载达到$T_q/T=0.5$），则称该荷载值为可变荷载的准永久值。

$$\psi_q=\frac{\text{荷载准永久值}}{\text{荷载标准值}}\leqslant 1 \tag{3.22}$$

式中　$\psi_q$——可变荷载的准永久值系数。

（3）可变荷载的频遇值

可变荷载的频遇值是在设计基准期内，其超越时间为较小比率或超越频率（或次数）为规定频率（或次数）的荷载值。可变荷载的频遇值主要用于当一个极限状态被超越时将产生局部损害、较大变形或短暂振动的情况。

$$\text{可变荷载的频遇值}=\psi_f\times\text{可变荷载的标准值} \tag{3.23}$$

式中　$\psi_f$——可变荷载的频遇值系数。

（4）可变荷载的组合值

结构上同时作用多种可变荷载时，各种可变荷载（人群荷载、风荷载、雪荷载、吊车荷载、地震作用等）同时达到预计的最大值的概率是很小的，为使结构在两种或两种以上可变荷载作用时的情况与仅有一种可变荷载作用时具有大致相同的可靠指标，引入了荷载组合系数，对同时作用的多种可变荷载的标准值进行折减。

$$\text{可变荷载的组合值}=\psi_c\times\text{可变荷载的标准值} \tag{3.24}$$

式中　$\psi_c$——可变荷载的组合值系数。

我国《建筑结构荷载规范》中规定了各类可变荷载的标准值、准永久值系数$\psi_q$、频遇值系数$\psi_f$和组合值系数$\psi_c$，供设计时查用。

【扫码演示】

## 本章小结

(1) 结构上的作用是施加在结构上的各种荷载以及引起结构产生内力或变形等效应的各种因素的总称。结构物上的作用分为直接作用和间接作用两种。其中直接作用亦称荷载。荷载分恒荷载(永久荷载)和活荷载(可变荷载)两种。活荷载有标准值、组合值、频遇值、准永久值四种代表值,分别用于极限状态设计中的不同场合,其中标准值是荷载的基本代表值。

(2)整个结构或结构的某一部分超过某一特定状态,称为结构的极限状态,此时结构就不能满足安全、适用或耐久性要求。结构的极限状态划分为承载力极限状态、正常使用极限状态和耐久性极限状态三类。设计任何钢筋混凝土结构或构件时,都必须进行承载力计算。同时还要求对正常使用极限状态和耐久性极限状态进行验算,以确保结构满足安全、适用和耐久性的要求。

(3) 设计任何建筑物和构筑物时,都必须保证其在规定时间内(一般为 50 年)、在规定条件下完成预定功能(安全、适用、耐久)的概率大于某一规定的数值,或者说,要求其在规定的时间内在规定的条件下失效的概率小于某一规定的数值。发生情况 $R_d-S_d<0$ 的概率称为结构的失效概率。结构不失效的保证率称为结构的可靠度。失效概率与可靠指标 $\beta$ 之间有着内在联系,可用 $\beta$ 表示结构的可靠度。我国根据结构的安全等级和破坏类型,规定了按承载能力极限状态设计时的目标可靠指标值。为了实用,用结构重要性系数、荷载分项系数、材料分项系数等来表达 $\beta$,得出供结构设计用的近似概率极限状态设计法及相应的表达式。

(4) 按不小于 95% 的保证率确定材料强度和荷载的标准值。材料强度的标准值除以材料分项系数后即为其设计值。荷载的标准值乘以荷载分项系数后即为荷载设计值。在承载能力极限状态表达式中,均采用荷载和材料强度的设计值,考虑多个活载最大值不一定同时发生,引入了组合系数。正常使用极限状态表达式中,永久荷载和材料强度均用标准值,当按荷载短期效应组合时,可变荷载采用组合值,按荷载长期效应组合时,可变荷载采用准永久值。

## 思考题与习题

3.1 结构上的作用与荷载是否相同?为什么?恒荷载和活荷载有什么区别?

3.2 结构的功能要求有哪些?何谓极限状态?结构的极限状态有几类,主要内容是什么?

3.3 结构的设计基准期是多少年?超过这个年限的结构是否不能再使用了?

3.4 什么是荷载效应 $S_d$?什么是结构抗力 $R_d$?为什么说 $S_d$ 和 $R_d$ 都是随机变量?$R_d>S_d$,$R_d=S_d$,$R_d<S_d$ 各表示什么意义?

3.5 建筑结构的安全等级是怎样划分的?建筑结构的安全等级在结构极限状态设计表达式中是怎样体现的?

3.6 何谓结构的可靠性与可靠度?

3.7 何谓概率极限状态设计法?为什么规范采用的方法称近似概率设计方法?

3.8 失效概率的意义是什么?目标可靠指标的意义是什么?它与失效概率之间的定性关系是怎样的?怎样确定目标可靠指标?

3.9 截面承载力计算的极限状态设计表达式是什么?它是怎样得出来的?结构的可靠度在表达式中是怎样体现的?

3.10 怎样确定钢筋抗拉强度和混凝土轴心抗压强度的标准值和设计值?

3.11 已知一钢筋混凝土简支梁,截面尺寸为 250 mm×600 mm。跨中作用标准值为 100 kN 的集中可变荷载(设其准永久值系数为 0.5,频遇值系数为 0.6,组合值系数为 0.7),求跨中弯矩在承载力计算与正常使用验算时的各种代表值。

3.12 什么是恒荷载的标准值?什么是恒荷载的设计值?两者的关系如何?什么是钢筋强度的标准值?什么是钢筋强度的设计值?两者的关系如何?(用文字或符号表达均可)

3.13 钢筋强度标准值的确定原则是什么?其与相应的强度设计值的关系是什么?

3.14 现行规范规定了哪几类极限状态?悬臂构件的抗倾覆验算、受弯构件的抗剪计算、钢筋混凝土梁的挠度验算,各属于哪类极限状态的验算?

# 4 受弯构件正截面承载力计算

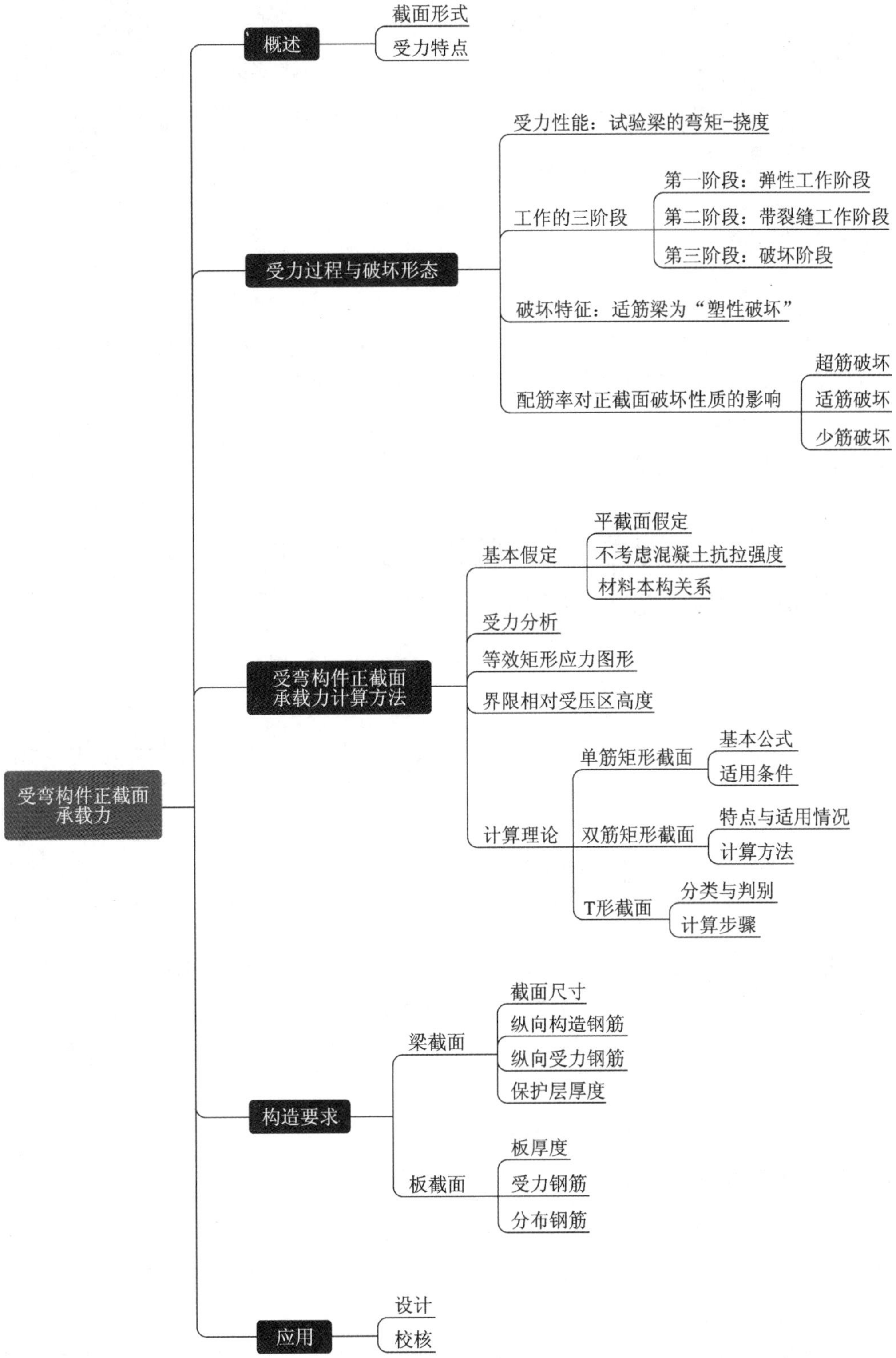

**本章提要**

受弯构件在设计时都要进行抗弯和抗剪计算。本章主要讨论钢筋混凝土梁的正截面受弯性能和设计计算方法,这也为其他复杂受力构件的正截面计算提供了基础。试验是研究钢筋混凝土性质和计算方法的基础,需要加强对书中描述的试验方法和试验现象的理解。尽管本章只讨论了矩形与T形截面的设计计算,但其他复杂截面的计算原理是相同的。钢筋混凝土理论和材料力学理论在研究梁的受弯性能时有相同之处,也有很大的不同;理解异同之处不仅对掌握本章内容,而且对掌握书中其余章节的要点都至关重要。钢筋混凝土的构造要求虽然烦琐,但这正是本专业的特点之一,也不可忽视。

## 4.1 概 述

受弯构件是工程中应用最为广泛的一类构件,如房屋建筑中的梁、板是典型的受弯构件。梁的截面形式通常为矩形、T形、I形、倒L形和空心形等;板的截面形式通常为矩形、槽形和空心形等截面。仅在截面受拉区配置受力钢筋的受弯构件称为单筋受弯构件;既在截面受拉区配置受力钢筋,也在截面受压区配置受力钢筋的受弯构件称为双筋受弯构件(图4.1)。

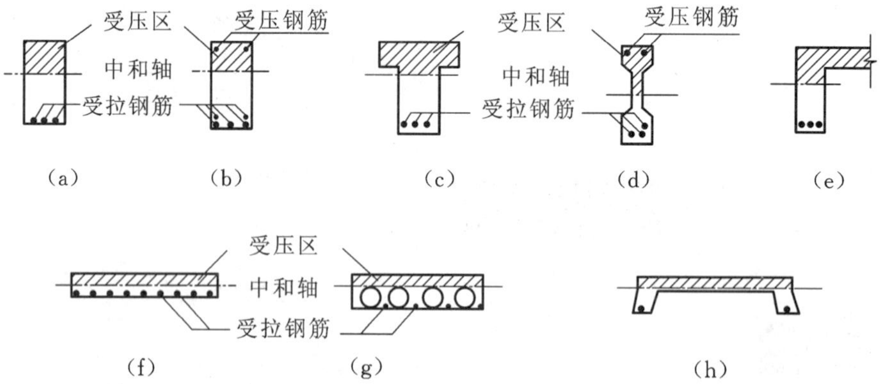


**图4.1 梁、板常见截面形式**

(a) 单筋矩形梁;(b) 双筋矩形梁;(c) T形梁;(d) I形梁;(e) 倒L形梁;(f) 矩形板;(g) 空心板;(h) 槽形板

在外力作用下,受弯构件将承受弯矩($M$)和剪力($V$)的作用。设计受弯构件时,需进行正截面($M$作用)和斜截面($M$、$V$共同作用)两种承载力计算。本章主要介绍正截面受弯承载力计算。

## 4.2 试验研究分析

### 4.2.1 梁的受力性能

匀质线弹性材料的受弯构件在加载时,其变形规律符合平截面假定(平截面在梁变形后仍为平面),由于材料性能符合胡克定律(应力与应变成正比),受压区和受拉区的应力分布图形都是三角形。此外,梁的挠度与弯矩也将一直保持线性关系。

钢筋混凝土梁是由钢筋和混凝土两种材料组成,且混凝土本身是非弹性、非匀质材料,抗拉强度又远小于抗压强度,因而其受力性能有很大不同。研究钢筋混凝土构件的受力性能,首先要进行构件加载试验。为了着重研究梁正截面受力和变形的变化规律，通常采用两点加荷，试验梁的布置一般如图 4.2 所示。这样，在两个对称集中荷载间的区段形成纯弯段，可以基本上排除剪力的影响（忽略自重），同时也有利于在这一较长的区段上（$L/3 \sim L/2$）布置仪表。

在“纯弯段”内，沿梁高两侧布置测点，用仪表量测梁的纵向变形；在梁跨中附近的钢筋表面处贴电阻片，用以测量钢筋的应变。不论使用哪种仪表测量变形，都会有一定的标距。因此，所测得的数值都表示标距范围内的平均应变值。另外，在跨中和支座上分别安装位移计就可以测量跨中的挠度，有时还要安装倾角仪以测量梁的转角。试验中还用目测法观察梁上裂缝的分布和开展情况。

图 4.3 为中国建筑科学研究院所做的钢筋混凝土试验梁的弯矩与挠度关系曲线实测结果。图中纵坐标为相对于梁破坏时极限弯矩 $M_u$ 的弯矩的无量纲值（$M/M_u$），横坐标为梁跨中挠度 $f$ 的实测值。试验时采取逐级加荷。由试验结果可知钢筋混凝土梁从加载到破坏经历三个阶段。当弯矩较小时，挠度和弯矩关系接近直线变化。这时的工作特点是梁尚未出现裂缝，称为第Ⅰ阶段。当弯矩超过开裂弯矩 $M_{cr}$后，由于已有裂缝发生，且此后一段时间内将不断出现新的裂缝，随着裂缝的出现与不断开展，挠度的增长速度比开裂前快，$(M/M_u)$-$f$ 关系曲线上出现了第一个明显的转折点。这时的工作特点是梁带有裂缝，称为第Ⅱ阶段。在第Ⅱ阶段整个发展过程中，钢筋的应力将随着荷载的增加而增加。当受拉钢筋应力刚到达屈服强度，$(M/M_u)$-$f$ 关系曲线上出现了第二个明显转折点，标志着梁受力进入第Ⅲ阶段。受拉钢筋刚达到屈服强度时的弯矩为屈服弯矩 $M_y$，此阶段特点是梁的裂缝急剧开展，挠度急剧增加，而钢筋应变有较大的增长，但其应力基本上维持屈服强度不变。当继续加载，到达梁所承受的最大弯矩 $M_u$ 时，梁开始破坏。

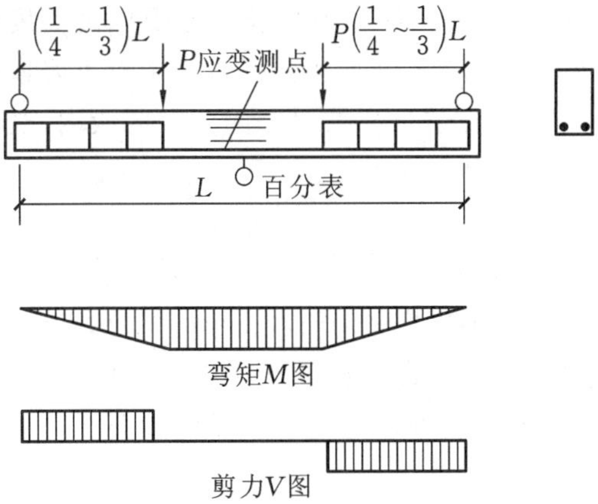

图 4.2　试验梁加载示意图

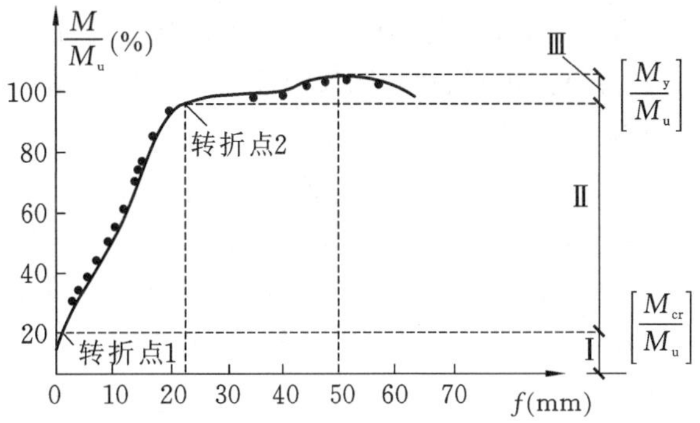

图 4.3　$(M/M_u)$-$f$ 图

### 4.2.2　梁正截面工作的三个阶段

（1）截面应力分布

梁截面应力分布在各个阶段的变化特点如图 4.4 所示。

① 第Ⅰ阶段：梁承受的弯矩很小，截面的应变也很小，混凝土处于弹性工作阶段，应力与应变成正比。截面应变符合平截面假定，故梁的截面应力分布为三角形，中和轴以上受压，另一侧受拉，钢筋与外围混凝土应变相同，共同受拉。随着 $M$ 的增大，截面应变随之增大。由于受拉区混凝土塑性变形的发展，应力增长缓慢，应变增长较快，受拉区混凝土的应力图形呈曲线形，当弯矩增加到使受拉边的应变达到混凝土的极限拉应变时，就进入裂缝出现的临界状态。如再增加荷载，受拉区混凝土将开裂，这时的弯矩为开裂弯矩。在此阶段，受压区混凝土仍处于弹性阶段，因此受压区应力图形为三角形。

【视频资源】

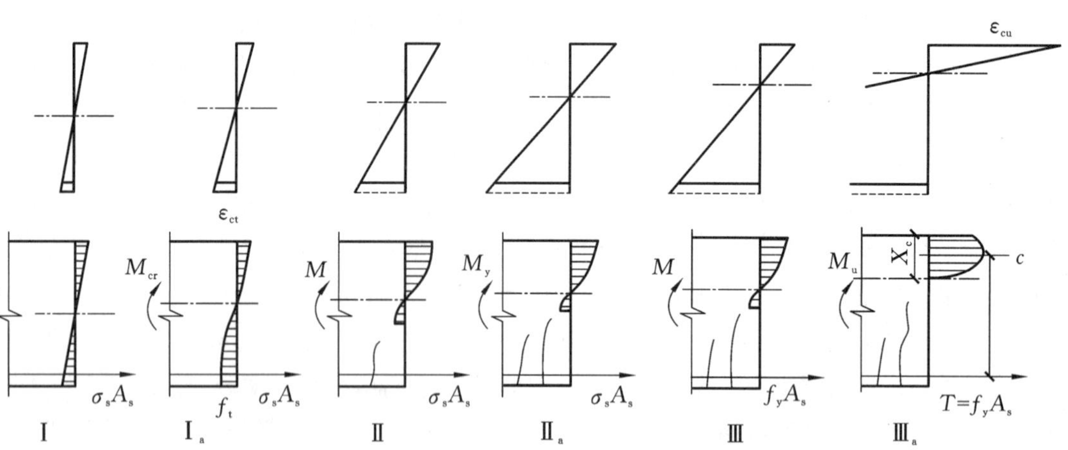


**图 4.4　钢筋混凝土梁三个阶段应力**

② 第Ⅱ阶段：弯矩达到开裂弯矩后，在纯弯段内混凝土抗拉强度最弱的截面上将出现第一批裂缝。开裂部分混凝土承受的拉力将传给钢筋，使开裂截面的钢筋应力突然增大，但中和轴以下未开裂部分混凝土仍可负担一部分拉力。随着弯矩增大，截面应变增大；但截面应变分布（在较大标距下测量的平均应变）基本上符合平截面假定；而受压区混凝土则表现出塑性变形的特征，受压区的应力图形呈曲线形。当钢筋开始屈服时，为第Ⅱ阶段的结束，这时的弯矩称为屈服弯矩 $M_y$。

③ 第Ⅲ阶段：钢筋屈服后应力不增加，而应变急剧发展，钢筋与混凝土间的粘结遭到明显的破坏，使钢筋到达屈服的截面形成一条宽度很大，迅速向梁顶发展的临界裂缝。虽然此阶段钢筋承担的拉力不增大，但中和轴急剧上升，受压区高度很快减小，内力臂增大，截面弯矩仍能有所增长。随受压区高度的减小，混凝土受压边缘的压应变显著增大。最大压应变可达 0.003～0.004，压应力图形将为带有下降段的曲线形，应力图形的峰值下移。当受压区混凝土的抗压强度耗尽时，在临界裂缝两侧的一定区段内，受压区混凝土出现纵向水平裂缝，随即混凝土被压坏，梁达到极限弯矩。

（2）破坏特征

上述讨论仅适用于适量配筋的梁，它们的破坏是由于受拉钢筋首先到达屈服，然后混凝土受压破坏。破坏前临界裂缝显著开展，顶部受压区混凝土产生很大局部变形，形成集中的塑性变形区域。在这个区域内，在 $M$ 不增加或增加不多的情况下，截面的转角急剧增大，反映了截面的屈服；同时梁的挠度迅速增大，预示着梁的破坏即将到来，其破坏形态具有“塑性破坏”的特征，即在破坏前有明显的预兆——裂缝和变形急剧发展。

### 4.2.3　配筋率对正截面破坏性质的影响

应该指出，上述梁的正截面三个阶段的工作特点及其破坏特征，是针对含有正常配筋率的适筋梁而言的。对矩形截面梁，配筋率用下式表示

$$\rho=\frac{A_s}{bh_0} \tag{4.1}$$

式中　$A_s$——受拉钢筋截面面积；

$b$——梁截面宽度；

$h_0$——梁截面的有效高度（指截面受压区边缘到受拉钢筋合力点的距离）。

梁正截面的破坏形式与配筋率 $\rho$、钢筋和混凝土强度有关。当材料品种选定以后，其破坏形式主要依配筋率的大小而异。配筋率不同，梁的破坏形式不同，可将其划分为以下三类：

（1）适筋梁

这种梁的特点是破坏开始于受拉区钢筋的屈服，在钢筋应力达到屈服强度之初，受压区边缘纤维应变

尚小于受弯时混凝土极限压应变。在梁完全破坏以前，由于钢筋要经历较大的塑性伸长，随之引起裂缝急剧开展和梁挠度的激增，它将给人以明显的破坏预兆，习惯上常把这种梁的破坏叫作“延性破坏”或“塑性破坏”。

(2) 超筋梁

若梁截面配筋率很大时，破坏开始于受压区混凝土的压碎。在受压区边缘纤维应变达到混凝土受弯极限压应变时，钢筋应力尚小于屈服强度，但此时梁已破坏。这样的梁称为超筋梁。

试验表明，如果钢筋在梁破坏前仍处于弹性工作阶段，则破坏时梁上裂缝开展不宽，延伸不高，梁的挠度亦不大。梁在没有明显预兆的情况下由于受压区混凝土突然压碎而破坏，习惯上常称之为“脆性破坏”。超筋梁不能充分利用钢筋的强度，且破坏前毫无预兆，设计中不允许采用。

(3) 少筋梁

配筋率过低(低于规范规定的最小配筋率 $\rho_{min}$)的梁称为少筋梁。

这种梁一旦开裂，受拉钢筋立即达到屈服强度，有时迅速进入强化阶段，裂缝开展过宽，即标志着梁破坏。尽管开裂后梁仍可能保留一定的承载能力，但梁已发生严重的开裂下垂，这部分强度实际上是不能利用的。少筋梁破坏也属于脆性破坏。少筋梁是不经济、不安全的，故在建筑结构中也不允许采用。

【视频资源】

适筋梁、超筋梁与少筋梁的破坏特征如图 4.5 所示。从图 4.5 可以看出：超筋梁在破坏时表面无明显受拉裂缝，破坏时受压区混凝土压碎；少筋梁破坏时只有一条裂缝，一旦开裂，即沿此裂缝延伸到梁顶端。

适筋梁、超筋梁与少筋梁的 $M$-$f$ 曲线如图 4.6 所示。从试验分析可看出，由钢筋和混凝土两种材料组成的钢筋混凝土梁，具有由其材料性能决定的，不同于连续匀质弹性材料梁的应力分布和变形特点，梁的挠度转角与弯矩的关系也不服从弹性匀质材料梁所具有的比例关系。可见，试验是研究钢筋混凝土性质及计算方法和制定规范的基础。

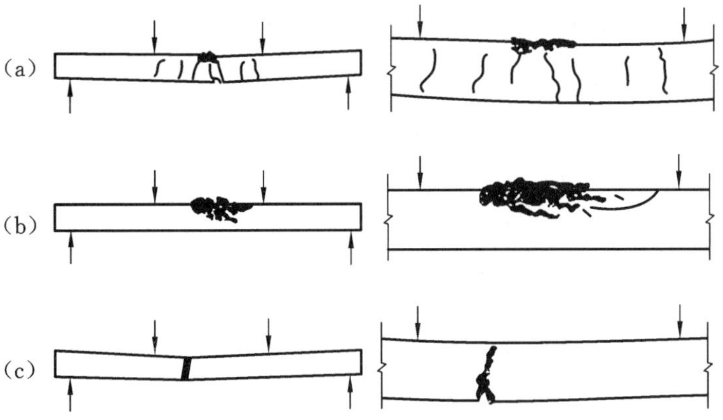


**图 4.5　梁的三种破坏形式**

(a) 适筋梁；(b) 超筋梁；(c) 少筋梁

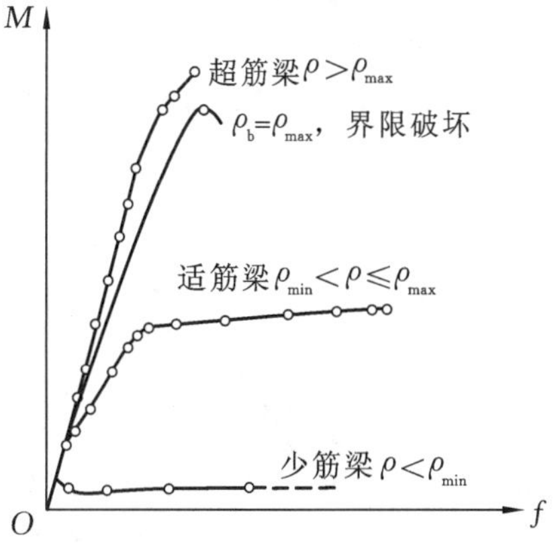


**图 4.6　少筋梁、适筋梁、超筋染的 $M$-$f$ 曲线**

## 4.3　受弯构件正截面承载力计算方法

【视频资源】

### 4.3.1　基本假设

(1) 截面应变保持平面

构件正截面弯曲变形后，其截面依然保持平面，截面应变分布服从平截面假定，即截面内任意点的应变与该点到中和轴的距离成正比，钢筋与外围混凝土的应变相同。

国内外大量试验也表明，从加载开始至破坏，若受拉区的应变是采用跨过几条裂缝的长标距测量时，所测得破坏区段的混凝土及钢筋的平均应变基本上是符合平截面假定的。

(2) 不考虑混凝土的抗拉强度，即认为拉力全部由受拉钢筋承担虽然在中性轴附近尚有部分混凝土承担拉力，但与钢筋承担的拉力或混凝土承担的压力相比，数值很小，并且合力离中性轴很近，承担的弯矩可以忽略。

(3) 混凝土受压应力-应变关系

采用简化形式(不考虑下降段)，如图 4.7 所示。

当 $\varepsilon_c \leqslant \varepsilon_0$ 时(上升段)

$$\sigma_c = f_c\left[1-\left(1-\frac{\varepsilon_c}{\varepsilon_0}\right)^n\right]$$

当 $\varepsilon_0 < \varepsilon_c \leqslant \varepsilon_{cu}$ 时(水平段)

$$\sigma_c = f_c$$

$$n = 2-\frac{1}{60}(f_{cu,k}-50)$$

$$\varepsilon_0 = 0.002+0.5\times(f_{cu,k}-50)\times10^{-5}$$

$$\varepsilon_{cu} = 0.0033-(f_{cu,k}-50)\times10^{-5}$$

式中 $\sigma_c$——混凝土压应变为 $\varepsilon_c$ 时的混凝土压应力值；

$f_c$——混凝土轴心抗压强度设计值；

$\varepsilon_0$——混凝土压应力达到 $f_c$ 时混凝土的压应变，当计算的 $\varepsilon_0$ 值小于 0.002 时，取为 0.002；

$\varepsilon_{cu}$——正截面的混凝土极限压应变，当处于非均匀受压时按上式计算，如计算的 $\varepsilon_{cu}$ 值大于 0.0033，取为 0.0033，当处于轴心受压时取为 $\varepsilon_0$；

$f_{cu,k}$——混凝土立方体抗压强度标准值；

$n$——系数，当计算的 $n$ 值大于 2.0 时，取为 2.0。

(4) 钢筋应力-应变关系

钢筋应力取为钢筋应变与其弹性模量的乘积，但不大于其强度设计值，受拉钢筋的极限拉应变取 0.01，其简化的应力-应变曲线如图 4.8 所示。

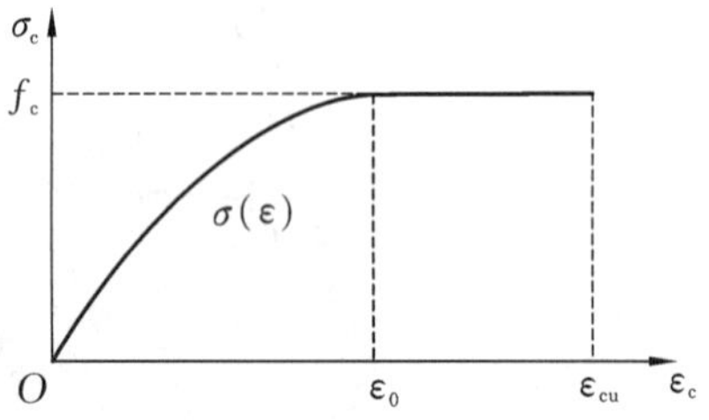


**图 4.7 混凝土受压应力-应变曲线**

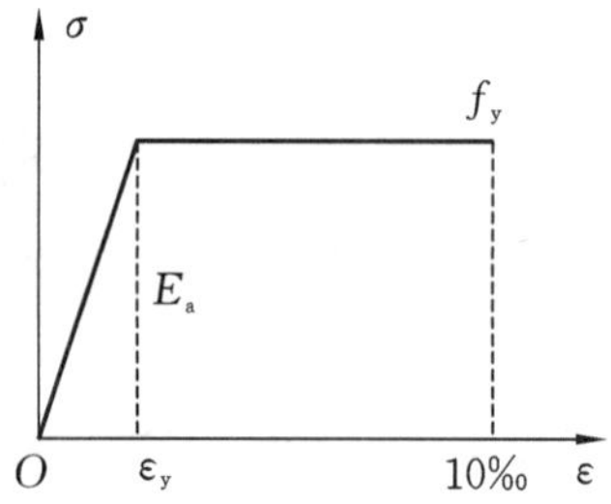


**图 4.8 钢筋应力-应变曲线**

### 4.3.2 受力分析

前述试验研究表明，适筋梁在正截面承载力极限状态时，受拉钢筋已经达到屈服强度，受压区混凝土达到受压破坏极限。以单筋矩形截面为例，根据基本假设，截面受力状态如图 4.9 所示。

此时，受压区边缘混凝土压应变达到极限压应变。对于特定的混凝土强度等级，$\varepsilon_0$ 与 $\varepsilon_{cu}$ 均可取为定值。因此，根据截面假定与混凝土应力-应变关系，受压区混凝土应力分布图形由受压区高度唯一确定，受压区混凝土合力 $C$ 的值为一积分表达式，受压区混凝土合力作用点与受拉钢筋合力作用点之间的距离 $z$ 称为内力臂，也必须表达为积分的形式。

根据轴向力与对受拉钢筋合力作用点的力矩平衡，可以建立两个独立平衡方程

$$T = A_s f_y = C \tag{4.2}$$

$$M_u = A_s f_y z \tag{4.3}$$

式中 $T$——受拉钢筋拉力的合力；

$C$——受压混凝土压力的合力；

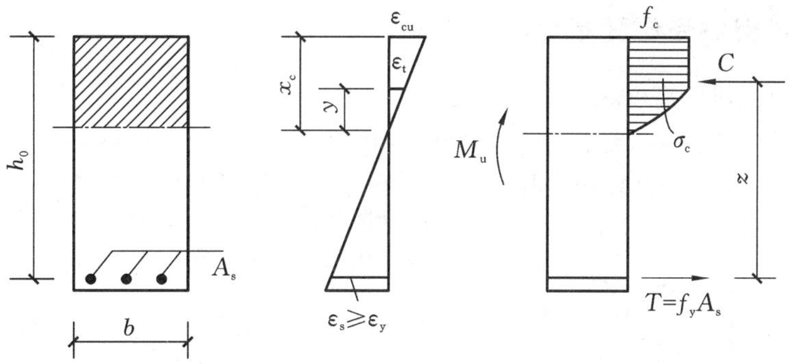


**图 4.9 单筋矩形梁应力及应变分布图**

$A_s$——受拉钢筋的截面面积；

$f_y$——受拉钢筋的屈服强度；

$z$——受拉钢筋合力点到混凝土受压合力点的距离。

通过联立求解上述两个方程虽然可以进行截面设计计算，但因混凝土压应力分布为非线性分布，计算过程中需要进行比较复杂的积分计算，不利于工程应用，因此，《混凝土结构设计标准》采用了简化压应力分布的简化方法。

### 4.3.3 等效矩形应力图形

由于正截面抗弯计算的主要目的仅仅是为了建立 $M_u$ 的计算公式，实际上并不需要完整地给出混凝土的压应力分布，而只要能确定压应力合力 $C$ 的大小及作用位置就可以了。为此，《混凝土结构设计标准》对于非均匀受压构件，如受弯、偏心受压和大偏心受拉等构件的受压区混凝土的应力分布进行简化，即用等效矩形应力图形来代换二次抛物线加矩形的应力图形（图 4.10），其代换的原则是：保证两图形压应力合力 $C$ 的大小和作用点位置不变。

等效矩形应力图由无量纲参数 $\beta_1$ 及 $\alpha_1$ 所确定。$\beta_1$ 及 $\alpha_1$ 为等效矩形应力图块的特征值，$\alpha_1$ 为矩形应力图的强度与受压区混凝土最大应力 $f_c$ 的比值；$\beta_1$ 为矩形应力图的受压区高度与平截面假定的中和轴高度 $x_c$ 的比值，即 $\beta_1 = x/x_c$；$x$ 为等效受压区高度值，简称受压区高度。

根据试验及分析，可以求得 $\beta_1$ 与 $\alpha_1$ 的值。$\beta_1$ 及 $\alpha_1$ 与混凝土强度等因素有关。对中低强混凝土，当 $\varepsilon_0 = 0.002$，$\varepsilon_{cu} = 0.0033$ 时，$\beta_1 = 0.824$，$\alpha_1 = 0.969$，为简化计算取 $\beta_1 = 0.8$，$\alpha_1 = 1$。对高强混凝土，用随混凝土强度提高而逐渐降低的系数 $\alpha_1$ 值来反映高强混凝土的特点。应当指出，将上述简化计算规定用于三角形截面、圆形截面的受压区，会带来一定的误差。

《混凝土结构设计标准》规定：当 $f_{cu,k} \leqslant 50\ \text{N/mm}^2$ 时，$\beta_1$ 取为 0.8，当 $f_{cu,k} = 80\ \text{N/mm}^2$ 时，$\beta_1$ 取为 0.74，其间按直线内插法取用；当 $f_{cu,k} \leqslant 50\ \text{N/mm}^2$ 时，$\alpha_1$ 取为 1.0，当 $f_{cu,k} = 80\ \text{N/mm}^2$ 时，$\alpha_1$ 取为 0.94，其间按直线内插法取用。

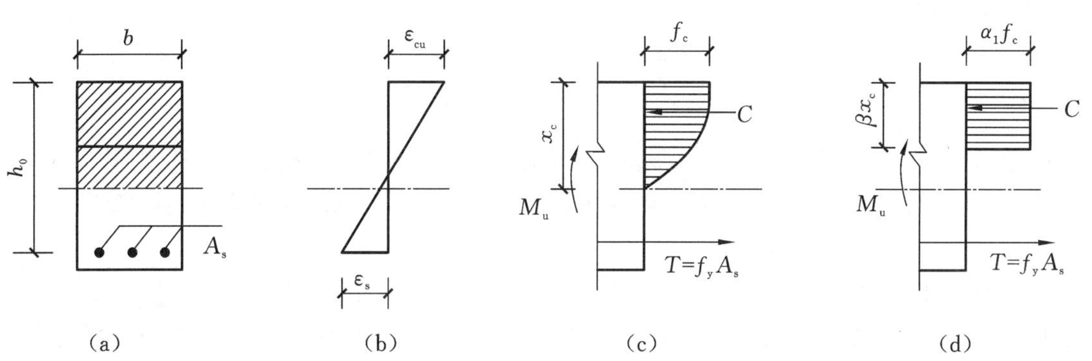


【视频资源】

**图 4.10 等效应力图**

### 4.3.4 界限相对受压区高度与最小配筋率

【视频资源】

(1) 界限相对受压区高度 $\xi_b$

界限相对受压区高度 $\xi_b$，是指在适筋梁的界限破坏时，等效受压区高度与截面有效高度之比。界限破坏的特征是受拉钢筋屈服的同时，受压区混凝土边缘达到极限压应变。

根据平截面假定，正截面破坏时，不同受压区高度的应变变化如图 4.11 所示，中间斜线表示界限破坏的应变。对于确定的混凝土强度等级，$\varepsilon_u$ 的值为常数，$\beta_1=\dfrac{x}{x_c}$ 也为常数。由图 4.11 可以看出，破坏时的相对受压区高度越大，钢筋拉应变越小。

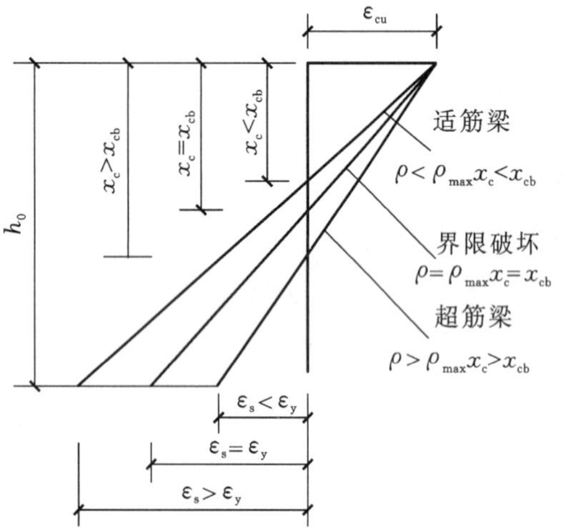


**图 4.11 适筋梁、超筋梁在界限破坏时的截面平均应变图**

破坏时的相对受压区高度

$$\xi=\frac{x}{h_0}=\frac{\beta_1 x_c}{h_0} \tag{4.4}$$

界限相对受压区高度

$$\xi_b=\frac{x_b}{h_0}=\frac{\beta_1 x_{cb}}{h_0} \tag{4.5}$$

式中 $x_c$——混凝土实际受压区高度；

$x_{cb}$——界限受压区实际高度；

$x$——混凝土换算受压区高度；

$x_b$——界限受压区高度。

当 $\xi>\xi_b$，破坏时钢筋拉应变 $\varepsilon_s<\varepsilon_y$，受拉钢筋不屈服，表明发生的破坏为超筋梁破坏。

当 $\xi<\xi_b$，破坏时钢筋拉应变 $\varepsilon_s>\varepsilon_y$，受拉钢筋已经达到屈服，表明发生的破坏为适筋梁破坏或少筋梁破坏。

根据平截面假设，界限相对受压区高度可用简单的几何关系求出

$$\xi_b=\frac{\beta_1 x_{cb}}{h_0}=\frac{\beta_1\varepsilon_{cu}}{\varepsilon_{cu}+\varepsilon_y}=\frac{\beta_1\varepsilon_{cu}}{\varepsilon_{cu}+\dfrac{f_y}{E_s}}=\frac{\beta_1}{1+\dfrac{f_y}{\varepsilon_{cu}E_s}} \tag{4.6}$$

《混凝土结构设计标准》规定：

对有屈服点的钢筋

$$\xi_b=\frac{\beta_1}{1+\dfrac{f_y}{\varepsilon_{cu}E_s}} \tag{4.7}$$

对无屈服点的钢筋

$$\xi_b=\frac{\beta_1}{1+\dfrac{0.002}{\varepsilon_{cu}}+\dfrac{f_y}{\varepsilon_{cu}E_s}} \tag{4.8}$$

截面受拉区内配有不同种类的钢筋时，受弯构件的界限相对受压区高度应分别计算，并取其小值。

对常用的 C50 级及以下的混凝土和有明显屈服点的钢筋有：300 MPa 钢筋，$\xi_b=0.576$；400 MPa 钢筋，$\xi_b=0.518$；500 MPa 钢筋，$\xi_b=0.482$。

(2) 最小配筋率 $\rho_{min}$

《混凝土结构设计标准》规定：对受弯梁类构件，受拉钢筋百分率不应小于 $45f_t/f_y$，同时不应小于 0.2；当温度因素对结构构件有较大影响时，受拉钢筋最小配筋百分率应适当增加。最小配筋率应按构件的全截面面积[对 T 形截面应扣除受压翼缘面积 $(b_f'-b)h_f'$]计算。

## 4.4 单筋矩形截面受弯构件正截面承载力计算

### 4.4.1 基本公式与适用条件

(1) 计算公式

根据第 3 章所述钢筋混凝土结构设计基本原则，对受弯构件正截面受弯承载力，应满足作用在结构上的荷载在所计算的截面中产生的弯矩设计值 $M$，不超过根据截面的设计尺寸、配筋量和材料的强度设计值计算得到的受弯构件的正截面受弯承载力设计值，即

$$M \leqslant M_u \tag{4.9}$$

根据图 4.12 所示，取轴向力以及弯矩平衡，即截面上水平方向的内力之和为零，截面上内、外力对受拉钢筋合力点的力矩之和等于零，可写出单筋矩形截面受弯构件正截面受弯承载力计算的基本公式为

$$\alpha_1 f_c bx = f_y A_s \tag{4.10}$$

$$M \leqslant M_u = \alpha_1 f_c bx\left(h_0 - \frac{x}{2}\right) \tag{4.11}$$

式中 $M$——弯矩设计值；

$M_u$——正截面极限抵抗弯矩；

$f_c$——混凝土轴心抗压强度设计值，见附表 2；

$f_y$——钢筋的抗拉强度设计值，见附表 5；

$A_s$——受拉区纵向钢筋的截面面积；

$\alpha_1$——矩形应力图的强度与受压区混凝土最大应力 $f_c$ 的比值；

$b$——截面宽度；

$x$——按等效矩形应力图计算的受压区高度；

$h_0$——截面有效高度，$h_0 = h - a_s$，$a_s$ 为受拉钢筋合力点至截面受拉边缘的距离，当为一排钢筋时，$a_s = c + d/2$，其中 $d$ 为钢筋直径，$c$ 为混凝土保护层厚度。

【视频资源】

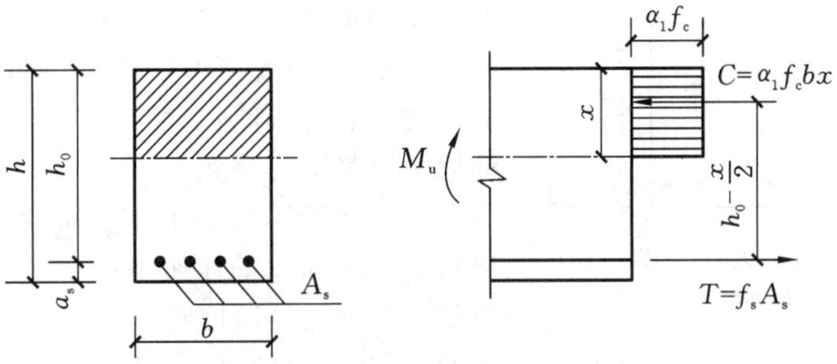


**图 4.12 单筋矩形截面梁计算简图**

$$x = \frac{f_y A_s}{\alpha_1 f_c b} \tag{4.12}$$

由式(4.10)可得相对受压区高度为

$$\xi = \frac{x}{h_0} = \frac{f_y A_s}{\alpha_1 f_c b h_0} = \rho \frac{f_y}{\alpha_1 f_c} \tag{4.13}$$

由上式得 $\rho = \xi \dfrac{f_c}{\alpha_1 f_y}$。对于材料给定的截面，相对受压区高度 $\xi$ 和配筋率 $\rho$ 之间有明确的换算关系。对应于 $\xi_b$ 的 $\rho$ 即为该截面允许的最大配筋率 $\rho_{max}$。

(2) 适用条件

式(4.10)、式(4.11)仅适用于适筋梁，而不适用于超筋梁及少筋梁。因为超筋梁破坏时钢筋的实际拉应力 $\sigma_s < f_y$，并未达到屈服强度，这时，钢筋应力 $\sigma_s$ 为未知值，放在以上公式中不能按 $f_y$ 考虑；少筋梁一旦开裂，裂缝即延伸至梁顶部，不存在受压区。因此，对于上述适筋梁计算公式，必须满足下列适用条件：

① 为防止超筋破坏，应满足

$$\xi \leqslant \xi_b \tag{4.14}$$

$$x \leqslant x_b = \xi_b h_0 \tag{4.15}$$

$$\rho \leqslant \rho_{max} = \xi_b \alpha_1 \frac{f_c}{f_y} \tag{4.16}$$

以上三式是同一含义，为了便于应用，写成三种形式，满足其中之一，其余两个必然得到满足。

② 为防止少筋破坏，应满足

$$\rho \geqslant \rho_{min} \tag{4.17}$$

当温度因素对结构构件有较大影响时，受拉钢筋最小配筋百分率应比规定适当增加。

(3) 截面构造要求

构件截面配筋除进行承载力计算外，还要考虑构造要求。这部分内容也是结构设计中的一个重要组成部分。通过结构计算一般仅能初步决定主要部位的截面尺寸及钢筋数量。对于不易详细计算的因素就要通过构造措施来弥补。下面将梁和板中与本章有关的基本构造要求分别予以说明。

① 梁截面的构造要求

a. 截面尺寸

为了统一模板尺寸便于施工，梁的截面宽度 $b$ 和梁肋的高度应尽量与定型钢模板的模数协调，目前常采用 50 mm 为模数。

矩形截面梁的高宽比 $h/b$ 一般取 2.0～3.5，T 形截面梁的梁高 $h$ 与肋宽 $b$ 的比值 $h/b$ 一般取 2.5～4.0。

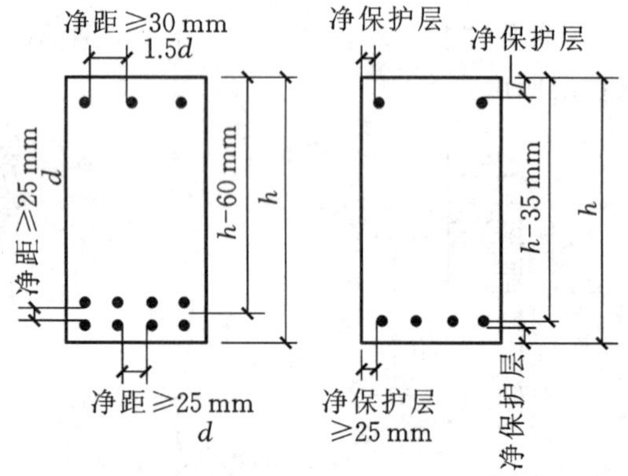


图 4.13　梁钢筋净距、保护层厚度及有效厚度

b. 纵向受力钢筋

对采用绑扎骨架的钢筋混凝土梁，其纵向受力钢筋的直径，当梁高 $h \geqslant 300$ mm 时，不应小于 10 mm，当梁高 $h < 300$ mm 时，不应小于 8 mm。梁的纵向受力钢筋伸入支座的数量，当梁宽 $b \geqslant 150$ mm 时，不应少于 2 根，当梁宽 $b < 150$ mm时，可为 1 根。为了便于浇筑混凝土时保证钢筋周围混凝土的密实性，并确保钢筋的锚固，梁的上部纵向钢筋的净距不应小于 30 mm 和 $1.5d$($d$ 为钢筋最大直径)，下部纵向钢筋净距不应小于 25 mm 和 $d$，如图 4.13 所示。若钢筋必须排成两排时，上、下两排钢筋应当对齐。梁的下部纵向钢筋配置多于两层时，上层钢筋水平方向的净距应比下面两层的净距增大一倍。

c. 梁的保护层厚度

为了保证钢筋不被锈蚀，并保证钢筋与混凝土良好粘结，梁内钢筋靠梁外边缘的一侧都应设有保护层，其最小厚度见附表 11。当为一排钢筋时，梁的截面有效高度 $h_0$ 可为 $h_0 = h - 35$ mm，当为两排钢筋时，可取 $h_0 = h - (50 \sim 60)$ mm。

d. 纵向构造钢筋

为了固定箍筋并与受力钢筋共同形成钢筋骨架，在梁内无纵向钢筋处应设置架立钢筋。当梁的跨度小于 4 m 时，其直径不宜小于 8 mm；跨度等于 4～6 m 时，其直径不宜小于 10 mm；跨度大于 6 m 时，其直径不宜小于 12 mm。当梁的腹板高度 $h_w \geqslant 450$ mm 时，在梁的两个侧面应沿高度配置纵向构造钢筋。每侧纵向构造钢筋(不包括梁上、下部受力钢筋及架立钢筋)的截面面积不应小于腹板截面面积 $bh_w$ 的

0.1%，且其间距不宜大于 200 mm。

② 板截面的构造要求

a. 板的厚度

现浇板的厚度 $h$ 取 10 mm 为模数，对一般屋盖不小于 50 mm，对一般楼板不小于 60 mm。预制板的最小厚度应考虑钢筋保护层厚度的要求。

b. 板的受力钢筋

板中受力钢筋直径通常采用 6～12 mm。为了使板受力均匀和混凝土浇筑密实，当采用绑扎钢筋作为配筋时，如果板厚 $h \leqslant 150$ mm，其受力钢筋的间距不宜大于 200 mm；如果 $h > 150$ mm，间距不应大于 $1.5h$ 且不宜大于 250 mm。

板的混凝土保护层最小厚度见附表 11。一般当 $h < 100$ mm 时，可取 $h_0 = h - 20$ mm；当 $h > 100$ mm 时，可取 $h_0 = h - 25$ mm。

c. 板的分布钢筋

垂直于板受力钢筋方向上布置的构造钢筋称为分布钢筋。分布钢筋的作用是将板面上的荷载更均匀地传给受力钢筋，同时在施工中可固定受力钢筋位置。分布钢筋还能抵抗温度和收缩应力。分布钢筋按构造配置，分布钢筋的截面面积不宜小于单位宽度上受力钢筋截面面积的 15%，且不宜小于该方向板截面面积的 0.15%，分布钢筋的间距不宜大于 250 mm，直径不宜小于 6 mm；对集中荷载较大的情况，分布钢筋的截面面积应适当增加，其间距不宜大于 200 mm。

### 4.4.2 基本公式的应用

设计受弯构件时，一般仅需对控制截面进行受弯承载力计算。所谓控制截面，在等截面构件中一般是指弯矩设计值最大的截面；在变截面构件中则是指截面尺寸相对较小而弯矩相对较大的截面。

基本公式的应用有两种情况：截面设计和截面校核。

(1) 截面设计

在进行截面设计时，通常是已知弯矩设计值 $M$，求构件的截面尺寸及配筋。就适筋梁而言，对正截面受弯承载力起决定作用的是钢筋的强度，而混凝土强度等级的影响不是很明显。采用高强混凝土还存在降低结构延性等方面问题。因此，普通钢筋混凝土构件的混凝土强度等级不宜选得过高，一般现浇构件用 C25、C30、C35，预制构件为了减轻自重可适当提高。钢筋宜采用 HRB400 和 RRB400，也可采用 HPB300。

关于截面尺寸的确定，可按构件的高跨比来估计，如简支梁的高度 $h = \left(\frac{1}{12} \sim \frac{1}{10}\right) l$；$b = \left(\frac{1}{3} \sim \frac{1}{2}\right) h$。简支板的厚度 $h > \frac{l}{35}$。

当材料与截面尺寸确定后，基本公式中有两个未知量 $x$ 和 $A_s$，通过解方程即可求得所需钢筋面积 $A_s$。

**【例 4.1】** 钢筋混凝土简支梁如图 4.14 所示，结构的安全等级为二级，承受的恒荷载标准值 $g_k = 6$ kN/m，活荷载标准值 $q_k = 15$ kN/m，混凝土强度为 C30，HRB400 级钢筋，梁的截面尺寸 $b \times h = 250$ mm×500 mm，计算梁的纵向受拉钢筋 $A_s$。

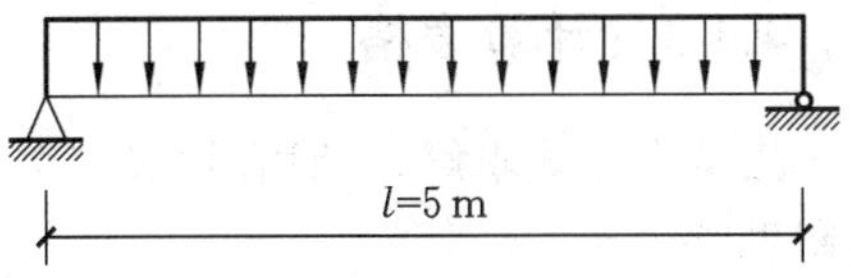


**图 4.14 例 4.1 图**

**【解】** 查书后的附表得：

C30 混凝土，$f_c = 14.3$ N/mm²，$f_t = 1.43$ N/mm²，$\alpha_1 = 1.0$；HRB400 级钢筋，$f_y = 360$ N/mm²；$\xi_b = 0.518$；$\gamma_0 = 1.0$。

由可变荷载效应控制的组合（$\gamma_G = 1.3$，$\gamma_Q = 1.5$）：

$$q = 1.3 \times 6 + 1.5 \times 15 = 30.3 \text{ kN/m}$$

截面的弯矩值

$$M=\frac{1}{8}\times ql^2=\frac{1}{8}\times 30.3\times 5^2=94.69\ \text{kN}\cdot\text{m}$$

设纵向受拉钢筋按一排放置，则梁的有效高度

$$h_0=500-35=465\ \text{mm}$$

由式(4.11)得

$$\gamma_0 M=\alpha_1 f_c\times\left(h_0-\frac{x}{2}\right)$$

即

$$1.0\times 94690000=1.0\times 14.3\times 250x\left(465-\frac{x}{2}\right)$$

整理上式得

$$x^2-930x+52973=0$$

解上式的一元二次方程式，得截面的受压区高度为

$$x=61\ \text{mm}<x_b=\xi_b h_0=0.518\times 465=240.9\ \text{mm}$$

将 $x$ 值代入式(4.10)，受拉钢筋的截面面积为

$$A_s=\frac{\alpha_1 f_c bx}{f_y}=\frac{1.0\times 14.3\times 250\times 61}{360}=606\ \text{mm}^2$$

又

$$45\frac{f_t}{f_y}=45\times\frac{1.43}{360}=0.179<0.2$$

取

$$\rho_{\min}=0.2\%$$

$$\rho_{\min}bh=0.002\times 250\times 500=250\ \text{mm}^2<606\ \text{mm}^2$$

由以上验算可知，截面符合适筋条件。

选配钢筋：

选用 2Φ16+1Φ18，实际钢筋截面面积

$$A_s=656.5\ \text{mm}^2>606\ \text{mm}^2$$

一排钢筋所需的最小宽度为

$$b_{\min}=4\times 25+2\times 16+1\times 18=150\ \text{mm}<b=250\ \text{mm}$$

与原假设相符，不必重算。配筋如图 4.15 所示。

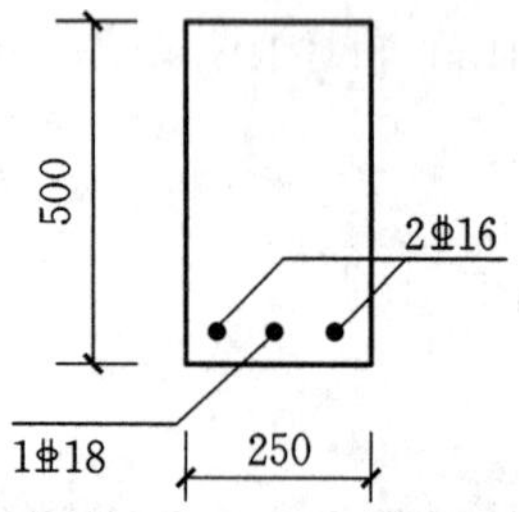

**图 4.15　例 4.1 截面配筋**

(2) 截面复核

在实际工程中，经常会遇到已经建成的或已完成设计的结构构件，其截面尺寸、配筋量和材料等均已知，要求计算截面的受弯承载力，或复核截面承受某个弯矩值是否安全。此类问题的根本是求截面极限承载力 $M_u$ 值。在基本公式中，有两个未知量 $x$ 和 $M_u$，通过解方程即可求得所需截面极限承载力 $M_u$ 值。

### 4.4.3　计算表格

按基本公式求解，一般必须解二次联立方程，为简化计算，可根据基本公式编制计算表格。下面介绍编制思路。

可将基本公式式(4.10)、式(4.11)改写为

$$f_y A_s=\alpha_1 f_c bx=\alpha_1 f_c bh_0\xi \tag{4.18}$$

$$M\leqslant M_u=\alpha_1 f_c bx\left(h_0-\frac{x}{2}\right)=\alpha_1 f_c bh_0^2\xi(1-0.5\xi) \tag{4.19}$$

设

$$\alpha_s=\xi(1-0.5\xi) \tag{4.20}$$

$$\gamma_s = (1-0.5\xi) \tag{4.21}$$

可得

$$M_u = \alpha_s \alpha_1 f_c b h_0^2 \tag{4.22}$$

对混凝土压力合力作用点取力矩平衡，可得

$$M_u = f_y A_s \left(h_0 - \frac{x}{2}\right) = f_y A_s h_0 (1-0.5\xi) = \gamma_s f_y A_s h_0 \tag{4.23}$$

系数 $\alpha_s$、$\gamma_s$ 仅与受压区相对高度 $\xi$ 有关，可以预先算出，列成表格以便应用(附表 18)。系数 $\gamma_s$ 代表力臂 $z$ 与 $h_0$ 的比值，称内力臂系数；系数 $\alpha_s$ 称截面抵抗矩系数。

在具体计算中，若查表不便时，亦可直接用下式计算。

$$\xi = 1 - \sqrt{1-2\alpha_s} \tag{4.24}$$

$$\gamma_s = \frac{1+\sqrt{1-2\alpha_s}}{2} \tag{4.25}$$

**【例 4.2】** 已知条件同例 4.1，用查表法求解。

**【解】** 参数查表与内力计算同例 4.1。

由式(4.22)有

$$\alpha_s = \frac{\gamma_0 M}{\alpha_1 f_c b h_0^2} = \frac{1.0 \times 94690000}{1.0 \times 14.3 \times 250 \times 465^2} = 0.122$$

从附表 18 查得

$$\xi = 0.131 < \xi_b$$

由式(4.18)得

$$A_s = \frac{\alpha_1 f_c b h_0 \xi}{f_y} = \frac{1.0 \times 14.3 \times 250 \times 465 \times 0.131}{360} = 605 \text{ mm}^2$$

计算结果与例 4.1 相同。

**【例 4.3】** 某教学楼的内廊为简支在砖墙上的现浇钢筋混凝土平板[图 4.16(a)]，计算跨度 $l_0 = 2.38$ m，板上作用的均布活荷载标准值为 $q_k = 2$ kN/m，水磨石地面及细石混凝土垫层共 30 mm 厚(重力密度为 22 kN/m$^3$)，板底粉刷白灰砂浆 12 mm 厚(重力密度为 17 kN/m$^3$)，混凝土强度等级选用 C30，纵向受拉钢筋采用 HPB300。试确定板厚度和受拉钢筋截面面积。

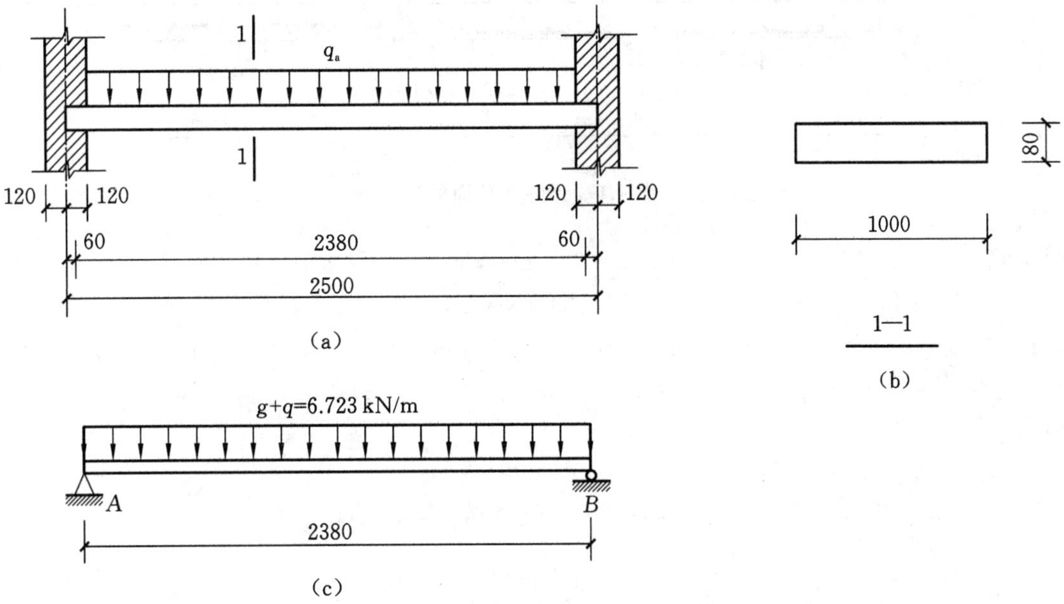


**图 4.16 例 4.3 图**

**【解】** 截面尺寸：取 1 m 宽板带计算，即 $b=1000$ mm。取板厚 $h=80$ mm[图 4.16(b)]。

一般板的保护层厚 15 mm，取 $a_s=20$ mm，则 $h_0=80-20=60$ mm。

荷载设计值：水磨石地面 $0.03\times22=0.66$ kN/m

钢筋混凝土板自重(重力密度为 25 kN/m³)：$0.08\times25=2$ kN/m

白灰砂浆粉刷：$0.012\times17=0.204$ kN/m

$$g_k=0.66+2.0+0.204=2.864 \text{ kN/m}$$

活荷载标准值：$q_k=2.0$ kN/m

由可变荷载效应控制的组合($\gamma_G=1.3,\gamma_Q=1.5$)：

$$q=1.3\times2.864+1.5\times2=6.723 \text{ kN/m}$$

计算简图如图 4.16 所示。

弯矩设计值

$$M=\frac{1}{8}ql^2=\frac{1}{8}\times6.723\times2.38^2=4.760 \text{ kN}\cdot\text{m}$$

查附表 2 得：C30 混凝土，$f_c=14.3$ N/mm²，$f_t=1.43$ N/mm²，$\alpha_1=1.0$；

HPB300 钢筋，$f_y=270$ N/mm²；$\xi_b=0.576$；$45f_t/f_y=45\times1.43/270=0.24>0.2$，取 $\rho_{min}=0.24\%$

构件的安全等级为二级，则 $\gamma_0=1.0$

由式(4.22)得

$$\alpha_s=\frac{\gamma_0 M}{\alpha_1 f_c bh_0^2}=\frac{1.0\times4760000}{1.0\times14.3\times1000\times60^2}=0.092$$

从附表 18 查得

$$\xi=0.097<\xi_b$$

由式(4.18)得

$$A_s=\frac{\alpha_1 f_c bh_0\xi}{f_y}=\frac{1.0\times14.3\times1000\times60\times0.097}{270}=308 \text{ mm}^2>\rho_{min}bh=0.0024\times1000\times80=192 \text{ mm}^2$$

选配钢筋：

选Φ8@130 mm($A_s=387$ mm²)，配筋如图 4.17 所示。

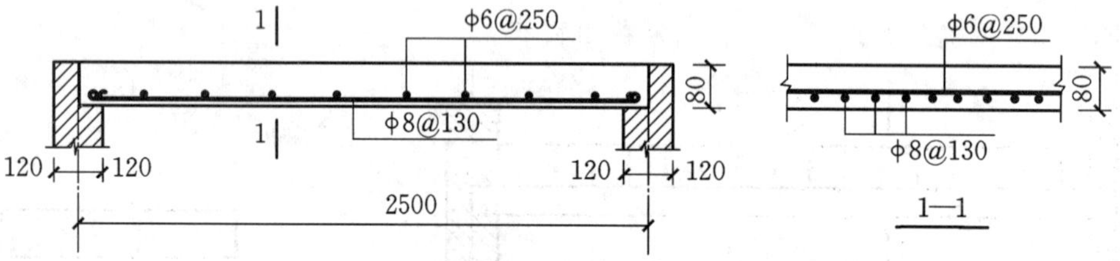


**图 4.17 例 4.3 截面配筋**

**【例 4.4】** 已知梁的截面尺寸为 200 mm×500 mm，受拉钢筋 4Φ16，$A_s=804$ mm²，混凝土等级为 C30，钢筋采用 HRB400，承受弯矩设计值为 $M=89$ kN·m，试验算此梁是否安全。

**【解】** 查附表 2、附表 5 等得：C30 混凝土，$f_c=14.3$ N/mm²，$f_t=1.43$ N/mm²，$\alpha_1=1.0$；HRB400 级钢筋，$f_y=360$ N/mm²；$\xi_b=0.518$，$\rho_{min}=0.20\%$($45f_t/f_y=0.179<0.2$)。

计算 $h_0$：

纵向受拉钢筋按一排放置，则梁的有效高度

$$h_0=500-35=465 \text{ mm}$$

$$\rho=\frac{A_s}{bh}=\frac{804}{200\times500}=0.00804\text{，即 }\rho=0.804\%>\rho_{min}$$

由式(4.18)得

$$\xi=\frac{f_yA_s}{\alpha_1 f_c bh_0}=\frac{360\times804}{1.0\times14.3\times200\times465}=0.218<\xi_b$$

从附表18查得

$$\alpha_s=0.194$$

由式(4.22)得

$$M_u=\alpha_s\alpha_1 f_c bh_0^2=0.194\times1.0\times14.3\times200\times465^2=119970279\ \text{N}\cdot\text{mm}\approx119.97\ \text{kN}\cdot\text{m}>M$$

即此梁安全。

## 4.5 双筋矩形截面受弯构件正截面承载力计算

单筋矩形截面受弯构件所能承担的最大弯矩设计值为 $M_u=\alpha_1 f_c h_0^2\xi_b(1-0.5\xi_b)$。因此，当截面承受的弯矩较大，而截面尺寸受到使用条件的限制，不允许继续加大，混凝土强度等级也不宜提高时，则应采用双筋截面，即在受压区配置钢筋以协助混凝土承担压力，使破坏时受拉钢筋应力达到屈服强度而受压混凝土尚不致过早被压碎。

此外，在某些构件的截面中，不同的荷载作用情况下可能产生变号弯矩，如在风力或地震力作用下的框架横梁，为了承受正负弯矩分别作用时截面出现的拉力，需在梁截面的顶部及底部均配置钢筋，则截面便成为双筋截面。

在一般情况下，采用受压钢筋来承受截面的部分压力是不经济的，应避免采用，但双筋梁可以提高截面的延性(减小 $\xi$ 值)，减小使用阶段的变形。

### 4.5.1 受压钢筋的应力

双筋截面受弯构件的受力特点和破坏特征基本上与单筋截面相似。试验研究表明，只要满足 $\xi\leqslant\xi_b$ 时，双筋截面的破坏仍为受拉钢筋首先到达屈服，在经历一般变形过程之后，受压区混凝土压碎，具有适筋梁的塑性破坏特征。因此，在建立截面受弯承载力的计算公式时，受压区混凝土仍可采用等效矩形应力图形。而受压钢筋的抗压强度设计值尚待确定。试验表明，当梁内适当地布置封闭箍筋(图4.18)，使它能够约束纵向受压钢筋的纵向压屈时，由于混凝土塑性变形的发展，破坏时受压钢筋应力是能够达到屈服的。但是当箍筋的间距过大或刚度不足(如采用开口钢箍)，受压钢筋会过早向外侧向凸出，这时受压钢筋的应力达不到屈服，而引起混凝土保护层剥落，使受压区混凝土过早破坏。因此，《混凝土结构设计标准》要求当梁中配有计算需要的受压钢筋时，箍筋应为封闭式，其间距 $s$ 在绑扎骨架中不应大于 $15d$，在焊接骨架中不应大于 $20d$($d$ 为纵向受压钢筋中的最小直径)，同时在任何情况下均不应大于400 mm。箍筋的直径不应小于 $d/4$($d$ 为纵向受压钢筋的最大直径)。当一层内的纵向受压钢筋多于3根时，应设置复合箍筋，当一层内的纵向受压钢筋多于5根且直径大于18 mm时，箍筋间距不应大于 $10d$。当梁宽 $b<400$ mm，且一层内的纵向受压钢筋不多于4根时，可不设置复合箍筋。

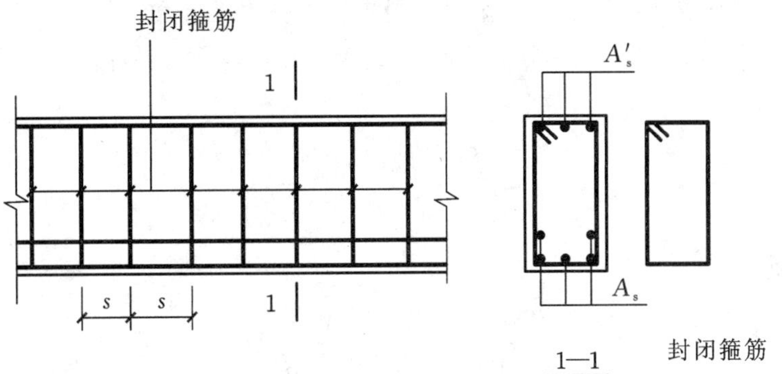


图4.18 双筋矩形截面梁

双筋梁破坏时，受压钢筋的应力取决于它的应变 $\varepsilon'_s$，如图 4.19 所示。

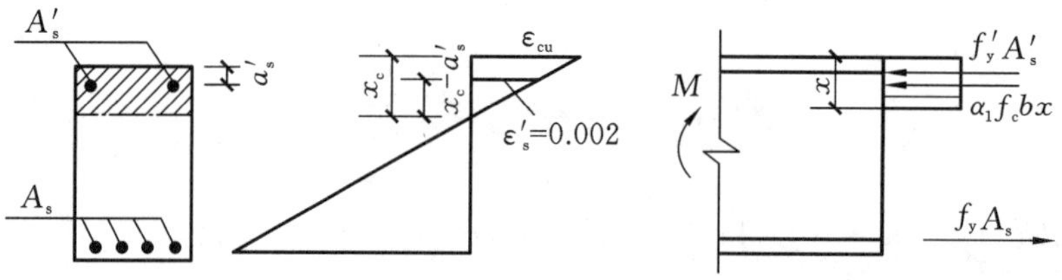


**图 4.19　双筋截面中受压钢筋的应变和应力**

如受压钢筋的位置过低，截面破坏时受压钢筋就可能达不到屈服。若取 $\varepsilon_{cu}\approx0.0033$，$\beta_1\approx0.8$，并令 $x=2a'_s$，则受压钢筋应变为

$$\varepsilon'_s=0.0033\times\left(1-\frac{0.8a'_s}{2a'_s}\right)=0.00198\approx0.002$$

相应地，受压钢筋应力为

$$\sigma'_s=E'_s\varepsilon'_s=(1.95\sim2.1)\times10^5\times0.002=(390\sim420)\ \mathrm{N/mm^2}$$

对于 HRB300、HRB400 及 RRB400 钢筋，应变为 0.002 时的应力均可达到强度设计值 $f'_y$，《混凝土结构设计标准》规定在计算中考虑受压钢筋并取 $\sigma'_s=f'_y$ 时，必须满足

$$x\geqslant2a'_s \tag{4.26}$$

如不满足上式，说明截面破坏时受压钢筋应变不能达到 0.002，认为受压钢筋不屈服。

当采用高强度钢筋作为受压筋时，当受压区混凝土压碎时，其强度设计值只能发挥到 $0.002E'_s$，因此《混凝土结构设计标准》规定其抗压强度设计值最大只能取 $0.002E'_s$。

【视频资源】

### 4.5.2　基本计算公式与适用条件

(1) 基本公式

双筋矩形截面受弯构件的截面应力如图 4.20(a)所示，同样取轴向力以及弯矩平衡，可写出双筋矩形截面受弯构件正截面受弯承载力计算的基本公式为

$$\alpha_1f_cbx+f'_yA'_s=f_yA_s \tag{4.27}$$

$$M\leqslant M_u=\alpha_1f_cbx\left(h_0-\frac{x}{2}\right)+f'_yA'_s(h_0-a'_s) \tag{4.28}$$

式中　$f'_y$——钢筋的抗压强度设计值；

$A'_s$——受压钢筋的截面面积；

$a'_s$——受压钢筋的合力作用点到截面受压边缘的距离。

其他符号同单筋矩形截面。

双筋矩形截面所承担的弯矩设计值 $M_u$ 可分成两部分来考虑。第一部分是由受压区混凝土和与其相应的一部分受拉钢筋 $A_{s1}$ 所形成的承载力设计值 $M_{u1}$[图 4.20(b)]，相当于单筋矩形截面的受弯承载力；第二部分是由受压钢筋 $A'_s$ 和与其相应的另一部分受拉钢筋 $A_{s2}$ 所形成的承载力设计值 $M_{u2}$[图 4.20(c)]。

由图 4.20(b)可得

$$\alpha_1f_cbx=f_yA_{s1} \tag{4.29}$$

$$M_{u1}=\alpha_1f_cbx\left(h_0-\frac{x}{2}\right) \tag{4.30}$$

由图 4.20(c)可得

$$f'_yA'_s=f_yA_{s2} \tag{4.31}$$

$$M_{u2}=f'_yA'_s(h_0-a'_s) \tag{4.32}$$

叠加得

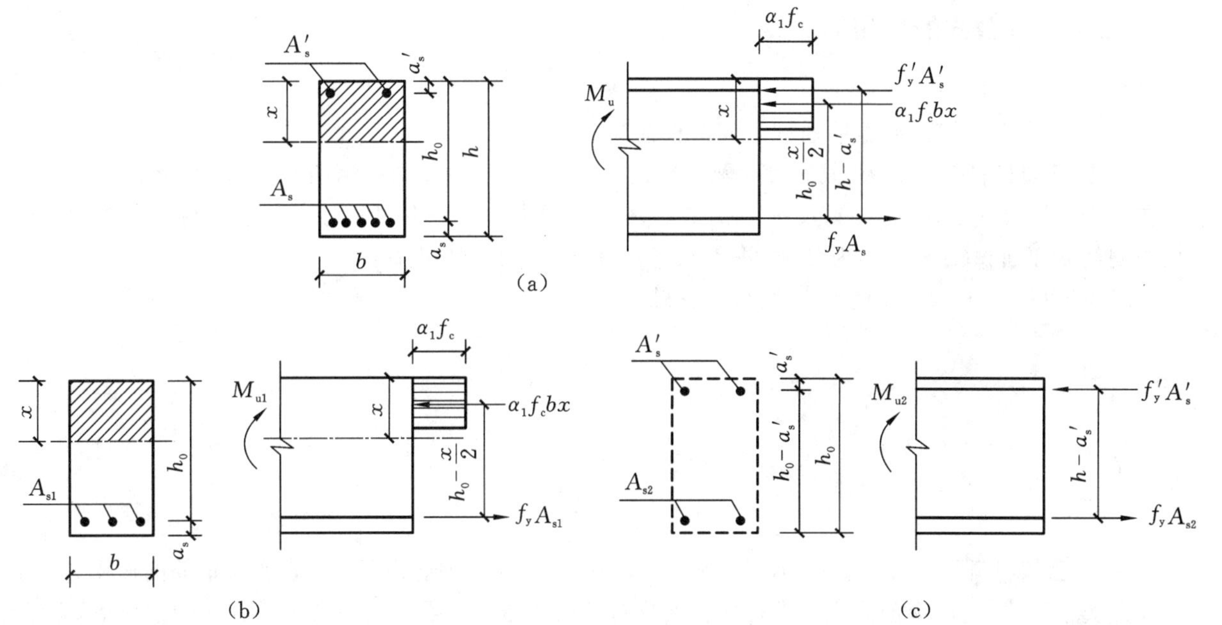


**图 4.20　双筋矩形截面计算简图**

$$M_u = M_{u1} + M_{u2} \tag{4.33}$$

$$A_s = A_{s1} + A_{s2} \tag{4.34}$$

（2）适用条件

① 为防止出现超筋破坏，应满足

$$\xi \leqslant \xi_b \tag{4.35}$$

$$x \leqslant x_b = \xi_b h_0 \tag{4.36}$$

② 为保证受压钢筋达到抗压设计强度，应满足

$$x \geqslant 2a'_s \tag{4.37}$$

在实际设计中若求得的 $x < 2a'_s$时，则表明受压钢筋不能达到其抗压设计强度，《混凝土结构设计标准》规定取 $x = 2a'_s$，即假设混凝土压应力合力点与受压钢筋合力点相重合（图 4.21）。由于 $x < 2a'_s$时，混凝土压力合力在钢筋压力合力点上方，而对受压钢筋合力点取矩，是近似认为混凝土压应力合力点与受压钢筋合力点相重合，实际上是忽略了混凝土压力对受压钢筋合力点取矩，是偏于安全的，由于两者距离很小，这样处理也不至于产生较大偏差。对受压钢筋合力点取矩，可得正截面受弯承载力计算公式

$$M \leqslant M_u = f_y A_s (h_0 - a'_s) \tag{4.38}$$

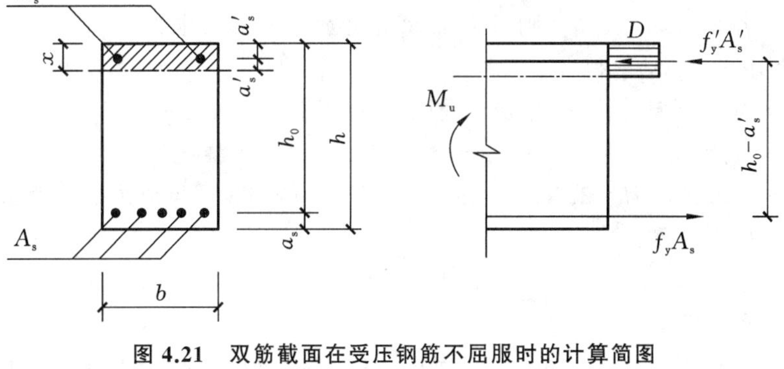


**图 4.21　双筋截面在受压钢筋不屈服时的计算简图**

双筋截面中的受拉钢筋常常配置较多，一般均能满足最小配筋率的要求，故不必进行验算。

### 4.5.3 基本公式的应用

(1) 截面设计

在双筋截面配筋计算中,可能遇到下列两种情况。

情况1:已知材料强度等级、截面尺寸及弯矩设计值 $M$,求受拉及受压钢筋面积 $A_s$ 及 $A_s'$。

在基本计算公式中,有 $A_s$、$A_s'$及 $x$ 三个未知数,尚需增加一个条件才能求解。在实际计算中,应使截面总的钢筋截面面积($A_s+A_s'$)为最少,并考虑充分利用混凝土的强度。

此时,可直接将 $x=\xi_b h_0$ 代入式(4.28),解得

$$A_s'=\frac{M_u-\alpha_1 f_c bx\left(h_0-\dfrac{x}{2}\right)}{f_y'(h_0-a_s')}$$

由式(4.27)可得

$$A_s=\frac{\alpha_1 f_c bx+f_y'A_s'}{f_y}$$

情况2:已知材料强度等级、截面尺寸、弯矩设计值 $M$ 及受压钢筋面积 $A_s'$,求受拉钢筋的面积 $A_s$。

在此类情况中,受压钢筋面积通常是根据变号弯矩或构造上的需要而设置的。在这种情况下,应考虑充分利用受压钢筋的强度,以使总用钢量为最小。设受压钢筋应力达到 $f_y'$,基本公式只剩下 $A_s$ 及 $x$ 两个未知数,再求解方程。也可根据公式分解,用查表法求得未知数,步骤如下:

①查表得到各类参数;

②用式(4.32)求得: $M_{u2}=f_y'A_s'(h_0-a_s')$;

③ $M_{u1}=M-M_{u2}$;

④ $\alpha_s=\dfrac{M_{u1}}{\alpha_1 f_c bh_0^2}$;

⑤ 查附表18得 $\xi$;

⑥ 若求得 $2a_s'\leqslant x=\xi h_0\leqslant\xi_b h_0$,则

$$A_s=\frac{\alpha_1 f_c bx+f_y'A_s'}{f_y}$$

若出现 $x<2a_s'$的情况,则 $A_s$ 可用式(4.38)直接求得;

若求得的 $\xi>\xi_b$,说明给定的 $A_s'$太少,不符合公式的要求,这时应按 $A_s'$为未知值计算,即按情况1的步骤计算 $A_s$ 及 $A_s'$。

(2) 截面复核

已知截面尺寸 $b$、$h$,材料强度等级和钢筋用量 $A_s$ 及 $A_s'$,要求复核截面的受弯承载力。此时,有两个未知量:$x$ 和 $M_u$。

由式(4.27)求 $x$,若 $2a_s'\leqslant x\leqslant\xi_b h_0$,则可将 $x$ 代入式(4.28),即可求得 $M_u$;

若 $x<2a_s'$,则利用式(4.38)求得 $M_u$;

若 $x>\xi_b h_0$,说明截面已属超筋,破坏始自受压区,计算时可取 $x=\xi_b h_0$。

**【例4.5】** 已知梁截面尺寸 $b\times h=200\text{ mm}\times500\text{ mm}$,混凝土强度等级为C30,钢筋用HRB400级钢筋。若梁承受的弯矩设计值为 $M=250\text{ kN·m}$。求受压钢筋面积 $A_s'$和受拉钢筋面积 $A_s$。

**【解】** 查附表2、附表5得:

C30混凝土,$f_c=14.3\text{ N/mm}^2$,$\alpha_1=1.0$;HRB400级钢筋,$f_y=360\text{ N/mm}^2$,$\xi_b=0.518$。

验其是否需要采用双筋截面:

因弯矩设计值较大,预计钢筋需排成两排,故 $h_0=h-60=500-60=440\text{ mm}$。单筋矩形截面所能承担的最大弯矩为

$$M_{max}=\alpha_1 f_c bh_0^2\xi_b(1-0.5\xi_b)$$

$$=1.0\times 14.3\times 200\times 440^2\times 0.518\times(1-0.5\times 0.518)$$
$$=212.5\times 10^6\ \text{N}\cdot\text{mm}$$
$$=212.5\ \text{kN}\cdot\text{m}$$

说明需要采用双筋截面。

为使总用钢量为最小，令 $x=\xi_b h_0$ 并代入式(4.28)，解得：

$$A_s'=\frac{M-\alpha_1 f_c bx\left(h_0-\frac{x}{2}\right)}{f_y'(h_0-a_s')}=\frac{M-M_{\max}}{f_y'(h_0-a_s')}=\frac{250000000-212500000}{360\times(440-35)}=257\ \text{mm}^2$$

由式(4.27)可得：

$$A_s=\frac{\alpha_1 f_c bx+f_y'A_s'}{f_y}=\frac{1.0\times 14.3\times 200\times 0.518\times 440+360\times 257}{360}=2068\ \text{mm}^2$$

实际选用钢筋：

受压钢筋 2$\Phi$14(308 $\text{mm}^2$)，受拉钢筋 8$\Phi$18(2036 $\text{mm}^2$，差值在 5% 以内)。

截面配筋如图 4.22 所示。

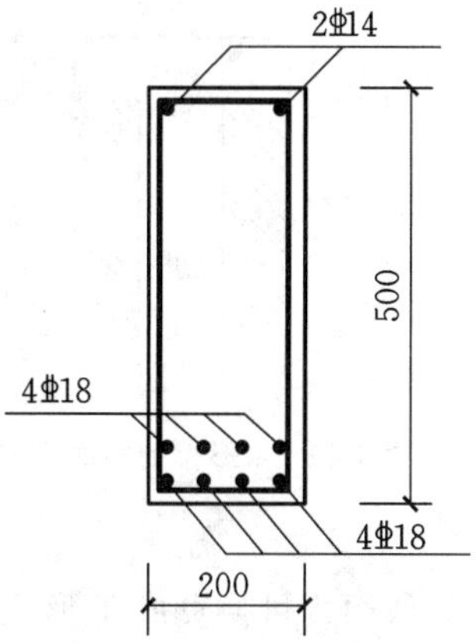


图 4.22 例 4.5 截面配筋

**【例 4.6】** 已知一矩形截面梁，$b\times h=300\ \text{mm}\times 600\ \text{mm}$，混凝土强度等级为 C30，钢筋用 HRB400 级钢筋。在受压区已配置 2 根直径为 14 mm (308 $\text{mm}^2$)的 HRB400 级受压钢筋，梁承受的弯矩设计值 $M=150\ \text{kN}\cdot\text{m}$ 时，求受拉钢筋的截面面积 $A_s$。

**【解】** 查附表 2、附表 5 得：C30 混凝土，$f_c=14.3\ \text{N/mm}^2$，$\alpha_1=1.0$；HRB400 级钢筋，$f_y=360\ \text{N/mm}^2$，$\xi_b=0.518$。

钢筋排成一排，故 $h_0=h-35=600-35=565\ \text{mm}$

$$M_{u2}=f_y'A_s'(h_0-a_s')=360\times 308\times(565-35)=58766400\ \text{N}\cdot\text{m}$$

$$M_{u1}=M-M_{u2}=150-58.766=91.234\ \text{kN}\cdot\text{m}$$

$$\alpha_s=\frac{M_{u1}}{\alpha_1 f_c bh_0^2}=\frac{91234000}{1\times 14.3\times 300\times 565^2}=0.067$$

查附表 18 得 $\xi=0.069<\xi_b$

$x=\xi h_0=0.069\times 565=39.0\ \text{mm}<2a_s'=70\ \text{mm}$，则 $A_s$ 可用式(4.38)直接求得

$$A_s=\frac{M}{f_y(h_0-a_s')}=\frac{150000000}{360\times(565-35)}=786.2\ \text{mm}^2$$

**【例 4.7】** 已知混凝土强度等级为 C30，采用 HRB400 钢筋，截面尺寸 $b\times h=200\ \text{mm}\times 400\ \text{mm}$，$h_0=365\ \text{mm}$，受拉钢筋 3$\Phi$25(1473 $\text{mm}^2$)，受压钢筋 2$\Phi$16(402 $\text{mm}^2$)。要求承受弯矩设计值为 $M=100\ \text{kN}\cdot\text{m}$，验算此截面是否安全。

**【解】** 查附表 2、附表 5 得：

C30 混凝土，$f_c=14.3\ \text{N/mm}^2$，$\alpha_1=1.0$；HRB400 级钢筋，$f_y=360\ \text{N/mm}^2$，$\xi_b=0.518$。

$$h_0=h-a_s=400-35=365\ \text{mm}$$

由式(4.27)得：

$$x=\frac{f_yA_s-f_y'A_s'}{\alpha_1 f_c b}=\frac{360\times 1473-360\times 402}{1\times 14.3\times 200}=134.8\ \text{mm}$$

$$2a_s'=70\ \text{mm}<x<\xi_b h_0=0.518\times 365=189.07\ \text{mm}$$

由式(4.28)得：

$$M_u=\alpha_1 f_c bx\left(h_0-\frac{x}{2}\right)+f_y'A_s'(h_0-a_s')$$

$$=1\times14.3\times200\times134.8\times\left(365-\frac{134.8}{2}\right)+360\times402\times(365-35)$$

$$=162.49\times10^{6}\ \text{N}\cdot\text{mm}=162.49\ \text{kN}\cdot\text{m}$$

$M=100\ \text{kN}\cdot\text{m}<M_u$，安全。

## 4.6 T形截面受弯构件正截面承载力计算

### 4.6.1 概述

矩形截面受弯构件在破坏时，受拉区混凝土早已开裂，在裂缝截面处，受拉区的混凝土不再承担拉力，对截面的抗弯承载力已不起作用，因此可将受拉区混凝土挖去一部分，将受拉钢筋集中布置在肋内，且钢筋截面重心高度不变，形成如图4.23所示的T形截面，它和原来的矩形截面所能承受的弯矩是相同的。这样可节省混凝土，减轻构件自重。

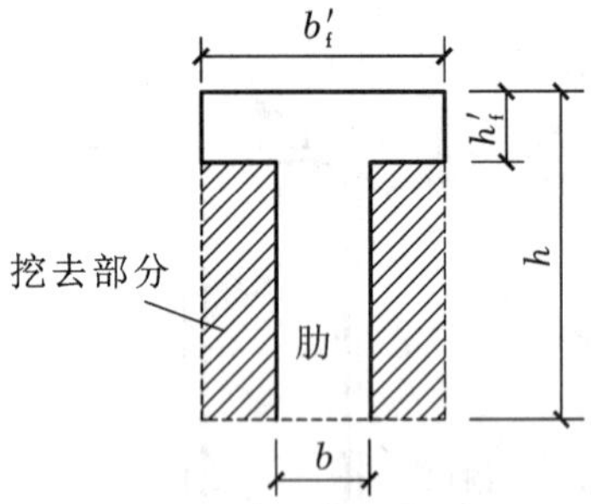

图4.23 T形梁的截面尺寸

T形截面伸出部分称为翼缘，中间部分称为肋或梁腹。肋的宽度为$b$，位于截面受压区的翼缘宽度为$b'_f$，厚度为$h'_f$，截面总高为$h$（图4.23）。I型截面位于受拉区的翼缘不参与受力，因此也按T形截面计算。

T形截面受弯构件在实际结构中应用极为广泛。对于预制构件有T形吊车架、T形檩条等[图4.24(a)]；其他如I形吊车梁、槽形板、空心板等截面均可换算成T形截面计算[图4.24(b)]；现浇肋梁楼盖中楼板与梁整浇在一起，形成整体式T形梁[图4.24(c)]，其跨中截面承受正弯矩，挑出的翼缘位于受压区，与肋的受压区混凝土共同受力，受压区为T形[图4.24(c)中1—1截面]，故应按T形截面计算，但其支座处承受负弯矩，梁顶面受拉，翼缘位于受拉区，翼缘混凝土开裂后退出工作不参与受力[图4.24(c)中2—2截面]，因此应按宽度为$b$的矩形截面计算，不按T形截面计算。

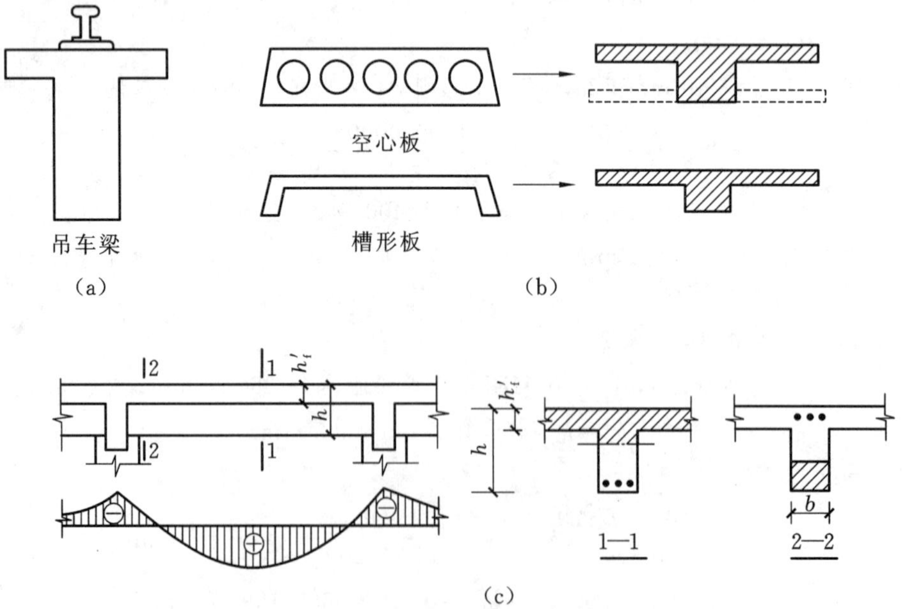

图4.24 T形截面构件

通过试验和理论分析可知，T形梁受弯后，翼缘中的纵向压应力的分布是不均匀的，靠近梁肋处翼缘中压应力较高，而离肋部越远翼缘中压应力越小[图 4.25(a)]。故在设计中把与肋共同工作的翼缘宽度限制在一定范围内，称为翼缘的计算宽度 $b_f'$，在 $b_f'$宽度范围内翼缘全部参与工作，并假定其压应力是均匀分布的[图 4.25(b)、(d)]。而在这范围以外部分，则不考虑参与受力。

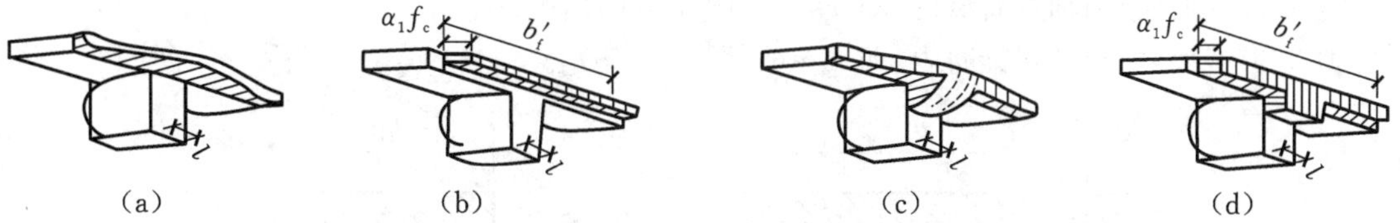


**图 4.25　T 形截面翼缘的应力分布和计算宽度**

试验表明，$b_f'$与梁的跨度、翼缘厚度 $h_f'$、受力情况（单独梁、肋形梁、支座约束条件等）有关。《混凝土结构设计标准》规定 T 形及倒 L 形截面受弯构件翼缘计算宽度 $b_f'$见表 4.1。计算 $b_f'$时取表中三项的最小值。

**表 4.1　T 形、倒 L 形截面受弯构件翼缘计算宽度 $b_f'$**

| 考虑情况 | | | T 形截面 | | 倒 L 形截面 |
|---|---|---|---|---|---|
| | | | 肋形梁（板） | 独立梁 | 肋形梁（板） |
| 1 | 按计算跨度 $l_0$ 考虑 | | $l_0/3$ | $l_0/3$ | $l_0/6$ |
| 2 | 按梁（肋）净距 $S_n$ 考虑 | | $b+S_n$ | — | $b+S_n/2$ |
| 3 | 按翼缘高度 $h_f'$考虑 | 当 $h_f'/h_0\geqslant 0.1$ | — | $b+12h_f'$ | — |
| | | 当 $0.1>h_f'/h_0\geqslant 0.05$ | $b+12h_f'$ | $b+6h_f'$ | $b+5h_f'$ |
| | | 当 $h_f'/h_0<0.05$ | $b+12h_f'$ | $b+12h_f'$ | $b+5h_f'$ |

注：①表中，$b$ 为梁（肋）的腹板宽度；

②当肋形梁在梁跨内设有间距小于纵肋间跨的横肋时[图 4.26(b)]，则可不遵守表中第三种情况的规定；

③对有加腋的 T 形和倒 L 形截面[图 4.26(c)]，当受压区加腋的高度 $h_h\geqslant h_f'$且加腋的宽度 $b_h\leqslant 3h_h$ 时，则其翼缘计算宽度可按列中第三种情况规定分别增加 $2b_h$（T 形截面）和 $b_h$（倒 L 形截面）；

④独立梁受压区的翼缘板在荷载作用下，经验算沿纵肋方向可能产生裂缝时[图 4.26(d)]，则计算宽度取为腹板宽度 $b$。

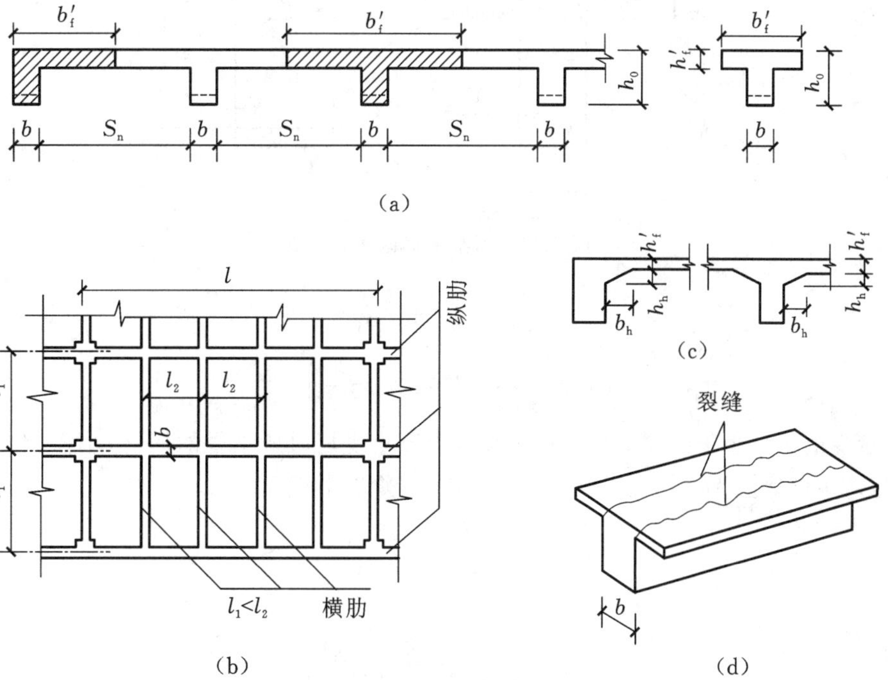


**图 4.26　有加腋的 T 形和倒 L 形截面**

### 4.6.2 基本公式和适用条件

按照构件破坏时中和轴位置的不同，T 形截面可分为两类：

第一类 T 形截面：中和轴在翼缘内，即 $x \leqslant h_f'$[图 4.27(a)]；

第二类 T 形截面：中和轴在梁肋内，即 $x > h_f'$[图 4.27(b)]。

【视频资源】

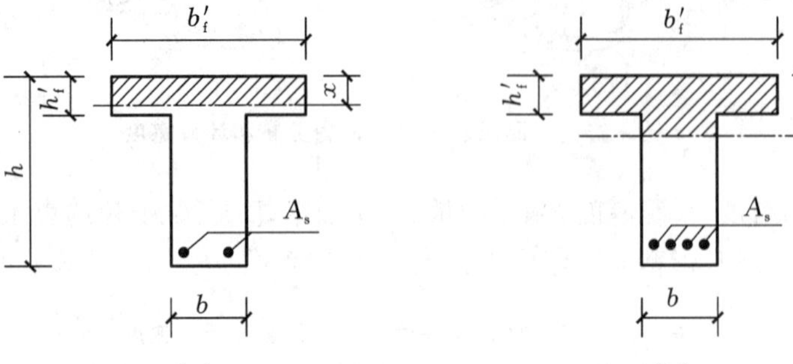


**图 4.27 两类 T 形截面**

(1) 两类 T 形梁的判别

当中和轴恰好位于翼缘下边缘时，$x = h_f'$这种情况就是两类 T 形梁的界限情况(图 4.28)。由平衡条件得

$$\alpha_1 f_c b_f' h_f' = f_y A_s \tag{4.39}$$

$$M_a = \alpha_1 f_c b_f' h_f' \left( h_0 - \frac{h_f'}{2} \right) \tag{4.40}$$

式中 $b_f'$——T 形截面受压区的翼缘宽度；

$h_f'$——T 形截面受压区的翼缘高度。

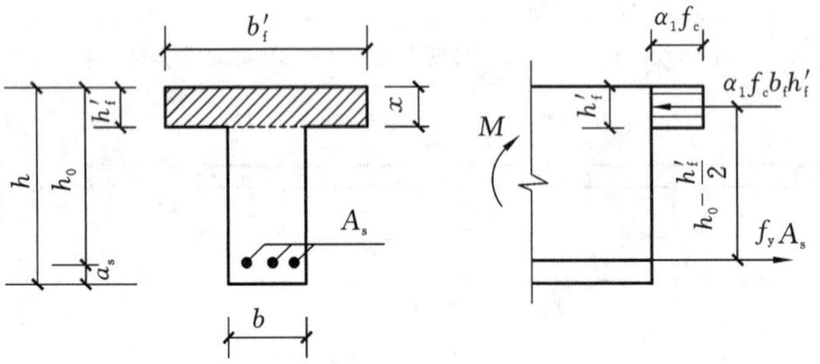


**图 4.28 两类 T 形截面的界限**

$$\alpha_1 f_c b_f' h_f' \geqslant f_y A_s \tag{4.41}$$

$$M \leqslant \alpha_1 f_c b_f' h_f' \left( h_0 - \frac{h_f'}{2} \right) \tag{4.42}$$

即钢筋所承受的拉力小于或等于全部翼缘高度混凝土受压时所承受的压力，不需要全部翼缘混凝土受压，就足以与弯矩设计值 $M$ 相平衡，故 $x \leqslant h_f'$，属第一类 T 形截面。

反之，若

$$\alpha_1 f_c b_f' h_f' < f_y A_s \tag{4.43}$$

或

$$M > \alpha_1 f_c b_f' h_f' \left( h_0 - \frac{h_f'}{2} \right) \tag{4.44}$$

说明仅仅翼缘高度 $h_f'$内的混凝土受压尚不足以与钢筋负担的拉力或弯矩设计值 $M$ 相平衡，中和轴将下移，即 $x>h_f'$，属第二类 T 形截面。

式(4.41)及式(4.43)适用于复核截面时的判别(此时 $A_s$ 已知)；而式(4.42)及式(4.44)适用于截面设计时的判别(此时 $M$ 已知)。

(2) 第一类 T 形截面的基本计算公式及适用条件

① 基本计算公式

第一类 T 形截面的中和轴在翼缘内，截面虽为 T 形，但受压区形状仍是宽为 $b_f'$的矩形，而受拉区形状与截面受弯承载力无关。故这种类型可以按宽度为 $b_f'$的矩形截面进行受弯承载力的计算，计算时只需将单筋矩形截面公式中的梁宽 $b$ 代换为翼缘宽度 $b_f'$即可。由图 4.29 的截面平衡条件可得

$$\alpha_1 f_c b_f' x = f_y A_s \tag{4.45}$$

$$M \leqslant M_u = \alpha_1 f_c b_f' x \left(h_0 - \frac{x}{2}\right) \tag{4.46}$$

② 适用条件

(a) 防止超筋梁破坏

$$x \leqslant x_b = \xi_b h_0 \tag{4.47}$$

对于第一类 T 形截面，$x \leqslant h_f'$，由于一般 T 形截面的$\dfrac{h_f'}{h_0}$较小，因而 $\xi$ 值也小，所以一般均能满足这个条件。

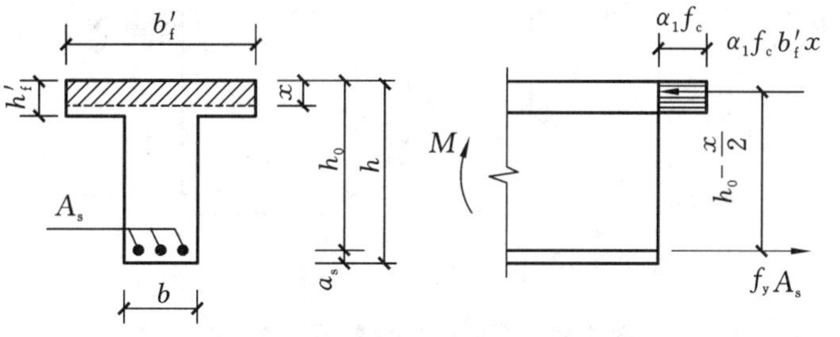


【视频资源】

**图 4.29　第一类 T 形截面计算简图**

(b) 防止少筋梁破坏

$$\rho \geqslant \rho_{min}$$

必须注意，此情况下的 $\rho$ 是对于梁肋部计算的，即 $\rho=\dfrac{A_s}{bh_0}$，而不是用 $\rho=\dfrac{A_s}{b_f' h_0}$来计算的。

(3) 第二类 T 形截面的基本计算公式及适用条件

① 基本计算公式

第二类 T 形截面的中和轴在梁肋内，受压区高度 $x>h_f'$，此时，受压区为 T 形，截面为真正的 T 形截面。由图 4.30(a)的截面平衡条件可得

$$\alpha_1 f_c bx + \alpha_1 f_c (b_f' - b) h_f' = f_y A_s \tag{4.48}$$

$$M \leqslant M_u = \alpha_1 f_c bx \left(h_0 - \frac{x}{2}\right) + \alpha_1 f_c (b_f' - b) h_f' \left(h_0 - \frac{h_f'}{2}\right) \tag{4.49}$$

与双筋矩形截面类似，T 形截面梁所承担的弯矩设计值 $M_u$ 也可分成两部分来考虑。第一部分是由肋部受压区混凝土和与其相应的一部分受拉钢筋 $A_{s1}$ 形成的承载力设计值 $M_{u1}$［图 4.30(b)］，相当于单筋矩形截面的受弯承载力，第二部分是由翼缘的受压混凝土和与其相应的另一部分受拉钢筋 $A_{s2}$ 形成的承载力设计值 $M_{u2}$［图 4.30(c)］。

由图 4.30(b)可得

$$\alpha_1 f_c bx = f_y A_{s1} \tag{4.50}$$

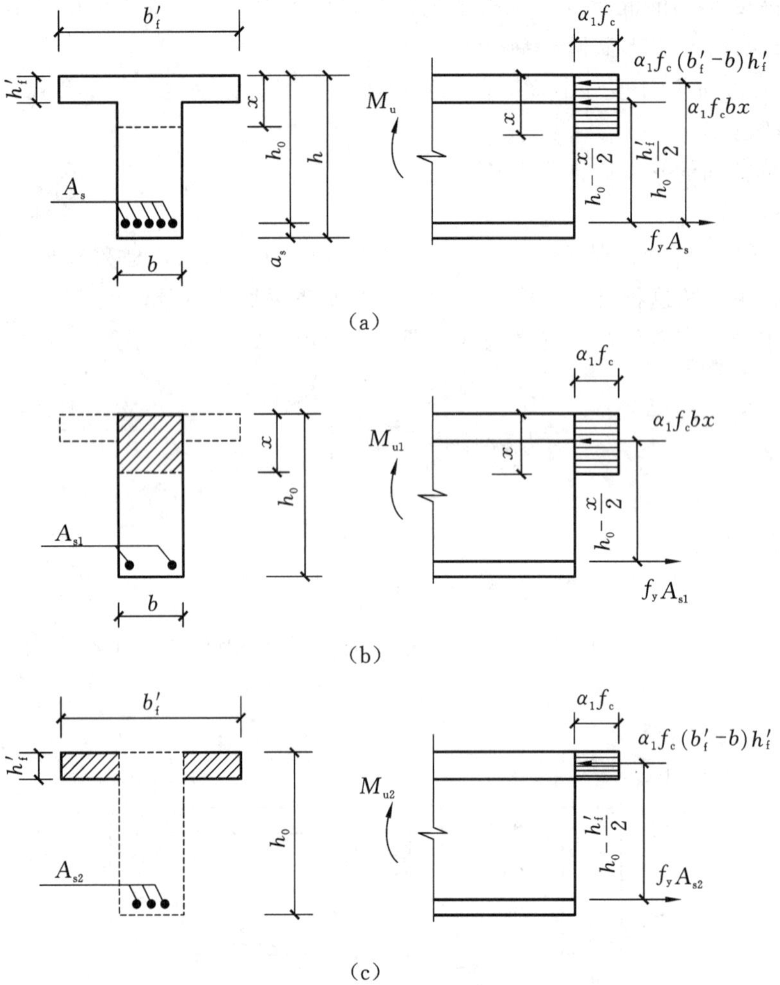


**图 4.30　第二类 T 形截面计算简图**

$$M_{u1}=\alpha_1 f_c bx\left(h_0-\frac{x}{2}\right) \tag{4.51}$$

由图 4.30(c)可得

$$\alpha_1 f_c(b'_f-b)h'_f=f_y A_{s2} \tag{4.52}$$

$$M_{u2}=\alpha_1 f_c(b'_f-b)h'_f\left(h_0-\frac{h'_f}{2}\right) \tag{4.53}$$

叠加得

$$M_u=M_{u1}+M_{u2} \tag{4.54}$$

$$A_s=A_{s1}+A_{s2} \tag{4.55}$$

②适用条件

为避免超筋梁

$$x\leqslant xb=\xi_b h_0 \tag{4.56}$$

第二类 T 形截面的配筋率一般较大,均能满足 $\rho\geqslant\rho_{\min}$,可不必验算。

### 4.6.3　基本公式的应用

(1) 截面设计

已知材料强度等级、截面尺寸及弯矩设计值 $M$,求受拉钢筋面积 $A_s$。计算时应先判断截面类型,对不同类型进行不同的计算。

第一种类型：满足下列判别条件

$$M \leqslant \alpha_1 f_c b_f' h_f' \left( h_0 - \frac{h_f'}{2} \right)$$

则其计算方法与 $b_f' \times h$ 的单筋矩形截面梁完全相同，不同的是应注意最小配筋率验算时截面宽度的取值。

第二种类型满足下列判别条件

$$M > \alpha_1 f_c b_f' h_f' \left( h_0 - \frac{h_f'}{2} \right)$$

在基本计算公式中，有 $A_s$ 及 $x$ 两个未知数，可用方程组直接求解，也可用简化计算方法，计算过程如下：

① 查书后附表，计算各类参数；

② 用式(4.53)求得 $M_{u2} = \alpha_1 f_c (b_f' - b) h_f' \left( h_0 - \frac{h_f'}{2} \right)$；

③ $M_{u1} = M - M_{u2}$；

④ $\alpha_s = \dfrac{M_{u1}}{\alpha_1 f_c b h_0^2}$；

⑤ 查附表 18 得 $\xi$；

⑥ 若求得 $x = \xi h_0 \leqslant \xi_b h_0$，则

$$A_s = \frac{\alpha_1 f_c b x + \alpha_1 f_c (b_f' - b) h_f'}{f_y}$$

否则应加大截面，或提高混凝土强度等级，或采用双筋梁。

(2) 截面复核

已知材料强度等级、截面尺寸及受拉钢筋面积 $A_s$，求截面可承担的弯矩设计值 $M_u$。截面复核也应先判断截面类型。

第一种类型：满足下列判别条件

$$\alpha_1 f_c b_f' h_f' \geqslant f_y A_s$$

则其计算方法与 $b_f' \times h$ 的单筋矩形截面梁完全相同。

第二种类型

$$\alpha_1 f_c b_f' h_f' < f_y A_s$$

在基本计算公式中，有 $M_u$ 及 $x$ 两个未知数，可用方程组直接求解，也可用简化计算方法，计算过程如下：

① 查书后附表，计算各类参数；

② 由式(4.48)求得 $x$；

③ 若 $x \leqslant \xi_b h_0$，则代入式(4.49)求得 $M_u$。

**【例 4.8】** 已知一肋梁楼盖的次梁，跨度为 6 m，间距为 2.4 m，截面尺寸如图 4.31 所示。跨中最大正弯矩设计值 $M = 90.55$ kN·m，混凝土强度等级为 C30，钢筋为 HRB400 级，试计算次梁纵向受拉钢筋面积 $A_s$。

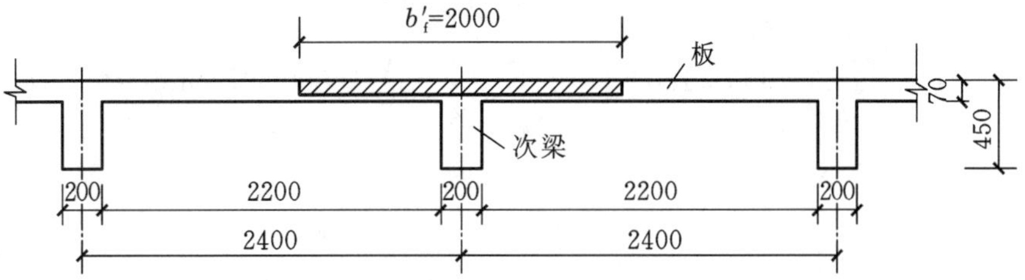


**图 4.31　例 4.8 图**

【解】 ①查附表 2、附表 5 得相关参数

C30 混凝土，$f_c=14.3\ \text{N/mm}^2$，$\alpha_1=1.0$

HRB400 级钢筋，$f_c=360\ \text{N/mm}^2$

$$\xi_b=0.518,\rho_{min}=0.2\%$$

② 确定翼缘计算宽度 $b_f'$：

由表 4.1 可得：

按梁跨度考虑 $b_f'=\frac{l}{3}=\frac{6000}{3}=2000\ \text{mm}$

按梁净距 $S_n$ 考虑 $b_f'=b+S_n=200+2200=2400\ \text{mm}$

按翼缘高度 $h_f'$ 考虑，则 $h_0=450-35=415\ \text{mm}$

$$\frac{h_f'}{h_0}=\frac{70}{415}=0.169>0.1$$

故翼缘不受限制。

翼缘计算宽度 $b_f'$ 取两者中的较小值，即 $b_f'=2000\ \text{mm}$

③ 判断 T 形截面类型

$$\alpha_1 f_c b_f' h_f'\left(h_0-\frac{h_f'}{2}\right)=1\times14.3\times2000\times70\times\left(415-\frac{70}{2}\right)=760760000\ \text{N}\cdot\text{mm}=760.76\ \text{kN}\cdot\text{m}>M$$

属于第一类 T 形截面。

④ 求 $A_s$

$$\alpha_s=\frac{M}{\alpha_1 f_c b_f' h_0^2}=\frac{90550000}{1.0\times14.3\times2000\times415^2}=0.018$$

从附表 18 查得

$$\xi=0.0182<\xi_b$$

则

$$A_s=\frac{\alpha_1 f_c b_f' h_0 \xi}{f_y}=\frac{1.0\times14.3\times2000\times415\times0.0182}{360}=600\ \text{mm}^2$$

$$\rho=\frac{A_s}{bh}\times100\%=\frac{600}{200\times450}\times100\%=0.67\%>\rho_{min}$$

【例 4.9】 已知梁截面尺寸如图 4.32 所示，混凝土强度等级为 C30，采用 HRB400 级钢筋，截面承受弯矩设计值 $M=485\ \text{kN}\cdot\text{m}$，试求纵向受拉钢筋截面面积 $A_s$。

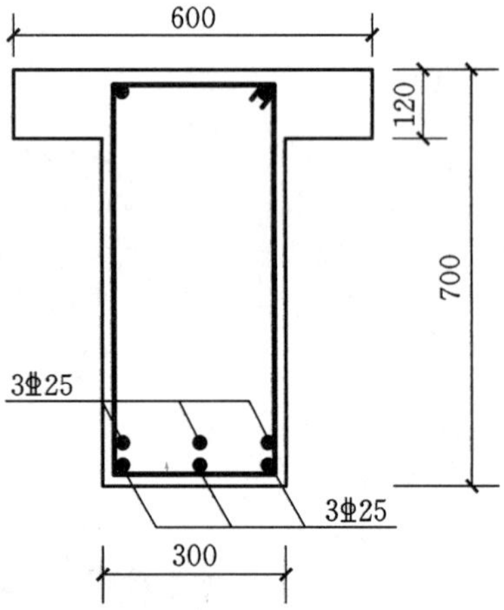


图 4.32 例 4.9 图

【解】 ①查附表 2、附表 5 得相关参数

C30 混凝土，$f_c=14.3\ \text{N/mm}^2$，$\alpha_1=1.0$；

HRB400 级钢筋，$f_y=360\ \text{N/mm}^2$；$\xi_b=0.518$，$\rho_{min}=0.2\%$

假设钢筋布置两排

$$h_0=h-60=700-60=640\ \text{mm}$$

② 判别 T 形截面类型

$$\alpha_1 f_c b_f' h_f'\left(h_0-\frac{h_f'}{2}\right)=1\times14.3\times600\times120\times\left(640-\frac{120}{2}\right)=597168000\ \text{N}\cdot\text{mm}=597.168\ \text{kN}\cdot\text{m}<M$$

属于第二类 T 形截面。

③ 求 $A_s$

用式(4.53)求得：

$$M_{u2}=\alpha_1 f_c(b_f'-b)h_f'\left(h_0-\frac{h_f'}{2}\right)=1.0\times14.3\times(600-300)\times120\times\left(640-\frac{120}{2}\right)$$

$$=298584000\ \text{N}\cdot\text{mm}=298.584\ \text{kN}\cdot\text{m}$$

$$M_{u1}=M-M_{u2}=485-298.584=186.416\ \text{kN}\cdot\text{m}$$

$$\alpha_s=\frac{M_{u1}}{\alpha_1 f_c b h_0^2}=\frac{186416000}{1.0\times14.3\times300\times640^2}=0.106$$

查附表 18 得：

$$\xi=0.112<\xi_b$$

$$x=0.112\times640=71.68\ \text{mm}$$

$$A_s=\frac{\alpha_1 f_c bx+\alpha_1 f_c(b_f'-b)h_f'}{f_y}=\frac{1.0\times14.3\times300\times71.68+1.0\times14.3\times(600-300)\times120}{360}=2284\ \text{mm}^2$$

实际配筋如图 4.32 所示。

**【例 4.10】** 已知某钢筋混凝土梁截面尺寸及配筋如图 4.33 所示，混凝土等级为 C30，HRB400 钢筋，要求承受弯矩设计值 $M=290\ \text{kN}\cdot\text{m}$，试复核此截面是否安全？

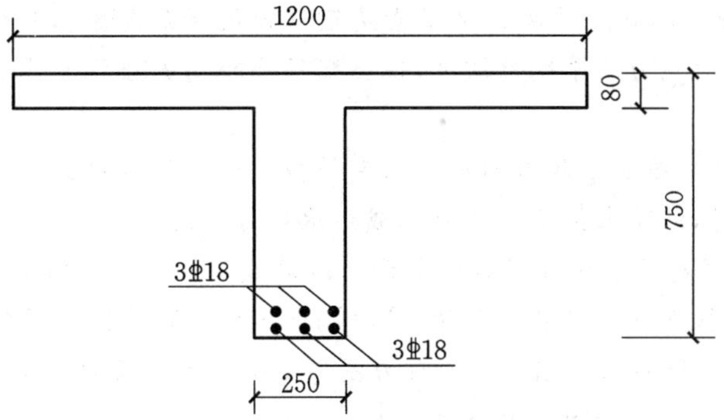


**图 4.33 例 4.10 图**

**【解】** ①材料参数同例 4.9

$$h_0=h-60=750-60=690\ \text{mm}$$

② 判断 T 形截面类型

$$6\Phi18\ \text{的}\ A_s=1527\ \text{mm}^2$$

$$\alpha_1 f_c b_f' h_f'=1.0\times14.3\times1200\times80=1372800\ \text{N}>f_y A_s=360\times1527=549720$$

属于第一类 T 形截面。

且

$$A_s=1527\ \text{mm}^2>\rho_{min}bh=0.002\times250\times750=375\ \text{mm}^2$$

$$\xi=\frac{A_s f_y}{\alpha_1 f_c b_f' h_0}=\frac{1527\times360}{1.0\times14.3\times1200\times690}=0.046<\xi_b$$

从附表 18 查得：

$$\alpha_s=0.045$$

$$M_u=\alpha_s\alpha_1 f_c bh_0^2=0.045\times1.0\times14.3\times1200\times690^2=367644420\ \text{N}\cdot\text{mm}\approx367.64\ \text{kN}\cdot\text{m}>M$$

安全。

## 本章小结

(1) 适筋截面梁受荷全过程可分为三个阶段：

第Ⅰ阶段——整体工作阶段，Ⅰ阶段末时受压区应力图形为三角形，而受拉区混凝土应力接近均匀分布。

第Ⅱ阶段——带裂缝工作阶段，在裂缝截面处的受拉混凝土大部分退出工作，拉力基本上由钢筋承担，受压区混凝土应力图形呈曲线分布。

第Ⅲ阶段——破坏阶段，此时受拉钢筋先屈服，而后裂缝向上延伸，直至受压区混凝土压坏，应力图形曲线分布较丰满。混凝土即将压坏的状态为正截面破坏极限状态，为承载力计算的依据。

(2) 钢筋混凝土受弯构件的正截面破坏形态可分为三种，即适筋截面的延性破坏，特点是受拉钢筋先屈服，而后受压区混凝土被压碎；超筋截面的脆性破坏，特点是受拉钢筋未屈服而受压混凝土先被压碎，其承载力取决于混凝土的抗压强度；少筋截面的脆性破坏，特点是受拉区一开裂受拉钢筋就屈服，甚至进入硬化阶段，而受压区混凝土可能被压碎，也可能未被压碎，它的承载力取决于混凝土的抗拉强度。

(3) 影响正截面破坏形态的主要因素，对单筋矩形截面有纵向受拉钢筋配筋率、钢筋强度和混凝土强度；对双筋矩形截面还有受压钢筋配筋率这一重要因素；对T形截面则还有挑出的翼缘尺寸大小，这类似于双筋梁受压钢筋作用。

(4) 受弯构件正截面承载力计算采用四个基本假定，据此可确定截面应力图形并建立基本计算公式。根据平截面假定可以确定适筋梁与超筋梁的界限及最大配筋率。

(5) 影响受弯构件正截面承载力的最主要因素是钢筋强度和配筋率。在配筋率较低时，随着钢筋强度的提高或配筋率的增大，承载力几乎线性增大，但当配筋率较高并接近界限配筋率时，这种承载力增长的速度减慢。

混凝土强度对受弯构件正截面承载力的影响比钢筋强度对受弯构件正截面承载力的影响小得多，但当接近或达到最大配筋率时，混凝土强度决定着正截面承载力的大小。

(6) 在实际工程中，受弯构件应设计成适筋截面。适筋截面计算应力图形为：受压区采用等效矩形应力图，应力值取混凝土抗压强度设计值乘以系数，受拉钢筋应力达到其抗拉强度设计值 $f_y$；当有受压钢筋时，受压钢筋应力达到其抗压强度设计值 $f'_y$，按应力图形由轴向力以及弯矩平衡建立计算公式，适用条件对单筋截面为 $\xi \leqslant \xi_b$ 和 $\rho \geqslant \rho_{min}$，对双筋梁为 $\xi \leqslant \xi_b$ 和 $x \geqslant 2a'_s$。

(7) 正截面承载力计算分为截面设计和截面复核两类问题。

对单筋矩形截面，截面设计时有 $x$ 和 $A_s$ 两个未知数；复核时有 $x$ 和 $M_u$ 两个未知数，可通过求解联立方程或利用表格求解。

对双筋矩形截面，截面设计时有 $A'_s$ 已知和未知两种情况。$A'_s$ 已知时，有 $x$ 和 $A_s$ 两个未知数，可通过求解联立方程或利用表格求解；当 $A'_s$ 为未知数时，为节省钢筋，补充条件 $\xi=\xi_b$ 后，则未知数 $A_s$ 和 $A'_s$ 较易求解。复核时仅有 $x$ 和 $M_u$ 两个未知数。

对T形截面，截面设计和复核前，首先要判别属于哪一类T形梁。如果 $\alpha_1 f_c b'_f h'_f \geqslant f_y A_s$ 或 $M \leqslant \alpha_1 f_c b'_f h'_f \left(h_0 - \frac{h'_f}{2}\right)$，则截面属于第一类T形梁，否则属于第二类T形梁。第一类T形梁相当于截面宽度为 $b'_f$ 的单筋矩形截面梁；第二类T形梁，其挑出的受压翼缘相当于双筋梁中的 $A'_s$ 为已知的情况。

## 思考题与习题

4.1 适筋梁正截面受力全过程可划分为几个阶段？各阶段主要特点是什么？与计算有何联系？

4.2 钢筋混凝土梁正截面受力全过程与匀质弹性材料梁有何区别？

4.3 钢筋混凝土梁正截面有几种破坏形式？各有何特点？

4.4 适筋梁当受拉钢筋屈服后能否再增加荷载，为什么？少筋梁能否这样，为什么？

4.5 受弯构件正截面承载力计算有哪些基本假定？

4.6 画出单筋矩形截面梁正截面承载力计算时的实际图式及计算图式，并说明确定等效矩形应力图形的原则。

4.7 什么是钢筋混凝土梁正截面相对界限受压区高度比 $\xi_b$？写出有明显流幅钢筋的相对界限受压区高度比 $\xi_b$ 的计算公式。

4.8 影响钢筋混凝土受弯承载力的最主要因素是什么？当截面尺寸一定，改变混凝土或钢筋强度等级时对受弯承载力影响的有效程度怎样？

4.9 钢筋混凝土受弯构件正截面受弯承载力计算中的 $\alpha_s$、$\gamma_s$、$\xi$ 的物理意义是什么？怎样确定最小及最大配筋率？

4.10　在什么情况下采用双筋梁？为什么双筋梁一定要采用封闭式箍筋？受压钢筋的设计强度是如何确定的？

4.11　计算双筋梁正截面受弯承载力时的适用条件是什么？试说明原因。

4.12　在双筋梁正截面受弯承载力计算中，当 $A_s'$ 已知时，应如何计算 $A_s$？在计算 $A_s$ 时如发现 $x>\xi_b h_0$ 说明什么问题？应如何处置？如果 $x<2a_s'$ 时应如何处置，为什么？

4.13　如何判别截面属于哪一类 T 形截面梁？为什么说第一类 T 型梁可按 $b_f'\times h$ 的矩形截面计算？

4.14　整浇梁板结构中的连续梁，其跨中截面和支座截面应按哪种截面梁计算？

4.15　图 4.34 所示四种截面，当材料强度、截面宽度和高度、承受的弯矩(忽略自重影响)均相同时，其正截面受弯承载力所需的 $A_s$ 是否相同？为什么？

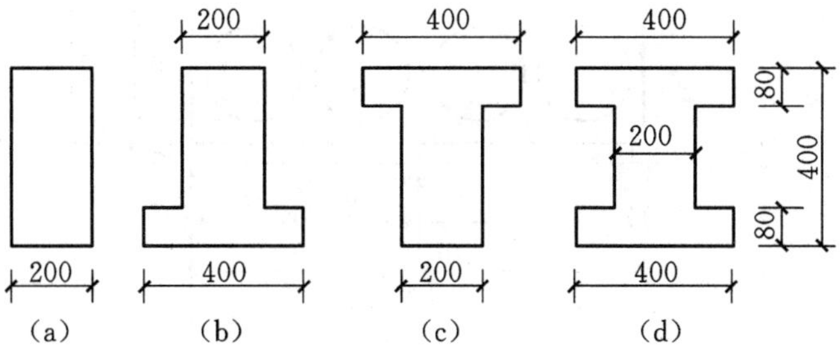


**图 4.34**

4.16　某一级建筑现浇简支平板，计算跨度 $l=2.4$ m，板上为 30 mm 水泥砂浆面层，板底为 12 mm 纸筋灰粉刷，承受标准均布活荷载 0.5 kN/m$^2$，采用混凝土强度等级为 C30，HRB400 级钢筋，试设计板(确定板厚与配筋)。

4.17　已知某梁 $b=200$ mm，$h=450$ mm，混凝土强度等级为 C30，配有受拉钢筋为 3 根 22 mm 和 2 根 25 mm 直径的 HRB400 级钢筋，承受弯矩设计值 $M=170$ kN·m，试验算该截面是否安全。

4.18　试计算下列情况受弯构件的正截面承载力并分析提高混凝土强度等级、提高钢筋级别、加大截面高度和宽度等措施对提高截面受弯承载力的效果(列表计算)。

$b=200$ mm，$h=500$ mm，C30 混凝土，配 4 根直径为 18 mm 的 HPB300 级钢筋；

$b=200$ mm，$h=500$ mm，C30 混凝土，配 6 根直径为 18 mm 的 HPB300 级钢筋；

$b=200$ mm，$h=500$ mm，C40 混凝土，配 4 根直径为 18 mm 的 HPB300 级钢筋；

$b=200$ mm，$h=500$ mm，C30 混凝土，配 4 根直径为 18 mm 的 HPB400 级钢筋；

$b=250$ mm，$h=500$ mm，C30 混凝土，配 4 根直径为 18 mm 的 HPB300 级钢筋；

$b=200$ mm，$h=600$ mm，C40 混凝土，配 4 根直径为 18 mm 的 HPB300 级钢筋。

4.19　已知梁截面为 $b=200$ mm，$h=450$ mm，混凝土强度等级为 C30，HRB400 级钢筋，承受弯矩设计值 $M=185$ kN·m，求所需钢筋截面面积并配置钢筋。

4.20　已知条件同题 4.19，但已配 2 根直径 20 mm 的 HRB400 级钢筋为受压钢筋。求受拉钢筋面积 $A_s$，并与题 4.19 比较，哪一个总用钢量多？为什么？

4.21　已知一钢筋混凝土矩形截面简支梁 $b\times h=200\text{ mm}\times 500\text{ mm}$，跨中设计弯矩值为 140 kN·m，采用 C30 混凝土，纵筋采用 HRB400 级钢筋，求受拉钢筋面积。

4.22　已知一钢筋混凝土矩形截面简支梁 $b\times h=200\text{ mm}\times 450\text{ mm}$，设计采用 C30 混凝土，钢筋采用 3 $\Phi$ 18，求梁截面承受的最大弯矩？

4.23　已知一倒 T 形截面梁，$b\times h=200\text{ mm}\times 400\text{ mm}$，$h_f=150$ mm，$b_f=300$ mm，采用 C30 混凝土，配置纵向受拉钢筋 4 $\Phi$ 20，受压钢筋 2 $\Phi$ 20，求该梁能承受的最大设计弯矩。

4.24　已知一钢筋混凝土矩形截面简支梁，$b\times h=150\text{ mm}\times 400\text{ mm}$，采用 C30 混凝土，钢筋选用 HRB400 级钢筋，取 $a_s=60$ mm，$a_s'=35$ mm，若梁的设计弯矩为 96 kN·m，求受拉及受压钢筋面积 $A_s$ 及 $A_s'$。

4.25　一矩形截面简支梁，计算跨度 $l_0=5.7$ m，$b=200$ mm，$h=500$ mm，混凝土强度等级 C25，配有 2 根直径 18 mm 的受压钢筋，3 根直径 22 mm 的受拉钢筋和 2 根直径 18 mm 受拉钢筋，钢筋均为 HPB300 级钢筋。求该梁所能承受的均布活荷载标准值(该梁为二级建筑的办公楼楼面梁，钢筋混凝土重力密度为 25 kN/m$^3$，恒荷载分项系数为 1.3，活荷载分项系数为 1.5)。

4.26　某连续梁中间支座截面 $b=250$ mm，$h=650$ mm，承受支座负弯矩设计值 $M=230$ kN·m，混凝土强度为 C30，HRB400 级钢筋，跨中正弯矩钢筋中有 2 根直径 18 mm 的钢筋伸入支座。求当考虑伸入支座的 2 根钢筋时，承受支座负弯

矩所需的 $A_s$；当不考虑时，则承受支座负弯矩所需的 $A_s$ 为多大？为什么存在差异？

4.27　整浇肋梁楼盖的 T 形截面次梁，跨度 6 m，梁间距 2.4 m，现浇板厚 80 mm，混凝土强度等级为 C30，HRB400 钢筋，跨中截面承受弯矩设计值 $M=270$ kN·m。试确定该梁跨中截面尺寸及受拉钢筋截面面积 $A_s$，并选配钢筋。

4.28　某 T 形截面梁 $b_f'=500$ mm，$h_f'=150$ mm，$b=250$ mm，$h=600$ mm，混凝土强度等级为 C30，HRB400 钢筋，承受弯矩设计值 $M=380$ kN·m。求 $A_s$ 并选配钢筋。

4.29　图 4.35 所示空心板，计算跨度 $l=3.76$ m，混凝土强度等级为 C30，HPB300 钢筋。求该板的受弯承载力。

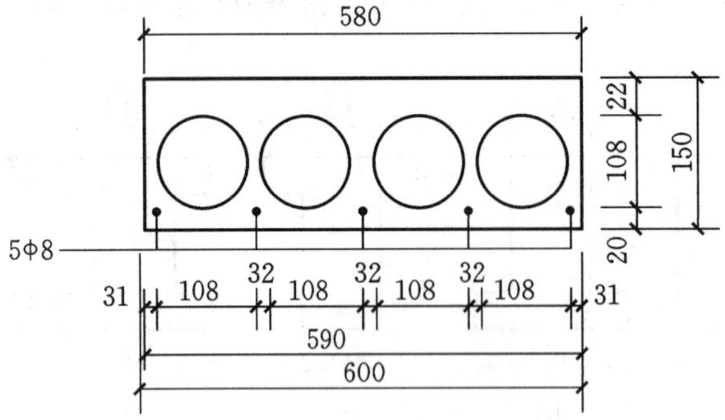


**图 4.35**

4.30　画出矩形截面单筋梁、双筋梁及 T 形截面梁的正截面设计与受弯承载力计算的计算流程框图，并编制相应的计算程序。

# 5 受弯构件斜截面承载力计算

- 受弯构件斜截面承载力计算
  - 概述
  - 无腹筋梁斜截面的受力特点和破坏形态
    - 无腹筋梁斜裂缝出现前的应力状态
      斜裂缝的形式：弯剪斜裂缝和腹剪斜裂缝
    - 无腹筋梁斜裂缝出现后的应力状态
    - 无腹筋梁沿斜截面破坏的主要形态
      斜压破坏、剪压破坏、斜拉破坏等
  - 有腹筋梁斜截面的受力特点和破坏形态
    - 有腹筋梁斜裂缝出现前后的受力特点
      - 无腹筋梁的传力机制
      - 有腹筋梁的传力机制
    - 有腹筋梁沿斜截面破坏的形态
      - 箍筋过多，斜压破坏
      - 箍筋适当，剪压破坏
      - 箍筋过少，斜拉破坏
  - 影响斜截面受剪承载力的主要因素
    - 剪跨比
      - 剪跨比公式
      - 剪跨比的影响
    - 混凝土强度
    - 配箍率和箍筋强度
    - 纵向钢筋的配筋率
  - 受弯构件斜截面承载力计算公式
    - 建立计算公式的原则　斜截面所受剪力
    - 无腹筋梁受剪承载力计算公式
      - 一般板类受弯构件
      - 集中荷载作用下的独立梁
    - 有腹筋梁受剪承载力计算公式
    - 公式的适用范围
      - 上限值——最小截面尺寸和最大配箍率
      - 下限值——最小配箍率和箍筋的构造规定
    - 计算截面位置
      - 支座边缘处截面
      - 受控区弯起钢筋弯起点处的截面
      - 箍筋截面面积或间距改变处的截面
      - 腹板宽度改变处的截面
  - 连续梁斜截面承载力
  - T形截面梁斜截面承载力
  - 受弯构件斜截面承载力的计算方法
    - 截面设计
    - 截面校核
      - 验算梁截面尺寸是否满足要求
      - 判别是否需要按计算配置腹筋
      - 计算箍筋
      - 计算弯起钢筋
  - 纵向钢筋的弯起和截断
    - 材料抵抗弯矩图
    - 纵筋弯起的构造要求
      - 保证正截面的受弯承载力
      - 保证斜截面的受剪承载力
      - 弯起点应在充分利用点
    - 纵向钢筋的截断和锚固
    - 箍筋的构造要求
      - 箍筋的形式与肢数
      - 箍筋的直径和间距
      - 箍筋的布置
    - 弯起钢筋的构造要求
      - 弯起钢筋的间距
      - 弯起钢筋的锚固长度
      - 弯起钢筋的弯起角度
      - 受剪弯起钢筋的形式

**本章提要**

本章叙述了钢筋混凝土受弯构件斜截面的受力特点、破坏形态和影响斜截面受剪承载力的主要因素，讲述了钢筋混凝土无腹筋梁和有腹筋梁斜截面受剪承载力的计算公式及其适用条件，并介绍了防止斜截面破坏的主要构造措施。了解斜截面破坏的三种形式既有工程实际上的意义也反映了抗剪问题的复杂性；现有的抗剪公式是综合了大量试验结果得出的。要注意公式的适用条件，特别是集中荷载产生剪力值占总剪力值75%以上这一条件，容易忽略或误用。本章还介绍了材料抵抗弯矩图的概念和作法，以及纵向受力钢筋的弯起、锚固等构造规定，这部分内容也是难点。

## 5.1 概　　述

受弯构件除了承受弯矩外，还承受剪力，试验研究和工程实践都表明，在钢筋混凝土受弯构件中某些区段常常产生斜裂缝，并可能沿斜截面(斜裂缝)发生破坏。斜截面破坏往往带有脆性破坏的性质，缺乏明显的预兆，因此，在设计时必须进行斜截面承载力的计算，规范对斜截面承载力采用的可靠指标也比正截面的高。

为了防止受弯构件发生斜截面破坏，应使构件有一个合理的截面尺寸，并配置必要的箍筋，箍筋也与梁底纵筋和架立钢筋绑扎或焊接在一起，形成钢筋骨架，使各种钢筋能在施工时维持在正确的位置上。当构件承受的剪力较大时，还可设置斜钢筋，斜钢筋一般利用梁内的纵筋弯起而形成，称为弯起钢筋。箍筋和弯起钢筋(或斜筋)又统称为腹筋(图5.1)。

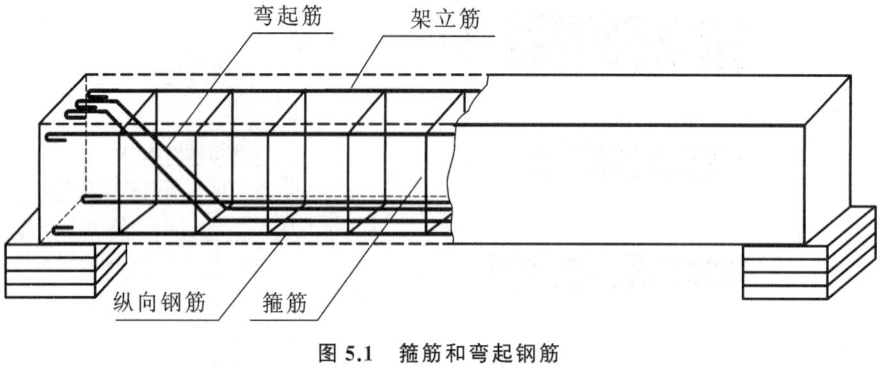


**图5.1　箍筋和弯起钢筋**

## 5.2 无腹筋梁斜截面的受力特点和破坏形态

### 5.2.1 无腹筋梁斜裂缝出现前的应力状态

为了理解钢筋混凝土梁斜裂缝出现的原因和斜裂缝的形态，先分析不配置腹筋梁斜裂缝出现前的应力状态。图5.2为一矩形截面钢筋混凝土简支梁在两个对称集中荷载作用下的弯矩图和剪力图，图中$CD$段为纯弯段，$AC$、$DB$段为剪弯段(同时作用有剪力和弯矩)。在荷载较小梁内尚未出现裂缝之前，梁处于整体工作阶段，此时可将钢筋混凝土梁视为匀质弹性体，按一般材料力学公式来分析它的应力，并画出梁的主应力轨迹线[图5.2(a)]。图中实线代表主拉应力，虚线代表主压应力。

随着荷载的增加，梁内各点的主应力也增加，当主拉应力和主压应力的组合超过混凝土在拉压应力状态下的强度时，梁将出现斜裂缝。试验研究表明，在集中荷载作用下，无腹筋简支梁的斜裂缝出现过程有两种典型情况。一种是在梁底首先因弯矩的作用而出现垂直裂缝，随着荷载的增加，初始垂直裂缝逐渐向上发展，并随着主拉应力方向的改变而发生倾斜，向集中荷载作用点延伸，裂缝下宽上细，称为弯剪斜裂缝[图 5.3(a)]；另一种是首先在梁中和轴附近出现大致与中和轴成45°倾角的斜裂缝，随着荷载的增加，裂缝沿主压应力迹线方向分别向支座和集中荷载作用点延伸，裂缝中间宽两头细，呈枣核形，称为腹剪斜裂缝[图 5.3(b)]。

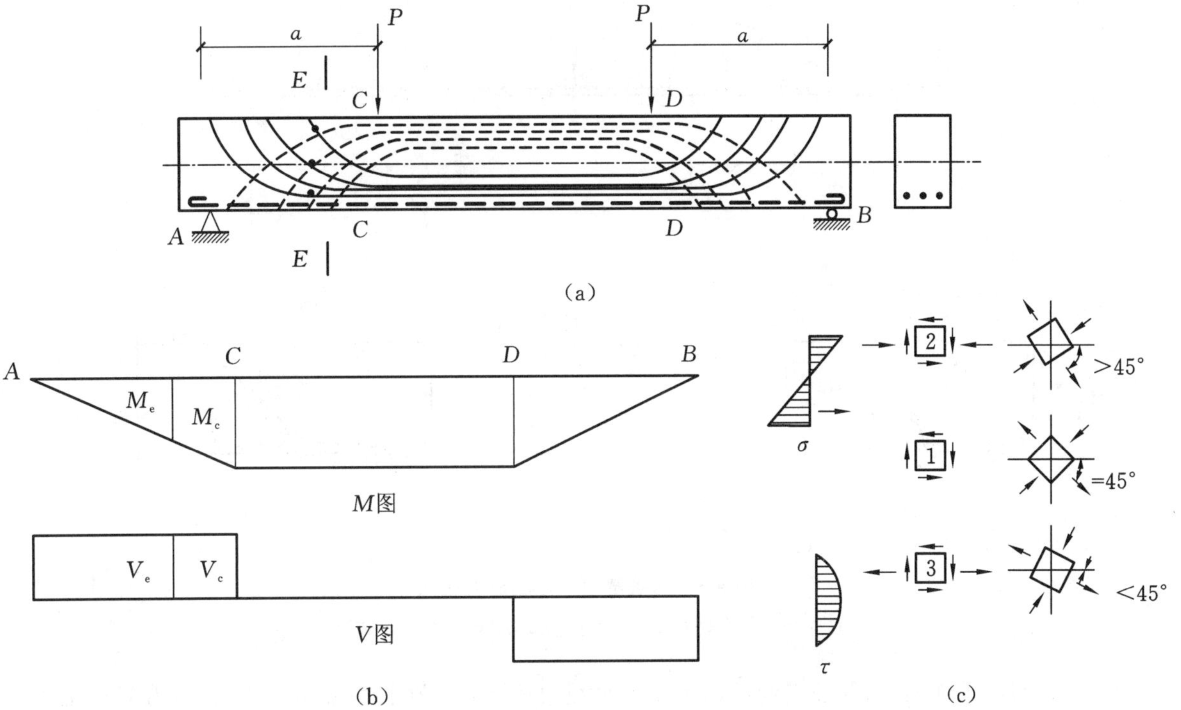


**图 5.2　斜裂缝出现前的应力状态**

(a) 梁的主应力迹线；(b) 内力图；(c) 应力状态

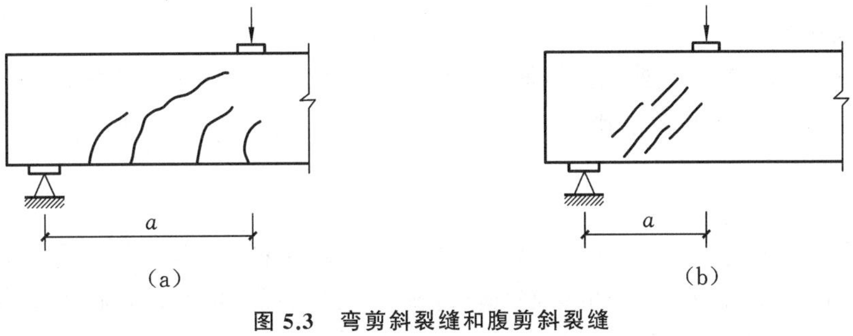


**图 5.3　弯剪斜裂缝和腹剪斜裂缝**

(a) 弯剪斜裂缝；(b) 腹剪斜裂缝

## 5.2.2　无腹筋梁斜裂缝出现后的应力状态

无腹筋梁出现斜裂缝后，梁的受力状态发生了质的变化，即发生了应力重分布。这时已不可能再将梁视为匀质弹性体，截面上的应力也不能再用一般材料力学公式计算。

为了研究斜裂缝出现后的应力状态，将图 5.4(a)所示出现斜裂缝的梁沿斜裂缝 $EF$ 切开，取脱离体如图 5.4(b)所示。在这个脱离体上作用有由荷载产生的剪力 $V$、斜裂缝上端混凝土截面承受的剪力 $V_c$ 及压力 $C_c$、纵向钢筋的拉力 $T_s$、纵向钢筋的销栓作用传递的剪力 $V_d$ 以及斜裂缝交界面骨料的咬合与摩擦作用传递的剪力 $V_i$。由于纵向钢筋下面混凝土的保护层厚度不大，在销栓力 $V_d$ 的作用下可能产生沿纵筋的劈裂裂缝，使销栓作用大大降低[图 5.4(c)]；又由于斜裂缝交界上骨料的咬合与摩擦作用将随斜裂缝的开展而逐渐减小，为了便于分析，在极限状态下 $V_d$ 和 $V_i$ 可以不予考虑。这样在斜裂缝出现前后，梁内的应力状态发生了以下变化：

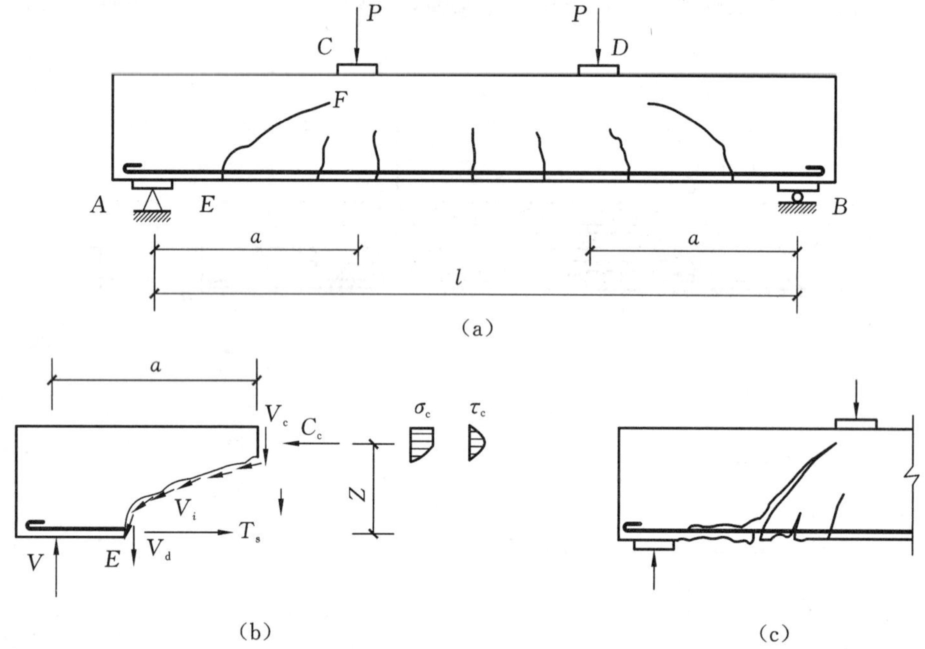


**图 5.4　斜裂缝出现后的应力状态**

(a) 出现斜裂缝的梁；(b) 脱离体受力图；(c) 沿纵筋的劈裂缝

(1) 在斜裂缝出现前，由荷载引起的剪力由梁全截面承受。但在斜裂缝出现以后，剪力 $V$ 全部由斜裂缝上端的混凝土截面来承受。同时，由 $V$ 和 $V_c$ 这两个力组成的力偶须由纵筋的拉力 $T_s$ 和混凝土的压力 $C_c$ 所组成的力偶来平衡。即剪力 $V$ 的作用使斜裂缝上端的混凝土截面既受剪又受压，称为剪压区。由于剪压区的面积远小于梁的全截面面积，因此与斜裂缝出现之前相比，剪压区的剪应力 $L$ 和压应力 $\sigma$ 都将显著增大，成为薄弱区域。

(2) 在斜裂缝出现前，在 $E$ 点处纵向钢筋的拉应力由该截面的弯矩 $M_E$ 决定，但斜裂缝出现后，在图 5.4(b)中对剪压区形心取力矩平衡得到

$$\sigma_s=\frac{V_a}{A_s z}=\frac{M_C}{A_s z} \tag{5.1}$$

这表明 $E$ 处纵筋应力 $\sigma_s$ 由 $C$ 处的弯矩 $M_C$ 决定，由于 $M_C>M_E$，故斜裂缝出现后 $E$ 处纵筋的拉应力将突然增大。实际上，此时在 $EF$ 区段的梁底部不可避免地已出现大量劈裂裂缝，纵向钢筋与混凝土间的粘结已基本丧失；在整个 $EF$ 区段上，纵筋的应力不变，都等于 $\sigma_s$，这也为试验所证实。因此在设计梁的纵筋时，也要使斜裂缝区段的纵筋满足这种钢筋应力重分布的要求，称其为斜截面受弯承载力要求。

此后，随着荷载的继续增加，剪压区混凝土承受的剪应力 $\tau_c$ 和压应力 $\sigma_c$ 也继续增加，混凝土处于剪压复合受力状态，当达到混凝土在此种受力状态下的极限强度时，剪压区混凝土发生破坏，亦即发生沿斜截面的破坏。

### 5.2.3　无腹筋梁沿斜截面破坏的主要形态

试验研究指出，无腹筋梁在集中荷载作用下沿斜截面破坏的形态主要有以下三种：

(1) 斜压破坏

当集中荷载距支座较近，即$\frac{a}{h_0}<1$(对均布荷载作用下为跨高比$\frac{l}{h}<3$)时，破坏前梁腹部将首先出现一系列大体上相互平行的腹剪斜裂缝，向支座和集中荷载作用处发展，这些斜裂缝将梁腹分割成若干倾斜的受压构件，最后由于混凝土斜向压坏而破坏。这种破坏称为斜压破坏[图 5.5(a)]。

(2) 剪压破坏

当$1<\frac{a}{h_0}<3$(对均布荷载作用下为跨高比$3<\frac{l}{h}<9$)时，梁承受荷载后，先在剪跨段内出现弯剪斜裂缝，当荷载继续增加到某一数值时，在数条弯剪斜裂缝中出现一条延伸较长、相对开展较宽的主要斜裂缝，称为临界斜裂缝。随着荷载的继续增加，临界斜裂缝不断向加载点延伸，使混凝土受压区高度不断减小，最后剪压区混凝土在剪应力和压应力的共同作用下达到复合应力状态下的极限强度而破坏。这种破坏称为剪压破坏[图 5.5(b)]。

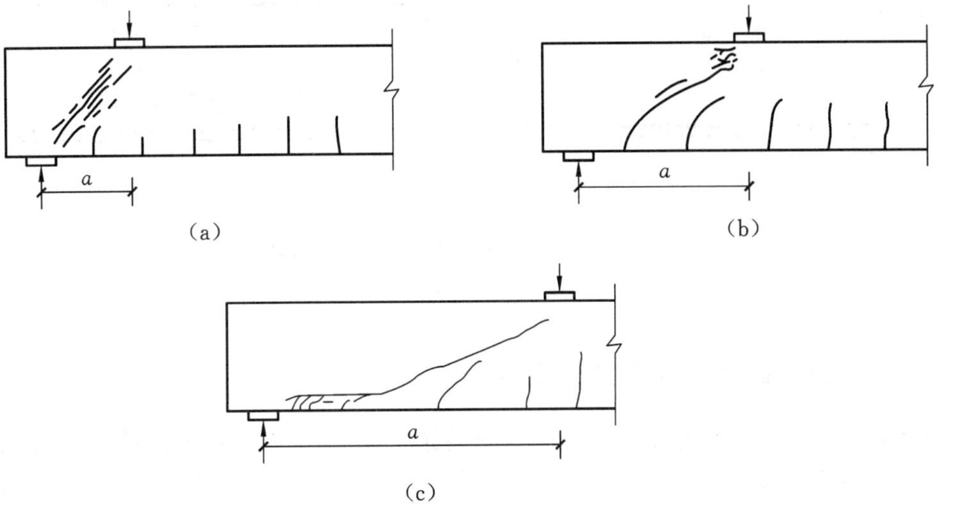


**图 5.5　斜截面破坏的主要形态**

(a)斜压破坏；(b)剪压破坏；(c)斜拉破坏

【视频资源】

(3) 斜拉破坏

当$\frac{a}{h_0}>3$(对均布荷载作用下为跨高比$\frac{l}{h}>9$)时，斜裂缝一出现便发展很快，形成临界斜裂缝，并迅速向加载点延伸使混凝土截面裂通，梁被斜向拉断成为两部分而破坏。破坏时，往往会沿纵向钢筋产生水平撕裂裂缝，这种破坏称为斜拉破坏[图 5.5(c)]。

无腹筋梁除了上述三种主要的破坏形态外，在不同的条件下，还可能出现其他的破坏形态，例如局部挤压破坏、纵筋的锚固破坏等。

## 5.3　有腹筋梁斜截面的受力特点和破坏形态

为了提高钢筋混凝土梁的受剪承载力，防止梁沿斜截面发生脆性破坏，在实际工程结构中一般在梁内都配有腹筋(箍筋和弯起钢筋)。与无腹筋梁相比，有腹筋梁斜截面的受力性能和破坏形态有相似之处，也有一些不同的特点。

### 5.3.1　有腹筋梁斜裂缝出现前后的受力特点

有腹筋梁在荷载较小、斜裂缝出现之前，腹筋的应力很小，腹筋的作用不明显，对斜裂缝出现的影响不大，其受力性能和无腹筋梁相近。但是，在斜裂缝出现以后，有腹筋梁的受力性能和无腹筋梁相比，有显著的不同。

由前面分析可以看出，无腹筋梁斜裂缝出现后，剪压区几乎承受了由荷载产生的全部剪力，成为整个梁的薄弱环节[图 5.6(a)]。在有腹筋梁中，当斜裂缝出现以后，形成了一种“桁架-拱”的受力模型[图 5.6(b)]，斜裂缝间的混凝土相当于压杆，梁底纵筋相当于拉杆，箍筋则相当于垂直受拉腹杆。箍筋可以将压杆Ⅱ、Ⅲ的内力通过“悬吊”作用传递到压杆Ⅰ靠近支座的部分，从而减小了压杆Ⅰ顶部剪压区的负担。因此在有腹筋梁中，箍筋(或弯起钢筋)可以直接承担部分剪力，与斜裂缝相交的腹筋应力显著增大。同时，腹筋能限制斜裂缝的延伸和开展，增大剪压区的面积，提高剪压区的抗剪能力。此外，腹筋还将提高斜裂缝交界面上的骨料咬合作用和摩阻作用，延缓沿纵筋劈裂裂缝的发展，防止保护层的突然撕裂，提高纵筋的销栓作用。因此，配置腹筋可使梁的受剪承载力有较大提高。

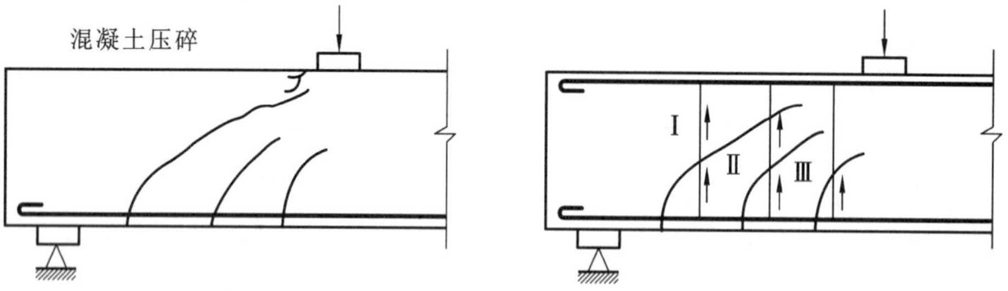


**图 5.6　无腹筋梁和有腹筋梁的传力机理**

(a) 无腹筋梁；(b) 有腹筋梁

### 5.3.2　有腹筋梁沿斜截面破坏的形态

腹筋虽然不能防止斜裂缝的出现，但却能限制斜裂缝的开展和延伸。因此，腹筋的数量对梁斜截面的破坏形态和受剪承载力有很大影响。

如果箍筋配置的数量过多(箍筋直径较大、间距较小)，则在箍筋尚未屈服时，斜裂缝间的混凝土即因主压应力过大而发生斜压破坏。此时梁的受剪承载力取决于构件的截面尺寸和混凝土强度。

如果箍筋配置的数量适当，则在斜裂缝出现以后，原来由混凝土承受的拉力转由与斜裂缝相交的箍筋来承受，在箍筋尚未屈服时，由于箍筋限制了斜裂缝的开展和延伸，荷载尚能有较大增长。当箍筋屈服后，由于箍筋应力基本不变而应变迅速增加，箍筋不再能有效地抑制斜裂缝的开展和延伸，最后斜裂缝上端剪压区的混凝土在剪压复合应力作用下达到极限强度，发生剪压破坏。

如果箍筋配置的数量过少(箍筋直径较小、间距较大)，则斜裂缝一出现，原来由混凝土承受的拉力转由箍筋承受，箍筋很快达到屈服强度，变形迅速增加，不能抑制斜裂缝的发展。此时，梁的受力性能和破坏形态与无腹筋梁相似，当剪跨比较大时，也将发生斜拉破坏。

## 5.4　影响斜截面受剪承载力的主要因素

【视频资源】

影响受弯构件斜截面受剪承载力的因素很多，主要有以下几方面：

### 5.4.1　剪跨比

剪跨比是一个无量纲的计算参数，反映了截面承受的弯矩和剪力的相对大小。剪跨比按下式确定

$$\lambda=\frac{M}{Vh_0} \tag{5.2}$$

式中　$\lambda$——剪跨比；

$M,V$——梁计算截面所承受的弯矩和剪力；

$h_0$——截面的有效高度。

对集中荷载作用下的简支梁(图 5.7)，计算截面 1—1 和 2—2 的剪跨比分别为

$$\lambda_1=\frac{M_1}{V_A h_0}=\frac{V_A a_1}{V_A h_0}=\frac{a_1}{h_0}$$

$$\lambda_2=\frac{M_2}{V_B h_0}=\frac{V_B a_2}{V_B h_0}=\frac{a_2}{h_0}$$

【视频资源】

式中　$a_1,a_2$——集中力 $P_1$、$P_2$ 作用点到支座 $A$、$B$ 之间的距离，称为“剪跨”。

因此，对集中荷载作用下的简支梁，如果第一个集中力到支座距离为 $a$、截面的有效高度为 $h_0$，则集中力作用处计算截面的剪跨比可表示为

$$\lambda=\frac{a}{h_0} \tag{5.3}$$

$\lambda=\frac{a}{h_0}$称为计算剪跨比。应当注意的是，对于承受分布荷载或其他复杂荷载的梁(如图 5.8 中的 1—1 截面和图 5.7 中的 3—3 截面)，则不适合采用式(5.3)，而应采用式(5.2)，一般又称 $\lambda=\frac{M}{Vh_0}$为广义剪跨比。

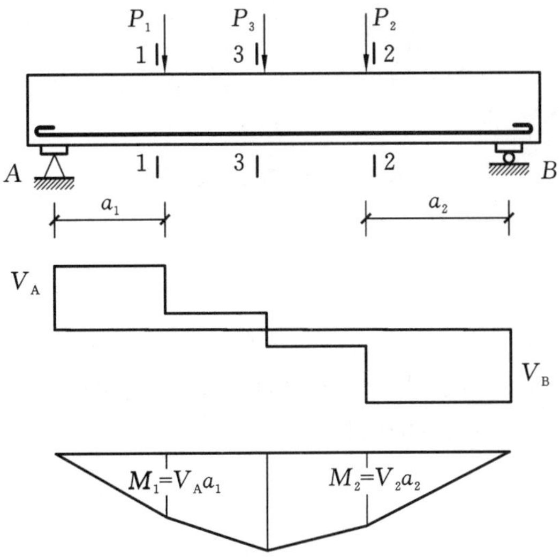


**图 5.7　集中荷载作用下的简支梁图**

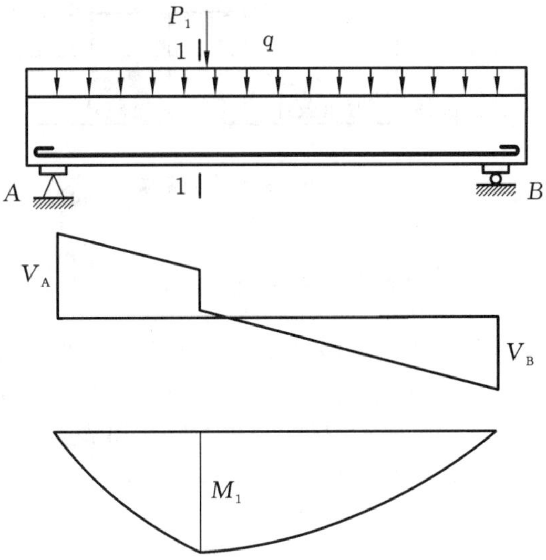


**图 5.8　均布和集中荷载作用下的简支梁**

由于截面的正应力大致与弯矩 $M$ 成正比，剪应力大致与剪力 $V$ 成正比，所以剪跨比 $\lambda$ 实质上反映了截面上正应力和剪应力的相对关系，也就决定了截面上任一点主应力的大小和方向，因而影响着梁的破坏形态和受剪承载力。

试验研究表明，对集中荷载作用下的无腹筋梁，剪跨比是影响破坏形态和受剪承载力最主要的因素之一。图 5.9 为其他条件相同的无腹筋梁在不同剪跨比时的试验结果。从图 5.9 中可以看出，随着剪跨比的增大，破坏形态发生显著变化，梁的受剪承载力明显降低。小剪跨比时，大多发生斜压破坏，受剪承载力很高；中剪跨比时，大多产生剪压破坏，受剪承载力不高也不低；大剪跨比时，大多发生斜拉破坏，受剪承载力很低。当剪跨比 $\lambda>3$ 以后，剪跨比对受剪承载力无显著的影响。

对有腹筋梁，在低配箍率时剪跨比的影响较大，在中配箍率时剪跨比的影响次之，在高配箍率时剪跨比的影响则较小。

顺便指出，在均布荷载作用下跨高比对梁的受剪承载力有较大影响，随着跨高比的增大，受剪承载力

下降；但当跨高比$\frac{l}{h}>10$以后，跨高比对受剪承载力的影响不显著。

### 5.4.2 混凝土强度

混凝土强度对梁受剪承载力的影响很大，试验研究和理论分析都已表明，在斜裂缝出现后，斜裂缝间的混凝土在剪应力和压应力的作用下处于拉应力状态，是在拉应力和压应力的共同作用下破坏的。梁的受剪承载力随混凝土抗拉强度的提高而提高，大致呈线性关系。

从图5.10中可以看出，梁斜截面破坏的形态不同，混凝土强度对梁受剪承载力的影响程度也不同。$\lambda=1.0$时为斜压破坏，直线的斜率较大；$\lambda=3.0$时为斜拉破坏，直线的斜率较小；$1.0<\lambda<3.0$时为剪压破坏，其直线斜率介于上述两者之间。

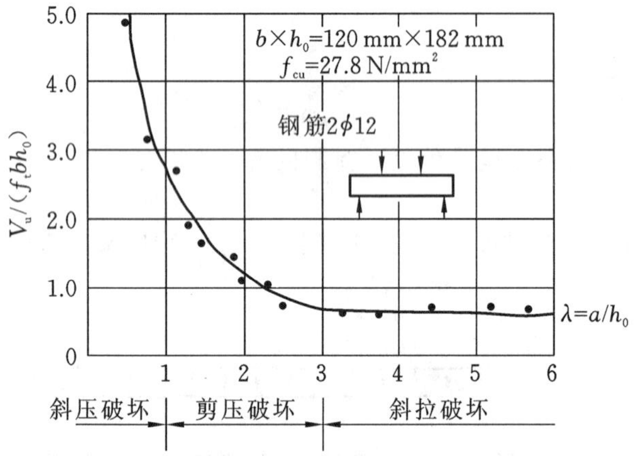


图5.9 剪跨比的影响

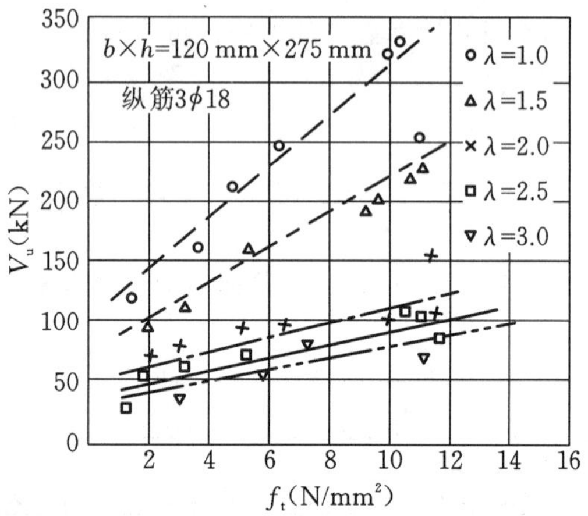


图5.10 混凝土强度的影响

### 5.4.3 配箍率和箍筋强度

有腹筋梁出现斜裂缝以后，箍筋不仅可以直接承受部分剪力，还能抑制斜裂缝的开展和延伸，提高剪压区混凝土的抗剪能力和纵筋的销栓作用，从而间接提高梁的受剪承载力。试验研究表明，当配箍量适当时，梁的受剪承载力随配箍量的增大和箍筋强度的提高而有较大幅度的提高。

配箍量一般用配箍率$\rho_{sv}$表示，即

$$\rho_{sv}=\frac{nA_{sv1}}{bs} \tag{5.4}$$

式中 $\rho_{sv}$——配箍率；

$n$——同一截面内箍筋的肢数；

$A_{sv1}$——单肢箍筋的截面面积；

$b$——截面宽度；

$s$——箍筋间距。

图5.11表示梁的受剪承载力与配箍率和箍筋屈服强度的乘积（即配箍特征系数$\rho_{sv}f_{yv}$）的关系。当其他条件相同时，两者大致呈线性关系。

### 5.4.4 纵向钢筋的配筋率

纵向钢筋能抑制斜裂缝的扩展，使斜裂缝上端剪压区的面积较大，从而能承受较大的剪力，同时纵筋本身也能通过销栓作用承受一定的剪力。因而纵向钢筋的配筋量增大时，梁的受剪承载力也会有一定的提高，但目前我国《混凝土结构设计标准》中的抗剪计算公式并未考虑这一影响。

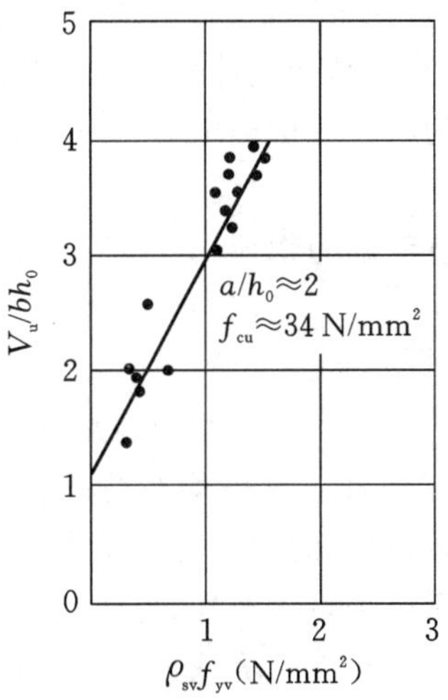


**图 5.11　配箍率和箍筋强度的影响**

# 5.5　受弯构件斜截面承载力计算公式

【视频资源】

## 5.5.1　建立计算公式的原则

钢筋混凝土受弯构件斜截面破坏的各种形态中，有一些可以通过一定的构造措施来避免。例如，规定箍筋的最少数量，就可以防止斜拉破坏的发生；不使梁的截面过小，就可以防止斜压破坏的发生。

对于常见的剪压破坏，因为梁的受剪承载力变化幅度较大，设计时则必须进行计算。我国《混凝土结构设计标准》的基本公式就是根据这种破坏形态的受力特征而建立的。

有腹筋梁发生剪压破坏时，从图 5.12 的理想化模型中临界斜裂缝左边的脱离体可以看出，斜截面所承受的剪力由三部分组成，即

$$V_u=V_c+V_{sv}+V_{sb} \tag{5.5}$$

式中　$V_c$——斜裂缝上端或受压区混凝土承担的剪力；

$V_{sv}$——穿过斜裂缝的箍筋承担的剪力；

$V_{sb}$——穿过斜裂缝的弯起钢筋承担的剪力。

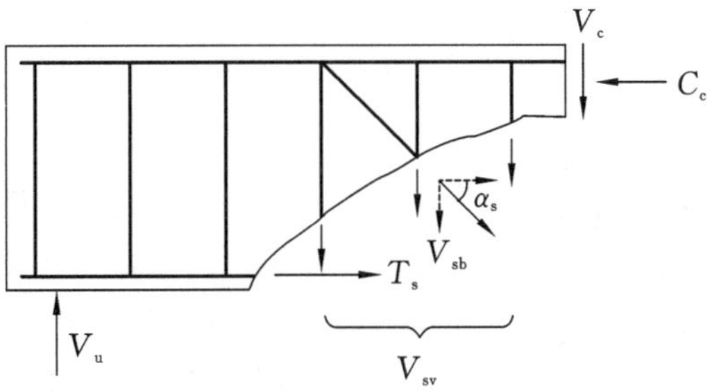


**图 5.12　斜裂缝脱离体受力图**

$C_c$—混凝土压力的合力；$V_c$—剪压区混凝土承担的剪力；$T_s$—受拉钢筋拉力的合力；$V_{sb}$—穿过斜裂缝的弯起钢筋承担的剪力

当不配置弯起钢筋时，则有

$$V_u=V_c+V_{sv}=V_{cs} \tag{5.6}$$

式中　$V_{cs}$——构件斜截面上混凝土和箍筋共同承担的剪力。

由于影响斜截面受剪承载力的因素较多，尽管国内外学者已进行了大量的试验和研究，但迄今为止，

钢筋混凝土梁受剪机理和计算的理论还未完全建立起来。因此，目前各国相关规范采用的受剪承载力公式仍为半经验、半理论的公式。我国《混凝土结构设计标准》所建议使用的计算公式也是采用理论分析和实践经验相结合的方法，通过试验数据的统计分析得出的。对试验现象的观察和试验数据的分析表明，决定抗剪的各项因素相互关联、影响，而非简单的叠加关系。但从实用的角度出发，为方便计算而采用了上述两式的形式，并将式中各项理解为具有明确的物理、力学意义的量。

### 5.5.2　无腹筋梁受剪承载力计算公式

如前所述，影响无腹筋梁斜截面受剪承载力最主要的因素是剪跨比（当均布荷载作用时为跨高比），图5.13、图5.14分别为293根集中荷载作用下和143根均布荷载作用下的无腹筋简支梁受剪试验的结果。从图中可以看出，试验结果虽然比较离散，但总的趋势都是随着剪跨比 $\lambda$（或跨高比 $l/h_0$）的增大，受剪承载力下降。从斜截面的破坏形态来看，无论是斜压破坏、剪压破坏还是斜拉破坏，都属于脆性破坏。在实际工程中，不允许以这几种破坏形态来控制构件的承载力。结构设计的目的不是要正确估计梁的实际受剪承载力，而是要保证梁不发生斜截面破坏。因此，可以根据试验结果给出满足一定保证率的下包线公式，在设计时，只要梁承受的剪力不超过按下包线公式计算的值，就可以保证梁不发生斜截面破坏。

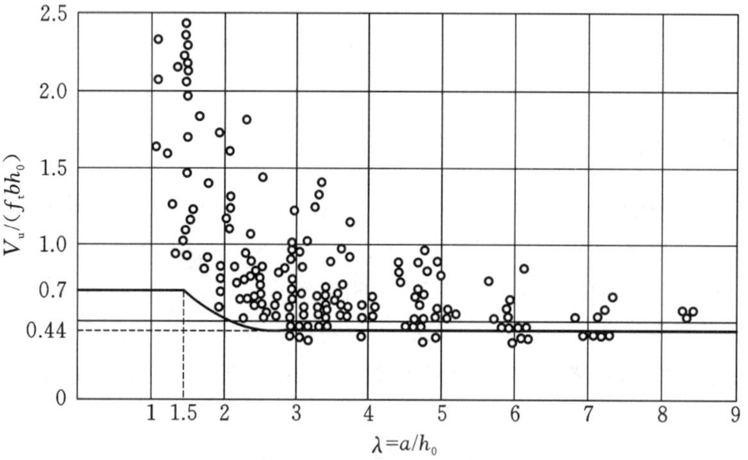


**图5.13　集中荷载作用下无腹筋梁受剪承载力试验结果**

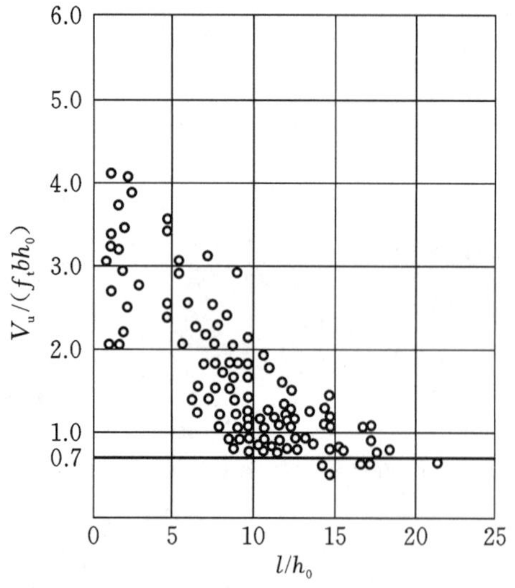


**图5.14　均布荷载作用下无腹筋梁受剪承载力试验结果**

对无腹筋梁以及不配置箍筋和弯起钢筋的一般板类受弯构件，其斜截面受剪承载力应按下列公式计算

$$V \leqslant V_c = 0.7\beta_h f_t b h_0 \tag{5.7}$$

$$\beta_h = \left(\frac{800}{h_0}\right)^{\frac{1}{4}} \tag{5.8}$$

式中　$V$——构件斜截面上的最大剪力设计值。

$\beta_h$——截面高度影响系数，当 $h_0<800$ 时，取 $h_0=800$ mm；当 $h_0\geqslant 2000$ mm 时，取 $h_0=2000$ mm。

$f_t$——混凝土轴心抗拉强度设计值。

从图5.13可以看出，对于集中荷载作用下的无腹筋梁，在大剪跨比时按式(5.7)、式(5.8)进行计算所得的值偏高，必须将剪跨比的影响考虑在内。因此对集中荷载作用下的独立梁（包括作用有多种荷载，且其中集中荷载对支座截面或节点边缘所产生的剪力值占总剪力值的75%以上的情况），改按下式计算

$$V \leqslant V_c = \frac{1.75}{\lambda + 1.0}\beta_h b h_0 \tag{5.9}$$

式中 $\lambda$——计算截面的剪跨比，可取 $\lambda = \frac{a}{h_0}$。计算截面取集中荷载作用处的截面。当 $\lambda < 1.5$ 时，取 $\lambda = 1.5$；当 $\lambda > 3$ 时，取 $\lambda = 3$。

$a$——计算截面至支座截面或节点边缘的距离。

应该指出的是，以上虽然给出了无腹筋梁受剪承载力的计算公式，但决不表示允许在设计中梁不配置腹筋。考虑到剪切破坏有明显的脆性，特别是斜拉破坏，斜裂缝一出现，梁即破坏，单靠混凝土承受剪力是不安全的。除非有专门规定，一般无腹筋梁应按构造要求配置箍筋。

### 5.5.3 有腹筋梁受剪承载力计算公式

(1) 配置箍筋的梁

配箍率和箍筋强度对有腹筋梁的斜截面破坏形态和受剪承载力有很大影响。图 5.15 以相对名义剪应力 $\frac{V_{cs}}{f_t b h_0}$ 为纵轴，相对配箍系数 $\rho_{sv}\frac{f_{yv}}{f_t}$ 为横轴，分别表示出了 45 根在均布荷载作用下和 166 根在集中荷载作用下的配箍筋简支梁受剪试验的结果。通过对试验结果的统计分析，《混凝土结构设计标准》规定，对矩形、T 形和 I 形截面的一般受弯构件，当仅配有箍筋时，其斜截面的受剪承载力应按下列公式计算

$$V \leqslant V_{cs} = 0.7 f_t b h_0 + f_{yv}\frac{A_{sv}}{s}h_0 \tag{5.10}$$

式中 $V$——构件斜截面上的最大剪力设计值；

$V_{cs}$——构件斜截面上混凝土和箍筋的受剪承载力设计值；

$A_{sv}$——配置在同一截面内箍筋各肢的全部截面面积，$A_{sv} = nA_{sv1}$，其中 $n$ 为在同一个截面内箍筋的肢数，$A_{sv1}$ 为单肢箍筋的截面面积；

$s$——沿构件长度方向上箍筋的间距；

$f_{yv}$——箍筋抗拉强度设计值，其数值大于 360 N/mm² 时应取 360 N/mm²。

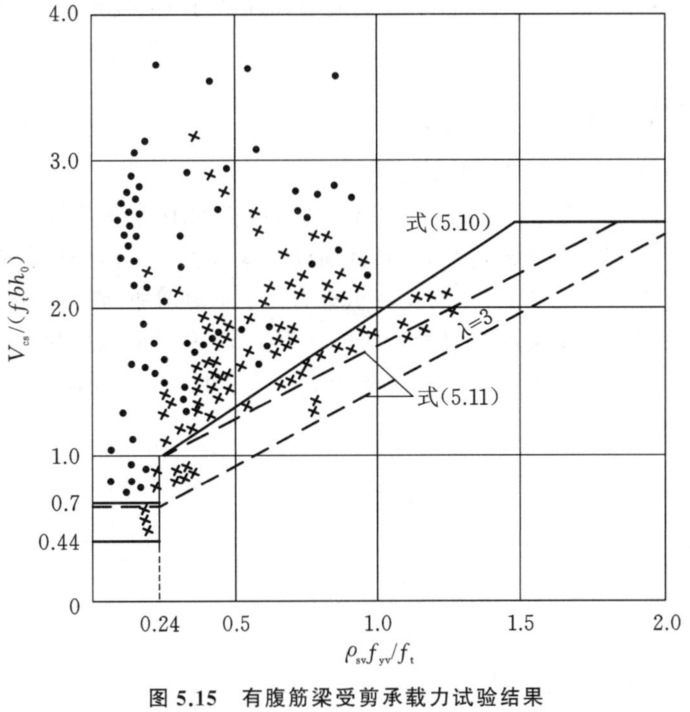


图 5.15 有腹筋梁受剪承载力试验结果

对集中荷载作用下的独立梁(包括作用有多种荷载,且其中集中荷载对支座截面或节点边缘所产生的剪力值占总剪力值的 75%以上的情况),改按下式计算

$$V \leqslant V_{cs} = \frac{1.75}{\lambda + 1.0} f_t b h_0 + f_{yv} \frac{A_{sv}}{s} h_0 \tag{5.11}$$

式中 $\lambda$——计算截面的剪跨比,可取 $\lambda = \frac{a}{h_0}$,计算截面取集中荷载作用处的截面;当 $\lambda < 1.5$ 时,取 $\lambda = 1.5$;当 $\lambda > 3$ 时,取 $\lambda = 3$;计算截面至支座之间的箍筋,应均匀配置。

(2) 配有箍筋和弯起钢筋的梁

当梁配有箍筋和弯起钢筋时,弯起钢筋所能承担的剪力为弯起钢筋的总拉力在垂直于梁轴方向的分力(图 5.12),按下式确定

$$V_{sb} = 0.8 f_y A_{sb} \sin\alpha_s \tag{5.12}$$

式中 $A_{sb}$——同一弯起平面内弯起钢筋的截面面积;

$f_y$——弯起钢筋的抗拉强度设计值,考虑到弯起钢筋在靠近斜裂缝顶部的剪压区时可能达不到屈服强度,此时应乘以 0.8 的降低系数;

$\alpha_s$——斜截面上弯起钢筋与构件纵向轴线的夹角,一般可取 $\alpha_s = 45°$,当梁截面较高时可取 $\alpha_s = 60°$。

因此,对矩形、T 形和 I 形截面的一般受弯构件,当配有箍筋和弯起钢筋时,其斜截面的受剪承载力应按下式计算

$$V \leqslant V_{cs} + V_{sb} = 0.7 f_t b h_0 + f_{yv} \frac{A_{sv}}{s} h_0 + 0.8 f_y A_{sb} \sin\alpha_s \tag{5.13}$$

对集中荷载作用下的独立梁(包括作用有多种荷载,且其中集中荷载对支座截面或节点边缘所产生的剪力值占总剪力值的 75%以上的情况),改按下式计算

$$V \leqslant V_{cs} + V_{sb} = \frac{1.75}{\lambda + 1.0} f_t b h_0 + f_{yv} \frac{A_{sv}}{s} h_0 + 0.8 f_y A_{sb} \sin\alpha_s \tag{5.14}$$

式中 $V$——配置弯起钢筋处截面剪力设计值,当计算第一排(对支座而言)弯起钢筋时,取用支座边缘处的剪力值;当计算以后的每一排弯起钢筋时,取前一排(对支座而言)弯起钢筋弯起点处的剪力值。

### 5.5.4 公式的适用范围

(1) 上限值——最小截面尺寸和最大配箍率

由式(5.10)至式(5.14)可以看出,对于有腹筋梁,其斜截面的剪力由混凝土、箍筋(有时包括弯起钢筋)共同承担。但是,当梁的截面尺寸确定之后,斜截面受剪承载力并不能随腹筋配置数量的增加而无限制地提高。当腹筋的数量超过一定值后,梁的受剪承载力几乎不再增加,腹筋的应力达不到屈服强度而发生斜压破坏。此时梁的受剪承载力取决于混凝土的抗压强度 $f_c$ 和梁的截面尺寸。为了防止这种情况发生,《混凝土结构设计标准》规定,矩形、T 形和 I 形截面的受弯构件,其受剪截面应符合下列条件:

当 $\frac{h_w}{b} \leqslant 4$ 时,

$$V \leqslant 0.25 \beta_c f_c b h_0 \tag{5.15}$$

当 $\frac{h_w}{b} \geqslant 6$ 时,

$$V \leqslant 0.2 \beta_c f_c b h_0 \tag{5.16}$$

当 $4 < \frac{h_w}{b} < 6$ 时,按线性内插法取用。

式中 $V$——构件斜截面上的最大剪力设计值。

$\beta_c$——混凝土强度影响系数，当混凝土强度等级不超过 C50 时，取 $\beta_c=1.0$；当混凝土强度等级为 C80 时，取 $\beta_c=0.8$，其间按线性内插法取用。

$b$——矩形截面的宽度，T 形截面或 I 形截面的腹板宽度。

$h_w$——截面的腹板高度，矩形截面取有效高度，T 形截面取有效高度减去翼缘高度，I 形截面取腹板净高。

以上各式表示了梁在相应情况下斜截面受剪承载力的上限值，相当于限制了梁所必须具有的最小截面尺寸，在只配有箍筋的情况下也限制了最大配箍率。如果不能满足上述条件，则应加大梁截面尺寸或提高混凝土的强度等级。

(2) 下限值——最小配箍率和箍筋的构造规定

钢筋混凝土梁出现斜裂缝后，斜裂缝处原来由混凝土承受的拉力全部转由箍筋承担，使箍筋的拉应力突然增大。如果配置的箍筋过少，则斜裂缝一出现，箍筋的应力很快达到其屈服强度(甚至被拉断)，不能有效地限制斜裂缝的发展而导致发生斜拉破坏。为了防止发生这种情况，《混凝土结构设计标准》规定的最小配箍率为：当 $V\geqslant 0.7f_tbh_0$ 时，$\rho_{sv}=\dfrac{A_{sv}}{bs}\times 100\%\geqslant\rho_{sv,min}=0.24\dfrac{f_t}{f_{yv}}\times 100\%$。

在满足了最小配箍率的要求后，如果箍筋选得较粗而配置较稀，则可能因箍筋间距过大在两根箍筋之间出现不与箍筋相交的斜裂缝，使箍筋无法发挥作用。为此《混凝土结构设计标准》还规定了箍筋的最大间距 $s_{max}$(见表 5.1)，箍筋和弯起钢筋的间距均不应超过 $s_{max}$(图 5.16)。此外，为了使钢筋骨架具有一定的刚性，便于制作安装，箍筋的直径也不应太小。对截面高度大于 800 mm 的梁，其箍筋直径不宜小于 8 mm；对截面高度为 800 mm 及以下的梁，其箍筋直径不宜小于 6 mm。当梁中配有计算需要的纵向受压钢筋时，箍筋的直径应不小于$\dfrac{d}{4}$($d$ 为纵向受压钢筋的最大直径)。

当梁承受的剪力较小而截面尺寸较大，即满足式(5.7)或式(5.9)的要求时，可以不进行斜截面受剪承载力计算，而按上述构造规定选配箍筋。

**表 5.1　梁中箍筋的最大间距(mm)**

| 梁高 $h$ | $V\geqslant 0.7f_tbh_0$ | $V<0.7f_tbh_0$ |
|---|---|---|
| $150<h\leqslant 300$ | 150 | 200 |
| $300<h\leqslant 500$ | 200 | 300 |
| $500<h\leqslant 800$ | 250 | 350 |
| $h>800$ | 300 | 400 |

### 5.5.5　计算截面位置

在计算斜截面的受剪承载力时，其剪力设计值的计算截面应按下列规定采用(图 5.16)：

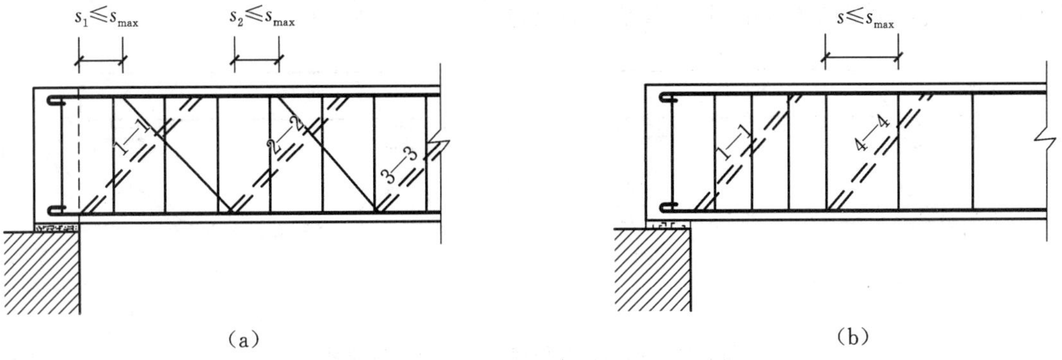


(a)　　　　(b)

**图 5.16　斜截面受剪承载力的计算位置**

(a) 配箍筋和弯起钢筋的梁；(b) 只配箍筋的梁

(1) 支座边缘处的截面 1—1；

(2) 受控区弯起钢筋弯起点处的截面 2—2、3—3；

(3) 箍筋截面面积或间距改变处的截面 4—4；

(4) 腹板宽度改变处的截面。

上述截面都是斜截面承载力比较薄弱的地方，所以都应该进行斜截面受剪承载力计算，并应取这些斜截面范围内的最大剪力(即斜截面起始端的剪力)作为剪力设计值。

## 5.6 连续梁斜截面承载力

到目前为止，关于斜截面承载力的绝大多数试验研究都是针对简支梁的，这主要是因为受到试验设备等的限制和出于统一试验条件的考虑。但是，连续梁、约束梁和简支梁的不同点是连续梁、约束梁在支座截面作用有负弯矩，在剪跨段有一个反弯点[图 5.17(a)]。因此，在这个区段上的斜截面受力状态、斜裂缝的分布[图 5.17(b)]及破坏特点都与简支梁有明显的不同。

图 5.18 给出了矩形截面连续梁在集中荷载作用下受剪承载力的试验结果。从图 5.18 中可以看出，下包线的试验值虽然比取广义剪跨比 $\lambda$ 按式(5.11)、式(5.14)计算的值略低，但若以计算剪跨比 $\lambda_c$ 代替广义剪跨比 $\lambda$ 且仍按式(5.11)或式(5.14)式计算，则计算结果是偏于安全的。因此，对于集中荷载作用下的连续梁，其受剪承载力应取计算剪跨比 $\lambda_c$，并按式(5.11)或式(5.14)计算。

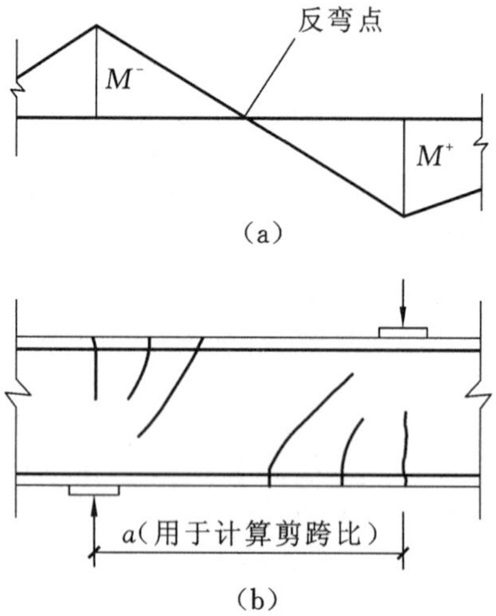


**图 5.17 集中荷载作用下连续梁的斜裂缝**

(a) 内力图；(b) 斜向开裂

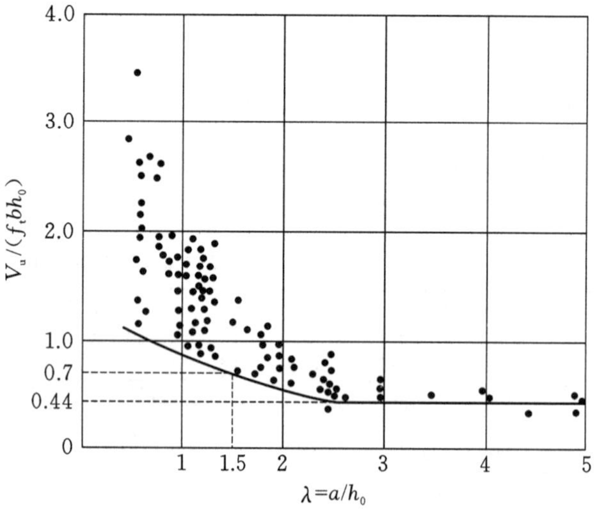


**图 5.18 集中荷载作用下连续梁斜截面受剪试验结果**

试验结果表明，均布荷载作用下连续梁的受剪承载力不低于相同条件下简支梁的受剪承载力(图 5.19)。因此对于均布荷载作用下的连续梁，其受剪承载力仍可按式(5.10)或式(5.13)计算。

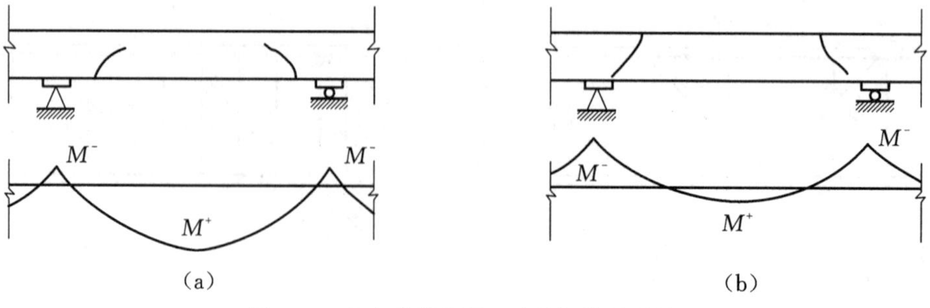


**图 5.19 均布荷载作用下连续梁的斜裂缝**

(a) $\left|\frac{M^-}{M^+}\right|<1$ 的情况；(b) $\left|\frac{M^-}{M^+}\right|>1$ 的情况

## 5.7 T 形截面梁斜截面承载力

T 形或 I 形截面梁的受剪性能与截面的腹板高度 $h_w$ 和腹板宽度 $b$ 的比值有关(对 T 形截面 $h_w$ 取有效高度 $h_0$ 减去翼缘高度 $h'_f$,I 形截面取腹板净高)。当$\frac{h_w}{b}<4$ 时,为厚腹梁;当$\frac{h_w}{b}\geqslant 6$ 时为薄腹梁。厚腹梁与薄腹梁的裂缝分布、传力机理和破坏形态是有区别的。

薄腹 T 形截面梁的特点是腹板中存在有较大的剪应力,导致在整个剪跨段内产生大致均匀分布的斜裂缝[图 5.20(b)],其受力模型犹如一个梯形桁架,翼缘为上弦压杆,纵筋为下弦拉杆,斜裂缝之间的混凝土为受压斜腹杆,箍筋为受拉腹杆。当斜向受压腹杆的混凝土被压碎时,梁即丧失承载力,属于斜压破坏。这时加大翼缘并不能提高梁的受剪承载力。

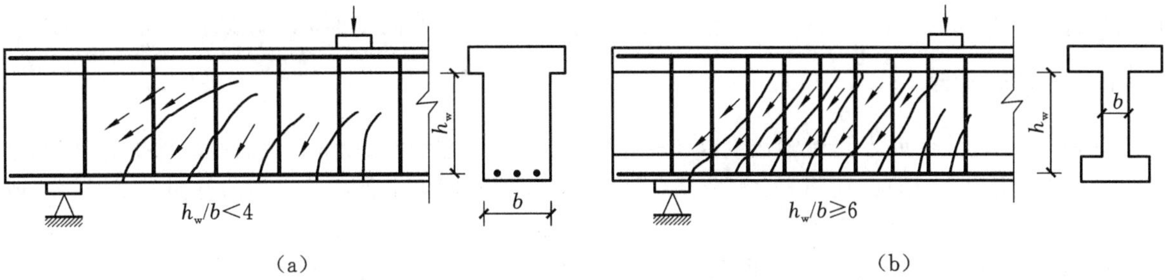


**图 5.20　厚腹 T 形梁和薄腹 T 形梁的受力特点**

(a) 厚腹 T 形梁;(b) 薄腹 T 形梁

试验和理论分析表明,翼缘并不能使 T 形截面梁的受剪承载力有显著的提高。因此《混凝土结构设计标准》规定,在计算 T 形截面梁的受剪承载力时,仍取腹板宽度 $b$ 并分别按式(5.10)、式(5.13),或按式(5.11)、式(5.14)计算,但当有实践经验时,截面限制条件式(5.15)中的系数可改用 0.3。

## 5.8 受弯构件斜截面承载力的计算方法

### 5.8.1　截面设计

当已知剪力设计值 $V$、材料强度和截面尺寸,要求确定箍筋和弯起钢筋的数量,其计算步骤可归纳如下:

(1) 验算梁截面尺寸是否满足要求

梁的截面以及纵向钢筋通常已由正截面承载力计算初步选定,在进行受剪承载力计算时,首先应按式(5.15)或式(5.16)复核梁截面尺寸,当不满足要求时,应加大截面尺寸或提高混凝土强度等级。

(2) 判别是否需要按计算配置腹筋

若梁承受的剪力设计值满足式(5.7)或式(5.9)的要求,则可不进行斜截面受剪承载力计算,而按构造规定选配箍筋。否则,应按计算配置腹筋。

(3) 计算箍筋

当剪力完全由混凝土和箍筋承担时,箍筋按下列公式计算:

对于矩形、T 形或 I 形截面的一般受弯构件,由式(5.10)可得

$$\frac{nA_{sv1}}{s}\geqslant\frac{V-0.7f_t bh_0}{f_{yv}h_0} \tag{5.17}$$

对集中荷载作用下的独立梁(包括作用有多种荷载,且其中集中荷载对支座截面或节点边缘所产生的剪力值占总剪力值的 75%以上的情况),由式(5.11)可得

$$\frac{nA_{sv1}}{s} \geqslant \frac{V - \dfrac{1.75}{\lambda + 1.0} f_t b h_0}{f_{yv} h_0} \tag{5.18}$$

计算出$\dfrac{nA_{sv1}}{s}$后，可先确定箍筋的肢数(一般常用双肢箍，即 $n=2$)和箍筋间距 $s$，然后便可确定箍筋的截面面积 $A_{sv1}$ 和箍筋的直径。也可先确定单肢箍筋的截面面积 $A_{sv1}$ 和肢数 $n$，然后求出箍筋的间距。注意选用截面设计的箍筋直径和间距应满足构造规定。

(4) 计算弯起钢筋

当需要配置弯起钢筋与混凝土和箍筋共同承受剪力时，一般可先选定箍筋的直径和间距，并按式(5.10)或式(5.11)计算出 $V_{cs}$，再由下式计算弯起钢筋的截面面积，即

$$A_{sb} \geqslant \frac{V - V_{cs}}{0.8 f_y \sin\alpha_s} \tag{5.19}$$

也可以先选定弯起钢筋的截面面积 $A_{sb}$，由式(5.13)或式(5.14)求出 $V_{cs}$，再按只配箍筋的方法计算箍筋。

### 5.8.2 截面校核

当已知材料强度、截面尺寸、配箍数量以及弯起钢筋的截面面积，要求校核斜截面所能承受的剪力 $V$ 时，只要将各已知数据代入式(5.10)、式(5.12)或式(5.11)、式(5.13)，即可求得解答。但应注意按式(5.15)或式(5.16)复核梁截面尺寸以及配箍率，并检验已配的箍筋直径和间距是否满足构造规定。

**【例 5.1】** 一钢筋混凝土简支梁(图 5.21)，两端支撑在 240 mm 厚的砖墙上，梁净跨 $l_n=3.56$ m，梁截面尺寸 $b\times h=200$ mm × 500 mm，承受永久均布荷载标准值 $g_k=25$ kN/m，可变均布荷载标准值 $q_k=50$ kN/m，采用 C30 混凝土，箍筋采用 HPB300 级，纵筋采用 HRB400 级，试进行斜截面受剪承载力的计算。

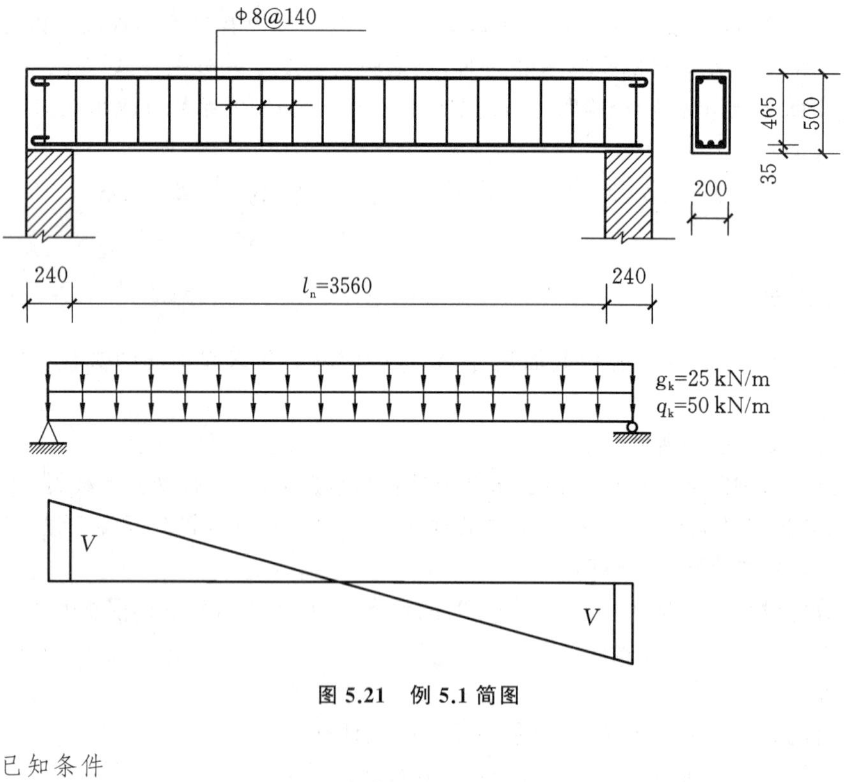


**图 5.21　例 5.1 简图**

**【解】** (1) 已知条件

净跨 $l_n=3.56$ m，$b=200$ mm，$h_0=h-35=465$ mm，C30 混凝土 $f_c=14.3$ N/mm$^2$，$f_t=1.43$ N/mm$^2$，HPB300 钢筋 $f_{yv}=270$ N/mm$^2$，HRB400 钢筋 $f_y=360$ N/mm$^2$。

(2) 计算剪力设计值

最危险的截面在支座边缘处，以该处的剪力控制设计，剪力设计值为

$$V=\frac{1}{2}(\gamma_G g_k+\gamma_Q q_k)l_n=\frac{1}{2}\times(1.3\times25+1.5\times50)\times3.56=191.35\ \text{kN}$$

(3) 验算梁截面尺寸

$$h_w=h_0=465\ \text{mm},\quad \frac{h_w}{b}=\frac{465}{200}=2.325<4$$

$$0.25f_cbh_0=0.25\times14.3\times200\times465=332475\ \text{N}=332.475\ \text{kN}>V=191.35\ \text{kN}$$

截面尺寸满足要求。

(4) 判别是否需要按计算配置腹筋

$0.7\beta_h f_t bh_0=0.7\times1.0\times1.43\times200\times465=93093\ \text{N}=93.093\ \text{kN}<V$,需要按计算配置腹筋。

(5) 第一种方法——只配箍筋不配弯起钢筋

$$\frac{nA_{sv1}}{s}\geqslant\frac{V-0.7f_tbh_0}{f_{yv}h_0}=\frac{191.35\times10^3-0.7\times1.43\times200\times465}{270\times465}=0.7826\ \text{mm}^2/\text{mm}$$

选Φ 8 双肢箍,$A_{sv1}=50.3\ \text{mm}^2$,$n=2$,代入上式得

$$s\leqslant128.5\ \text{mm},取\ s=120\ \text{mm}$$

配箍率 $\rho_{sv}=\frac{nA_{sv1}}{bs}\times100\%=\frac{2\times50.3}{200\times120}\times100\%=0.419\%>\rho_{sv,min}=0.24\frac{f_t}{f_{yv}}\times100\%=0.127\%$,且所选箍筋和间距均符合构造规定。

(6) 第二种方法——既配箍筋又配弯起钢筋

一般可先确定箍筋,箍筋的数量可参考以往的设计经验和构造规定来选定,本例选用Φ 8@200,弯起钢筋利用梁底 HRB400 级纵筋弯起,弯起角 $\alpha_s=45°$,$f_y=360\ \text{N/mm}^2$。由式(5.19)可得

$$A_{sb}\geqslant\frac{V-V_{cs}}{0.8f_y\sin\alpha_s}=\frac{191.35\times10^3-0.7\times1.43\times200\times465-270\times\frac{2\times50.3}{200}\times465}{0.8\times360\times\sin45°}=172.41\ \text{mm}^2$$

实际弯起 1 Φ 22,$A_{sb}=380.1\ \text{mm}^2$,满足要求。

上面的计算考虑的是从支座边盖处向上发展的斜截面 $AI$(图 5.22),为了保证沿梁各斜截面的安全,对纵筋弯起点 $C$ 处的斜截面 $CJ$ 也应该验算。根据图 5.22 所示,弯起钢筋的上弯点到支座边缘的距离应符合 $s_1\leqslant s_{max}$,本例取 $s_1=50$ mm,由 $\alpha_s=45°$可求出弯起钢筋的下弯点到支座边缘的距离为 480 mm,因此 $C$ 处的剪力设计值为

$$V_1=\frac{1}{2}\times(1.3\times25+1.5\times50)\times(3.56-2\times0.48)=139.75\ \text{kN}$$

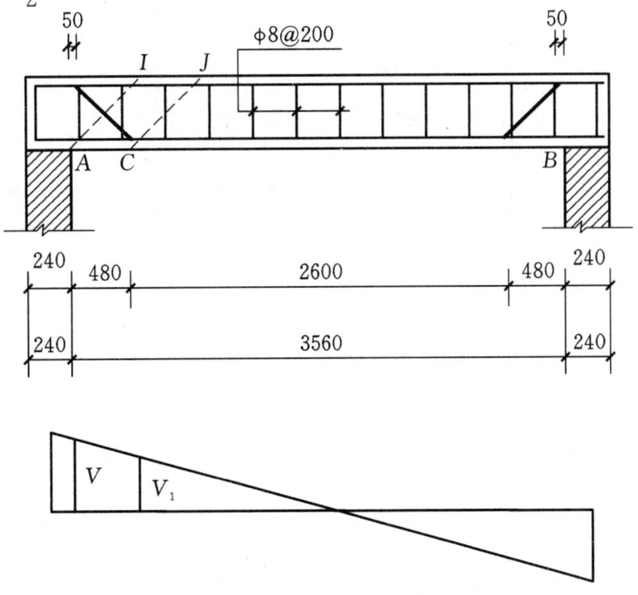


**图 5.22 既配箍筋又配弯起钢筋**

$CJ$ 截面只配箍筋而未配弯起钢筋，其受剪承载力为

$$V_{cs}=0.7f_tbh_0+f_{yv}\frac{nA_{sv1}}{s}h_0=0.7\times1.43\times200\times465+270\times\frac{2\times50.3}{200}\times465$$
$$=156245\ \text{N}=156.24\ \text{kN}>V_1=139.75\ \text{kN}$$

$CJ$ 斜截面受剪承载力满足要求，既配箍筋又配弯起钢筋的情况如图 5.22 所示。

**【例 5.2】** 一钢筋混凝土矩形截面简支梁（图 5.23），跨度为 4 m，截面尺寸 $b\times h=250$ mm×700 mm，承受一集中荷载，其设计值 $P=700$ kN（忽略梁自重），采用 C30 混凝土，箍筋和纵筋均采用 HRB400 级，试确定梁内箍筋和弯起钢筋（设梁内纵筋排一排）。

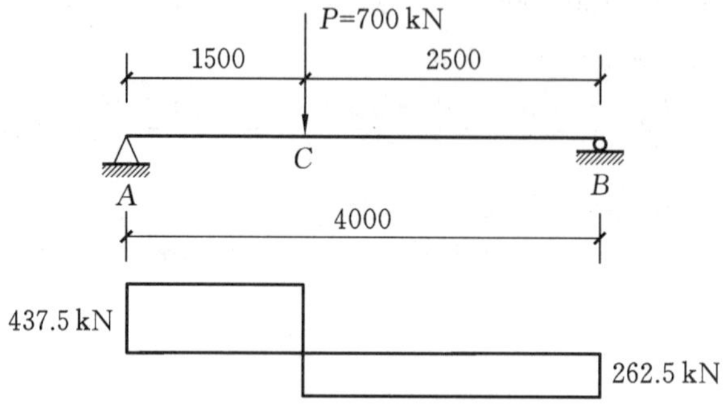


**图 5.23 例 5.2 简图**

**【解】** 本例为承受集中荷载作用的情况，集中荷载作用点 $C$ 处左右截面的剪力设计值及剪跨比不同，现列表计算（表 5.2）。

$$h_0=h-35=665\ \text{mm}$$

**表 5.2 集中荷载作用点 $C$ 处左右截面的剪力设计值及剪跨比不同时的计算**

| 截面位置 | $C_{左}$ | $C_{右}$ |
|---|---|---|
| 剪力设计值 $V$(N) | $437.5\times10^3$ | $262.5\times10^3$ |
| 剪跨比 $\lambda=\frac{a}{h_0}$ | $\lambda=2.26>1.5$，但$<3.0$ | $3.76>3.0$ 取 $\lambda=3.0$ |
| $0.25f_cbh_0$(N) | 594344 N$>V$ 截面尺寸满足要求 | 594344 N$>V$ 截面尺寸满足要求 |
| $\frac{1.75}{\lambda+1.0}f_tbh_0$(N) | 127620 N$<V$ 需按计算配腹筋 | 104010 N$<V$ 需按计算配腹筋 |
| 箍筋选用 | 双肢Φ 8@200，满足构造规定和配箍率要求 | 双肢Φ 8@200，满足构造规定和配箍率要求 |
| $V_{cs}=\frac{1.75}{\lambda+1.0}f_tbh_0+f_{yv}\frac{nA_{sv1}}{s}h_0$ | 248038 N | 224428 N |
| $A_{sb}=\frac{V-V_{cs}}{0.8f_y\sin\alpha_s}$ | 930.3 mm$^2$ ($\alpha_s=45°$) | 187 mm$^2$ ($\alpha_s=45°$) |
| 弯起钢筋选用 | 2Φ25，$A_{sb}=982$ mm$^2$ | 1Φ25，$A_{sb}=496$ mm$^2$ |

注：本例题箍筋采用 HRB400 级，$f_{yv}=360$ N/mm$^2$。

需要注意的是，本例题在 $AC$ 段和 $BC$ 段的剪力设计值为一常数，因此，弯起钢筋应在 $AC$ 段和 $BC$ 段内连续布置，并应符合图 5.16 的构造规定。

**【例 5.3】** 一钢筋混凝土矩形截面简支梁，跨度为 4 m，截面尺寸 $b\times h=200$ mm× 600 mm，承受荷载设计值如图 5.24(a)所示，采用 C30 混凝土，箍筋采用 HRB400，试确定箍筋的数量。

**【解】** (1) 求弯矩和剪力设计值。如图 5.24(b)所示，根据剪力变化的情况，将梁分为 $AC$、$CD$、$DE$、$EB$

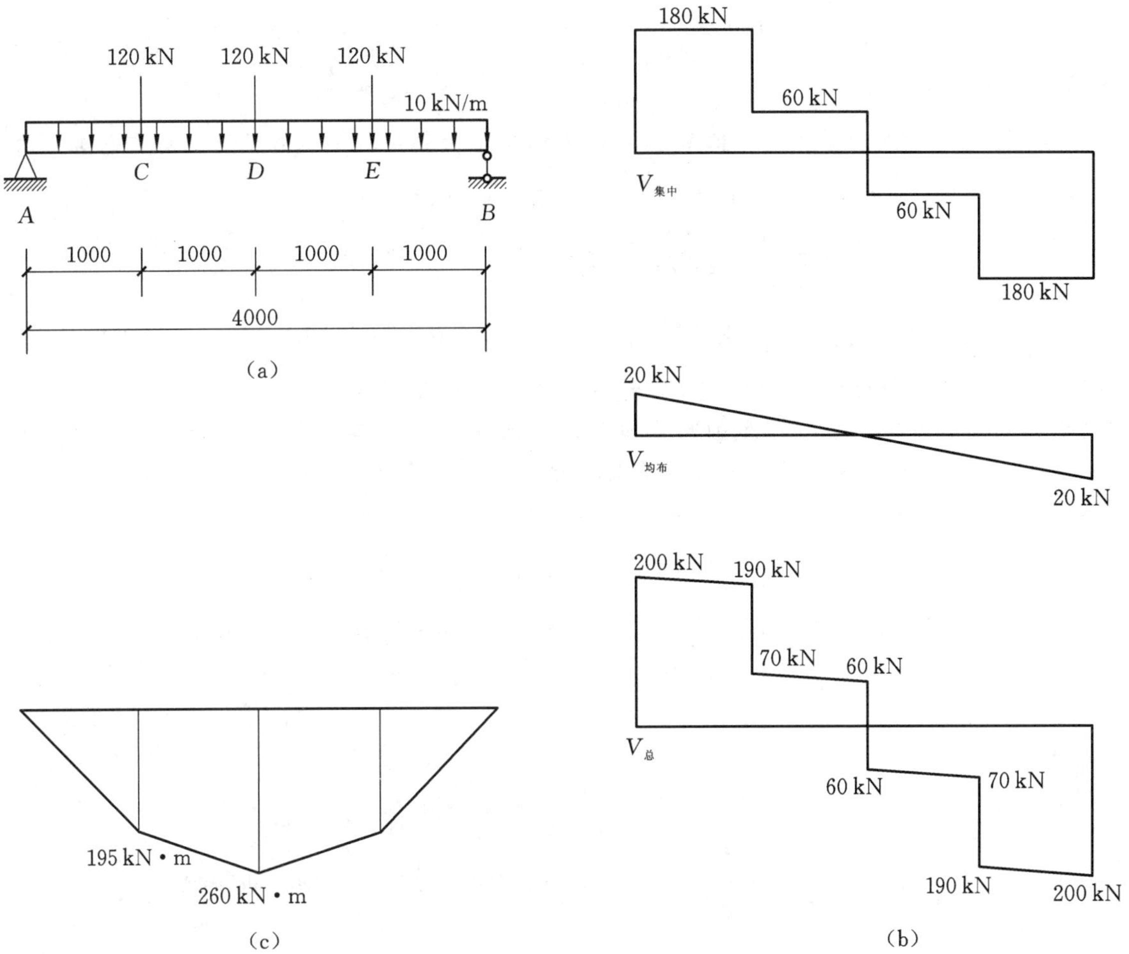


**图 5.24 例 5.3 简图**

(a) 受力简图;(b) 剪力图;(c) 弯矩图

四个区段来计算。由于荷载对称,实际上只需考虑 $AC$、$CD$ 两个区段。计算所得弯矩如图 5.24(c)所示。

(2) $AC$ 段,该区段最大剪力设计值 $V_{max1}=200$ kN,集中荷载在支座截面产生的剪力占总剪力的 $\frac{180}{200}\times100\%=90\%>75\%$,故应考虑剪跨比的影响。计算截面 $C$ 处的剪跨比为

$$\lambda=\frac{M}{Vh_0}=\frac{195\times10^6}{190\times10^3\times565}=1.816,1.5<\lambda<3.0$$

(注:此处也可采用计算剪跨比 $\lambda=\frac{a}{h_0}=\frac{1000}{565}=1.77$,因为 $1.77<1.816$,所以采用广义剪跨比 1.816。)

$$0.25f_cbh_0=0.25\times14.3\times200\times565=403975\ \text{N}=403.975\ \text{kN}>V_{max1}=200\ \text{kN}$$

截面尺寸满足要求。

又

$$\frac{1.75}{\lambda+1.0}f_tbh_0=\frac{1.75}{1.816+1.0}\times1.43\times200\times565=100420\ \text{N}=100.42\ \text{kN}<V_{max1}$$

应按计算配箍筋。

$$\frac{nA_{sv1}}{s}\geqslant\frac{V_{max1}-\frac{1.75}{\lambda+1.0}f_tbh_0}{f_{yv}h_0}=\frac{200\times10^3-\frac{1.75}{1.816+1.0}\times1.43\times200\times565}{360\times565}=0.490\ \text{mm}^2/\text{mm}$$

选Φ8 双肢箍,$A_{sv1}=50.3\ \text{mm}^2$,$n=2$,代入上式得 $s\leqslant205$ mm,实取 $s=200$ mm,符合构造规定。

验算配箍率

$$\rho_{sv}=\frac{2\times50.3}{200\times200}\times100\%=0.25\%>\rho_{sv,\min}=0.24\times\frac{f_t}{f_{yv}}\times100\%=0.09\%$$

满足要求。

(3) $CD$ 段,该区段最大剪力设计值 $V_{\max2}=70$ kN,集中荷载在 $C$ 右截面产生的剪占总剪力的 $\frac{60}{70}\times100\%=85.7\%>75\%$,故应考虑剪跨比的影响。计算截面 $D$ 处的剪跨比为

$$\lambda=\frac{M}{Vh_0}=\frac{260\times10^6}{60\times10^3\times565}=7.67>3.0,\text{取 }\lambda=3.0$$

$$\frac{1.75}{\lambda+1.0}f_tbh_0=\frac{1.75}{3.0+1.0}\times1.43\times200\times565=70696\text{ N}=70.696\text{ kN}>V_{\max2}=70\text{ kN}$$

故可不进行受剪承载力计算,按构造规定选Φ6 双肢箍,$s=250$ mm。

**【例 5.4】** 某 T 形截面简支梁,截面尺寸如图 5.25 所示,承受一集中荷载,其设计值为 $P=400$ kN(忽略梁自重),采用 C30 混凝土,箍筋采用 HRB400 级,试确定箍筋数量(梁底纵筋排一排)。

**【解】** (1) 验算梁截面尺寸:

$$h_w=h_0-h_f'=565-200=365\text{ mm},\frac{h_w}{b}=\frac{365}{250}=1.46<4$$

$$0.25f_cbh_0=0.25\times14.3\times250\times565=504969\text{ N}$$
$$=504.969\text{ kN}>V_{\max}=300\text{ kN}$$

截面尺寸满足要求。

(2) $AC$ 段

$$\lambda=\frac{a}{h_0}=\frac{1500}{565}=2.65<3.0$$

$$\frac{1.75}{\lambda+1.0}f_tbh_0=\frac{1.75}{2.65+1.0}\times1.43\times250\times565=96843\text{ N}=96.843\text{ kN}<V_{\max}$$

需按计算配箍筋:

$$\frac{nA_{sv1}}{s}\geqslant\frac{V_{\max}-\frac{1.75}{\lambda+1.0}f_tbh_0}{f_{yv}h_0}=\frac{300\times10^3-\frac{1.75}{2.65+1.0}\times1.43\times250\times565}{360\times565}=0.999\text{ mm}^2/\text{mm}$$

选Φ10 双肢箍,$A_{sv1}=78.5\text{ mm}^2$,$n=2$,代入上式得

$$s\leqslant157\text{ mm},\text{实取 }s=120\text{ mm}$$

验算配箍率:

$$\rho_{sv}=\frac{2\times78.5}{250\times120}\times100\%=0.52\%>\rho_{sv,\min}=0.24\times\frac{f_t}{f_{yv}}\times100\%=0.09\%$$

(3) $CB$ 段

$$\lambda=\frac{a}{h_0}=\frac{4500}{565}=7.96>3.0,\text{取 }\lambda=3.0$$

$$\frac{1.75}{\lambda+1.0}f_tbh_0=\frac{1.75}{3.0+1.0}\times1.43\times250\times565=88370\text{ N}=88.37\text{ kN}<V=100\text{ kN}$$

需按计算配箍筋:

$$\frac{nA_{sv1}}{s}\geqslant\frac{V_{\max}-\frac{1.75}{\lambda+1.0}f_tbh_0}{f_{yv}h_0}=\frac{100\times10^3-\frac{1.75}{3.0+1.0}\times1.43\times250\times565}{360\times565}=0.057\text{ mm}^2/\text{mm}$$

选Φ8 双肢箍,$A_{sv1}=50.3\text{ mm}^2$,$n=2$,代入上式得

$$s\leqslant1765\text{ mm},\text{按构造要求取 }s=250\text{ mm}$$

$$\rho_{sv}=\frac{2\times50.3}{250\times250}\times100\%=0.161\%>\rho_{sv,\min}=0.24\times\frac{f_t}{f_{yv}}\times100\%=0.09\%$$

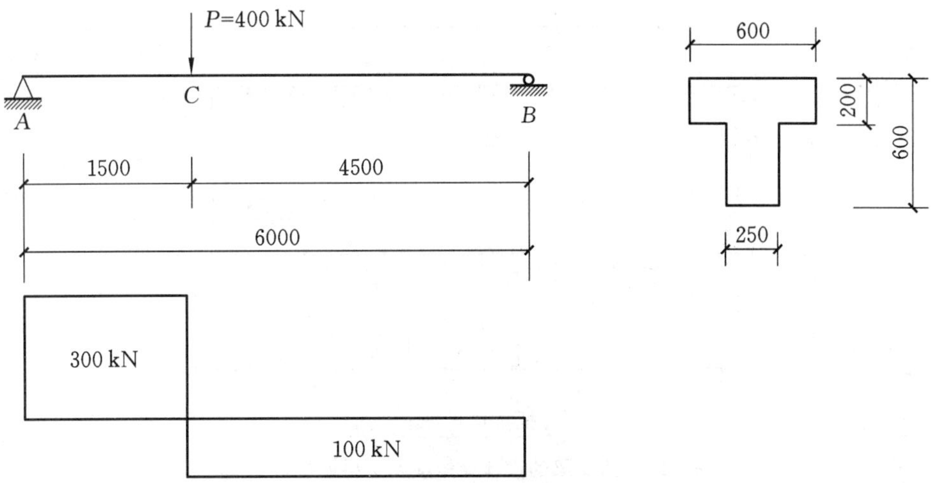


**图 5.25　例 5.4 简图**

**【例 5.5】** 一承受均布荷载的矩形截面简支梁，截面尺寸 $b\times h=200\ \text{mm}\times 400\ \text{mm}$，采取 C30 混凝土，箍筋采用 HPB300 级，已配双肢Φ8@200，求该梁所能承受的最大剪力设计值 $V$；若梁净跨 $l_n=4.26$ mm，求按受剪承载力计算的梁所能承担的均布荷载设计值 $q$ 为多少？

**【解】** (1) 计算 $V_{cs}$

$$h_0=400-35=365\ \text{mm}$$

$$V_{cs}=0.7f_tbh_0+f_{yv}\frac{nA_{sv1}}{s}h_0=0.7\times 1.43\times 200\times 365+270\times\frac{2\times 50.3}{200}\times 365=122643\ \text{N}=122.643\ \text{kN}$$

(2) 复核梁截面尺寸及配箍率

$$0.25f_cbh_0=0.25\times 14.3\times 200\times 365=260975\ \text{N}=260.975\ \text{kN}>V_{cs}=122.643\ \text{kN}$$

$$\rho_{sv}=\frac{2\times 50.3}{200\times 200}\times 100\%=0.25\%>\rho_{sv,\min}=0.24\times\frac{f_t}{f_{yv}}\times 100\%=0.24\times\frac{1.43}{270}\times 100\%=0.127\%$$

且箍筋直径和间距符合构造规定。

梁所能承受的最大剪力设计值 $V=V_{cs}=122.643$ kN

(3) 求按受剪承载力计算的梁所能承担的均布荷载设计值

$$q=\frac{2V_{cs}}{l_n}=\frac{2\times 122.643}{4.26}=57.58\ \text{kN/m}$$

## 5.9　纵向钢筋的弯起和截断

钢筋混凝土梁除了可能沿斜截面发生受剪破坏外，还可能沿斜截面发生受弯破坏。由前面对无腹筋梁斜裂缝出现前后应力的分析可以知道，对于图 5.26 所示的梁，在未出现斜裂缝 $st$ 时，$s$ 处的纵筋应力由该处的弯矩 $M_s$ 确定，但出现斜裂缝 $st$ 后，$s$ 处的纵筋应力则由斜裂缝顶端 $t$ 处的弯矩 $M_t$ 确定，显然 $M_t>M_s$。如果按跨中弯矩 $M_{\max}$ 计算的纵筋沿梁全长布置，既不弯起也不截断，则必然会满足任何截面上的弯矩。这种纵筋沿梁通长布置，构造虽然简单，但钢筋强度没有得到充分利用，是不够经济的。在实际工程中，一部分纵筋有时要弯起，有时要截断，这就有可能影响梁的承载力，特别是影响斜截面的受弯承载力。因此，需要掌握如何根据正截面和斜截面的受弯承载力来确定纵筋的弯起点和截断的位置。

此外，梁的承载力还取决于纵向钢筋在支座的锚固，如果锚固长度不足，将引起支座处的粘结锚固破坏，造成钢筋的强度不能充分发挥而降低承载力。如何通过构造措施，保证钢筋在支座处的有效锚固，也是十分重要的。

### 5.9.1　材料抵抗弯矩图

材料抵抗弯矩图是按照梁实际配制的纵向钢筋的数量计算并画出的各截面所能抵抗的弯矩图。

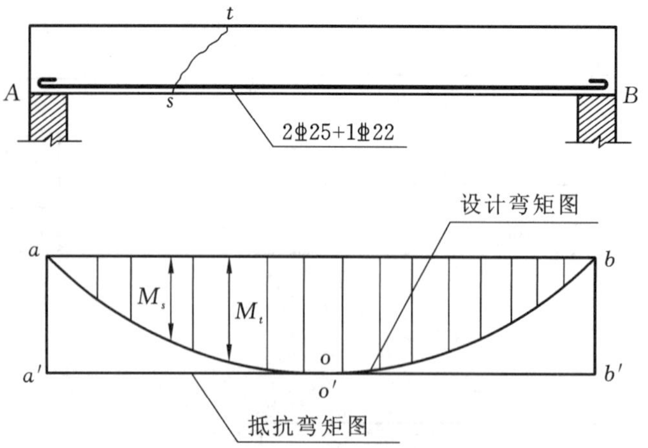


**图 5.26　简支梁的设计弯矩图和材料抵抗弯矩图**

图 5.26 中曲线 $aob$ 表示设计弯矩图，按照最大弯矩计算跨中截面需配置 2Φ25＋1Φ22 的纵筋，这三根纵筋若都向两边直通到支座，则沿梁任一截面都能抵抗同样大小的弯矩，我们画一条水平线 $a'o'b'$，此水平线称为材料抵抗弯矩图。图 5.27 表示一伸臂梁，跨中 $AB$ 段承受正弯矩，需配 3Φ18 纵筋，布置在截面下边；$B$ 支座承受负弯矩，需配 3Φ14＋1Φ18 纵筋，布置在截面上边。如果抵抗正负弯矩的纵筋延伸至梁全长，则材料抵抗弯矩图如图 5.27 所示。

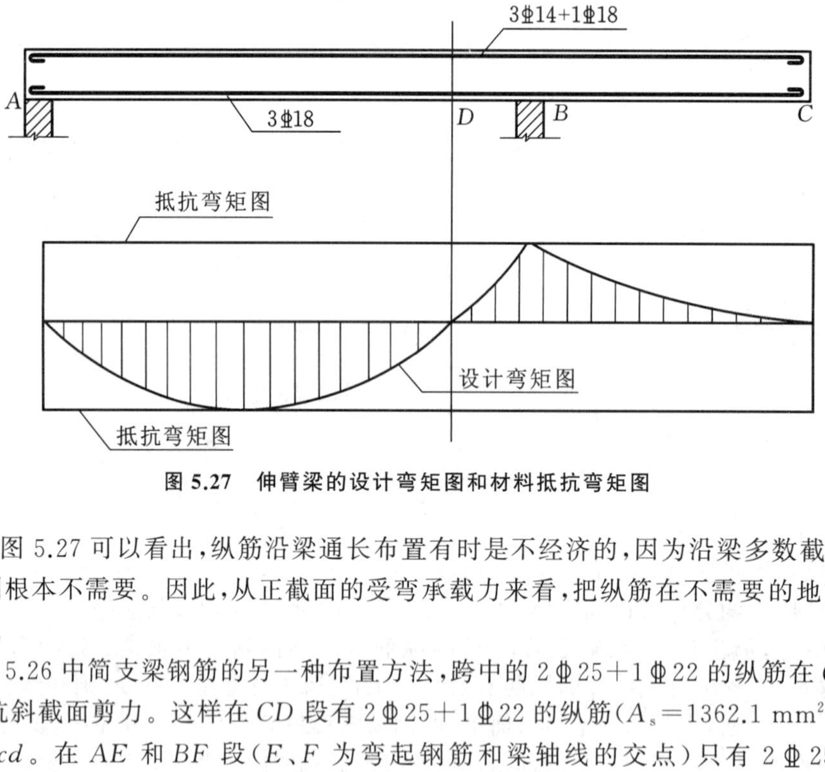


**图 5.27　伸臂梁的设计弯矩图和材料抵抗弯矩图**

从图 5.26 和图 5.27 可以看出，纵筋沿梁通长布置有时是不经济的，因为沿梁多数截面的纵筋没有被充分利用，有的则根本不需要。因此，从正截面的受弯承载力来看，把纵筋在不需要的地方弯起或截断是较为经济合理的。

图 5.28 是图 5.26 中简支梁钢筋的另一种布置方法，跨中的 2Φ25＋1Φ22 的纵筋在 $C$ 点和 $D$ 点各将 1Φ22 弯起以抵抗斜截面剪力。这样在 $CD$ 段有 2Φ25＋1Φ22 的纵筋（$A_s$＝1362.1 $mm^2$），材料抵抗弯矩图为一水平直线 $cd$。在 $AE$ 和 $BF$ 段（$E$、$F$ 为弯起钢筋和梁轴线的交点）只有 2Φ25 的纵筋（$A_{s1}$＝982 $mm^2$），抵抗弯矩显然比 $CD$ 段小，其值可近似地按纵筋的截面面积之比来确定，即 $\dfrac{M_1}{M}\approx\dfrac{A_{s1}}{A}$。因此，在 $AE$ 和 $BF$ 段，材料抵抗弯矩图可分别用水平直线 $ae$ 和 $bf$ 来表示。在 $EC$ 和 $DF$ 段，弯起的 1Φ22 逐渐靠近中和轴，所能抵抗的弯矩减小，至 $E$ 和 $F$ 点时为零，材料抵抗弯矩图用斜线 $ec$ 和 $df$ 表示。

图 5.29 是图 5.27 伸臂梁的又一种配筋方案的材料抵抗弯矩图。跨中 $O$ 点处截面下边配有 3Φ18，由于钢筋直径相同，抵抗弯矩图的三条水平线可按三等分来画。梁底纵筋弯起 1Φ18，支座 $B$ 处截面上边另配 3Φ14，共有 3Φ14＋1Φ18，抵抗弯矩图的几条水平线是按每根纵筋截面面积的比例来画的。如果将纵

筋在不需要处切断 1Φ18 和 1Φ14，则相应的材料抵抗弯矩图画成踏步状，同时切断的纵筋须延长一段锚固长度后再切断。

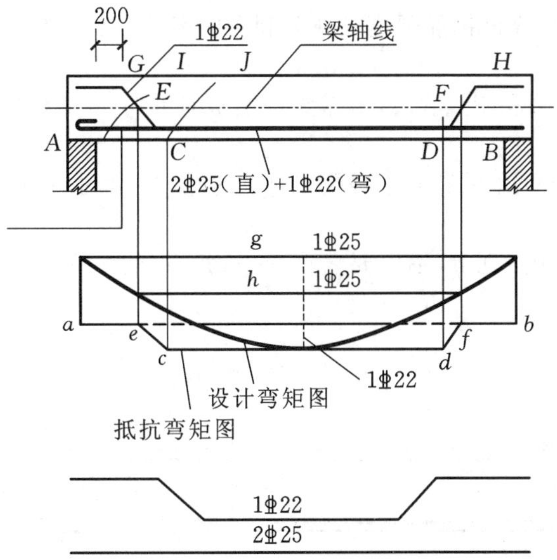


图 5.28　简支梁的材料抵抗弯矩图

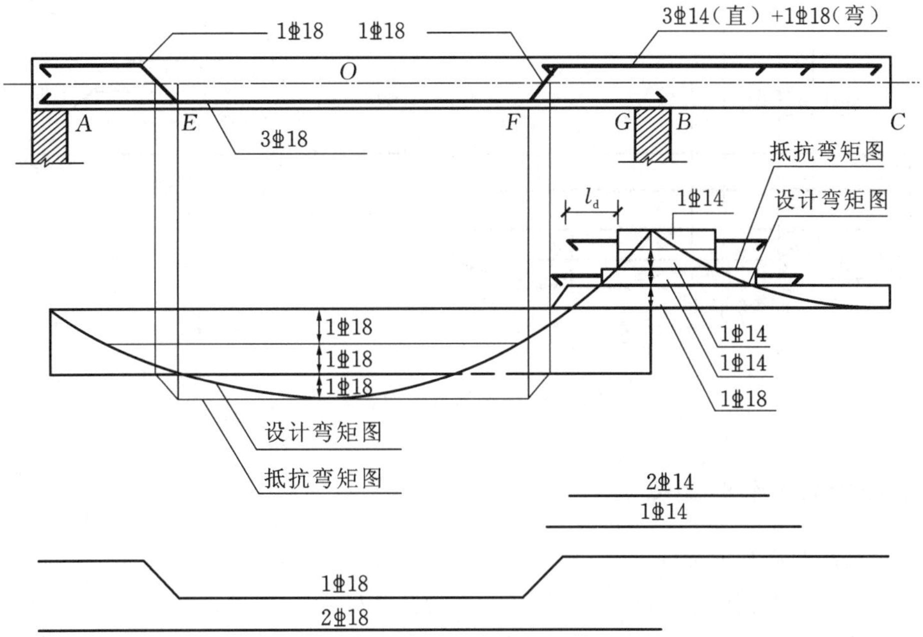


图 5.29　伸臂梁的材料抵抗弯矩图

### 5.9.2　纵筋弯起的构造要求

纵筋弯起点的位置要考虑以下几方面因素：

(1) 保证正截面的受弯承载力

纵筋弯起后，剩下的纵筋数量减少，正截面的受弯承载力要降低。为保证正截面的受弯承载力满足要求，必须使材料抵抗弯矩图包在设计弯矩图的外面。

(2) 保证斜截面的受剪承载力

在设计中如果要利用弯起的纵筋抵抗斜截面的剪力，则纵筋的弯起位置还要满足图 5.16 的要求，即从支座边缘到第一排(相对支座而言)弯起钢筋上弯点的距离，以及前一排弯起钢筋的下弯点到次一排弯起钢筋上弯点的距离不得大于箍筋的最大间距 $s_{max}$，以防止出现不与弯起钢筋相交的斜裂缝。

(3) 为了保证斜截面的受弯承载力，纵筋弯起点的位置还应满足图 5.30 的要求，即弯起点应在充分利用点(按正截面受弯承载力计算该钢筋强度被充分利用的截面)以外，其距离 $s_1$ 应大于或等于$\frac{h_0}{2}$。

在图 5.30 中，①号筋的充分利用点在 $a$，不需要点在 $b$；应使 $af$ 的水平距离 $s_1 \geqslant \frac{h_0}{2}$，同时 $j$ 点不能落在 $b$ 点的右边。②号筋的充分利用点在 $b$，不需要点在 $c$；应使 $bg$ 的水平距离 $s_1 \geqslant \frac{h_0}{2}$，同时 $k$ 点不能落在 $c$ 点的右边。③号筋的充分利用点在 $d$，不需要点在 $e$；应使 $dh$ 的水平距离 $s_1 \geqslant \frac{h_0}{2}$，同时 $l$ 点不能落在 $e$ 点的右边。

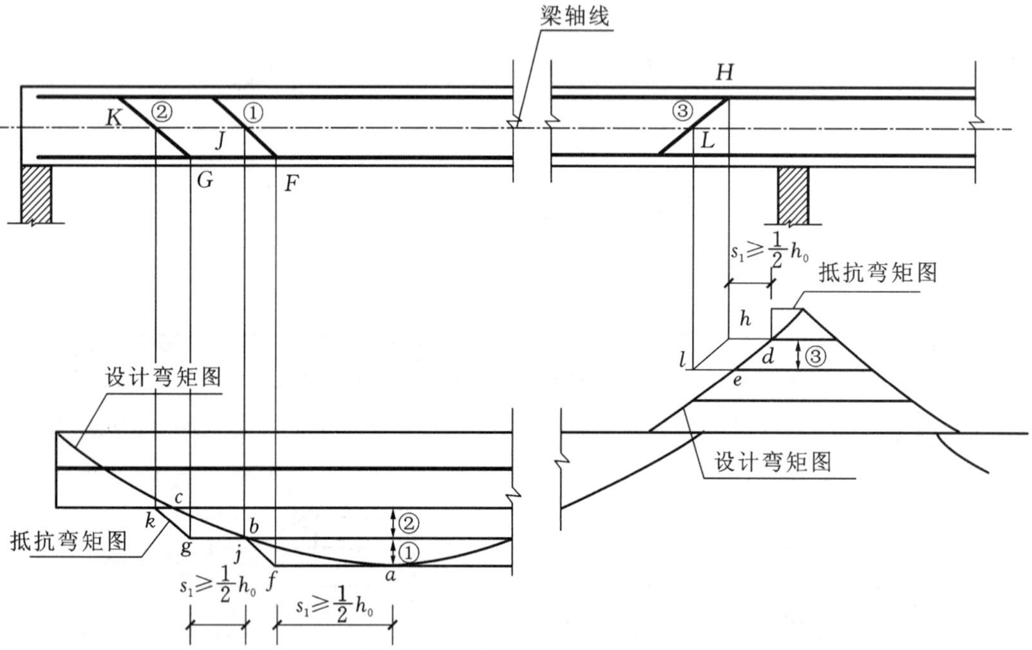


**图 5.30　纵筋弯起的构造要求**

### 5.9.3　纵向钢筋的截断和锚固

(1)纵向受力钢筋的截断和锚固

一般情况下，纵向受力钢筋不宜在受拉区截断，因为截断处受力钢筋面积突然减小，容易引起混凝土拉应力突然增大，导致在纵筋截断处过早出现斜裂缝。因此，对于梁底承受正弯矩的钢筋，通常是将计算上不需要的钢筋弯起作为抗剪钢筋或承受支座负弯矩的钢筋，而不采取截断的方式。对于连续梁(板)支座承受支座负弯矩的钢筋，如必须截断时，应按以下规定进行(图 5.31)：

① 当 $V < 0.7f_tbh_0$ 时，应延伸至按正截面受弯承载力计算不需要该钢筋的截面以外不小于 $20d$ 处截断，且从该钢筋充分利用截面伸出的长度不应小于 $1.2l_a$。

② 当 $V \geqslant 0.7f_tbh_0$ 时，应延伸至按正截面受弯承载力计算不需要该钢筋的截面以外不小于 $h_0$ 且不小于 $20d$ 处截断，且从该钢筋充分利用截面伸出的长度不应小于$(1.2l_a+h_0)$。

③ 若按上述规定确定的截断点仍位于支座最大负弯矩对应的受拉区内，则应延伸至不需要该钢筋的截面以外不小于 $1.3h_0$ 且不小于 $20d$ 处，且从该钢筋充分利用截面伸出的长度不应小于$(1.2l_a+1.7h_0)$。

上述规定中 $l_a$ 为受拉钢筋的锚固长度。

伸入支座的纵向钢筋也应有足够的锚固长度，以防止斜裂缝形成后纵向钢筋被拔出。简支梁和连续梁简支端的下部纵向受力钢筋伸入梁支座范围内的锚固长度 $l_{as}$（图 5.32）应符合下列条件：

当 $V<0.7f_tbh_0$ 时

$$l_{as}\geqslant 5d \tag{5.20}$$

当 $V\geqslant 0.7f_tbh_0$ 时

$$l_{as}\geqslant 0.35l_a \tag{5.21}$$

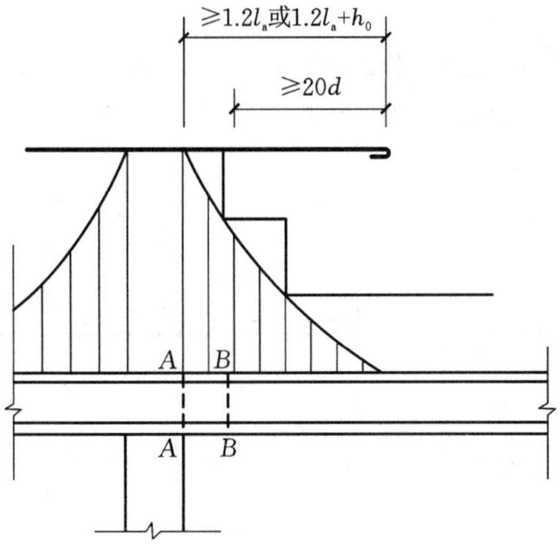


图 5.31　纵筋截断的规定

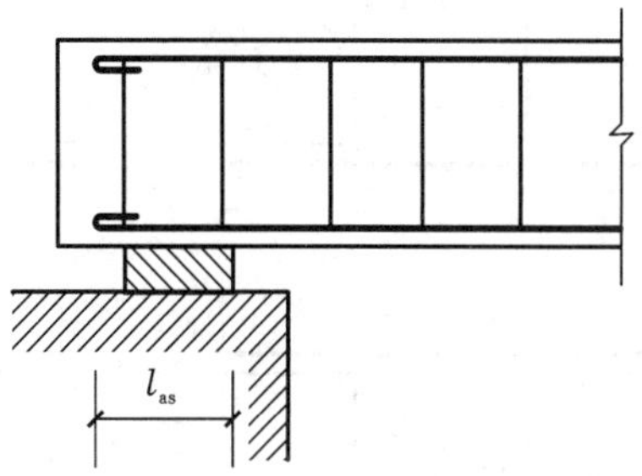


图 5.32　简支端支座钢筋的锚固

如果纵向受力钢筋伸入梁支座范围内的锚固长度不符合上述规定时，应采取在钢筋上加焊锚固钢板或将钢筋锚固端焊接在梁端的预埋件上等有效锚固措施。

框架梁或连续梁的上部纵向钢筋应贯穿中间节点或中间支座范围，纵向钢筋自节点或支座边缘伸向跨中的截断位置，应符合前述连续梁（板）支座承受负弯矩钢筋截断的规定。框架梁上部纵向钢筋伸入中间层端节点的锚固长度，当采用直线锚固形式时，不应小于受拉钢筋锚固长度 $l_a$，且伸过柱中心线不宜小于 $5d$，$d$ 为梁上部钢筋直径；当柱截面尺寸不足时，梁上部钢筋应伸至节点对边并向下弯折，其包含弯弧在内的水平投影长度不应小于 $0.4l_a$，包含弯弧在内的垂直投影长度取为 $15d$（图 5.33）。

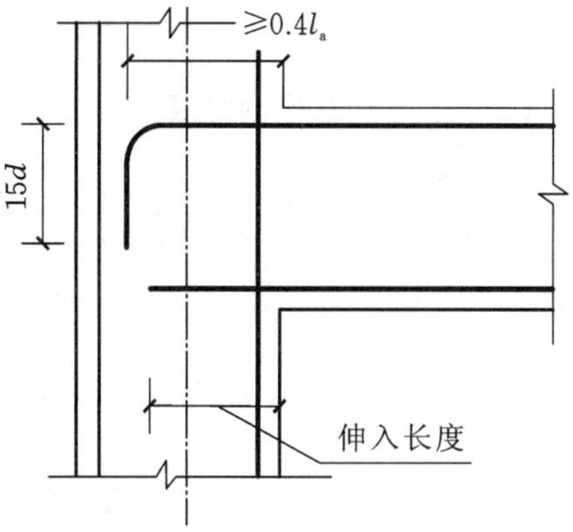


图 5.33　梁上部纵向钢筋在框架中间层端节点的锚固形式

框架梁顶层端节点纵向受力钢筋的锚固，在无专门规定时，可将柱外侧纵向钢筋的相应部分弯入梁内作为梁上部纵向钢筋使用[图 5.34(a)]；也可将梁上部钢筋与柱外侧纵向钢筋在顶层端节点及其附近部位搭接[图 5.34(b)]。

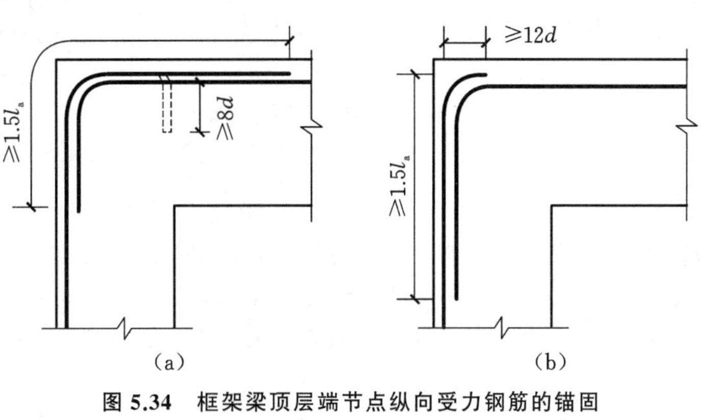


图 5.34　框架梁顶层端节点纵向受力钢筋的锚固

(a) 柱外侧纵向钢筋弯入梁内；(b) 梁上部钢筋与柱外侧钢筋搭接

框架梁或连续梁的下部纵向钢筋在中间节点或中间支座处的锚固应满足下列要求(图 5.35)：

① 当计算中不利用钢筋强度时，其伸入节点或支座的锚固长度应符合当 $V \geqslant 0.7f_tbh_0$ 时，下部纵向受力钢筋伸入梁支座范围内锚固长度的规定。

② 当计算中充分利用钢筋的抗拉强度时，下部纵向钢筋应锚固在节点或支座内；采用直线锚固形式时，锚固长度不应小于 $l_a$[图 5.35(a)]；采用带 90°弯折锚固形式时，其竖直段应向上弯折，水平投影长度及垂直投影长度应符合图 5.35(b)的要求；下部纵向钢筋也可贯穿节点或支座范围，并在节点或支座以外梁内弯矩较小处设置搭接接头[图 5.35(c)]。

③ 当计算中充分利用钢筋的抗压强度时，下部纵向钢筋应按受压钢筋锚固在中间节点或中间支座内，其直线锚固长度不应小于 $0.7l_a$；下部纵向钢筋也可贯穿节点或支座范围，并在节点或支座以外梁内弯矩较小处设置搭接接头。

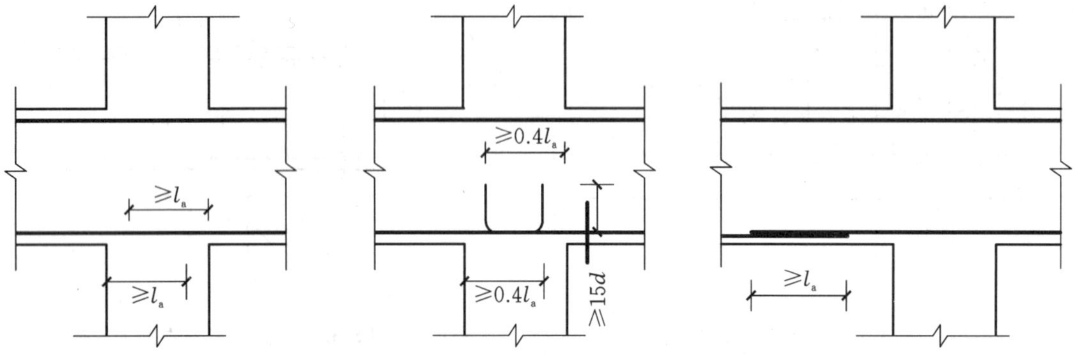


(a) (b) (c)

**图 5.35 纵向钢筋在中间节点或中间支座处的锚固或搭接**

(a) 梁下部纵向钢筋在节点中的直线锚固；(b) 梁下部纵向钢筋在节点中带 90°弯折锚固；
(c) 梁下部纵向钢筋贯穿节点支座并在节点或支座范围以外搭接

### 5.9.4 箍筋的构造要求

(1) 箍筋的形式与肢数

箍筋在梁内除承受剪力外，还起着固定纵筋位置，使梁内钢筋形成骨架的作用。箍筋有开口式和封闭式两种(图 5.36)，通常采用封闭式箍筋。对现浇 T 形截面梁，由于在翼缘顶部通常另有横向钢筋，也可采用开口式箍筋。箍筋端部弯钩通常用 135°弯钩，不宜采用 90°弯钩。箍筋的肢数分单肢、双肢及复合箍(多肢箍)；梁内配有受压钢筋时，应使受压钢筋至少每隔一根处于箍筋的转角处。

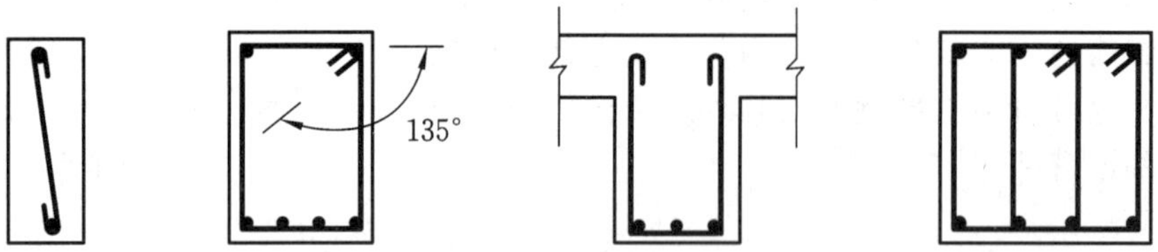


(a) (b) (c) (d)

**图 5.36 箍筋的形式和肢数**

(a) 单肢箍；(b) 双肢封闭式；(c) 双肢开口式；(d) 复合箍

(2) 箍筋的直径和间距

箍筋的直径和间距除了应按计算确定并符合最小直径和间距 $s \leqslant s_{max}$ 的规定外，当梁中配有按计算需要的纵向受压钢筋时，箍筋应做成封闭式，此时箍筋的间距不应大于 15$d$($d$ 为纵向受压钢筋的最小直径)，同时不应大于 400 mm；当一层内的纵向受压钢筋多于 5 根且直径大于 18 mm 时，箍筋间距不应大于 10$d$。

(3) 箍筋的布置

按计算不需要配箍筋的梁，当截面高度大于 300 mm 时，应沿梁全长设置箍筋；当截面高度为 150～

300 mm 时，可仅在构件端部各 1/4 跨度范围内设置箍筋，但当构件中部 1/2 跨度范围内有集中荷载作用时，则应沿梁全长设置箍筋；当截面高度小于 150 mm 时，可不设箍筋。

在受力钢筋搭接长度范围内应配置箍筋，箍筋直径不应小于搭接钢筋直径的 1/4；当为受拉搭接时箍筋间距不应大于搭接钢筋较小直径的 5 倍，且不应大于 100 mm；当为受压搭接时箍筋间距不应大于搭接钢筋较小直径的 10 倍，且不应大于 200 mm；当受压钢筋直径大于 25 mm 时，应在搭接接头两个端面外 100 mm 范围内各设置两个箍筋。

### 5.9.5 弯起钢筋的构造要求

(1) 弯起钢筋的间距

当设置抗剪弯起钢筋时，前一排（相对支座而言）弯起钢筋的下弯点到次一排弯起钢筋上弯点的距离不得大于表 5.1 规定的箍筋最大间距 $s_{max}$。

(2) 弯起钢筋的锚固长度

弯起钢筋的弯终点应尚有平行梁轴线方向的锚固长度，其长度在受拉区不应小于 $20d$，在受压区不应小于 $10d$，光面弯起钢筋末端应设弯钩（图 5.37）。

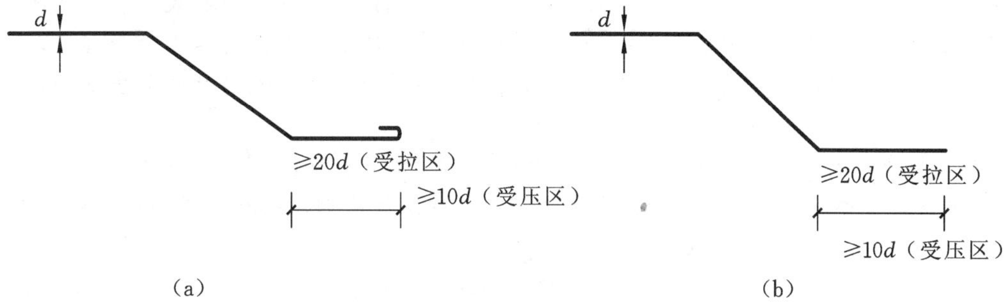


**图 5.37 弯起钢筋的锚固**

(a) 光面钢筋；(b) 带肋钢筋

(3) 弯起钢筋的弯起角度

梁中弯起钢筋的弯起角度一般可取 45°，当梁截面高度大于 700 mm 时，也可为 60°。梁底层钢筋中的角部钢筋不应弯起。

(4) 受剪弯起钢筋的形式

当为了满足材料抵抗弯矩图的需要，不能弯起纵向受拉钢筋时，可设置单独的受剪弯起钢筋。单独的受剪弯起钢筋应采用“鸭筋”，而不应采用“浮筋”，否则一旦弯起钢筋滑动将使斜裂缝开展过大（图 5.38）。

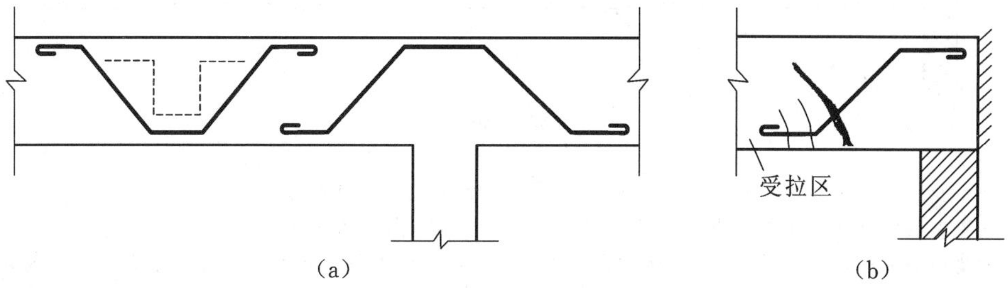


**图 5.38 鸭筋和浮筋**

(a) 鸭筋；(b) 浮筋

【扫码演示】

## 本 章 小 结

(1) 受弯构件在弯矩和剪力共同作用的区段常常产生斜裂缝，并可能沿斜截面发生破坏。斜截面破坏带有脆性破坏的性质，应当避免，在设计时必须进行斜截面承载力的计算。为了防止受弯构件发生斜截面破坏，应使构件有一个合理的截面尺寸，并配置必要的腹筋。

(2) 斜裂缝出现前后，梁的受力状态发生了明显的变化。斜裂缝出现以后，剪力主要由斜裂缝上端剪压区的混凝土截面来承受，剪压区成为受剪的薄弱区域；与斜裂缝相交处纵筋的拉应力也明显增大；无腹筋梁沿斜截面破坏的形态主要有斜压破坏、剪压破坏和斜拉破坏三种类型。

(3) 箍筋和弯起钢筋可以直接承担部分剪力，并限制斜裂缝的延伸和开展，提高剪压区的抗剪能力；还可以增强骨料咬合作用和摩阻作用，提高纵筋的销栓作用。因此，配置腹筋可使梁的受剪承载力有较大提高。

(4) 影响受弯构件斜截面受剪承载力的因素主要有剪跨比、混凝土强度、配箍率和箍筋强度、纵向钢筋的配筋率等。

(5) 钢筋混凝土受弯构件斜截面破坏的各种形态中，斜压破坏和斜拉破坏可以通过一定的构造措施来避免。对于常见的剪压破坏，因为梁的受剪承载力变化幅度较大，设计时则必须进行计算。我国现行《混凝土结构设计标准》的基本公式就是根据这种破坏形态的受力特征而建立的。受剪承载力计算公式有适用范围，其截面限制条件是为了防止斜压破坏，最小配箍率和箍筋的构造规定是为了防止斜拉破坏。

(6) 以计算剪跨比代替广义剪跨比，简支梁受剪承载力计算公式仍可适用于连续梁。翼缘对提高T形截面梁的受剪承载力并不显著，在计算T形截面梁的受剪承载力时，仍应取腹板宽度 $b$ 来计算。

(7) 材料抵抗弯矩图是按照梁实际配制的纵向钢筋的数量计算并画出的各截面所能抵抗的弯矩图，要掌握利用材料抵抗弯矩图并根据正截面和斜截面的受弯承载力来确定纵筋的弯起点和截断的位置，要了解保证受力钢筋在支座处的有效锚固的构造措施。

(8) 钢筋混凝土桥梁除承受静力荷载外，还主要承受多次重复作用的动力荷载，有可能发生疲劳破坏。因此，钢筋混凝土桥梁受剪承载力的计算方法和房屋建筑结构钢筋混凝土梁的受剪承载力计算方法有所不同。

## 思考题与习题

5.1 钢筋混凝土受弯构件在荷载作用下为什么会出现斜裂缝？如何防止斜截面破坏？

5.2 图5.39所示的钢筋混凝土矩形截面伸臂梁和悬臂梁，在均布荷载作用下如果出现斜裂缝，斜裂缝可能出现在哪些部位？发展的方向怎样？

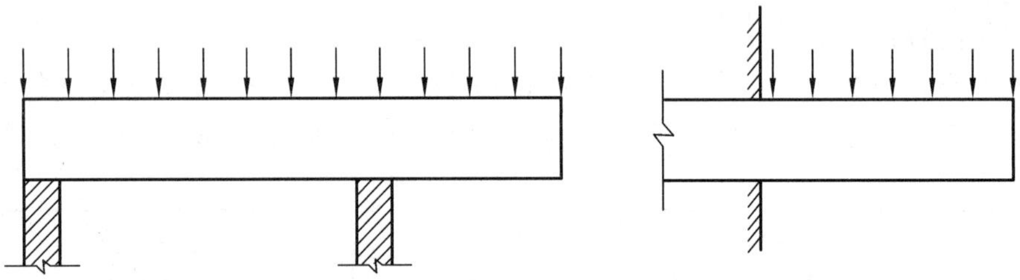

图 5.39

5.3 无腹筋梁斜裂缝出现后应力状态发生了哪些变化？为什么会发生这些变化？

5.4 无腹筋梁斜截面破坏的主要形态有哪几种类型？各在什么条件下发生？

5.5 有腹筋梁斜裂缝出现后，其传力过程和无腹筋梁有什么区别？腹筋对提高受剪承载力的作用有哪些？

5.6 影响钢筋混凝土梁斜截面受剪承载力的主要因素有哪些？各有什么样的影响？

5.7 剪跨比的定义是什么？为什么说剪跨比是影响无腹筋梁受剪承载力最主要的因素之一？

5.8 什么是广义剪跨比？什么是计算剪跨比？各在什么情况下采用？

5.9 斜截面受剪承载力计算公式 $V\leqslant V_{cs}+V_{sb}=0.7f_tbh_0+f_{yv}\frac{A_{sv}}{s}h_0+0.8f_yA_{sb}\sin\alpha_s$ 和 $V\leqslant V_{cs}+V_{sb}=\frac{1.75}{\lambda+1.0}f_tbh_0+f_{yv}\frac{A_{sv}}{s}h_0+0.8f_yA_{sb}\sin\alpha_s$ 各在什么情况下适用？

5.10 当满足 $V\leqslant V_c=0.7\beta_hf_tbh_0$ 或 $V\leqslant V_c=\frac{1.75}{\lambda+1.0}\beta_hbh_0$ 时，梁是否可以不配箍筋？

5.11　为什么要规定梁的截面尺寸限制条件？

5.12　什么是最小配箍率？当满足最小配箍率的要求后，是否就能保证不发生斜拉破坏？

5.13　什么是材料的抵抗弯矩图？纵向受力钢筋弯起和截断时如何保证梁的正截面受弯承载力和斜截面受弯承载力？

5.14　为什么说纵向受力钢筋不宜在受拉区截断？

5.15　指出图 5.40 中弯起钢筋配置方法的错误之处，并加以改正。

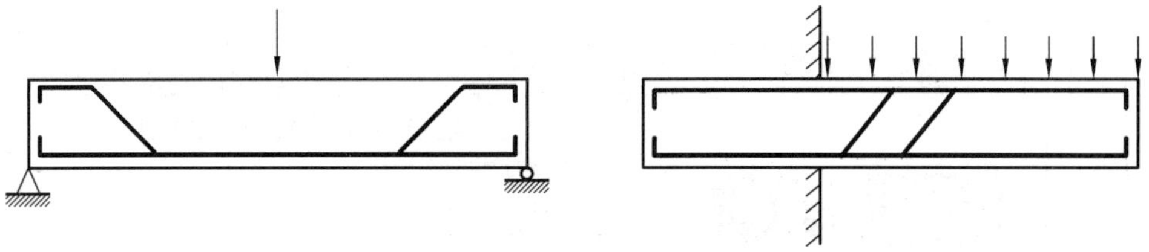

**图 5.40**

5.16　钢筋混凝土桥梁受力有哪些特点？

5.17　一钢筋混凝土矩形截面简支梁，净跨 $l_n=6.76$ m，截面尺寸 $b\times h=220$ mm×600 mm，采用 C30 混凝土，纵筋采用 HRB400 级，箍筋采用 HPB300 级，承受均布荷载设计值 41 kN/m(包括自重)。(1)确定纵向受力钢筋；(2)如果只配箍筋不配弯起钢筋，试确定箍筋的直径和间距；(3)如果既配箍筋又配弯起钢筋，试确定箍筋和弯起钢筋。

5.18　图 5.41 所示的钢筋混凝土矩形截面简支梁，两端支撑在墙上，截面尺寸 $b\times h=200$ mm×500 mm，承受均布荷载设计值 12 kN/m(包括自重)，两个集中荷载设计值 $F=85$ kN，采用 C30 混凝土，纵筋和箍筋均采用 HRB400 级。(1)如果只配箍筋不配弯起钢筋，试确定箍筋的直径和间距；(2)如果既配箍筋又配弯起钢筋，试确定箍筋和弯起钢筋。

5.19　一钢筋混凝土矩形截面伸臂梁承受荷载(均为设计值，忽略梁自重)如图 5.42 所示，截面尺寸 $b\times h=200$ mm×500 mm，采用 C30 混凝土，箍筋选用 HPB300 级，如果只配箍筋不配弯起钢筋，试确定箍筋的直径和间距。

5.20　一 T 形截面简支梁 $b=200$ mm，$h=600$ mm，$b_f'=600$ mm，$h_f'=80$ mm，净跨 $l_0=6.76$ m，采用 C30 混凝土，并已沿梁全长配Φ 8@200 箍筋，试按受剪承载力确定该梁所能承受的均布荷载设计值。

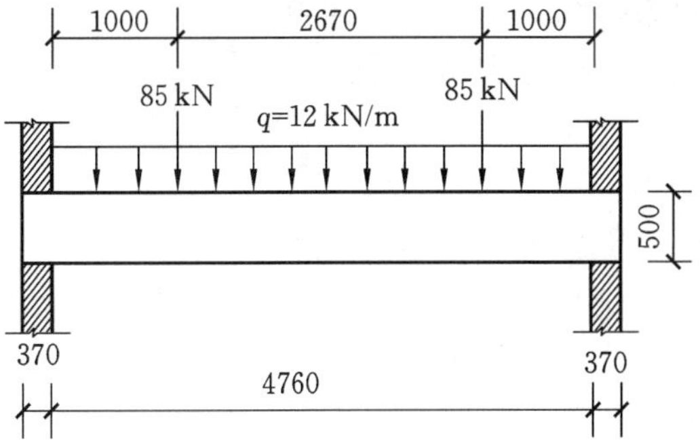


**图 5.41**

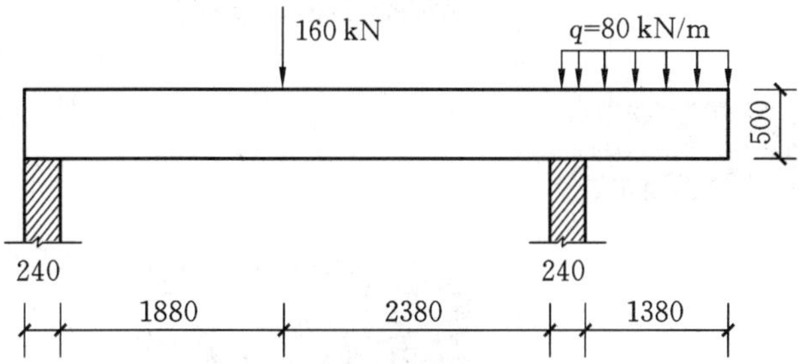


**图 5.42**

5.21　一钢筋混凝土矩形截面伸臂梁，计算简图及承受荷载设计值(包括自重)如图 5.43 所示，截面尺寸 $b\times h=250$ mm×650 mm，采用 C30 混凝土，纵筋和箍筋均采用 HRB400 级，若利用梁底纵筋弯起承受剪力，试确定箍筋和纵筋弯起或截断的位置，并画出材料抵抗弯矩图。

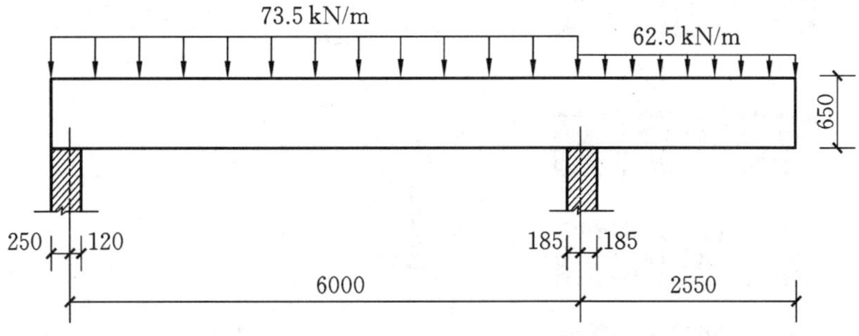


**图 5.43**

# 6　受压构件截面承载力计算

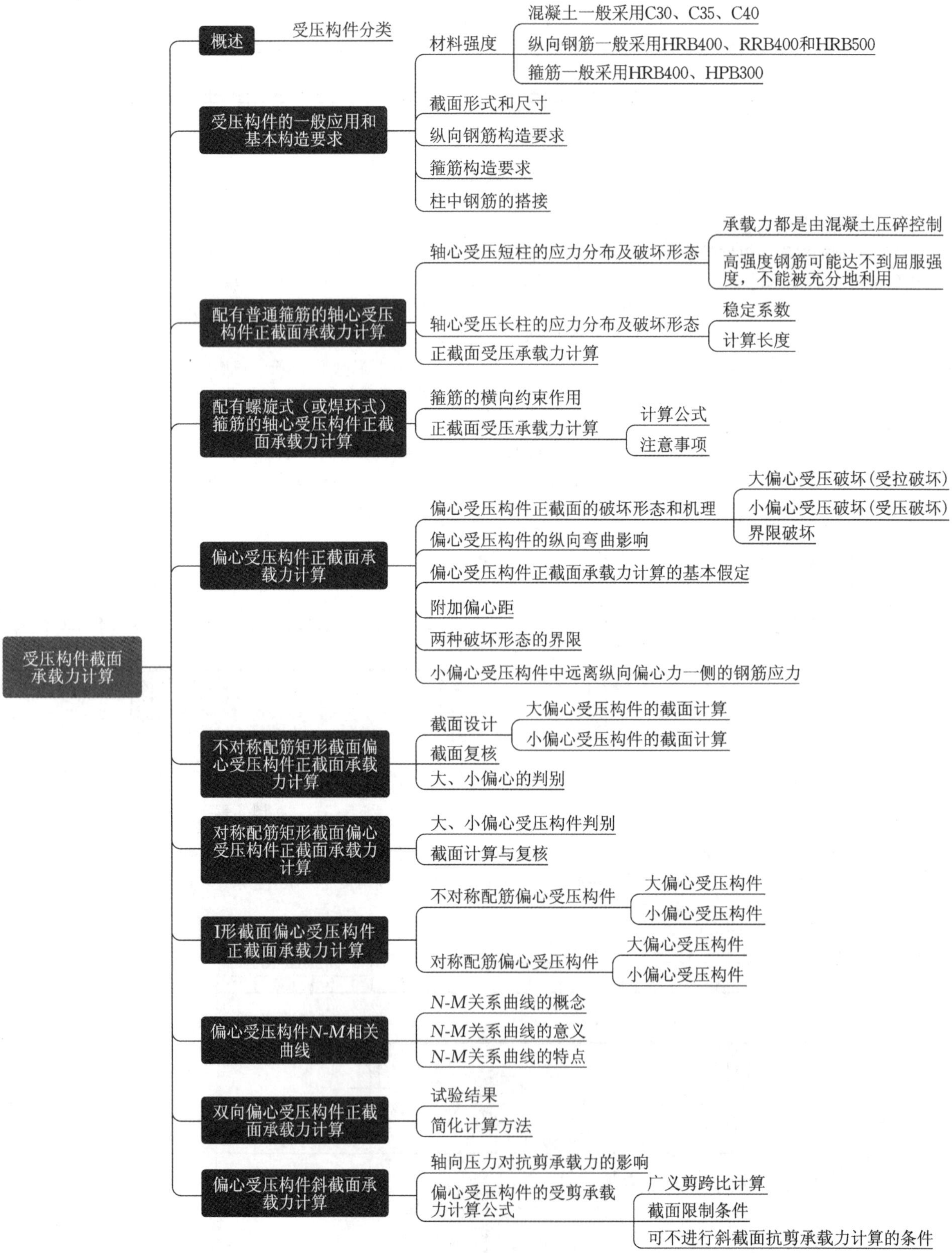

**本 章 提 要**

本章主要讨论钢筋混凝土轴心受压及偏心受压构件的受力性能、设计方法及构造要求。

轴心受压构件计算方法比较简单，应掌握配普通箍筋柱和配螺旋式(或焊环式)箍筋柱正截面承载力计算方法，充分理解长细比对构件承载力的影响。

应掌握大、小偏心受压构件的破坏形态，判别条件，正截面承载力计算方法，适用条件及构造要求，并深入理解 $N$-$M$ 关系曲线及其应用。偏心受压构件的计算较复杂，除掌握原理以外，掌握正确的记忆方法也很重要，应尽量结合截面计算简图加深理解和记忆。

对矩形截面框架柱，应掌握斜截面受剪承载力计算。

## 6.1 概　　述

钢筋混凝土受压构件在荷载作用下其截面上一般作用有轴力、弯矩和剪力。在计算受压构件时，常将作用在截面上的弯矩化为等效的、偏离截面重心的轴向力考虑。

当轴向力作用线与构件截面重心轴重合时，称为轴心受压构件。当弯矩和轴力共同作用于构件上或当轴向力作用线与构件截面重心轴不重合时，称为偏心受压构件(图 6.1)。

当轴向力作用线与截面的重心轴平行且沿某一主轴偏离重心时，称为单向偏心受压构件，如图 6.1(b)所示。当轴向力作用线与截面的重心轴平行且偏离两个主轴时，称为双向偏心受压构件，如图 6.1(c)所示。

【视频资源】

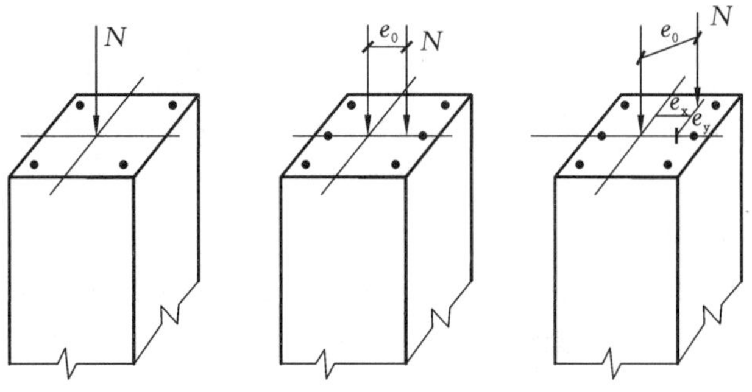


**图 6.1　轴心受压与偏心受压**

(a) 轴心受压；(b) 单向偏心受压；(c) 双向偏心受压

在实际结构中，由于混凝土质量不均匀，配筋不对称，制作和安装误差等原因，往往存在或多或少的偏心，所以，在工程中理想的轴心受压构件是不存在的。但以恒载为主的多层房屋的内柱、屋架的斜压腹杆和压杆等构件，由于弯矩很小可略去不计，因此近似简化为轴心受压构件进行计算。

## 6.2 受压件的一般应用和基本构造要求

受压构件除满足承载力计算要求外，还应满足相应的构造要求。这些构造要求内容多而复杂。这里只介绍一些基本构造要求，本节所未涉及的一些构造规定可参阅《混凝土结构设计标准》。

### 6.2.1 材料强度等级

受压构件正截面承载力受混凝土抗压强度影响较大，为了充分利用混凝土承压，节约钢材，减小构件的截面尺寸，受压构件宜采用较高强度等级的混凝土。设计中常用的混凝土强度等级为 C25～C40 或更高。

由于在受压构件中，钢筋与混凝土共同受压，在混凝土达到极限压应变时，钢筋的压应力最高只能达到 400 N/mm²，采用高强度钢材不能充分发挥其作用，因而，不宜选用高强度钢筋来试图提高受压构件的承载力。故一般设计中常采用 HRB400 和 RRB400 级钢筋。

### 6.2.2 截面形式和尺寸

钢筋混凝土受压构件的截面形式要考虑到受力合理和模板制作方便。轴心受压构件的截面一般采用正方形或边长接近的矩形，有特殊要求的情况下，亦可做成圆形或多边形；偏心受压构件的截面形式一般多采用矩形截面。为了节省混凝土及减轻结构自重，装配式受压构件也常采用 I 形等截面形式。

钢筋混凝土受压构件截面尺寸一般不宜小于 250 mm×250 mm，以避免长细比过大，降低受压构件截面承载力。一般宜控制 $l_0/b \leqslant 30$、$l_0/h \leqslant 25$、$l_0/d \leqslant 25$。此处 $l_0$ 为柱的计算长度，$b$、$h$、$d$ 分别为柱的短边、长边尺寸和圆形柱的截面直径。为了施工制作方便，在 800 mm 以内时，宜取 50 mm 为模数；800 mm 以上时，取 100 mm 为模数。

钢筋混凝土受压构件的保护层厚度，在室内干燥环境下，最小厚度为 20 mm，同时应不小于纵向受力钢筋直径 $d$ 或并筋的等效直径(用于当单根受力钢筋布置困难的情况。并筋的等效直径，对双并筋为单筋直径的 1.4 倍；对三并筋为单筋直径的 1.7 倍)，并应不小于骨料最大粒径的 1.5 倍，且应符合附表 11 的规定。

### 6.2.3 纵向钢筋

钢筋混凝土受压构件中纵向受力钢筋的作用是与混凝土共同承担由外荷载引起的内力，防止构件突然的脆性破坏；同时，纵向钢筋还可以承担构件失稳破坏时，凸出面出现的拉力以及荷载的初始偏心、混凝土收缩徐变、构件的温度变形等因素所引起的拉力等。

受压构件中为了增加钢筋骨架的刚度，减小钢筋在施工时的纵向弯曲及减少箍筋用量，宜采用较粗直径的钢筋，以便形成刚性较好的骨架。因此，纵向受力钢筋直径 $d$ 不宜小于 12 mm，一般在 12～32 mm 范围内选用。

矩形截面受压构件中纵向受力钢筋根数不得少于 4 根，以便与箍筋形成钢筋骨架。轴心受压构件中的纵向钢筋应沿构件截面周边均匀布置，偏心受压构件中的纵向钢筋应按计算要求布置在离偏心压力作用平面垂直的两侧。圆形截面受压构件中纵向钢筋一般应沿周边均匀布置，根数不宜少于 8 根，且不应少于 6 根。

当矩形截面偏心受压构件的截面高度 $h \geqslant 600$ mm 时，应在截面两个侧面设置直径 $d$ 为 10～16 mm 的纵向构造钢筋，以防止构件因温度和混凝土收缩应力而产生裂缝，并相应地设置复合箍筋或拉筋。

纵向钢筋的净距不应小于 50 mm，对水平位置浇筑的预制受压构件，其纵向钢筋的净距要求与梁相同，偏心受压构件中在垂直于弯矩作用平面配置的纵向受力钢筋和轴心受压构件中各边的纵向钢筋的中距都不应大于 300 mm。

为使纵向受力钢筋起到提高受压构件截面承载力的作用，纵向钢筋应满足最小配筋率的要求。对于轴心受压构件全部受压钢筋的配筋率，当纵筋强度等级为 500 MPa 时，不小于 0.50%，当纵筋强度等级为 400 MPa 时，不小于 0.55%，当混凝土强度等级大于 C60 时，配筋率应再增大 0.10%，同时一侧钢筋的配筋率不应小于 0.2%。当温度、收缩等因素对结构产生较大影响时，构件的最小配筋率应适当增加。为了施工方便和经济要求，全部纵向钢筋配筋率不宜超过 5%。

### 6.2.4 箍筋

钢筋混凝土受压构件中箍筋的作用是为了防止纵向钢筋受压时压曲，同时保证纵向钢筋的正确位置并与纵向钢筋组成整体骨架。柱中箍筋应做成封闭式的箍筋。

箍筋直径不应小于 $d/4$ 且不应小于 6 mm($d$ 为纵向钢筋最大直径)。当柱中全部纵向受力钢筋的配筋率超过 3%时，箍筋直径不宜小于 8 mm。

任何情况下箍筋间距都不应大于 400 mm 且不应大于构件截面的短边尺寸，同时不应大于 $15d$($d$ 为纵向钢筋最小直径)。

柱内纵向钢筋当采用非焊接的搭接接头时，在规定的搭接长度的任一区段内和采用焊接接头时，在焊接接头处的 $35d$ 且不小于 500 mm 区段内，当搭接钢筋为受拉时，其间距不应大于 $5d$ 且不应大于 100 mm；当搭接钢筋为受压时，其间距不应大于 $10d$ 且不应大于 200 mm($d$ 为纵向钢筋最小直径)。

当柱中全部向受力钢筋的配筋率超过 3%时，其箍筋应焊成封闭式；箍筋末端应做成不小于135°的弯钩，弯钩末端平直的长度不应小于 10 倍箍筋直径；间距不应大于 10 倍纵向钢筋的最小直径且不应大于 200 mm。

纵向钢筋至少每隔一根放置于箍筋转弯处。

当柱截面短边大于 400 mm 但截面各边纵向钢筋多于 3 根时，或当柱截面短边不大于 400 mm 但截面各边纵向钢筋多于 4 根时，应设置复合箍筋[图 6.2(a)、(b)]。复合箍筋的直径和间距均与此构件内设置的箍筋方法相同。

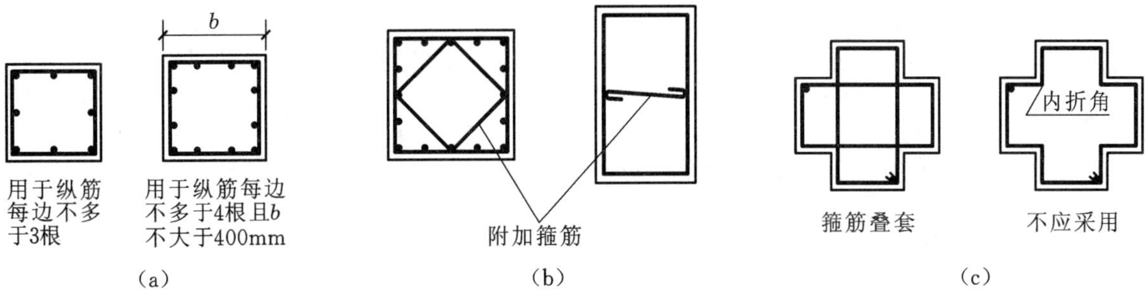


**图 6.2 柱的箍筋形式**

对于截面形状复杂的柱，不可采用具有内折角的箍筋，避免产生向外的拉力，致使折角处的混凝土破损，而应采用分离式箍筋[图 6.2(c)]。

在配置普通箍筋的轴心受压构件中，箍筋和纵筋形成骨架，防止纵筋在混凝土压碎之前向外压曲，从而保证纵筋能与混凝土共同受力直到构件破坏。同时箍筋还会对核芯混凝土起到一定的约束作用，并与纵向钢筋一起在一定程度上改善构件最终可能发生的突然脆性破坏，提高极限压应变。

在配置螺旋式(或焊接环式)箍筋的轴心受压构件中，箍筋为间距较密的螺旋式(或焊接环式)箍筋。这种箍筋能对核芯混凝土形成较强的环向被动约束，从而进一步提高构件的承载能力和受压延性。

### 6.2.5 纵向钢筋的搭接

在多层房屋中，柱中钢筋不可避免地存在接头。如采用搭接，则接头位置可以设在各层楼面上 500~1200 mm 范围内，即是将下层柱的纵筋伸出楼面一段距离，与上层柱纵筋相搭接，其长度为钢筋的搭接长度 $l_l$。

位于同一接头范围内的受压钢筋搭接接头百分率不宜超过 50%。当采用搭接连接时，当接头面积百分率为50%时，受压纵筋搭接长度不小于$0.98l_a$，当接头面积为100%时，受压纵筋搭接长度不小于$1.12l_a$，且在任何情况下不应小于200 mm。

焊接骨架在受力方向的连接若采用搭接连接，则受拉钢筋的搭接长度不应小于$l_a$，受压钢筋的搭接长度不应小于$0.7l_a$。

当柱每边的纵筋不多于4根时，可在同一水平截面处接头；当每边的纵筋为5～8根时应在两个水平截面处接头；当每边纵筋为9～12根时，应在三个截面处接头[图6.3(a)、(b)、(c)]。

当下柱截面尺寸大于上柱截面尺寸，且上下柱相互错开尺寸与梁高之比≤1/6时，下柱钢筋可弯折伸入上柱；当上下柱相互错开尺寸与梁高之比>1/6时，应加短筋。短筋直径和根数与上柱相同[图6.3(d)、(e)]。

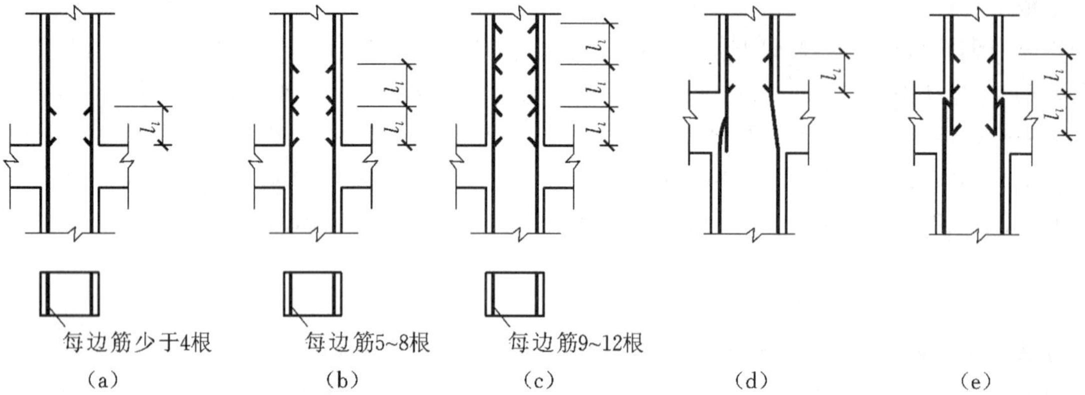


**图6.3　柱的钢筋搭接**

## 6.3　配有普通箍筋的轴心受压构件正截面承载力计算

### 6.3.1　轴心受压短柱的应力分布及破坏形态

构件在轴向压力作用下的各级加载过程中，由于钢筋和混凝土之间存在粘结力，纵向钢筋与混凝土共同受压。压应变沿构件长度上基本上是均匀分布的。

试验表明，轴心受压素混凝土棱柱体构件达到最大压应力值时的压应变值一般为0.0015～0.002，而钢筋混凝土轴心受压短柱达到峰值应力时的压应变一般为0.0025～0.0035，其主要原因可以认为是构件中配置了纵向钢筋，起到了调整混凝土应力的作用，能较好地发挥混凝土的塑性性能，使构件到达峰值应力时的应变值得到增加，从而改善轴心受压构件破坏的脆性性质。

在轴心受压短柱中，不论受压钢筋在构件破坏时是否达到屈服，构件的承载力最终都是由混凝土压碎来控制的。当达到极限荷载时，在构件最薄弱区段的混凝土内将出现由微裂缝发展而成的肉眼可见的纵向裂缝，随着压应变的增长，这些裂缝将相互贯通，在外层混凝土剥落之后，核芯部分的混凝土被完全压碎。在这个过程中，混凝土的侧向膨胀将向外推挤钢筋，而使纵向受压钢筋在箍筋之间呈灯笼状向外受压屈服(图6.4)。破坏时，一般中等强度的钢筋，均能达到其抗压屈服强度，混凝土能达到轴心抗压强度，钢筋和混凝土都得到充分利用。

若采用高强度钢筋，钢筋可能达不到屈服强度，不能被充分利用。计算时，以构件的压应变等于0.002为控制条件，认为此时混凝土达到轴心抗压强度$f_c$；相应地，纵向钢筋应力$\sigma'_s=E_s\varepsilon'_s\approx2\times10^5\times0.002=400\ \text{N/mm}^2$，因此，在轴心受压构件中，若采用的纵向钢筋其抗拉强度设计值小于$400\ \text{N/mm}^2$时，则其抗压强度设计值取其抗拉强度设计值，若其抗拉强度设计值大于或等于$400\ \text{N/mm}^2$时，则抗压强度设计值

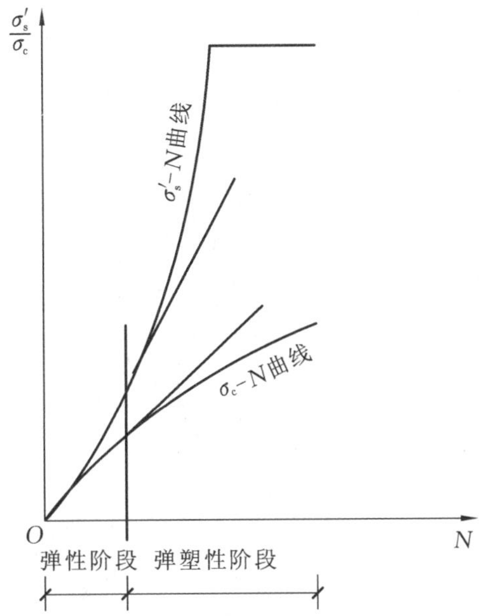


（a）

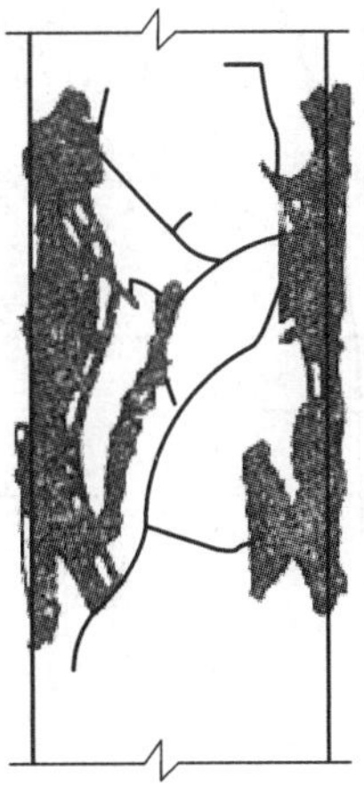

（b）

**图 6.4　轴心受压短柱的破坏试验**

（a）荷载-应力曲线；（b）轴心受压短柱破坏形态

只能取 400 N/mm$^2$。

### 6.3.2　轴心受压长柱的应力分布及破坏形态

正如前面已经指出的，在轴心受压构件中，轴向压力的初始偏心（或称偶然偏心）实际上是不可避免的。在短粗构件中，初始偏心对构件的承载能力尚无明显影响。但在细长轴心受压构件中，以微小初始偏心作用在构件上的轴向压力将使构件朝与初始偏心相反的方向产生侧向弯曲。如图 6.5(a)所示，在构件的各个截面中除轴向压力外还将有附加弯矩 $M=Ny$ 的作用，因此构件已从轴心受压转变为偏心受压。试验结果表明，当长细比较大时，侧向挠度最初是以与轴向压力成正比例的方式缓慢增长的，但当压力达到破坏压力的 60%～70%时，挠度增长速度加快[图 6.5(b)]，最后构件在轴向压力和附加弯矩的作用下破坏。破坏时，受压一侧往往产生较长的纵向裂缝，钢筋在箍筋之间向外压屈，构件高度中部的混凝土被压碎，而另一侧混凝土则被拉裂，在构件高度中部产生若干条以一定间距分布的水平裂缝，如图 6.5(d)所示。这实际上是偏心受压构件破坏的典型特征。

由于偏心受压构件截面所能承担的压力是随着偏心距的增大而减小的，当构件截面尺寸不变时，长细比越大，破坏截面的附加弯矩就越大，构件所能承担的轴向压力也就越小。

当轴心受压构件的长细比更大，例如当 $l_0/b>35$ 时（指矩形截面，其中 $b$ 为产生侧向挠曲方向的截面边长），就可能发生失稳破坏，亦即当构件的侧向挠曲随着轴向压力的增大而增长到一定程度时，构件将不再能保持稳定平衡，这时构件截面虽未产生材料破坏，但已达到了所能承担的最大轴向压力。这个压力将随着构件长细比的增大而逐步降低。

试验表明，长柱承载力低于其他条件相同的短柱承载力，《混凝土结构设计标准》中采用稳定系数 $\varphi$ 来表示长柱承载力降低的程度。

稳定系数 $\varphi$ 主要和构件的长细比 $l_0/b$ 有关（$l_0$ 为柱的计算长度，$b$ 为截面的短边尺寸），混凝土强度等级及配筋率对 $\varphi$ 的影响较小。根据国内外试验的实测结果，《混凝土结构设计标准》中对 $\varphi$ 值制定了计算表（表 6.1），可直接查用。

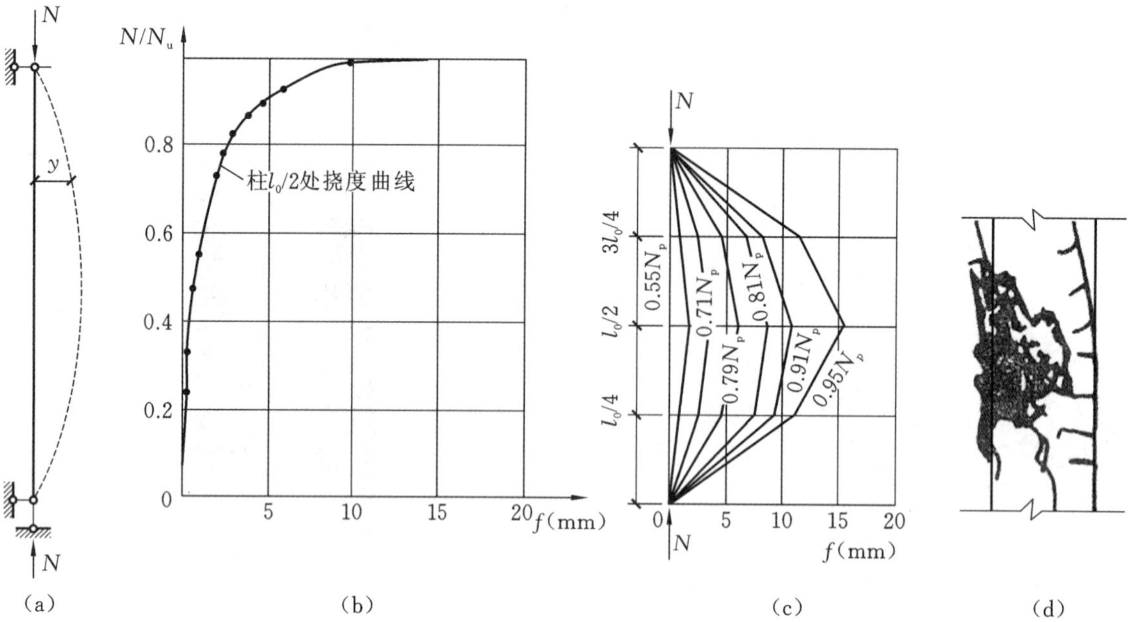


**图 6.5　轴心受压长柱的性质**

(a) 长柱加载图;(b) 长柱柱高中点挠度曲线;(c) 挠度分布图;(d) 长柱破坏形态

**表 6.1　钢筋混凝土轴心受压构件的稳定系数 $\varphi$**

| $l_0/b$ | $l_0/d$ | $l_0/i$ | $\varphi$ | $l_0/b$ | $l_0/d$ | $l_0/i$ | $\varphi$ |
|---|---|---|---|---|---|---|---|
| 8 | 7 | 28 | 1 | 30 | 26 | 104 | 0.52 |
| 10 | 8.5 | 35 | 0.98 | 32 | 28 | 111 | 0.48 |
| 12 | 10.5 | 42 | 0.95 | 34 | 29.5 | 118 | 0.44 |
| 14 | 12 | 48 | 0.92 | 36 | 31 | 125 | 0.40 |
| 16 | 14 | 55 | 0.87 | 38 | 33 | 132 | 0.36 |
| 18 | 15.5 | 62 | 0.81 | 40 | 34.5 | 139 | 0.32 |
| 20 | 17 | 69 | 0.75 | 42 | 36.5 | 146 | 0.29 |
| 22 | 19 | 76 | 0.70 | 44 | 38 | 153 | 0.26 |
| 24 | 21 | 83 | 0.65 | 46 | 40 | 160 | 0.23 |
| 26 | 22.5 | 90 | 0.60 | 48 | 41.5 | 167 | 0.21 |
| 28 | 24 | 97 | 0.56 | 50 | 43 | 174 | 0.19 |

注:$l_0$—构件计算长度;$b$—矩形截面的短边尺寸;$d$—圆形截面的直径;$i$—截面的最小回转半径,$i=\sqrt{\frac{I}{A}}$。

应该指出的是,在查表 6.1 时,如果柱的纵向有其他构件存在,且该构件能对柱起到纵向支撑作用,防止柱沿纵向的压曲,则柱的长细比应分别按 $\lambda_1=\frac{l_0}{h}$,$\lambda_2=\frac{l_0'}{h}$($l_0'$为柱在另一平面内的计算长度)计算,并取 $\lambda=(\lambda_1,\lambda_2)_{\max}$作为设计计算的长细比。当 $l_0'=l_0$ 时,则可按 $l_0/b$ 来取 $\varphi$ 值。

构件的计算长度与构件两端的支承情况有关,图 6.6 为其理论上的数值。实际结构中,构件的支承情况比上述理想的不动铰支承或固定端要复杂得多,应结合具体情况进行分析。《混凝土结构设计标准》中规定，轴心受压和偏心受压柱的计算长度 $l_0$ 可按下列规定取用：

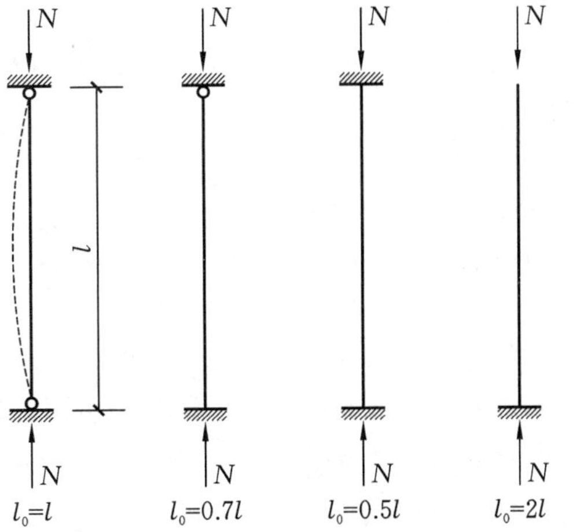


**图 6.6　柱的计算长度**

（1）刚性屋盖单层房屋排架柱、露天吊车柱和栈桥柱，其计算长度 $l_0$ 可按表 6.2 取用。

**表 6.2　采用刚性屋盖的单层工业厂房排架柱、露天吊车柱和栈桥柱的计算长度 $l_0$**

| 柱的类型 | | 排架方向 | 垂直排架方向 | |
|---|---|---|---|---|
| | | | 有柱间支撑 | 无柱间支撑 |
| 无吊车厂房柱 | 单跨 | $1.5H$ | $1.0H$ | $1.2H$ |
| | 两跨及多跨 | $1.25H$ | $1.0H$ | $1.2H$ |
| 有吊车厂房柱 | 上柱 | $2.0H_u$ | $1.25H_u$ | $1.5H_u$ |
| | 下柱 | $1.0H_l$ | $0.8H_l$ | $1.0H_l$ |
| 露天吊车和栈桥柱 | | $2.0H_l$ | $1.0H_l$ | — |

注：①表中 $H$ 为从基础顶面算起的柱子全高；$H_l$ 为从基础顶面至装配式吊车梁底面或现浇式吊车梁顶面的柱子下部高度；$H_u$ 为从装配式吊车梁底面或从现浇式吊车梁顶面算起的柱子上部高度。

②表中有吊车厂房排架柱的计算长度，当计算中不考虑吊车荷载时，可按无吊车厂房的计算长度采用，但上柱的计算长度仍按有吊车厂房采用。

③表中有吊车厂房排架柱的上柱在排架方向的计算长度，仅适用于 $H_u/H_l \geqslant 3.0$ 的情况；当 $H_u/H_l < 3.0$ 时，计算长度宜采用 $2.5H_u$。

（2）对一般多层房屋的框架柱，梁柱为刚接的框架各层柱段，其计算长度可取为：

现浇楼盖

底层柱段　　$l_0 = 1.0H$

其余各层柱段　　$l_0 = 1.25H$

装配式楼盖

底层柱段　　$l_0 = 1.25H$

其余各层柱段　　$l_0 = 1.5H$

$H$ 对底层柱为从基础顶面到一层楼盖顶面的高度，对其余各层柱为上下两层楼盖顶面之间的高度。

### 6.3.3　正截面受压承载力计算

《混凝土结构设计标准》中给出的轴心受压构件正截面承载力计算公式为：

$$N = 0.9\varphi(f_c A + f'_y A'_s) \tag{6.1}$$

式中　$N$——轴向压力设计值；

$\varphi$——钢筋混凝土构件的稳定系数，见表 6.1；

$f_c$——混凝土的轴心抗压强度设计值；

$A$——构件截面面积；

$f'_y$——纵向钢筋的抗压强度设计值；

$A'_s$——全部纵向钢筋的截面面积。

当纵向钢筋配筋率大于 3%时，式中 $A$ 应改为 $A_n$，$A_n=A-A'_s$。

在实际工程中遇到的轴心受压构件的设计问题可以分为截面设计和截面复核两大类。

(1) 截面设计

在设计截面时可以先选定材料强度等级，并根据轴向压力的大小以及房屋总体刚度和建筑设计的要求确定构件截面的形状和尺寸，然后利用表 6.1 确定稳定系数 $\varphi$，再由式(6.1)求出所需的纵向钢筋数量。

如果计算所得纵筋的配筋率偏高，可考虑增大截面尺寸后重新计算，反之则考虑能否减小柱的截面尺寸。

应当指出的是，在实际工程中轴心受压构件沿截面口两个主轴方向的杆端约束条件可能不同，因此计算长度也就可能不完全相同。如为正方形、矩形或多边形截面，则应按其中较大的 $l_0$ 确定 $\varphi$。如为矩形截面，应分别按 $x$、$y$ 两个方向确定并取其中较小者代入式(6.1)进行承载力计算。

(2) 截面复核

轴心受压构件的截面复核步骤比较简单，只需将有关数据代入式(6.1)即可求得构件所能承担的轴向力设计值。

**【例 6.1】** 某多层现浇框架结构房屋，底层中间柱按轴心受压构件计算。该柱以承受恒荷载为主，安全等级为二级。轴向力设计值 $N=2160$ kN，从基础顶面到一层楼盖顶面的高度 $H=5.6$ m，混凝土强度等级为 C25($f_c=11.9$ N/mm$^2$)，钢筋采用 HRB400($f'_y=360$ N/mm$^2$)。求该柱截面尺寸及纵筋面积。

**【解】** (1)初步确定截面形式和尺寸

由于是轴心受压构件，采用正方形截面，并拟定截面尺寸 $b=h=400$ mm。

(2) 确定稳定性系数 $\varphi$

取计算长度 $l_0=1.0H=1.0\times5600=5600$ mm(现浇楼盖底层柱)

则
$$\frac{l_0}{b}=\frac{5600}{400}=14$$

查表 6.1 得 $\varphi=0.92$

(3) 计算纵向钢筋截面面积 $A'_s$：

由式(6.1)得

$$A'_s=\frac{\dfrac{N}{0.9\varphi}-f_cA}{f'_y}=\frac{\dfrac{2160\times10^3}{0.9\times0.92}-11.9\times400\times400}{360}=1957.5\ \text{mm}^2$$

$\rho'=\dfrac{A'_s}{bh}\times100\%=\dfrac{1957.5}{400\times400}\times100\%=1.22\%$，可见 $0.5\%=\rho'_{\min}<\rho'<\rho'_{\max}=5\%$，满足要求。

选筋 4 Φ 25($A'_s=1964$ mm$^2$)。

## 6.4 配有螺旋式(或焊接环式)箍筋的轴心受压构件正截面承载力计算

当轴心受压构件承受的轴向荷载设计值较大，而同时其截面尺寸由于建筑上及使用上的要求而受到限制，若按配有纵筋和普通箍筋的柱来计算，即使提高混凝土强度等级和增加纵筋用量仍不能满足承受该荷载的计算要求时，可考虑采用配有螺旋式(或焊接环式)箍筋柱，以提高构件的承载能力。图 6.7 为螺旋式和焊接环式箍筋柱的构造形式。柱的截面形状一般为圆形或多边形。

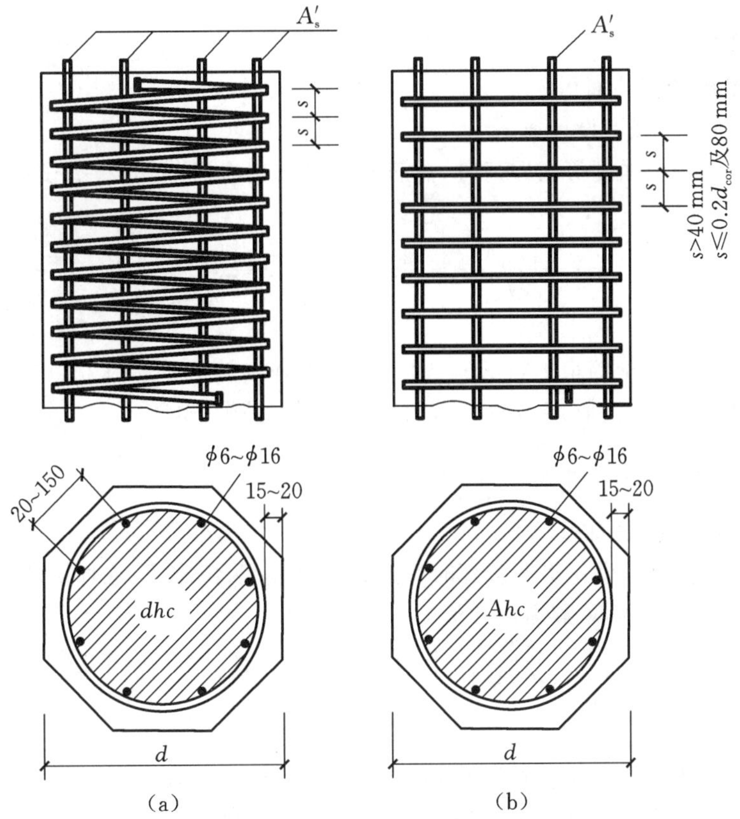


（a） （b）

**图 6.7 轴心受压柱**

### 6.4.1 箍筋的横向约束作用

混凝土的纵向受压破坏可以认为是由于横向变形而发生的拉坏现象。如果能约束其横向变形就能间接提高其纵向抗压强度。对配置螺旋式或焊接环式箍筋的柱，箍筋所包围的核芯混凝土，相当于受到一个套箍作用，有效地限制了核芯混凝土的横向变形，使核芯混凝土在三向压应力作用下工作，从而提高了轴心受压构件正截面承载力。

用配置有较多矩形箍筋的混凝土试件所做的试验表明，矩形箍筋虽然也能对混凝土起到一定的约束作用，但其效果远没有密排螺旋式（或焊接环式）箍筋那样显著，这是因为矩形箍筋水平肢的侧向抗弯刚度很弱，无法对核芯混凝土形成有效的约束；只有箍筋的四个角才能通过向内的起拱作用对一部分核芯混凝土形成有限的约束。

### 6.4.2 正截面受压承载力计算

由于螺旋式（或焊接环式）箍筋的套箍作用，使核芯混凝土的抗压强度由 $f_c$ 提高到 $f_{c1}$，可采用混凝土圆柱体侧向均匀压应力的三轴受压试验所得的近似公式计算，即

$$f_{c1} \approx f_c + 4\sigma_r \tag{6.2}$$

式中 $\sigma_r$——螺旋式（或焊接环式）箍筋屈服时，柱的核芯混凝土受到的径向压应力。

由图 6.8 可知，当螺旋式（或焊接环式）箍筋屈服时，由力的平衡条件得

$$2f_y A_{ss1} = \sigma_r d_{cor} s \tag{6.3}$$

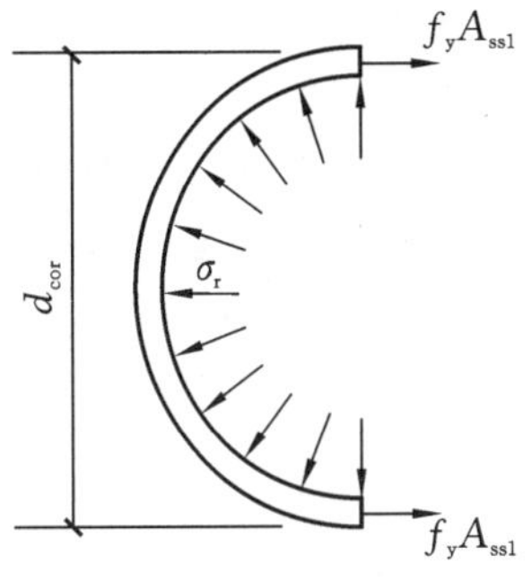


**图 6.8 正截面受压承载力情况**

式中　$d_{cor}$——构件的核芯直径；

$s$——螺旋钢筋的螺距；

$A_{ss1}$——单只箍筋的截面面积；

$f_y$——螺旋钢筋抗拉强度设计值。

试验研究表明，当混凝土强度等级提高时，箍筋的约束作用有所减弱，根据试验结果，将 $\sigma_r$ 的表达式改写为

$$\sigma_r=\frac{2\alpha f_y A_{ss1}}{sd_{cor}}=\frac{2\alpha f_y A_{ss1}d_{cor}\pi}{4\frac{\pi d_{cor}^2}{4}s}=\frac{2\alpha f_y A_{ss0}}{4A_{cor}} \tag{6.4}$$

式中　$\alpha$——间接钢筋对混凝土约束的折减系数，当混凝土强度等级不超过 C50 时，取 $\alpha=1.0$；当混凝土强度等级为 C80 时，取$\alpha=0.85$；其间按线性内插法确定。

$A_{ss0}$——间接钢筋换算截面面积，$A_{ss0}=\frac{\pi d_{cor}A_{ss1}}{s}$。

$A_{cor}$——混凝土核芯截面面积。

根据纵向内外力平衡条件，受压纵筋破坏时达到其屈服强度，螺旋式（或焊接环式）箍筋所约束的核芯混凝土截面面积的强度为 $f_{c1}$，则承载力设计值为

$$\begin{aligned}N&=0.9(f_{c1}A_{cor}+f'_yA'_s)=0.9\left(f_cA_{cor}+f'_yA'_s+4\frac{2\alpha f_yA_{ss0}}{4A_{cor}}\cdot A_{cor}\right)\\&=0.9(f_cA_{cor}+f'_yA'_s+2\alpha f_yA_{ss0})\end{aligned} \tag{6.5}$$

当利用式(6.5)计算配有纵筋和螺旋式（或焊接环式）箍筋柱的承载力时，应注意以下几点：

(1) 为了保证在使用荷载作用下，箍筋外层混凝土不致过早剥落，《混凝土结构设计标准》规定配螺旋式（或焊接环式）箍筋的轴心受压承载力设计值[按式(6.5)计算]不应比普通箍筋的轴心受压承载力设计值[按式(6.1)计算]大 50%。

(2) 当遇有下列任意一种情况时，不考虑间接钢筋的影响，而按式(6.1)计算构件的承载力：

① 当 $l_0/d>12$ 时，因构件长细比较大，可能受初始偏心引起的侧向弯曲和附加弯矩的影响而使构件的承载力降低，螺旋式（或焊接环式）箍筋不能发挥其作用。

② 当按式(6.5)算得的构件承载力小于按式(6.1)算得的承载力时，因式(6.5)中只考虑混凝土的核芯截面面积 $A_{cor}$，当外围混凝土较厚时，核芯面积相对较小，就会出现上述情况。

③ 当间接钢筋的换算截面面积 $A_{ss0}$ 小于纵向钢筋全部截面面积的 25%时，可以认为间接钢筋配置得太少，不能起到套箍的约束作用。

**【例 6.2】** 某现浇框架结构体系的宾馆，其门厅现浇的圆形钢筋混凝土柱直径为 450 mm，承受轴向压力设计值 $N=4680$ kN，从基础顶面到一层楼盖顶面的距离 $H=4.5$ m，混凝土强度等级 C30，柱中纵向钢筋及箍筋分别采用 HRB400 和 HPB300 级钢筋，试进行该柱配筋计算。

**【解】** (1) 先按配有纵筋和普通箍筋柱计算

计算参数：C30 混凝土，$f_c=14.3\ \text{N/mm}^2$；HRB400 级钢筋，$f_y=f'_y=360\ \text{N/mm}^2$；HPB300 级钢筋，$f_y=270\ \text{N/mm}^2$。

柱计算长度：$l_0=1.0H=1.0\times4500=4500$ mm，$l_0/d=4500/450=10$

查表 6.1 可知，$\varphi=0.9575$（线性内插）

柱截面面积：

$$A=\frac{\pi d^2}{4}=\frac{\pi\times450^2}{4}=159043\ \text{mm}^2$$

$$A'_s=\frac{\frac{N}{0.9\varphi}-f_cA}{f'_y}=\frac{\frac{4680\times10^3}{0.9\times0.9575}-14.3\times159043}{360}=8768\ \text{mm}^2$$

$\rho'=\dfrac{A'_s}{A}\times100\%=\dfrac{8768}{159043}\times100\%=5.51\%>5\%$，说明不宜采用普通箍筋柱。

(2) 按配有螺旋式箍筋柱计算

$$d_{cor}=450-2\times30=390\text{ mm}(\text{室内正常环境，取柱保护层厚度为 30 mm})$$

$$A_{cor}=\frac{\pi d_{cor}^2}{4}=\frac{\pi\times390^2}{4}=119459\text{ mm}^2$$

设 $\rho'=3\%$，$A'_s=0.03\times A=0.03\times159043=4771.3\text{ mm}^2$

选 10 Φ 25，实配 $A'_s=4909\text{ mm}^2$

$$A_{ss0}=\frac{\dfrac{N}{0.9}-(f_cA_{cor}+f'_yA'_s)}{2\alpha f_y}=\frac{\dfrac{4680\times10^3}{0.9}-(14.3\times119459+360\times4909)}{2\times1.0\times270}$$

$$=3193.5\text{ mm}^2>0.25A'_s=1227.3\text{ mm}^2 \text{ 满足要求。}$$

初选螺旋箍筋直径为 14 mm，$A_{ss1}=153.9\text{ mm}^2$

$$s=\frac{\pi d_{cor}A_{ss1}}{A_{ss0}}=\frac{\pi\times390\times153.9}{3193.5}=59\text{ mm}$$

取 $s=50$ mm，符合 40 mm$\leqslant s\leqslant$80 mm 及 $s\leqslant0.2d_{cor}=78$ mm 的规定(图 6.7)

(3) 复核承载力、验算保护层是否过早脱落

$$A_{ss0}=\frac{\pi d_{cor}A_{ss1}}{s}=\frac{\pi\times390\times153.9}{50}=3769.3\text{ mm}^2$$

$$\begin{aligned}N_u&=0.9(f_cA_{cor}+f'_yA'_s+2\alpha f_yA_{ss0})\\&=0.9\times(14.3\times119459+360\times4909+2\times1.0\times270\times3769.3)\\&=4959833\text{ N}\approx4959.8\text{ kN}>N=4680\text{ kN}\end{aligned}$$

按配普通箍筋柱计算：

$$\begin{aligned}N_{u1}&=0.9\varphi(f_cA+f'_yA'_s)=0.9\times0.9575\times(14.3\times159043+360\times4909)\\&=3482810\text{ N}=3482.8\text{ kN}\end{aligned}$$

$1.5N_{u1}=1.5\times3482.8=5224.2\text{ kN}>N_u=4959.8$ kN，说明柱保护层不会过早脱落，所设计的螺旋箍筋柱符合要求。

## 6.5 偏心受压构件正截面承载力计算

偏心受压构件在工程中应用得非常广泛，例如常用的多层框架柱、单层刚架柱、单层排架柱；大量的实体剪力墙以及联肢剪力墙中的相当一部分墙肢；屋架和托架的上弦杆和某些受压腹杆以及水塔、烟囱的筒壁等都属于偏心受压构件。

在这类构件的截面中，一般在轴力、弯矩作用的同时还作用有横向剪力。当横向剪力值较大时，偏心受力构件也应和受弯构件一样，除进行正截面承载力计算外还要进行斜截面承载力计算。

工程中的偏心受压构件大部分都是按单向偏心受压进行截面设计的，即如图 6.1(b)所示只考虑轴向压力 $N$ 沿截面一个主轴方向的偏心作用，在这类构件中，为了充分发挥截面的承载能力，并使构件具有不同于素混凝土构件的性能，通常都要沿着与偏心轴垂直的截面的两个边缘配置纵向钢筋。离偏心压力较近一侧的纵向钢筋为受压钢筋，其截面面积用 $A'_s$表示；另一侧的纵向钢筋则根据轴向力偏心距的大小可能受拉也可能受压。不论是受拉还是受压，其截面面积都用 $A_s$ 表示。

在实际工程中也有一部分偏心受压构件，例如多层框架房屋的角柱，其中的轴向压力[图 6.1(c)]同时沿截面的两个主轴方向有偏心作用，应按双向偏心受压构件来进行设计。

## 6.5.1 偏心受压构件正截面的破坏形态和机理

【视频资源】

从正截面受力性能来看，我们可以把偏心受压状态看作是轴心受压与受弯之间的过渡状态，即可以把轴心受压看作是偏心受压状态在 $M=0$ 时的一种极端情况，而把受弯看作是偏心受压状态在 $N=0$ 时的另一种极端情况。因此可以断定，偏心受压截面中的应变和应力分布特征将随着 $M/N$ 的逐步降低而从接近于受弯构件的状态过渡到接近于轴心受压状态。

试验表明，从加荷开始到接近破坏为止，用较大的测量标距测量得到的偏心受压构件的截面平均应变值都较好地符合平截面假定。

偏心受压构件按其破坏特征划分为以下两类：

第一类——受拉破坏，习惯上常称为“大偏心受压破坏”。

第二类——受压破坏，习惯上常称为“小偏心受压破坏”。

(1) 大偏心受压破坏(受拉破坏)

当构件截面中轴向压力的偏心距较大，而且没有配置过多的受拉钢筋时，就将发生这种类型的破坏。

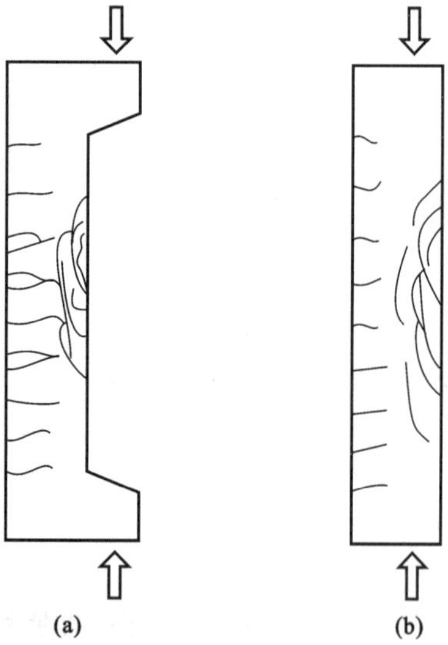


**图 6.9 偏心受压柱的破坏形态**

(a) 大偏心受压破坏；(b) 小偏心受压破坏

这类构件由于 $e_0$ 较大，即弯矩 $M$ 的影响较为显著，它具有与适筋受弯构件类似的受力特点，即在偏心距较大的轴向压力 $N$ 作用下，远离纵向偏心力一侧受拉。当 $N$ 增大到一定程度时，受拉边缘混凝土将达到其极限拉应变，从而出现垂直于构件轴线的裂缝。这些裂缝将随着荷载的增大而不断加宽并向受压一侧发展，裂缝截面中的拉力将全部转由受拉钢筋承担。随着荷载的增大，受拉钢筋将首先达到屈服。随着钢筋屈服后的塑性伸长，裂缝将明显加宽并进一步向受压一侧延伸，从而使受压区面积减小，受压边缘的压应变逐步增大。最后当受压边混凝土达到其极限压应变 $\varepsilon_{cu}$ 时，受压区混凝土被压碎而导致构件的最终破坏。这类构件的混凝土压碎区一般都不太长，破坏时受拉区形成一条较宽的主裂缝。试验所得的典型破坏状况示于图 6.9(a)。只要受压区相对高度不过小，混凝土保护层不是太厚，即受压钢筋不是过分靠近中和轴，而且受压钢筋的强度也不是太高，则在混凝土开始压碎时，受压钢筋一般都能达到屈服强度。

在上述破坏过程中，关键的破坏特征是受拉钢筋首先达到屈服，然后受压钢筋也能达到屈服，最后由于受压区混凝土压碎而导致构件破坏，这种破坏形态在破坏前有明显的预兆，属于塑性破坏。这类破坏也称为受拉破坏。破坏阶段截面中的应变及应力分布图形如图 6.10(a)所示。

(2) 小偏心受压破坏(受压破坏)

当构件截面中轴向压力的偏心距较小或很小，或虽然偏心距较大，但配置过多的受拉钢筋时，构件就将发生这种类型的破坏。当偏心距较小或偏心距虽然较大，但受拉钢筋配置较多时，截面可能处于大部分受压而少部分受拉状态。当荷载增加到一定程度时，受拉边缘混凝土将达到其极限拉应变，从而沿构件受拉边一定间隔将出现垂直于构件轴线的裂缝。在构件破坏时，中和轴距受拉钢筋较近，钢筋中的拉应力较小，受拉钢筋达不到屈服强度，因此也不可能形成明显的主拉裂缝。构件的破坏是由受压区混凝土的压碎引起的，而且压碎区的长度往往较大。当柱内配置的箍筋较少时，还可能在混凝土压碎前在受压区内出现较长的纵向裂缝。在混凝土压碎时，受压一侧的纵向钢筋只要强度不是过高，受压钢筋压应力一般都能达到屈服强度。这种情况下的构件典型破坏状况如图 6.9(b)所示。破坏阶段截面中的应变及应力分布图形则如图 6.10(b)所示。这里需要注意的是，由于受拉钢筋中的应力没有达到屈服强度，在截面应力分布图形中其拉应力只能用 $\sigma_s$ 来表示。

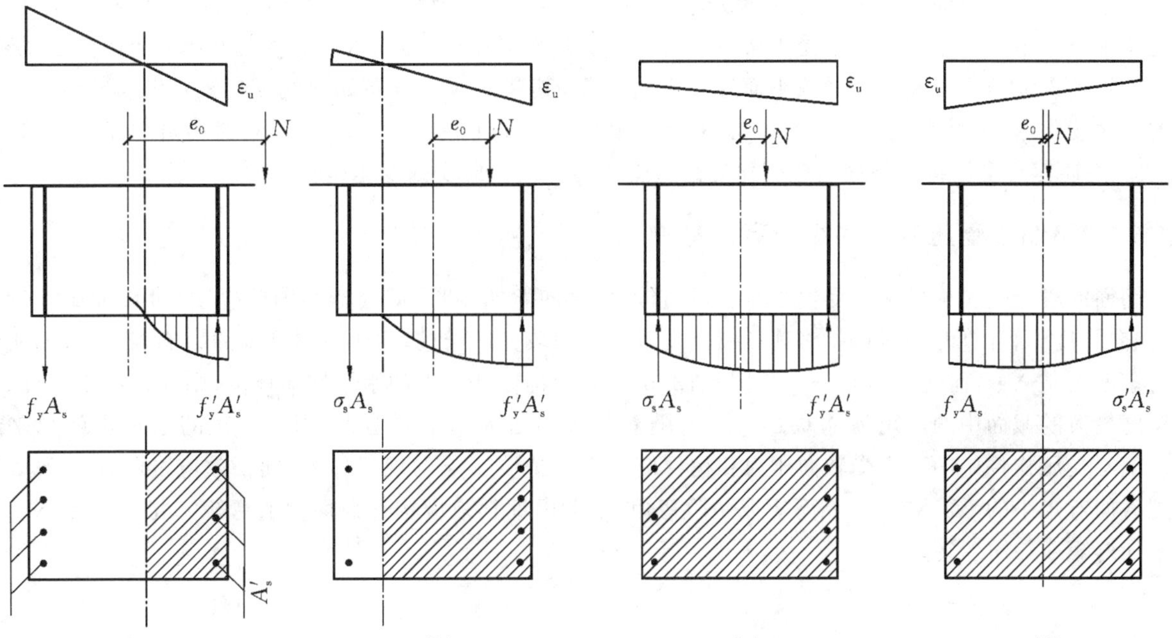


**图 6.10　偏心受压构件截面受力的几种情况**

当轴向压力的偏心距很小时，构件截面将全部受压，只不过一侧压应变较大，另一侧压应变较小。这类构件的压应变较小一侧在整个受力过程中自然也就不会出现与构件轴线垂直的裂缝。构件的破坏是由压应变较大一侧的混凝土压碎引起的。在混凝土压碎时，接近纵向偏心力一侧的纵向钢筋只要强度不是过高，其压应力一般均能达到屈服强度。这种受压情况破坏阶段截面中的应变及应力分布图形如图 6.10(c)所示。由于受压较小一侧的钢筋压应力通常也达不到屈服强度，故在应力分布图形中它的应力也只能用 $\sigma_s$ 表示。

此外，当轴向压力的偏心距很小，而远离纵向偏心压力一侧的钢筋配置得过少，接近纵向偏心压力一侧的钢筋配置较多时，截面的实际重心和构件的几何形心不重合，重心轴向纵向偏心压力方向偏移，且越过纵向压力作用线，在这种特殊情况下，破坏阶段截面中的应变及应力分布图形如图 6.10(d)所示。可见远离纵向偏心压力一侧的混凝土的压应力反而大，出现远离纵向偏少压力一侧边缘混凝土的应变首先达到极限压应变，混凝土被压碎最终构件破坏的现象。由于压应力较小一侧钢筋的应力通常也达不到屈服强度，因此在截面应力分布图形中其应力只能用 $\sigma'_s$来表示。

上述小偏心受压情况所共有的关键性破坏特征是，构件的破坏是由受压区混凝土的压碎引起的。破坏时，压应力较大一侧的受压钢筋的压应力一般都能达到屈服强度，而另一侧的钢筋不论受拉还是受压，其应力一般都达不到屈服强度。构件在破坏前变形不会急剧增长，但受压区垂直裂缝不断发展，破坏时没有明显预兆，属脆性破坏。具有这类特征的破坏形态也统称为“受压破坏”。小偏心受压破坏是脆性破坏，但在工程中又无法避免使用小偏心受压柱，故《混凝土结构设计标准》在考虑计算公式及一些规定时对小偏心受压柱采用了较高的可靠指标。

(3) 界限破坏

在“受拉破坏”和“受压破坏”之间存在一种界限状态，称为“界限破坏”。它不仅有横向主裂缝，而且比较明显。在受拉钢筋应力达到屈服的同时，受压混凝土出现纵向裂缝并被压碎。在界限破坏时，混凝土压碎区段的大小比“受拉破坏”情况时的大，比“受压破坏”情况时的要小。

图 6.11 为偏心受压构件各种情况下的截面应变分布图形。图中 $ab$、$ac$ 表示在大偏心受压状态下的截面应变状态，随着纵向压力的偏心距减小或受拉钢筋量的增加，在破坏时形成斜线 $ad$ 所示的应变分布状态，即当受拉钢筋达到屈服应变时，受压边缘混凝土也刚好达到极限应变值 $\varepsilon_{cu}=0.0033$，这就是界限状

态。如果纵向压力的偏心距进一步减小或受拉钢筋配筋量进一步增大，则截面破坏时将形成斜线 $ae$ 所示的受拉钢筋达不到屈服的小偏心受压状态。当进入全截面受压状态后，混凝土受压较大一侧的边缘极限压应变将随着纵向压力偏心距的减小而逐步有所下降，其截面应变分布如斜线 $af$、$a'g$ 和水平线 $a''h$ 所示的顺序变化，在变化的过程中，受压边缘的极限压应变将由 0.0033 逐步下降到接近轴心受压时的 0.002。上述偏心受压构件截面应变变化规律与受弯构件截面应变的变化是相似的。

### 6.5.2 偏心受压构件的纵向弯曲影响

钢筋混凝土受压构件在承受偏心荷载后，将产生纵向弯曲变形，即会产生侧向挠度，对长细比小的短柱，侧向挠度小，计算时一般可忽略其影响。而对长细比较大的长柱，由于侧向挠度的影响，各个截面所受的弯矩不再是 $Ne_i$，而变为 $N(e_i+y)$[图 6.12(b)]，$y$ 为构件任意点的水平侧向挠度，则在柱高中点处，侧向挠度最大的截面中的弯矩为 $N(e_i+f)$，$f$ 随着荷载的增大而不断增大，因而弯矩的增长也就越来越快。偏心受压构件中的弯矩受轴向压力和构件侧向附加挠度影响的现象称为"细长效应"或"压弯效应"，并把截面弯矩中的 $Ne_i$ 称为初始弯矩或一阶弯矩(不考虑细长效应构件截面中的弯矩)，将 $Ny$ 或 $Nf$ 称为附加弯矩或二阶弯矩。

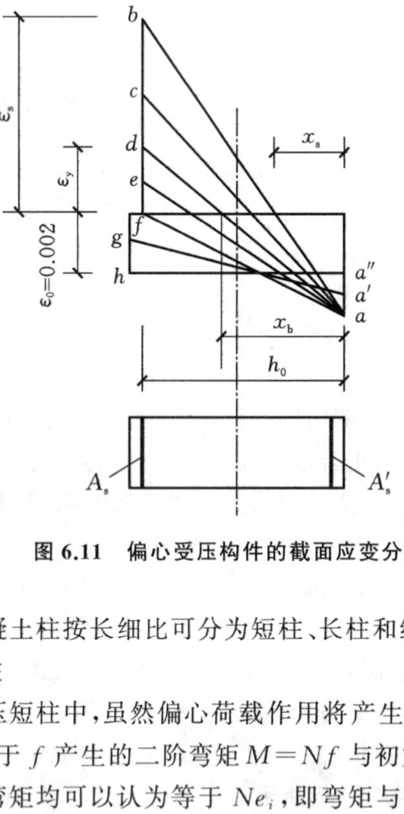


图 6.11 偏心受压构件的截面应变分布

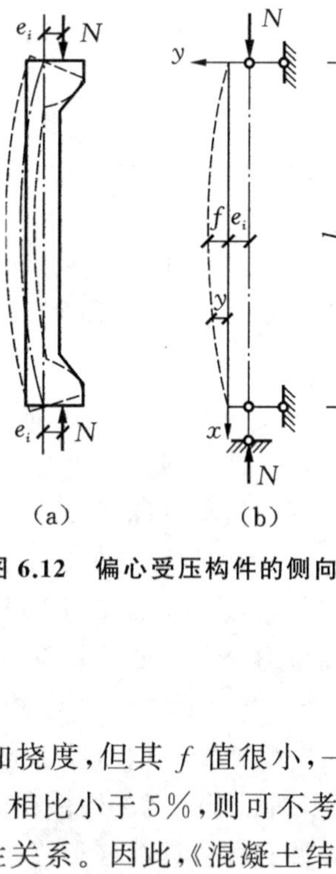


图 6.12 偏心受压构件的侧向挠度

钢筋混凝土柱按长细比可分为短柱、长柱和细长柱。

(1) 短柱

偏心受压短柱中，虽然偏心荷载作用将产生一定的侧向附加挠度，但其 $f$ 值很小，一般可以忽略不计。例如，由于 $f$ 产生的二阶弯矩 $M=Nf$ 与初始弯矩 $M=Ne_i$ 相比小于 5%，则可不考虑二阶弯矩，各个截面中的弯矩均可以认为等于 $Ne_i$，即弯矩与轴向压力为线性关系。因此，《混凝土结构设计标准》规定，对于矩形截面柱 $l_0/h\leqslant 8$ 时、T 形及 I 形截面柱 $l_0/i\leqslant 28$ 时、环形及圆形截面柱 $l_0/d\leqslant 7$ 时，可不考虑纵向弯曲引起的二阶弯矩影响。短柱的破坏特征是随着荷载的增大，当达到极限承载力时，构件的截面由于材料的抗压强度(小偏心)或抗拉强度(大偏心)达到其极限强度而破坏。

(2) 长柱

矩形截面柱 $8<l_0/h\leqslant 30$ 时、T 形及 I 形截面柱 $28<l_0/i\leqslant 104$ 时、环形及圆形截面柱 $7<l_0/d\leqslant 26$ 时，即为长柱。长柱受偏心荷载作用侧向挠度 $f$ 大，与初始偏心距相比已不能忽略，因此必须考虑二阶弯矩的影响，特别是在偏心距较小的构件中，其二阶弯矩在总弯矩中占有相当大的比重。由于 $f$ 是随荷载的增加而不断增大，因此实际荷载偏心距是随荷载的增大而呈非线性增加，构件的承载力比相同截面的短柱有所减小，但就其破坏特征来说与短柱相同，即构件控制截面最终仍然是由于截面中材料达到其强度极

限而破坏，仍属材料破坏。

(3) 细长柱

长细比很大($l_0/h>30$)的柱，当偏心压力达到最大值时，侧向挠度 $f$ 突然剧增，此时钢筋和混凝土的应变均未达到材料破坏时的极限值，即柱达到最大承载力是发生在其控制截面材料强度还未达到其破坏强度时，但由于纵向弯曲失去平衡，引起构件破坏。由于此时的失稳破坏与材料破坏有了本质的区别，一般尽量不采用细长柱。

实际工程中最常遇到的是长柱，因此在计算中需考虑由于构件的侧向挠度而引起的二阶弯矩的影响。弯矩作用平面内截面对称的偏心受压构件，当同一主轴方向的杆端弯矩同号时，通常不需要考虑构件的侧向挠度引起的二阶弯矩的影响，为了减少计算工作量，《混凝土结构设计标准》规定：当满足下述三个条件中的一个条件时，就要在其正截面受压承载力的计算中考虑结构侧移和构件挠曲引起的附加内力。

① 同一主轴方向的杆端弯矩比 $$M_1/M_2>0.9 \tag{6.6a}$$

② 轴压比 $$N/(f_cA)>0.9 \tag{6.6b}$$

③ 长细比 $$l_c/i>34-12(M_1/M_2) \tag{6.6c}$$

式中 $M_1$，$M_2$——偏心受压构件两端截面按结构分析确定的对同一主轴的弯矩设计值，绝对值较大端为 $M_2$，绝对值较小端为 $M_1$，当构件按单曲率弯曲时，$M_1/M_2$ 为正，否则为负；

$l_c$——构件的计算长度，可近似取偏心受压构件相应主轴方向两支撑点间的距离；

$i$——偏心方向的截面回转半径。

《混凝土结构设计标准》规定：除排架结构柱外，其他偏心受压构件考虑轴向压力在挠曲杆件中产生的二阶效应后控制截面的弯矩设计值，应按下列公式计算：

$$M=C_m\eta_{ns}M_2 \tag{6.7}$$

$$C_m=0.7+0.3\frac{M_1}{M_2}$$

$$\eta_{ns}=1+\frac{1}{1300\left(\frac{M_2}{N}+e_a\right)/h_0}\left(\frac{l_c}{h}\right)^2\zeta_c$$

$$\zeta_c=\frac{0.5f_cA}{N}$$

当 $C_m\eta_{ns}<1.0$ 时取 1.0。

式中 $C_m$——构件端截面偏心距离调节系数，当小于 0.7 时取 0.7；

$\eta_{ns}$——弯矩增大系数；

$N$——与弯矩设计值 $M_2$ 相应的轴向压力设计值；

$e_a$——附加偏心距；

$\zeta_c$——截面曲率修正系数，当计算值大于 1.0 时取 1.0；

$h$——截面高度，对环形截面，取外直径，对圆形截面，取直径；

$h_0$——截面有效高度；

$A$——构件截面面积。

### 6.5.3 偏心受压构件正截面承载力计算的基本假定

偏心受压构件和受弯构件在破坏形态和受力方面有近似之处，因此，偏心受压构件计算的基本假定大部分与受弯构件相同。截面变形后的平截面假定仍然适用，同时也不考虑混凝土的抗拉强度，受压区混凝土的应力图形仍用一个等效的矩形应力图形来代替。但是，由于偏心受压构件的受力情况和截面应力分布情况的多样性和复杂性，和受弯构件相比较也有不同之处。受压混凝土的极限压应变在偏心受压构件中随偏心程度的大小而有所变化，不像在受弯构件中那样基本不变。为了保持正截面计算的统一性和便于应用，《混凝土结构设计标准》对偏心受压正截面计算仍采用了与受弯构件正截面计算一样的基本假定，包括取统一的 $\varepsilon_{cu}=0.0033$，以及采用与受弯构件一样的混凝土应力-应变曲线。由此带来的计算误差由采用适当的附加偏心距等方法加以补偿，所得的计算结果能满足工程计算的要求。

### 6.5.4 附加偏心距

由于工程中实际存在着荷载作用位置的不定性、混凝土质量的不均匀性及施工的偏差等因素，都可能产生附加偏心距。《混凝土结构设计标准》规定，在偏心受压构件的正截面承载力计算中应考虑轴向压力在偏心方向的偏心距 $e_a$，其值应不小于 20 mm 和偏心方向截面尺寸的 1/30 两者中的较大值。正截面计算时所取的偏心距 $e_i$ 由 $e_0$ 和 $e_a$ 两者相加而成，即

$$e_0=\frac{M}{N} \tag{6.8}$$

$$e_a=\frac{h}{30}\geqslant 20\ \text{mm} \tag{6.9}$$

$$e_i=e_0+e_a \tag{6.10}$$

式中 $e_0$——由截面上 $M$、$N$ 计算所得的原始偏心距；

$e_a$——附加偏心距；

$e_i$——初始偏心距。

《混凝土结构设计标准》在决定附加偏心距取值时也考虑了对偏心受压构件正截面计算结果的修正作用，以补偿基本假定和实际情况不完全相符带来的计算误差。

### 6.5.5 两种破坏形态的界限

从大小偏心受压破坏特征可以看出，两者之间的根本区别在于破坏时受拉钢筋能否达到屈服。这和受弯构件的适筋与超筋破坏两种情况完全一致。因此，两种偏心受压破坏形态的界限与受弯构件适筋与超筋破坏的界限也必然相同，即在破坏时纵向钢筋应力达到屈服强度，同时受压区混凝土也达到极限压应变 $\varepsilon_{cu}$ 值，此时其相对受压区高度称为界限受压区高度 $\xi_b$。

当 $\xi\leqslant\xi_b$ 时，属于大偏心受压破坏

当 $\xi>\xi_b$ 时，属于小偏心受压破坏。

### 6.5.6 小偏心受压构件中远离纵向偏心力一侧的钢筋应力

试验分析表明，小偏心受压构件破坏时的应力分布图形可能是截面部分受压、部分受拉或全截面受压。一般情况下，靠近纵向力 $N$ 作用一侧的混凝土被压碎，并且这一侧的纵向受压钢筋 $A_s'$ 的应力达到屈服，而远离纵向偏心力一侧的钢筋 $A_s$ 可能受拉或受压，但应力往往达不到屈服强度，用 $\sigma_s$ 表示。特殊情况下也会出现远离纵向力作用的一侧混凝土先破坏的情况。

一般情况下，远离纵向偏心力一侧的纵向钢筋的 $A_s$ 应力不论受拉还是受压，均不会达到屈服强度，只能达到 $\sigma_s$。理论上，$\sigma_s$ 可根据平截面假定确定，但这时 $\sigma_s$ 和 $\xi$ 之间的函数关系十分复杂，不便于计算。《混凝土结构设计标准》建议采用以下方法来确定 $\sigma_s$ 的值。

取界限状态下 $\xi=\xi_b$ 时 $\sigma_s=f_y$，再取 $\xi=\beta_1$ 时 $\sigma_s=0$，通过以上两点即可找出 $\sigma_s$-$\xi$ 的近似线性关系为

$$\sigma_s=\frac{f_y}{\xi_b-\beta_1}\left(\frac{x}{h_0}-\beta_1\right)=\frac{f_y}{\xi_b-\beta_1}(\xi-\beta_1) \tag{6.11}$$

式中 $\xi_b$——界限相对受压区高度。此时计算的钢筋应力应符合 $-f_y'\leqslant\sigma_s\leqslant f_y$。

# 6.6 不对称配筋矩形截面偏心受压构件正截面承载力计算

### 6.6.1 大偏心受压构件的截面计算

试验分析表明，大偏心受压构件，若受拉钢筋配置不过多时与适筋梁相同，破坏时截面平均应变和裂缝截面处的应力分布如图 6.13(a)所示，即其受拉及受压纵向钢筋均能达到屈服强度。为了简化计算，同样可以采用等效矩形应力图形，如图 6.13(b)所示。

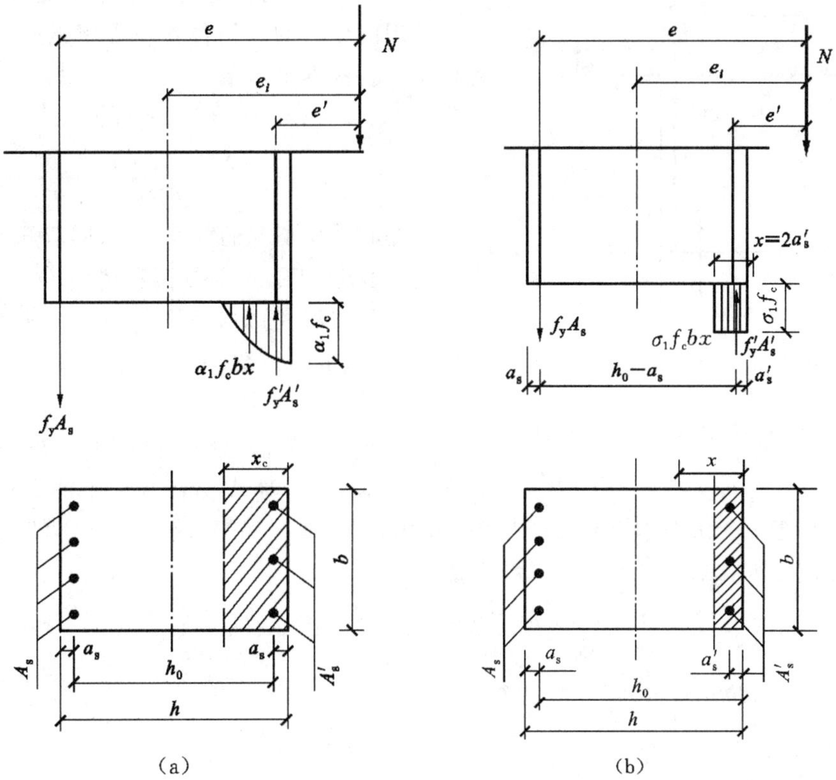

图 6.13 大偏心受压构件的截面计算

(a) 应力分布图；(b) 计算图式

由沿构件纵轴方向的内外力之和为零，可得

$$N \leqslant \alpha_1 f_c bx + f'_y A'_s - f_y A_s \tag{6.12}$$

由截面上内、外力对受拉钢筋合力点的力矩之和等于零，可得

$$Ne \leqslant \alpha_1 f_c bx\left(h_0 - \frac{x}{2}\right) + f'_y A'_s (h_0 - a'_s) \tag{6.13}$$

由截面上内、外力对受压钢筋合力点的力矩之和等于零，可得

$$Ne' \leqslant f_y A_s (h_0 - a'_s) - \alpha_1 f_c bx\left(\frac{x}{2} - a'_s\right) \tag{6.14}$$

式中 $N$——轴向压力设计值；

$x$——混凝土受压区高度；

$e$——轴向压力作用点至纵向受拉钢筋合力点之间的距离；

$e'$——轴向压力作用点至纵向受压钢筋合力点之间的距离。

$$e = e_i + \frac{h}{2} - a_s \tag{6.15}$$

$$e'=e_i-\frac{h}{2}+a_s \tag{6.16}$$

为了保证构件在破坏时，受拉钢筋应力能达到抗拉强度设计值 $f_y$，必须满足适用条件

$$\xi=\frac{x}{h_0}\leqslant\xi_b \tag{6.17}$$

为了保证构件在破坏时，受压钢筋应力能达到抗压强度设计值 $f'_y$，必须满足适用条件

$$x\geqslant 2a'_s \tag{6.18}$$

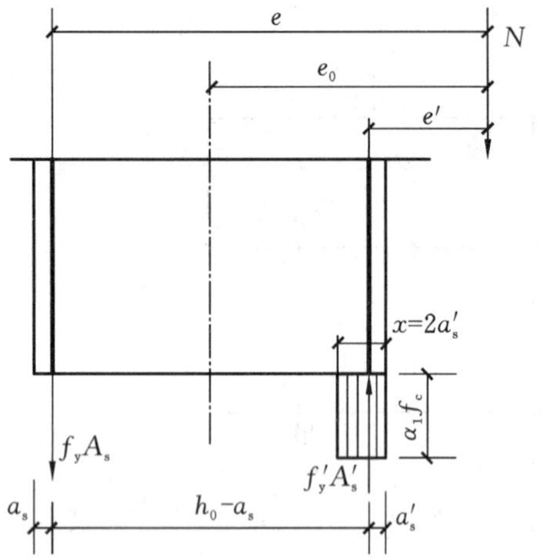


**图 6.14**　$x<2a'_s$，**大偏心受压构件的截面计算**

当 $x<2a'_s$时，受压钢筋应力可能达不到 $f'_y$，此时可取 $x=2a'_s$。其应力图形如图 6.14 所示，近似认为受压区混凝土所承担的压力的作用位置与受压钢筋承担压力 $f'_yA'_s$位置相重合。根据平衡条件可写出

$$Ne'=f_yA_s(h_0-a'_s) \tag{6.19}$$

$$A_s=\frac{Ne'}{f_y(h_0-a'_s)} \tag{6.20}$$

大偏心受压情况的截面设计，同双筋受弯构件一样，分为 $A_s$、$A'_s$均未知和 $A'_s$已知两种情形。

第一种情形：已知截面尺寸 $b\times h$、构件计算长度、混凝土强度等级、钢筋种类、轴向力设计值 $N$ 及弯矩设计值 $M$，求钢筋截面面积 $A_s$ 及 $A'_s$。

基本计算公式[式(6.12)和式(6.13)]表明，此时有两个方程三个未知数，即 $A_s$、$A'_s$、$x$。不能求得唯一解，和双筋受弯构件相仿，须补充一个条件才能求解。为了使总用钢量($A_s+A'_s$)最少，应充分利用受压区混凝土承受压力，也就是应使受压区高度尽可能大。因此取 $x=x_b=\xi_bh_0$ 代入式(6.13)可得

$$A'_s=\frac{Ne-\alpha_1f_cbx_b(h_0-0.5x_b)}{f'_y(h_0-a'_s)}=\frac{Ne-\alpha_1f_cbh_0^2\xi_b(1-0.5\xi_b)}{f'_y(h_0-a'_s)} \tag{6.21}$$

若求得的 $A'_s\geqslant 0.002bh$，代入式(6.12)可得

$$A_s=\frac{\alpha_1f_cbh_0\xi_b+f'_yA'_s-N}{f_y} \tag{6.22}$$

当 $A_s>\rho_{\min}bh$ 时，按此 $A_s$ 配筋；

当 $A_s<\rho_{\min}bh$ 时，应按 $A_s=\rho_{\min}bh$ 配筋；

当 $A_s<0$ 时，说明截面不是大偏心受压情况，因所取 $x=x_b=\xi_bh_0$，不可能不需要 $A_s$，再者，若属于大偏心受压，$A_s$ 必然不能为零，因此所做计算与实际不符，应按小偏心受压构件重新计算。

求得的 $A'_s<\rho_{\min}bh$ 或 $A'_s<0$ 时，取 $A'_s=0.002bh$，按 $A'_s$已知的第二种情形重新计算。

第二种情形：已知条件同上，并已知受压钢筋截面面积 $A'_s$，求受拉钢筋截面面积 $A_s$。

基本计算公式[式(6.12)和式(6.13)]表明此时有两个方程两个未知数，即 $A_s$ 和 $x$。因此可直接求解。具体求解方法和受弯构件双筋截面计算方法完全一样。求得 $x$ 后可能有几种情况；

当 $2a'_s\leqslant x\leqslant\xi_bh_0$ 时，继续求 $A_s$，且使 $A_s>\rho_{\min}bh$，否则取 $A_s=\rho_{\min}bh$；

当 $x>\xi_bh_0$ 时，应加大构件截面尺寸或按 $A'_s$未知的情形，即按第一种情形重新计算；

当 $x<2a'_s$时，应先按式(6.20)计算 $A_s$，再按不考虑受压钢筋 $A'_s$(即 $A'_s=0$)代入基本计算公式(6.12)计算 $A_s$，两者取其中较小值。

## 6.6.2　小偏心受压构件的截面计算

一般情况下[图 6.15(a)、(b)]，由截面上纵轴方向的内、外力之和为零和截面上内、外力对受拉钢筋合

力点的力矩之和等于零的条件，可以得出

$$N\leqslant\alpha_1 f_c bx+f'_y A'_s-\sigma_s A_s=\alpha_1 f_c bh_0\xi+f'_y A'_s-\sigma_s A_s \tag{6.23}$$

$$Ne\leqslant\alpha_1 f_c bx\left(h_0-\frac{x}{2}\right)+f'_y A'_s(h_0-a'_s)=\alpha_1 f_c bh_0^2\xi(1-0.5\xi)+f'_y A'_s(h_0-a'_s) \tag{6.24}$$

在进行小偏心受压计算时，如已知 $A_s$ 或 $A'_s$，那么可以直接联立求解上述两个基本公式。如果 $A_s$ 和 $A'_s$ 均未知，则此时需补充一个总用钢筋量最小的经济条件来确定 $x$，再求解 $A_s$ 和 $A'_s$。

试验结果表明，对于小偏心受压破坏情况，远离偏心压力一侧的纵向受力钢筋不论是受拉还是受压、配置数量是多还是少，其应力一般均不能达到屈服强度，因此除去偏心距过小（$e_0\leqslant0.15h_0$）同时轴向压力又比较大（$N>\alpha_1 f_c bh_0$）的情况外，均可取 $A_s$ 等于最小配筋量，这样就为小偏心受压计算补充了一个经济配筋的条件。由于在未得出计算结果之前无法确定出远离轴向压力一侧的钢筋是受拉还是受压，故对这部分钢筋统一取受压钢筋最小配筋量为 $A_s=0.002bh$。这样得出的（$A'_s+A_s$）一般为最经济。

当处于纵向偏心压力的偏心距很小（$e_0\leqslant0.15h_0$）且纵向偏心压力又比较大（$N>\alpha_1 f_c bh_0$）的全截面受压情况下，如果接近纵向偏心压力一侧的纵向钢筋 $A'_s$ 配置较多，而远离偏心压力一侧的钢筋 $A_s$ 配置相对较少时，可能出现特殊情况，此时 $A_s$ 应力有可能达到受压屈服强度，远离纵向偏心压力一侧的混凝土也有可能先被压坏。这时的截面应力图形如图 6.15(c)所示，因而当 $e_0\leqslant0.15h_0$ 且 $N>\alpha_1 f_c bh_0$ 时，为使 $A_s$ 配置不致过少，应按图 6.15(c)对 $A'_s$ 合力点取力矩平衡求得 $A_s$。这时取 $x=h$，可得

$$Ne'\leqslant\alpha_1 f_c bh\left(h'_0-\frac{h}{2}\right)+f'_y A_s(h'_0-a_s) \tag{6.25}$$

式中　$h'_0$——纵向钢筋 $A'_s$ 合力点离偏心压力较远一侧边缘的距离，即 $h'_0=h-a'_s$。

$$e'=\frac{h}{2}-e_i-a'_s \tag{6.26}$$

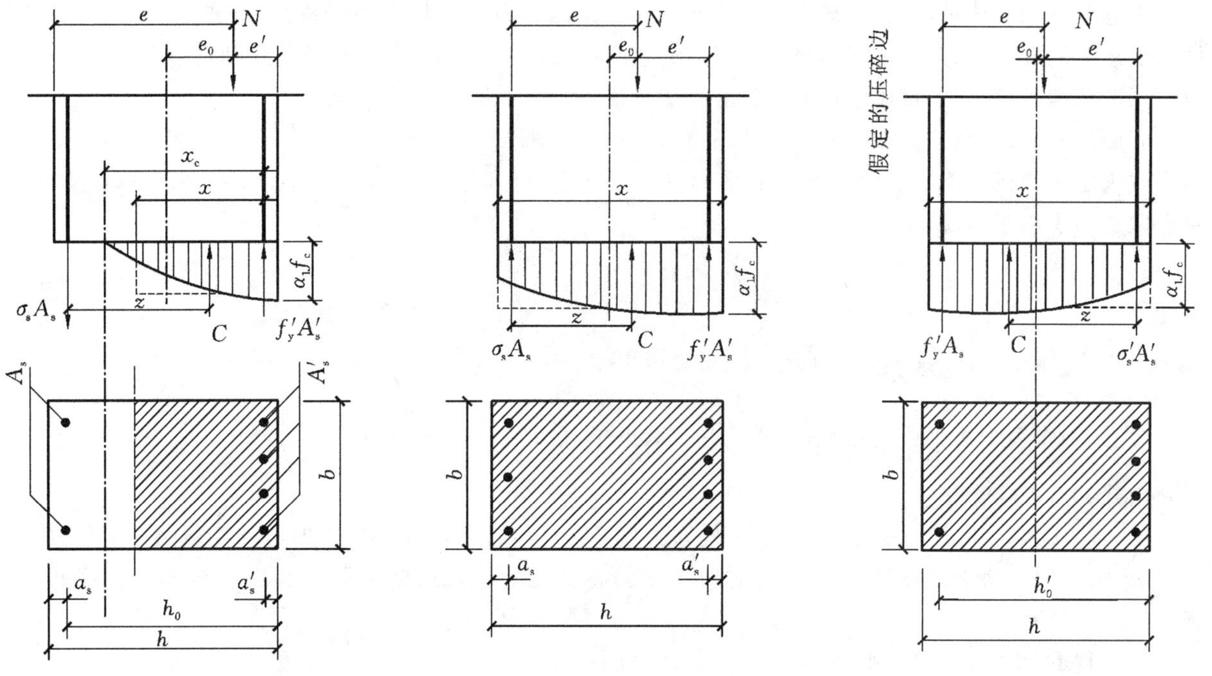


**图 6.15　小偏心受压构件的截面计算**

图 6.15(c)的应力图形是认为受压破坏发生在 $A_s$ 一侧，此时，轴向力作用点接近截面重心，在计算中不考虑偏心距增大系数，初始偏心距取 $e_i=e_0-e_a$，因此式(6.25)可改写为

$$N\left[\frac{h}{2}-a'_s-(e_0-e_a)\right]=\alpha_1 f_c bh\left(h'_0-\frac{h}{2}\right)+f'_y A_s(h'_0-a_s) \tag{6.27}$$

$$A_s=\frac{N\left[\frac{h}{2}-a_s'-(e_0-e_a)\right]-\alpha_1 f_c bh\left(h_0'-\frac{h}{2}\right)}{f_y'(h_0'-a_s)} \tag{6.28}$$

这时的 $A_s'$ 仍按式(6.24)计算。

为避免远离纵向力一侧混凝土先压坏，当 $e_0 \leqslant 0.15h_0$ 且 $N>\alpha_1 f_c bh_0$ 时，应先按式(6.28)计算 $A_s$，与取最小配筋率 $A_s=\rho_{\min}bh$ 相比较，取两者的较大值作为 $A_s$ 的取值。

当 $A_s$ 确定以后，小偏心受压基本公式中就只有两个未知数 $A_s'$ 和 $x$（或 $\xi$），故可求得唯一解。

值得注意的是，小偏心受压应满足 $\xi>\xi_b$、$-f_y \leqslant \sigma_s \leqslant f_y$ 及 $x \leqslant h$ 的条件，当纵向受力钢筋 $A_s$ 的应力 $\sigma_s$ 达到受压屈服强度（$-f_y$）且 $f_y'=f_y$ 时，根据式(6.11)可计算出此状态相对受压区高度 $\xi=2\beta_1-\xi_b$。

当 $A_s$ 确定后，代入基本计算公式[式(6.23)和式(6.24)]可首先求得 $x$（或 $\xi$）：

① 当 $\xi<2\beta_1-\xi_b$ 时，说明 $-f_y \leqslant \sigma_s \leqslant f_y$，此时

a. 若 $\xi \leqslant h/h_0$，可再由基本公式求得 $A_s'$，且使 $A_s \geqslant 0.002bh$，否则 $A_s=0.002bh$；

b. 若 $\xi>h/h_0$，取 $\xi=h/h_0$ 再由基本公式可求得 $A_s'$，且使 $A_s' \geqslant 0.002bh$，否则 $A_s'=0.002bh$。

② 当 $\xi>2\beta_1-\xi_b$ 时，说明 $\sigma_s=f_y$，可直接取 $\xi=2\beta_1-\xi_b$，此时

a. 若 $\xi \leqslant h/h_0$，可由基本公式求得 $A_s$ 和 $A_s'$，且使（$A_s$）$A_s' \geqslant 0.002bh$；

b. 若 $\xi>h/h_0$，取 $\xi=h/h_0$，再由基本公式可求 $A_s$、$A_s'$，且使（$A_s$）$A_s' \geqslant 0.002bh$。

当 $\xi \geqslant h/h_0$ 时，还应按轴心受压构件正截面承载力计算公式计算垂直于弯矩作用平面的截面配筋量。此时按照轴心受压计算的钢筋面积应不小于按照偏心受压计算的钢筋面积，否则应增加配筋量。

当 $\xi<h/h_0$ 时，按大偏心受压构件计算。

### 6.6.3 截面复核

在进行截面复核时，一般已知截面尺寸 $b$、$h$，配筋量 $A_s$ 及 $A_s'$，材料强度等级，构件计算长度，以及构件需要承受的轴向压力 $N$ 和弯矩 $M$，要求复核截面的承载力是否足够安全；或是在确定的偏心距下，复核截面所能承担的偏心压力；或已知 $N$ 值，求所能承受弯矩设计值 $M$。

截面复核时，必须计算出截面受压区高度，以确定构件属于大偏心受压还是小偏心受压，然后通过基本公式确定构件的承载力。为了确定截面的受压区高度，可利用图 6.11 中各纵向内力对纵向压力 $N$ 作用点取矩的平衡条件，得

$$A_s f_y e \pm A_s' f_y' e'=\alpha_1 f_c bh_0^2 \xi\left(\frac{e'}{h_0}+0.5\xi-\frac{a_s'}{h_0}\right) \tag{6.29}$$

式中　当 $N$ 作用于 $A_s$ 及 $A_s'$ 以外时，公式左边取负号，且 $e'=\eta e_i-\left(\frac{h}{2}-a_s'\right)$；

当 $N$ 作用于 $A_s$ 及 $A_s'$ 之间时，公式左边取正号，且 $e'=\frac{h}{2}-\eta e_i-a_s'$

由式(6.29)可求得 $\xi$ 值。

① 如 $\xi \leqslant \xi_b$，为大偏心受压构件，将 $\xi$ 代入大偏心受压构件基本计算公式即可计算截面的承载力。

② 如 $\xi<\xi_b$，为小偏心受压构件，此时应由小偏心受压基本公式重新联立求解 $\xi$，进而求得截面的承载力。

当求得的 $N \leqslant \alpha_1 f_c bh_0$，此 $N$ 即为构件的承载力；

当求得的 $N>\alpha_1 f_c bh_0$，且 $e_0<0.15h_0$ 时，须按式(6.28)计算构件的承载力，两者的较小值即为构件的承载力。

此外对小偏心受压构件还应按轴心受压构件验算垂直于弯矩平面的受压承载力。

### 6.6.4 大、小偏心的判别

无论是截面设计还是截面复核，都需要先判别截面是属于大偏心受压还是小偏心受压，然后才能使用

相应的公式进行计算，判别大、小偏心有若干种方法，分别适用于不同的情况。

(1) 直接计算 $\xi$ 以判别大小偏心

如果根据已知条件可以使用基本公式直接计算 $\xi$，那么可以将计算所得的 $\xi$ 值与 $\xi_b$ 相比较以判别大、小偏心。此方法适用于截面复核，也可用于一些特殊情况（如对称配筋矩形截面）下的截面设计。这种方法直接应用大、小偏心受压的定义进行判断，是最可靠的；如有可能，应尽量采用。

(2) 使用界限偏心距判别大小偏心

图 6.16 为刚好处于大、小偏心受压界限状态下的矩形截面应力分布情况。此时混凝土在界限状态下受压区相对高度为 $\xi_b$，受压钢筋已经达到屈服强度，即 $\sigma_s = f_y$，则由平衡条件可得

$$N_b = \alpha_1 f_c b h_0 \xi_b + f'_y A'_s - f_y A_s \tag{6.30}$$

$$M_b = N_b e_{0b} = \alpha_1 f_c b h_0 \xi_b \left(\frac{h}{2} - \frac{\xi_b h_0}{2}\right) + f'_y A'_s \left(\frac{h}{2} - a'_s\right) + f_y A_s \left(\frac{h}{2} - a_s\right) \tag{6.31}$$

$$e_{0b} = \frac{M_b}{N_b} = \frac{\alpha_1 f_c b h_0 \xi_b \left(\frac{h}{2} - \frac{\xi_b h_0}{2}\right) + f'_y A'_s \left(\frac{h}{2} - a'_s\right) + f_y A_s \left(\frac{h}{2} - a_s\right)}{\alpha_1 f_c b h_b \xi_b + f'_y A'_s - f_y A_s} \tag{6.32}$$

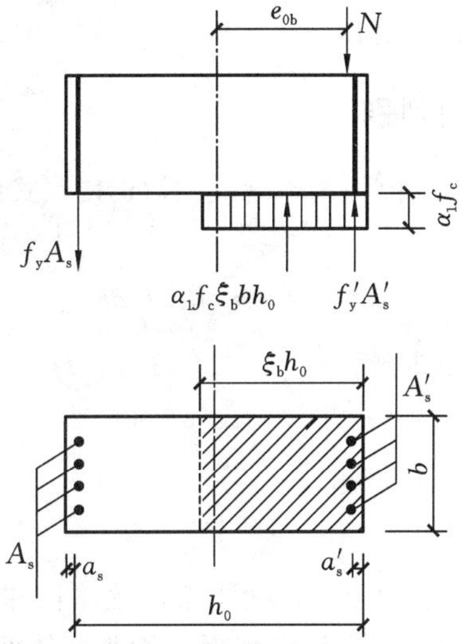


**图 6.16　偏心受压构件界限状态下计算图形**

$e_{0b}$称为界限偏心距，可用于判别截面的大、小偏心，当截面上的 $e_i > e_{0b}$ 时，为大偏心；反之为小偏心。由于 $e_{0b}$的计算中要用到 $A_s$ 及 $A'_s$，故这一方法仅适用于截面复核。

(3) 使用经验公式判别大、小偏心

将 $A_s = \rho b h_0$ 和 $A'_s = \rho' b h_0$ 代入式(6.32)可得

$$\frac{e_{0b}}{h_0} = \frac{\alpha_1 f_c \xi_b \left(\frac{h}{h_0} - \xi_b\right) + (\rho' f'_y + \rho f_y)\left(\frac{h}{h_0} - \frac{2a_s}{h_0}\right)}{2\left(\alpha_1 f_c \xi_b \frac{h_0}{h} + \rho' f'_y - \rho f_y\right)} \tag{6.33}$$

取工程中常遇到的材料性质和几何尺寸间的关系，以及配筋率 $\rho$ 和 $\rho'$ 的上下限代入上式，可得出 $e_{0b}/h_0$ 大约为 0.3，且变化幅度不大，可以用于判别截面的大、小偏心。

当 $e_i \leqslant 0.3h_0$ 时，截面属于小偏心受压破坏；当 $e_i > 0.3h_0$ 时，可先按大偏心受压破坏进行计算，计算过程中得到 $\xi$ 后，再根据 $\xi$ 的值最终确定截面属于哪一种受力情况。使用经验公式判别大、小偏心的方法可用于截面设计，但由于公式是针对矩形截面推导得出的，这一经验公式只适用于矩形截面。

(4) 试算法

在截面设计时先按大偏心破坏计算，计算过程中得到 $\xi$ 后再加以判断。如果 $\xi \leqslant \xi_b$，则说明原定假设

正确，继续进行计算；如果 $\xi>\xi_b$，则说明原定假设错误，改按小偏心重新计算。改按小偏心重新计算所得的 $\xi$ 必然满足 $\xi>\xi_b$，但数值上不会和第一次按大偏心计算所得的 $\xi$ 相同（第一次计算所得的 $\xi$ 是按错误的假定计算得出的，没有意义），这一点应了解。

本方法可用于任何形状截面的设计计算。

以上各种方法在计算中可按实际情况灵活选用。

## 6.7 对称配筋矩形截面偏心受压构件正截面承载力计算

偏心受压构件采用对称配筋在实际结构中极为常见。偏心受压构件在各种不同荷载（风荷载、地震作用、竖向荷载）组合下，在同一截面内可能分别承受变号弯矩，即截面在一种荷载组合下为受拉的部位，在另一种荷载组合下变为受压，则截面中原受拉的钢筋则会由受拉而变为受压。因此，当其所产生的正负弯矩值相差不大时；或者其正负弯矩相差较大，但按对称配筋计算，其纵向钢筋的用量比按不对称配筋计算时纵向钢筋总的用量相差不多，为便于设计和施工，也宜采用对称配筋；再者对预制构件，为保证吊装时不出现差错，一般都采用对称配筋。所谓对称配筋是指：$A_s=A_s'$，$f_y=f_y'$，$a_s=a_s'$。由于对称配筋是非对称配筋的特殊情形，因此基本计算公式仍可应用。

### 6.7.1 大、小偏心受压构件的判别

将 $A_s=A_s'$，$f_y=f_y'$代入大偏心受压构件基本公式[式(6.12)、式(6.13)]中，就得到对称配筋大偏心受压基本计算公式

$$N=\alpha_1 f_c bx=\alpha_1 f_c bh_0\xi \tag{6.34}$$

$$Ne=\alpha_1 f_c bx\left(h_0-\frac{x}{2}\right)+f_y'A_s'(h_0-a_s') \tag{6.35}$$

由式(6.34)可得

$$\xi=\frac{N}{\alpha_1 f_c bh_0} \tag{6.36}$$

当 $\xi\leqslant\xi_b$ 时，为大偏心受压构件；当 $\xi>\xi_b$ 时，为小偏心受压构件。

应注意两个问题：一是 $\xi$ 值对小偏心受压构件来说仅为判断依据，不能作为小偏心受压构件的实际相对受压区高度值，当根据式(6.36)算出的 $\xi>\xi_b$ 时，需按照式(6.39)重新计算 $\xi$ 的值；二是在实际设计中，由于构件截面尺寸的选择一般取决于构件的刚度，有可能出现截面尺寸很大而荷载相对较小以及偏心距也很小的情形。此时按式(6.36)就会得出大偏心受压的结论，但又存在 $e_i<0.3h_0$ 的情况。实际上这种情况属于小偏心受压，但这种情况无论按大偏心受压计算还是按小偏心受压计算都接近按构造配筋，因此只要是对称配筋就可以用 $\xi$ 与 $\xi_b$ 的关系作为判别大、小偏心受压构件的唯一依据，这样可使计算得到简化。

### 6.7.2 截面计算与复核

(1) 大偏心受压构件

由式(6.36)得出 $\xi$ 值及 $x=\xi h_0$；

若 $2a_s'\leqslant x<\xi_b h_0$，利用式(6.35)可直接求得 $A_s'$，并使 $A_s=A_s'$；

若 $x<2a_s'$，则表示受压筋不能达到屈服强度，这时可利用式(6.20)求得 $A_s$，再按 $A_s'=0$ 代入式(6.34)和式(6.35)求 $A_s$，两者取较小值，最后使 $A_s=A_s'$。

(2) 小偏心受压构件

将 $A_s=A_s'$、$f_y=f_y'$及 $\sigma_s$ 代入小偏心受压构件基本计算公式[式(6.23)和式(6.24)]中，可以得到对称配筋小偏心受压基本计算公式

$$N=\alpha_1 f_c bx+f'_y A'_s-f'_y A_s\frac{\xi-\beta_1}{\xi_b-\beta_1} \tag{6.37}$$

$$Ne=\alpha_1 f_c bx\left(h_0-\frac{x}{2}\right)+f'_y A'_s(h_0-a'_s) \tag{6.38}$$

由此两式可解得一个关于 $\xi$ 的三次方程，但 $\xi$ 值很难求解。分析表明，在小偏心受压构件中，对于常用材料的强度，可采用近似计算公式

$$\xi=\frac{N-\xi_b\alpha_1 f_c bh_0}{\dfrac{Ne-0.43\alpha_1 f_c bh_0^2}{(\beta_1-\xi_b)(h_0-a_s)}+\alpha_1 f_c bh_0}+\xi_b \tag{6.39}$$

显然，$\xi>\xi_b$，肯定为小偏心受压情况。将 $\xi$ 代入式(6.38)可求得

$$A_s=A'_s=\frac{Ne-\alpha_1 f_c bh_0^2\xi(1-0.5\xi)}{f'_y(h_0-a'_s)} \tag{6.40}$$

当求得 $A_s+A'_s>0.05bh_0$ 时，说明截面尺寸过小，宜加大柱截面尺寸。

当求得 $A'_s<0$ 时，表明柱的截面尺寸较大。这时，应按受压钢筋最小配筋率配置钢筋，取 $A_s=A'_s=0.002bh_0$。

对称配筋偏心受压构件的截面承载力复核，可按不对称配筋偏心受压构件的方法和步骤进行计算，只是此时应取 $f_y A_s=A'_s f'_y$。

**【例 6.3】** 某柱截面尺寸 $b\times h=300\ \text{mm}\times400\ \text{mm}$，$a_s=a'_s=35\ \text{mm}$，柱计算高度 $l_c=4\ \text{m}$，混凝土强度等级为 C25，钢筋采用 HRB400。承受轴向力设计值 $N=250\ \text{kN}$，杆端弯矩设计值 $M_1=0.91M_2$，$M_2=160\ \text{kN}\cdot\text{m}$，求钢筋截面面积 $A_s$ 和 $A'_s$ 值(按有侧移框架柱考虑)。

**【解】** (1) 确定钢筋和混凝土的材料强度及几何参数

C25 混凝土，$f_c=11.9\ \text{N/mm}^2$，HRB400 级钢筋，$f_y=f'_y=360\ \text{N/mm}^2$；$b=300\ \text{mm}$，$a_s=a'_s=40\ \text{mm}$，$h=400\ \text{mm}$，$h_0=400-40=360\ \text{mm}$。

(2) 求 $e_i$，判别大小偏心受压

$\dfrac{h}{30}=\dfrac{400}{30}=13.3\ \text{mm}<20\ \text{mm}$，取 $e_a=20\ \text{mm}$

$\dfrac{M_1}{M_2}=0.91>0.9$，应考虑偏心距增大系数

$C_m=0.7+0.3\dfrac{M_1}{M_2}=0.7+0.3\times0.91=0.973$

$\zeta_c=\dfrac{0.7f_c A}{N}=\dfrac{0.7\times11.9\times300\times400}{250000}=3.99>1$，取 $\zeta_c=1$

$$\eta_{ns}=1+\frac{1}{1300\dfrac{\dfrac{M_2}{N}+e_a}{h_0}}\left(\frac{l_c}{h}\right)^2\zeta_c=1+\frac{1}{1300\dfrac{\dfrac{160\times10^6}{250\times10^3}+20}{360}}\times\left(\frac{4\times10^3}{400}\right)^2\times1=1.04$$

$C_m\cdot\eta_{ns}=0.973\times1.04=1.012>1.0$

故 $M=C_m\eta_{ns}M_2=1.012\times160=166.4\ \text{kN}\cdot\text{m}$

$e_i=\dfrac{M}{N}+e_a=\dfrac{166.4\times10^6}{250\times10^3}+20=685.6\ \text{mm}>0.3h_0=0.3\times360=108\ \text{mm}$

可先按大偏心受压计算。

(3) 求 $A_s$ 及 $A'_s$

HRB400 级钢筋，C25 混凝土，$\beta_1=0.8$，$\xi_b=0.518$

$e=e_i+\dfrac{h}{2}-a_s=685.6+200-40=845.6\ \text{mm}$

$$A_s'=\frac{Ne-\alpha_1 f_c bh_0^2\xi_b(1-0.5\xi_b)}{f_y'(h_0-a_s')}$$

$$=\frac{250\times10^3\times845.6-1.0\times11.9\times300\times360^2\times0.518\times(1-0.5\times0.518)}{360\times(360-40)}$$

$$=293.5\ \text{mm}^2>0.002bh=0.002\times300\times400=240\ \text{mm}^2$$

$$A_s=\frac{\alpha_1 f_c bh_0\xi_b+f_y'A_s'N-N}{f_y}=\frac{1.0\times11.9\times300\times360\times0.518+360\times293.5-250\times10^3}{360}=1448.3\ \text{mm}^2$$

(4) 选筋验算配筋率

受压钢筋选 2 Φ 14($A_s'=308\ \text{mm}^2$,HRB400 级),受拉钢筋选 3 Φ 25($A_s'=1472.6\ \text{mm}^2$),$A_s+A_s'=1780.6\ \text{mm}^2$。

全部纵向钢筋的配筋率 $\rho=\frac{1780.6}{300\times400}\times100\%=1.48\%>0.6\%$

**【例 6.4】** 已知条件同例 6.3,并知 $A_s'=942\ \text{mm}^2$(3 Φ 20),求受拉钢筋 $A_s$。

**【解】** $\alpha_s=\frac{Ne-f_y'A_s'(h_0-a_s')}{\alpha_1 f_c bh_0^2}=\frac{250\times10^3\times845.6-360\times942\times(360-40)}{1.0\times11.9\times300\times360^2}=0.222$

$\xi=1-\sqrt{1-2\alpha_s}=1-\sqrt{1-2\times0.222}=0.254<\xi_b=0.518$

$x=\xi h_0=0.254\times360=91.44\ \text{mm}>2a_s'=80\ \text{mm}$

$$A_s=\frac{\alpha_1 f_c bx+f_y'A_s'-N}{f_y}=\frac{1.0\times11.9\times300\times91.44+360\times942-250\times10^3}{360}=1154.3\ \text{mm}^2$$

选 3 Φ 22($A_s=1140.3\ \text{mm}^2$)

**【例 6.5】** 已知矩形截面偏心受压柱截面尺寸 $b\times h=350\ \text{mm}\times500\ \text{mm}$,$l_c/i=20$,承受纵向压力设计值 $N=320\ \text{kN}$,弯矩设计值 $M_1=0.8M_2$,$M_2=280\ \text{kN}\cdot\text{m}$,混凝土强度等级 C35,$a_s=a_s'=35\ \text{mm}$,钢筋采用 HRB400,求截面所需纵向钢筋面积 $A_s$ 及 $A_s'$。

**【解】** $\frac{N}{f_c A}=\frac{320\times10^3}{16.7\times350\times500}=0.11<0.9$

$\frac{l_c}{i}=20<34-12\frac{M_1}{M_2}=34-12\times0.8=24.4$

故 $M=M_2$,不用考虑二阶效应。

$e_0=\frac{M}{N}=\frac{280000}{320}=875\ \text{mm}$

$h_0=h-35=500-35=465\ \text{mm}$

$e_a=\left(20,\frac{h}{30}\right)_{\max}=\left(20,\frac{500}{30}\right)_{\max}=20\ \text{mm}$

$e_i=e_0+e_a=875+20=895\ \text{mm}>0.3h_0=139.5\ \text{mm}$

按大偏心受压情况计算。

$e=e_i+\frac{h}{2}-a_s=895+250-35=1110\ \text{mm}$

取 $\xi=\xi_b=0.518$

则

$$A_s'=\frac{Ne-\xi_b(1-0.5\xi_b)\alpha_1 f_c bh_0^2}{f_y(h_0-a_s')}=\frac{320000\times1110-0.518\times(1-0.5\times0.518)\times1\times16.7\times350\times465^2}{360(465-35)}<0$$

取 $A_s'=\rho_{\min}bh=0.002\times350\times500=350\ \text{mm}^2$,这样该题转变成已知受压钢筋 $A_s'=350\ \text{mm}^2$,求受拉钢筋 $A_s$ 的问题(以下从略)。

**【例 6.6】** 已知偏心受压柱 $b\times h=300\ \text{mm}\times500\ \text{mm}$,$a_s=a_s'=35\ \text{mm}$,$l_c/i=15$,作用在柱上的荷载

设计值所产生的内力 $N=1800$ kN，$M_1=0.8M_2$，$M_2=200$ kN·m，钢筋采用 HRB400，混凝土采用 C35，求 $A_s$、$A'_s$。

**【解】** $\dfrac{N}{f_c A}=\dfrac{1800\times 10^3}{16.7\times 300\times 500}=0.72<0.9$

$\dfrac{l_c}{i}=15<34-12\dfrac{M_1}{M_2}=34-12\times 0.8=24.4$，故 $M=M_2$

$e_0=\dfrac{M}{N}=\dfrac{200000}{1800}=111.1111>0.15h_0$，$e_a=\left(20,\dfrac{h}{30}\right)_{max}=20$ mm，

$e_i=e_0+e_a=131.11$ mm

$e_i=131.11\text{ mm}<0.3h_0=0.3\times 465=139.5$ mm

故按小偏心受压构件计算。

$e=e_i+\dfrac{h}{2}-a_s=131.11+250-35=346.11$ mm

$e'=\dfrac{h}{2}-a'_s-e_i=250-35-131.11=83.89$ mm

取 $A_s=A'_{s,min}=0.002bh_0=0.002\times 300\times 500=300\text{ mm}^2$

代入式(6.23)和式(6.24)联立求解，或对受压钢筋合力点取矩：

$Ne'\leqslant \alpha_1 f_c bx\left(\dfrac{x}{2}-a'_s\right)-\sigma_s A_s(h_0-a'_s)$

$\sigma_s=\dfrac{\xi-\beta_1}{\xi_b-\beta_1}f_y=\dfrac{\dfrac{1}{h_0}x-0.8}{0.518-0.8}\times 360=81.3312-0.2186x$

$1800000\times 83.89=1.0\times 16.7\times 300x(0.5x-35)-(81.3312-0.2186x)\times 300\times 430$

$2505x^2-147150.6x-161493724.8=0$

$x=285<h=500$ mm

且 $x>\xi_b h_0=0.518\times 465=240.684$ mm

$<(2\beta_1-\xi_b)h_0=503.316$ mm

代入公式(6.24)求 $A'_s$：

$Ne\leqslant \alpha_1 f_c bx\left(h_0-\dfrac{x}{2}\right)+f'_y A'_s(h-a'_s)$

$A'_s=\dfrac{1800000\times 346.11-1.0\times 16.7\times 300\times 285\times(465-0.5\times 285)}{360\times(465-35)}=1049.8\text{ mm}^2>A'_{s,min}$

选筋：$A'_s$　2Φ25+2Φ22(1742 mm²)；$A_s$　2Φ14(308 mm²)。

**【例 6.7】** 已知条件同例 6.6，但 $M_2=105.6$ kN·m，$N=2200$ kN，求 $A_s$、$A'_s$。

**【解】** $\dfrac{N}{f_c A}=\dfrac{2200\times 10^3}{16.7\times 300\times 500}=0.88<0.9$

$\dfrac{l_c}{i}=15<34-12\dfrac{M_1}{M_2}=34-12\times 0.8=24.4$

故 $M=M_2$

$e_0=\dfrac{M}{N}=\dfrac{105600}{2200}=48\text{ mm}<0.15h_0=69.75$ mm

$\alpha_1 f_c bh_0=1.0\times 16.7\times 300\times 465=2329.65\text{ kN}>N=2200$ kN

应考虑可能出现远离纵向偏心压力一侧的混凝土先被压坏的情况。代入公式(6.28)，求 $A_s$：

$$A_s=\frac{N\left[\dfrac{h}{2}-a'_s-(e_0-e_a)\right]-\alpha_1 f_c bh\left(h'_0-\dfrac{h}{2}\right)}{f'_y(h'_0-a_s)}$$

$$=\frac{2200000\times(250-35-48+20)-1.0\times16.7\times300\times500\times(465-250)}{360\times430}=-821\ \text{mm}^2<A'_{s,\min}$$

取 $A_s=300\ \text{mm}^2$

$$e=e_i+\frac{h}{2}-a_s=(48+20)+250-35=283\ \text{mm}$$

$$e'=\frac{h}{2}-a'_s-e_i=250-35-68=147\ \text{mm}$$

对受压钢筋合力点取矩得 $Ne'\leqslant\alpha_1 f_c bx(0.5x-a'_s)-\sigma_s A_s(h_0-a'_s)$

$2200000\times147=1.0\times16.7\times300x(0.5x-35)-(81.3312-0.2186x)\times300\times430$

$2505x^2-203549.4x-333891724.8=0$

$>\xi_b h_0=240.684$

$x=407.9<(2\beta_1-\xi_b)h_0=503.316$

$<h=500$

取 $x=407.9$ mm，代入公式(6.24)求 $A'_s$：

$$A'_s=\frac{Ne-\alpha_1 f_c bx(h_0-0.5x)}{f'_y(h_0-a'_s)}=\frac{2200000\times283-1.0\times16.7\times300\times407.9\times\left(465-\dfrac{407.9}{2}\right)}{360\times430}=575.7\ \text{mm}^2$$

选筋：$A_s$　2Φ14(308 mm²)；$A'_s$　3Φ16(603 mm²)

**【例 6.8】** 已知条件同例 6.3，但 $N=300$ kN，采用对称配筋，求 $A_s$ 及 $A'_s$。

**【解】** (1) 确定钢筋和混凝土的材料强度及几何参数

C25 混凝土，$f_c=11.9\ \text{N/mm}^2$，HRB400 级钢筋，$f_y=f'_y=360\ \text{N/mm}^2$；$b=300$ mm，$a_s=a'_s=40$ mm，$h=400$ mm，$h_0=400-40=360$ mm。

(2) 判别大小偏心受压

$$\xi=\frac{N}{\alpha_1 f_c bh_0}=\frac{300\times10^3}{1.0\times11.9\times300\times360}=0.233<\xi_b=0.518$$

为大偏心受压，$x=\xi h_0=0.233\times360=83.9\ \text{mm}>2a'_s=80\ \text{mm}$

(3) 求 $A_s$ 及 $A'_s$

经计算 $e=e_i+\dfrac{h}{2}-a_s=685.6+200-40=845.6\ \text{mm}$

$$A_s=A'_s=\frac{Ne-\alpha_1 f_c bx\left(h_0-\dfrac{x}{2}\right)}{f'_y(h_0-a'_s)}=\frac{300\times10^3\times845.6-1.0\times11.9\times300\times83.9\times\left(360-\dfrac{83.9}{2}\right)}{360\times(360-40)}$$

$$=1375\ \text{mm}^2$$

(4) 选筋验算配筋率

每边选 2Φ22+2Φ20 ($A_s=A'_s=1388\ \text{mm}^2$，HRB400 级)，$A_s+A'_s=2776\ \text{mm}^2$

全部纵向钢筋的配筋率 $\rho=\dfrac{2776}{300\times400}\times100\%=2.31\%>0.6\%$，符合要求。

**【例 6.9】** 已知条件同例 6.6，但采用对称配筋。

**【解】** (1) 确定钢筋和混凝土的材料强度及几何参数

C35 混凝土，$f_c=16.7\ \text{mm}^2$；HRB400 级钢筋，$f_y=f'_y=360\ \text{N/mm}^2$；$b=300$ mm，$h=500$ mm，$h_0=500-40=460$ mm。

(2) 判别大小偏心受压

$$\xi=\frac{N}{\alpha_1 f_c bh_0}=\frac{1800\times10^3}{1.0\times16.7\times300\times460}=0.781>\xi_b=0.518\text{，为小偏心受压}$$

(3) 求 $A_s$ 及 $A'_s$

$$e=e_i+\frac{h}{2}-a_s=131.11+\frac{500}{2}-35=346.11\text{ mm}$$

$$\xi=\frac{1800\times10^3-0.518\times16.7\times300\times460}{\frac{1800\times10^3\times346.11-0.43\times16.7\times300\times460^2}{(0.8-0.518)(460-40)}+1.0\times16.7\times300\times460}+0.518=0.686$$

$$A_s=A_s'=\frac{Ne-\alpha_1 f_c bh_0^2\xi(1-0.5\xi)}{f_y'(h_0-a_s')}=\frac{1800\times10^3\times346.11-1.0\times16.7\times300\times460^2\times0.686\times(1-0.5\times0.686)}{360\times(460-40)}$$

$$=960\text{ mm}^2$$

(4) 选筋验算配筋率

$A_s=A_s'$,2Φ25(982 mm²)

$$\rho=\frac{A_s+A_s'}{bh}\times100\%=\frac{982+982}{300\times500}\times100\%=1.31\%>0.6\%$$,符合要求。

垂直弯矩作用平面承载力校核(略)。

## 6.8 I形截面偏心受压构件正截面承载力计算

为了节省混凝土和减轻构件自重,对于较大的装配式柱一般做成I形截面,I形截面偏心受压构件的受力性能、破坏特征以及计算原则和矩形截面偏心受压构件基本相同。仅由于截面形状不同而使公式略有差别。

### 6.8.1 不对称配筋偏心受压构件

(1) 大偏心受压构件

由于轴向压力和弯矩的组成情况不同,中和轴可能在腹板上,即 $x\leqslant h_f'$;亦可能在翼缘上,即 $x>h_f'$(图 6.17)。

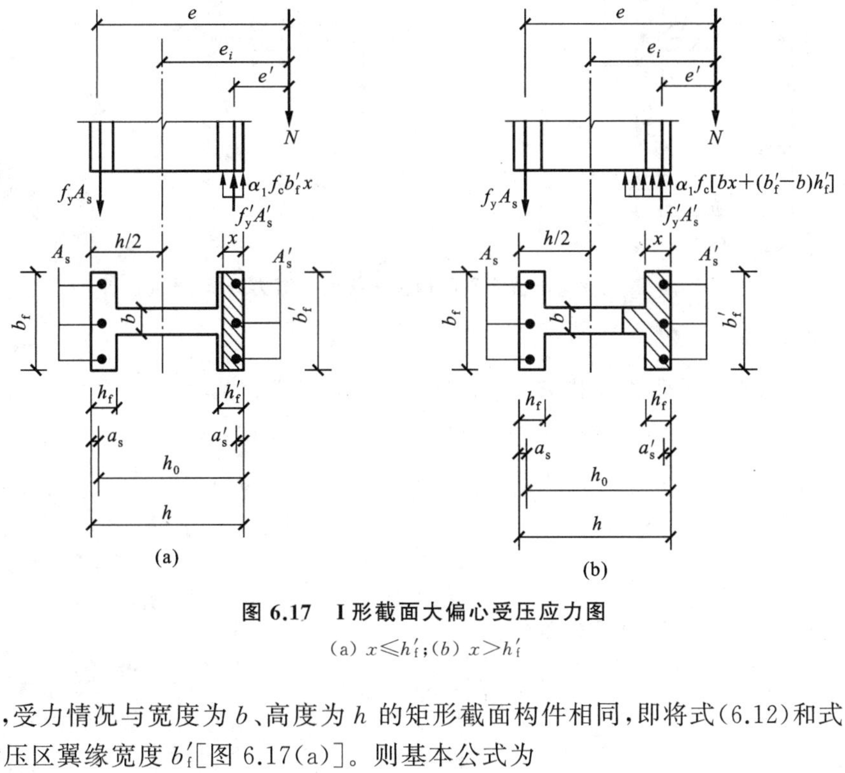


**图 6.17 I形截面大偏心受压应力图**

(a) $x\leqslant h_f'$;(b) $x>h_f'$

当 $x\leqslant h_f'$时,受力情况与宽度为 $b$、高度为 $h$ 的矩形截面构件相同,即将式(6.12)和式(6.13)中的矩形截面宽度代换为压区翼缘宽度 $b_f'$[图 6.17(a)]。则基本公式为

$$N=\alpha_1 f_c b_f' x+f_y'A_s'-f_yA_s \tag{6.41}$$

$$Ne=\alpha_1 f_c b_f' x(h_0-0.5x)+f_y' A_s'(h_0-a_s') \tag{6.42}$$

当 $x>h_f'$ 时，此时混凝土的受压区为T形[图6.17(b)]，则应考虑受压区翼缘与腹板的共同受力作用，其基本计算公式为

$$N=\alpha_1 f_c [bx+(b_f'-b)h_f']+f_y' A_s'-f_y A_s \tag{6.43}$$

$$Ne=\alpha_1 f_c [bx(h_0-0.5x)+(b_f'-b)h_f'(h_0-0.5h_f')]+f_y' A_s'(h_0-a_s') \tag{6.44}$$

基本公式的适用条件为

$$x\leqslant \xi_b h_0 \text{ 及 } x>2a_s'$$

I形截面偏心受压构件的受压钢筋 $A_s'$ 及受拉钢筋 $A_s$ 的最小配筋率，也应按构件的全截面面积 $A$ 计算，即 $A=bh+(b_f'-b)h_f'+(b_f-b)h_f$。

(2) 小偏心受压构件

在小偏心受压构件中，由于偏心距大小不同以及截面配筋数量的多少不同，中和轴可能在腹板上，即 $h_f'<x\leqslant h-h_f$，也可能位于受压应力较小一侧的翼缘上，即 $h-h_f<x\leqslant h$。

对于小偏心受压I形截面，一般不会发生 $x<h_f'$ 的情况，这里仅列出 $x>h_f'$[图6.18(a)]的计算公式：

$$N_u=\alpha_1 f_c [bx+(b_f'-b)h_f']+f_y' A_s'-\sigma_s A_s \tag{6.45}$$

$$N_u e=\alpha_1 f_c \left[bx\left(h_0-\frac{x}{2}\right)+(b_f'-b)h_f'\left(h_0-\frac{h_f'}{2}\right)\right]+f_y' A_s'(h_0-a_s') \tag{6.46}$$

式中　$x$——混凝土受压高度，当 $x>h-h_f$ 时，在计算中应考虑翼缘的作用。

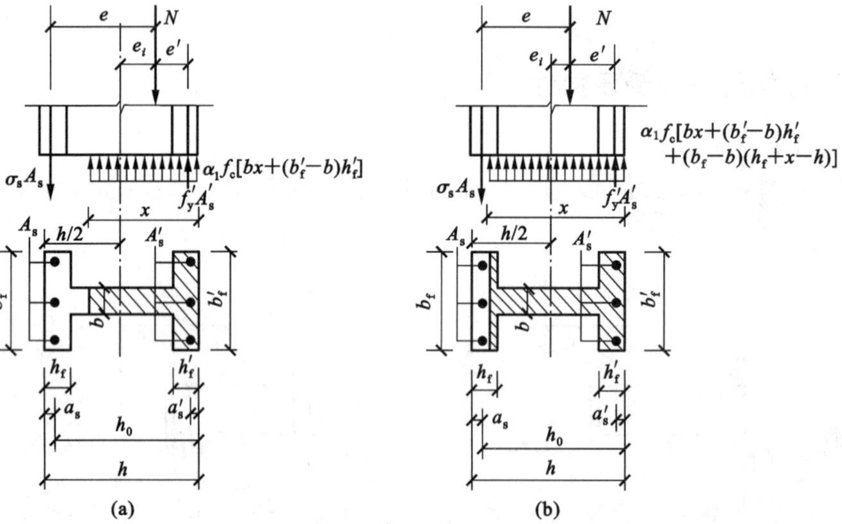


**图6.18　小偏心受压构件正截面承载力分析**

(a) $h_f'<x\leqslant h-h_f$；(b) $h-h_f<x\leqslant h$

当 $h-h_f<x$ 时，则考虑翼缘的作用[图6.18(b)]，其计算公式为：

$$N_u=\alpha_1 f_c [bx+(b_f'-b)h_f'+(b_f'-b)(h_f+x-h)]+f_y' A_s'-\sigma_s A_s \tag{6.47}$$

$$N_u e=\alpha_1 f_c \left[bx\left(h_0-\frac{x}{2}\right)+(b_f'-b)h_f'\left(h_0-\frac{h_f'}{2}\right)+(b_f'-b)(h_f+x-h)\left(h_f-\frac{h_f+x-h}{2}-a_s\right)\right]+f_y' A_s'(h_0-a_s') \tag{6.48}$$

式中 $x$ 大于 $h$ 时取 $x=h$ 计算。

对于小偏心受压构件，还应满足下列条件：

$$N_u\left[\frac{h}{2}-a_s'-(e_0-e_a)\right]\leqslant \alpha_1 f_c\left[bh\left(h_0'-\frac{h}{2}\right)+(b_f'-b)h_f'\left(h_0'-\frac{h_f}{2}\right)+(b_f'-b)h_f'\left(\frac{h_f'}{2}-a_s'\right)\right]+f_y' A_s(h_0'-a_s) \tag{6.49}$$

远离纵向力一侧的受力钢筋应力 $\sigma_s$ 仍按式(6.11)计算。

不对称配筋I形截面偏心受压构件计算方法与前述矩形截面的计算方法及步骤并无原则性区别，只需注意翼缘的作用。

### 6.8.2 对称配筋偏心受压构件

I形截面受压构件一般为对称截面($b_f'=b_f$，$h_f'=h_f$)，且对称配筋($A_s=A_s'$，$f_y=f_y'$，$a_s=a_s'$)的预制柱。与对称配筋矩形截面判别大、小偏心受压构件类似，由式(6.43)可得

$$N=\alpha_1 f_c[bx+(b_f'-b)h_f'] \tag{6.50}$$

则

$$x=\frac{N-\alpha_1 f_c(b_f'-b)h_f'}{\alpha_1 f_c b} \tag{6.51}$$

按式(6.51)求得受压区高度 $x$ 后即可知 $\xi=\dfrac{x}{h_0}$，若 $\xi\leqslant\xi_b$，则为大偏心受压；若 $\xi>\xi_b$，则为小偏心受压。

(1) 大偏心受压构件

由式(6.51)计算的 $x$（或 $\xi$），若 $x\leqslant h_f'$，则式(6.41)和式(6.42)转化为对称配筋计算公式

$$N=\alpha_1 f_c b_f' x \tag{6.52}$$

$$Ne=\alpha_1 f_c b_f' x\left(h_0-\frac{x}{2}\right)+f_y'A_s'(h_0-a_s') \tag{6.53}$$

由式(6.52)可求出 $x$。

当 $2a_s'<x\leqslant h_f'$时，利用式(6.53)可求得钢筋截面面积 $A_s'$，并使 $A_s'=A_s$。

当 $x<2a_s'$时，取 $x=2a_s'$，对受压区合力点取矩，直接求得钢筋截面面积 $A_s$；再取 $A_s'=0$，按非对称配筋构件重新计算 $A_s$，两者取较小值，并使 $A_s'=A_s$。

若 $x>h_f'$，则代入式(6.44)可求得钢筋截面面积 $A_s'$，并使 $A_s'=A_s$。

(2) 小偏心受压构件

同对称配筋矩形截面小偏心受压构件的计算，可推导出通过腹板的相对受压区高度 $\xi$ 的简化公式

$$\xi=\frac{N-\alpha_1 f_c[\xi_b bh_0+(b_f'-b)h_f']}{\dfrac{Ne-\alpha_1 f_c[0.43bh_0^2+(b_f-b)h_f'(h_0-0.5h_f')]}{(\beta_1-\xi_b)(h_0-a_s')}+\alpha_1 f_c bh_0}+\xi_b \tag{6.54}$$

进而求得钢筋截面面积 $A_s$。

I形截面小偏心受压构件除进行弯矩作用平面内的计算外，在垂直于弯矩作用平面也应按轴心受压构件进行验算，此时应按 $l_0/i$ 查出 $\varphi$ 值，$i$ 为截面垂直于弯矩作用平面方向的回转半径。

对于截面复核，可参照矩形截面大、小偏心受压构件的步骤进行计算。

**【例 6.10】** 已知某钢筋混凝土柱，其截面尺寸为 $h_f=h_f'=120$ mm，$b_f'=b_f=400$ mm，$h=800$ mm，$b=120$ mm 的I形截面。采用 C30 混凝土，HRB400 钢筋，$a_s=a_s'=35$ mm，$l_c/i=15$，对称配筋，承受轴向力设计值 $N=780$ kN，弯矩设计值 $M_1=0.8M_2$，$M_2=550$ kN·m，求钢筋截面面积。

**【解】** (1) 判别大、小偏心受压构件

$$A=400\times800-(400-120)\times(800-2\times120)=163200\ \text{mm}^2$$

$$\frac{N}{f_c A}=\frac{780\times10^3}{14.3\times163200}=0.334<0.9$$

$$\frac{l_c}{i}=15<34-12\frac{M_1}{M_2}=34-12\times0.8=24.4$$

故

$$M=M_2$$

由式(6.51)得

$$x=\frac{N-\alpha_1 f_c(b_f'-b)h_f'}{\alpha_1 f_c b}$$

$$=\frac{780000-1.0\times14.3\times(400-120)\times120}{1.0\times14.3\times120}=174.545\begin{matrix}<\xi_b h_0=0.518\times765=396.3\ \text{mm}\\>h_f'=120\ \text{mm}\end{matrix}$$

属于大偏心受压构件。

(2) 求配筋 $A_s(A_s')$

$$e_0=\frac{M}{N}=\frac{550000}{780}=705.13\ \text{mm},e_a=\left(20,\frac{800}{30}\right)_{max}=26.67$$

$$e_i=e_0+e_a=705.13+26.67=731.8\ \text{mm}$$

$$e=e_i+\frac{h}{2}-a_s=731.8+400-35=1096.8\ \text{mm}$$

代入式(6.44)有

$$Ne=\alpha_1 f_c[bx(h_0-0.5x)+(b_f'-b)h_f'(h_0-0.5h_f')]+f_y'A_s'(h_0-a_s')$$

$$A_s=A_s'$$

$$=\frac{Ne-\alpha_1 f_c[bx(h_0-0.5x)+(b_f'-b)h_f'(h_0-0.5h_f')]}{f_y'(h_0-a_s')}$$

$$=\frac{780000\times1096.8-1.0\times14.3\times[120\times174.545\times(765-174.545/2)+(400-120)\times120\times(765-120/2)]}{360\times(765-35)}$$

$$=1193.96\ \text{mm}^2$$

$$\rho=\frac{A_s}{bh}\times100\%=\frac{1193.96}{400\times800}\times100\%=0.37\%>\rho_{min}'=0.2\%$$

选筋:3$\Phi$22(1140 mm²)。

**【例 6.11】** 条件同例 6.10,但 $N=1600$ kN,$M_1=0.8M_2$,$M_2=436$ kN·m,试求配筋。

**【解】** (1) 判别大、小偏心受压构件

$$\frac{N}{f_c A}=\frac{1600\times10^3}{14.3\times163200}=0.686<0.9$$

由式(6.51)得

$$x=\frac{N-\alpha_1 f_c(b_f'-b)h_f'}{\alpha_1 f_c b}$$

$$=\frac{1600000-1.0\times14.3\times(400-120)\times120}{1.0\times14.3\times120}=652.4\begin{matrix}>\xi_b h_0=396.3\ \text{mm}\\<h-h_f=800-120=680\ \text{mm}\end{matrix}$$

属于小偏心受压构件。

(2) 求配筋 $A_s(A_s')$

$$e_0=\frac{M}{N}=\frac{436000}{1600}=272.5\ \text{mm},$$

$$e_i=272.5+26.67=299.2\ \text{mm}$$

$$e=e_i+\frac{h}{2}-a_s'=299.2+400-35=664.2\ \text{mm}$$

由式(6.54)有

$$\xi=\frac{N-\alpha_1 f_c[\xi_b bh_0+(b_f'-b)h_f']}{\dfrac{Ne-\alpha_1 f_c[0.43bh_0^2+(b_f'-b)h_f'(h_0-0.5b_f')]}{(\beta_1-\xi_b)(h_0-a_s')}+\alpha_1 f_c bh_0}+\xi_b$$

$$=\frac{1600000-1.0\times14.3\times[0.518\times120\times765+(400-120)\times120]}{\dfrac{1600000\times664.2-1.0\times14.3\times[0.43\times120\times765^2+(400-120)\times120\times705]}{(0.8-0.518)\times(765-35)}+1.0\times14.3\times120\times765}+0.518$$

$=0.679$

则

$$A_s=A_s'$$

$$=\frac{Ne-\alpha_1 f_c[(b_f'-b)h_f'(h_0-h_f'/2)+\xi(1-0.5\xi)bh_0^2]}{f_y'(h_0-a_s')}$$

$$=\frac{1600000\times664.2-1.0\times14.3\times[(400-120)\times120\times(765-60)+0.679\times(1-0.5\times0.679)\times120\times765^2]}{360\times730}$$

$$=1041.1\ \text{mm}^2$$

$$\rho=\frac{A_s}{bh}\times100\%=\frac{1041.1}{400\times800}\times100\%=0.33\%>\rho'_{\min}=0.2\%$$

选筋：3Φ22（1140 $\text{mm}^2$）。

## 6.9 偏心受压构件 $N$-$M$ 相关曲线

偏心受压构件到达承载能力极限状态时，截面承受的轴向力 $N$ 与弯矩 $M$ 并不是独立的，而是相关的。亦即给定轴力 $N$ 时，有其唯一对应的弯矩 $M$；或者说构件可以在不同的 $N$ 和 $M$ 组合下达到极限强度。因此，以轴向力 $N$ 为竖轴，弯矩 $M$ 为横轴，可在平面上绘出极限承载力 $N$ 与 $M$ 的相关曲线，由大小偏心受压构件正截面承载力计算公式可分别推导出截面中 $M$ 与 $N$ 之间的关系式（均为二次函数），如图6.19所示。

对于给定的偏心受压正截面，是否会发生强度破坏是由两个变量 $N$ 和 $M$ 共同决定的，这一点和受弯正截面（是否破坏只由 $M$ 决定）和轴心受压正截面（是否破坏只由 $N$ 决定）不同。当材料或构件是否会破坏取决于两个变量的大小时，常用"强度包络图"来作为理论分析和试验结果表述的工具。偏心受压构件的 $N$-$M$ 相关曲线也正是这样一种强度包络图。

$N$-$M$ 相关曲线是偏心受压构件承载力计算的依据。平面内任意一点（$N$，$M$），若处于此曲线之内，则表明该截面不会破坏；若处于此曲线之外，则表明该截面破坏；若该点恰好在曲线上，则处于极限状态。凡 $ab$ 曲线上任意一点的一组（$N$，$M$）组合，都将引起受压的小偏心破坏；而 $bc$ 曲线上的任意一点所对应的组合都将引起受拉的大偏心破坏。

由曲线走向可以看出：在大偏心受压破坏情况下，随着轴向压力 $N$ 的增大，截面所能承受的弯矩 $M$ 也相应提高。$b$ 点为钢筋与混凝土同时达到其强度设计值的界限状态；在小偏心受压情况下，随着轴向压力 $N$ 的增大，截面所能承担的弯矩 $M$ 反而降低了。

当 $x>h$ 时，中和轴已位于截面以外，推导出的 $M$ 与 $N$ 之间的二次函数关系全然不能应用，应力图形发生了变化，这个观点可用图6.20来说明。图6.20中给出了在极限荷载下的一个截面中与不同的中和轴位置相对应的一系列应变分布图形。当 $x<h$ 时，边缘纤维的压应变为0.0033。而当 $x>h$ 时，极限的情况是 $x\to\infty$，这是发生在偏心距为零和轴向荷载为 $N_0$ 的时候。这时要注意到与 $N_0$ 相应的截面应变分布是均匀的，应变值是0.002，因为在这个应变状态下轴心受压的混凝土试件达到了最大应力。在图6.19中，$M$ 与 $N$ 之间的二次函数关系不能应用的那一段相互作用曲线（虚线）是能画出来的，因为可由 $N_0$ 值把这根曲线的终点固定下来。

$N$-$M$ 关系曲线的意义在于：

(1) 该曲线展示了在截面一定（尺寸、配筋和材料）时，从正截面轴心受压、偏心受压至受弯间连续过渡的全过程中截面承载力的变化规律。图6.19中 $a$ 点为轴心受压情况，$c$ 点为受弯情况。

(2) 曲线上任意一点的坐标（$N$，$M$）代表一组截面承载力。如果作用于截面上的内力 $N$、$M$ 坐标点位于图中曲线内侧（如 $d$ 点），说明截面在该点对应的内力作用下未达到承载力极限状态，是安全的；若位于曲线外侧（如 $e$ 点），则表明截面在该点对应的内力作用下承载力不足。

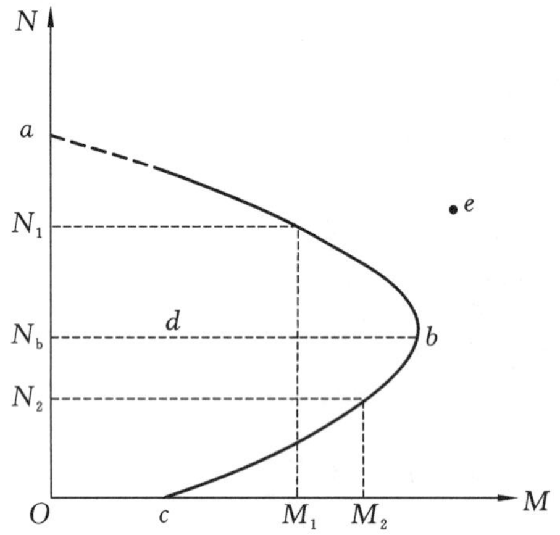


图 6.19　$N$-$M$ 相关曲线

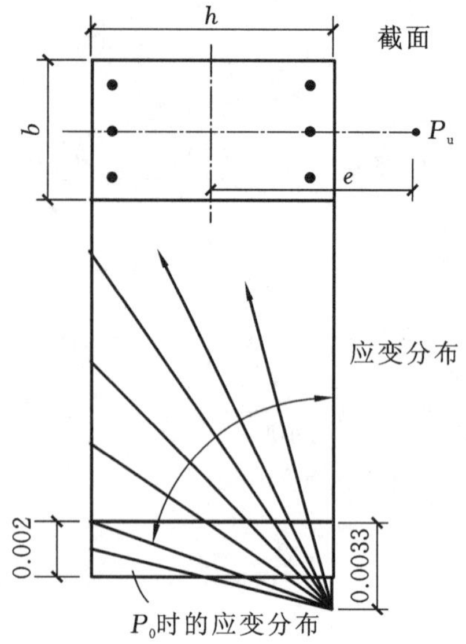


图 6.20　截面应变分布

$N$-$M$ 关系曲线分为大偏心受压和小偏心受压两种情况的曲线段，其特点为：

(1) $M=0$ 时，$N$ 最大；$N=0$ 时，$M$ 不是最大；界限状态时，$M$ 最大。

(2) 小偏心受压时，$N$ 随 $M$ 的增大而减小，亦即在相同的 $M$ 值下，$N$ 值愈大愈不安全，$N$ 值愈小愈安全；大偏心受压时，$N$ 随 $M$ 的增大而增大，亦即在某一 $M$ 值下，$N$ 值愈大愈安全，愈小愈不安全。

(3) 无论是小偏心受压还是大偏心受压，在相同的 $N$ 值下 $M$ 愈大愈不安全。

(4)由于对称配筋方式界限状态时所对应的 $N_b=\alpha_1 f_c b h_0 \xi$，故 $N_b$ 只与材料和截面有关，同配筋无关。

作用在结构上的荷载往往有多种，但它们不一定都会同时出现或同时达到最大值，在结构设计时要进行荷载组合。因此在受压构件同一截面上可能会产生多组 $N$、$M$ 内力，它们当中存在某一组内力对该截面起控制作用，即它对截面承载力为最不利，而这一组内力不容易凭直观从多组 $N$、$M$ 中挑选出来。但利用 $N$-$M$ 关系曲线的规律，可比较容易地找到最不利内力组合，这样就不必再对不起控制作用的若干组内力进行截面承载力计算，从而可大大减少计算工作量。例如：对称配筋方式的偏心受压构件，取 $N$、$M$ 的绝对值，寻找 $N_{max}$ 及与之相应的 $M$ 较大的内力，它有可能对小偏心受压情况起控制作用；寻找 $M_{max}$ 及与之相应的 $N$ 较小的内力，它有可能对大偏心受压情况起控制作用。

对于各种截面情况，可以画出一系列 $N$-$M$ 关系曲线，制成设计图表。截面设计或复核时，可以由这些曲线直接查得所需要的钢筋截面面积，或者 $N$ 和 $M$ 值。

## 6.10　双向偏心受压构件正截面承载力计算

前面所述的偏心受压构件是指在截面的一个主轴方向有偏心压力的情况。而实际工程中，常会遇到双向偏心受压构件，如框架结构的角柱。双向偏心受压构件是指轴力 $N$ 在截面的两个主轴方向都有偏心距，或构件同时承受轴心压力及两个方向弯矩的作用[图 6.1(c)]。

相关试验结果表明，双向偏心受压构件正截面的破坏形态与单向偏心受压构件正截面的破坏形态相似，也可分为大偏心受压(受拉破坏)和小偏心受压(受压破坏)。因此，计算单向偏心受压构件正截面承载力时所采用的基本假定也可应用于双向偏心受压构件承载力的计算。

单向偏心受压构件正截面承载力计算中，因截面对称于弯矩作用平面，中和轴与弯矩作用平面垂直，所以受压区混凝土面积和内力臂均较易确定。双向偏心受压构件正截面承载力计算时，其中和轴一般不与截面主轴相垂直，是倾斜的，与主轴有一个 $\varphi$ 值的夹角（图 6.21），截面的混凝土受压区形状较为复杂，可能是三角形、梯形和多边形，同时，钢筋的应力也不均匀，有的应力可达到其屈服强度，有的应力则较小，距中和轴愈近，其应力愈小。

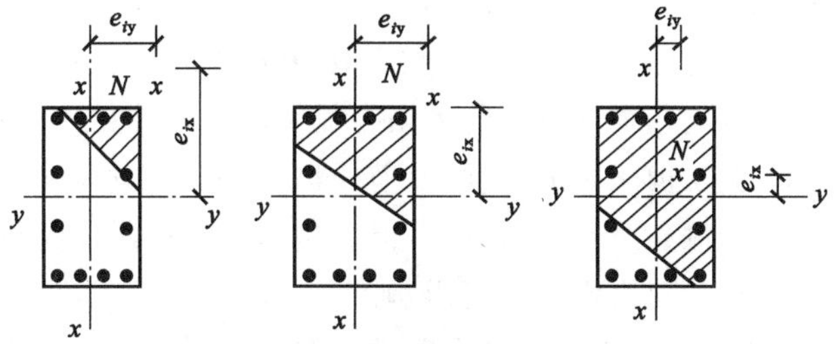


**图 6.21　双向偏压的受压区外形**

（阴影部分为受压区面积）

在设计时，可假定截面应变符合平截面假定。受压区边缘的极限应变值 $\varepsilon_{cu}=0.0033$（对于斜向偏压情况，采用此值相对偏小）。受压区应力分布图仍近似简化成等效矩形应力图。

双向偏心受压精确计算的过程是烦琐的，必须借助于计算机才能求解。

对于常用的截面尺寸、不同配筋布置情况，可利用计算机计算后，制成图表手册，以供设计使用。

图 6.22 是双向偏心受压构件 $N$-$M$ 相关曲面，也称为破坏曲面。曲面上的等轴力线是一条接近椭圆的曲线，当轴力作用于矩形截面对角线上时，曲线与椭圆的偏离最大。有人曾利用该曲线的特点，建立了一些近似计算公式来进行双向偏心受压正截面承载力计算。

目前各国的相关规范都采用近似的简化方法来计算双向偏心受压构件的正截面承载力，既能达到一般设计要求的精度，又便于手算。

现采用的近似简化方法是应用弹性阶段应力叠加的方法推导求得的。设计时，先拟定构件的截面尺寸和钢筋布置方案，并假定材料处于弹性阶段。根据材料力学原理，倪克勤推导出双向偏心受压构件正截面承载力计算公式。

$$N=\frac{1}{\dfrac{1}{N_{ux}}+\dfrac{1}{N_{uy}}-\dfrac{1}{N_{uo}}} \tag{6.55}$$

式中　$N_{uo}$——构件截面轴心受压承载力设计值，此时考虑全部纵筋，但不考虑稳定系数 $\varphi$；

$N_{ux}$，$N_{uy}$——轴向力作用于 $x$ 轴及 $y$ 轴，考虑相应的初始偏心距 $e_{ix}$、$e_{iy}$ 及偏心距增大系数 $\eta_x$、$\eta_y$ 后，按全部纵向钢筋计算的构件偏心受压正截面承载力设计值。

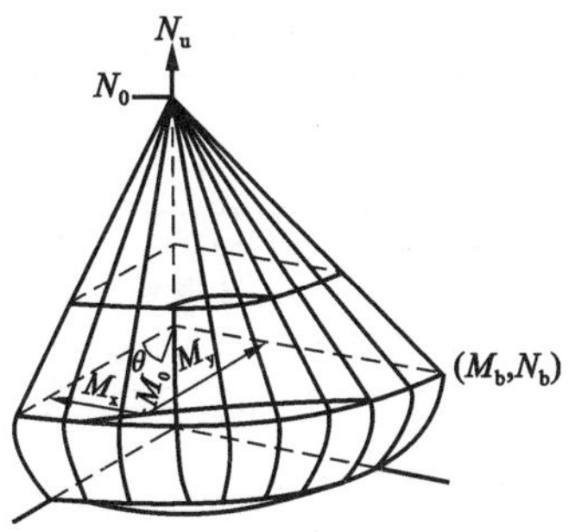


**图 6.22　双向偏心受压 $N$-$M$ 相关曲面**

上式计算结果与试验结果符合程度较好，但在具体计算中，求 $N_{ux}$、$N_{uy}$ 的过程比较复杂。因为位于中和轴上的钢筋应力为零，其两边分别受拉和受压，而中和轴的位置又与受拉钢筋和受压钢筋的数量有关，因此中和轴的位置可能要经过试算才能得到。且式（6.55）只能用于复核截面，不便于直接设计截面。为了简化计算和便于直接设计截面，对于对称配筋的矩形截面双向偏心受压构件正截面承载力，也可采用一些其他的方法，如直接设计法等。

## 6.11 偏心受压构件斜截面承载力计算

一般情况下，偏心受压构件的剪力值相对较小，但对于有较大水平力作用的框架柱、有横向力作用的桁架上弦压杆等，剪力影响相对较大，必须考虑其斜截面受剪承载力。

试验表明，轴向压力对构件抗剪起有利作用，主要是由于轴力的存在不仅能阻滞斜裂缝的出现和开展，且能使构件各点的主拉应力方向与构件轴线的夹角与无轴向力构件相比均有增大，因而临界斜裂缝与构件轴线的夹角较小，增加了混凝土剪压区的高度，使剪压区的面积相对增大，从而提高了剪压区混凝土的抗剪能力。但是，临界斜裂缝的倾角虽然有所减小，但斜裂缝水平投影长度与无轴向压力构件相比基本不变，故对跨越斜裂缝箍筋所承担的剪力没有明显影响。

轴向压力对构件抗剪承载力的有利作用是有限度的。图 6.23 列出了一组构件的试验结果，在轴压比 $N/(f_c bh)$ 较小时，构件的抗剪承载力随轴压比的增大而提高，当轴压比 $N/(f_c bh)=0.3\sim0.5$ 时，抗剪承载力达到最大值，再增大轴向压力，则构件抗剪承载力反而会随着轴向压力的增大而降低，并转变为带有斜裂缝的小偏心受压正截面破坏。

根据图 6.23 和图 6.24 的试验结果，并考虑一般偏心受压框架柱两端在节点处是有约束的，因而在轴向压力作用下的偏心受压构件受剪承载力，采用在无轴力受弯构件连续梁的受剪承载力公式的基础上增加一项附加受剪承载力的办法，来考虑轴向压力对构件受剪承载力的有利影响。矩形截面偏心受压构件的受剪承载力计算公式为：

$$V\leqslant\frac{1.75}{\lambda+1.0}f_t bh_0+f_{yv}\frac{A_{sv}}{s}h_0+0.07N \tag{6.56}$$

式中 $\lambda$——偏心受压构件计算截面的剪跨比；

$N$——与剪力设计值 $V$ 相应的轴向压力设计值，当 $N>0.3f_cA$ 时，取 $N=0.3f_cA$，$A$ 为构件截面面积。

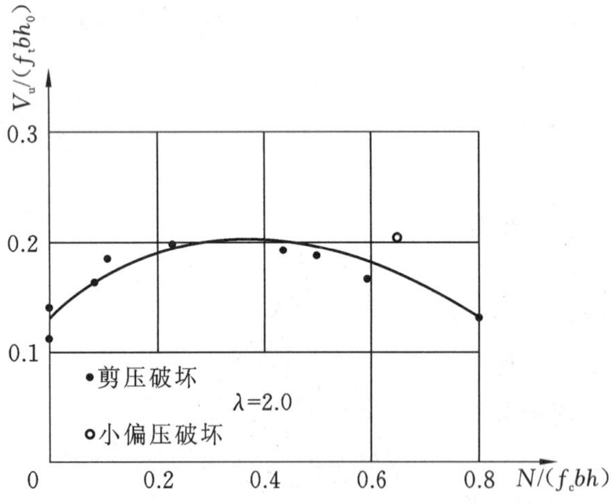


图 6.23 $V_u/(f_t bh_0)$与 $N/(f_c bh)$的关系

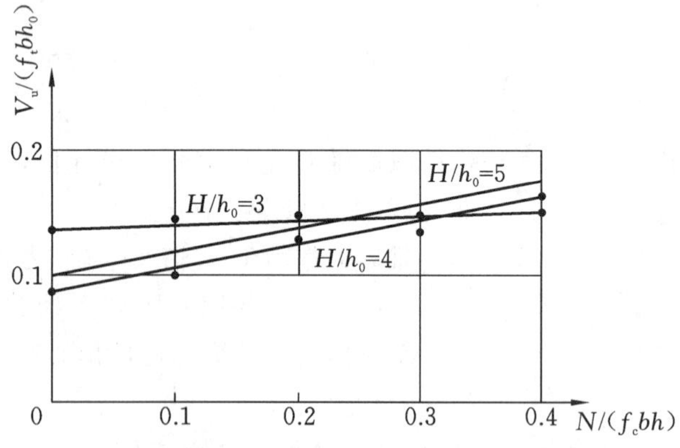


图 6.24 不同高宽比时 $V_u/(f_t bh_0)$与 $N/(f_c bh)$的关系

计算截面的剪跨比根据“广义剪跨比”（参见第 5.4 节）的概念考虑，按下列规定取用：

(1) 对框架柱，取 $\lambda=H_n/2h_0$；当 $\lambda<1$ 时，取 $\lambda=1$；当 $\lambda>3$ 时，取 $\lambda=3$，此处 $H_n$ 为柱净高。

(2) 对其他偏心受压构件，当承受均布荷载时，取 $\lambda=1.5$；当承受集中荷载时（包括作用有多种荷载，且集中荷载对支座截面或节点边缘所产生的剪力值占总剪力值的 75%以上的情况），取 $\lambda=\frac{a}{h_0}$；当 $\lambda<1.5$ 时，取 $\lambda=1.5$；当 $\lambda>3$ 时，取 $\lambda=3$，此处，$a$ 为集中荷载到支座或节点边缘的距离。

试验还表明，$\rho_{sv}f_{yv}/f_c$ 过大时，箍筋用量的增大，并不能充分发挥作用，即会产生混凝土的斜向压碎，引起斜压型剪切破坏，因此，《混凝土结构设计标准》规定，对矩形截面框架柱的截面必须满足

$$V\leqslant 0.25\beta_c f_c b h_0 \tag{6.57}$$

此外，当满足

$$V\leqslant \frac{1.75}{\lambda+1.0}f_t b h_0+0.07N \tag{6.58}$$

的条件时，则可不进行斜截面抗剪承载力计算，而仅需按普通箍筋的轴心受压构件的规定配置构造箍筋。

## 本章小结

(1) 钢筋混凝土轴心受压短柱的破坏是因材料(混凝土和钢筋)达到各自极限强度而导致的，但钢筋混凝土轴心受压长柱的强度比同样截面的短柱要低，反映降低程度的稳定系数是以实测统计为基础确定的。

(2) 螺旋式(或焊接环式)箍筋通过对核芯混凝土的约束，可间接地提高构件的承载力。分析表明，螺旋式(或焊接环式)箍筋对构件承载力的提高比等体积的纵筋对构件承载力的贡献高得多，所以这种以横向约束提高构件承载力的办法非常有效，也常用于受压构件的工程加固。

(3) 偏心受压构件是以受拉钢筋首先屈服还是受压混凝土首先压碎(或受拉钢筋是否屈服)来判别大、小偏心受压破坏类型的，所以与受弯构件一致，也可以以 $\xi\leqslant\xi_b$ 或 $\xi>\xi_b$ 来判别构件的破坏类型。

(4) 钢筋混凝土偏心受压长柱承载力计算要考虑外荷载作用下因构件弹塑性变形引起的附加偏心的影响。

(5) 偏心受压构件计算的基本公式都反映在计算简图中。计算简图中共有 4 个轴向力，明确它们之间的位置关系后，应用混凝土等效矩形受压区的概念，再根据大小偏心判断出钢筋是否屈服，就可以很容易地写出基本计算公式。

(6) 偏心受压构件计算复杂。计算的要点一是掌握计算的主线，包括计算简图、基本公式及适用条件以及为解题设立的补充条件；二是在计算过程中随时注意计算的中间结果是否符合适用条件和补充条件；三是掌握当发现计算结果不符合适用条件、补充条件时的处理方法。

(7) 对于一个给定截面、材料的偏心受压构件，其承载力 $N$、$M$ 会有无数组，但可以画出一根确定的 $N$-$M$ 关系曲线。由该曲线可知：当为大偏心受压时，截面所受 $N$ 越大，则同时可承受的 $M$ 也会越大；当为小偏心受压时，截面所受 $N$ 越大，则同时可承受的 $M$ 会越小。

## 思考题与习题

6.1 在轴心受压构件中配置纵向钢筋的作用是什么？为什么要控制纵向钢筋的最小配筋率？

6.2 试简述在普通箍筋柱和螺旋式箍筋柱中，箍筋各有什么作用？布置原则有哪些？

6.3 分析在轴心受压构件中，荷载、配筋率对纵向钢筋与混凝土应力变化规律的影响。

6.4 在轴心受压构件中受压钢筋在什么情况下会屈服？什么情况下达不到屈服？设计中如何考虑？钢筋抗压强度取值应注意什么问题？为什么？为什么宜采用较高强度等级的混凝土？

6.5 轴心受压短柱的破坏特征是什么？长柱和短柱的破坏特点有何不同？计算中如何考虑长柱影响？

6.6 配置螺旋式箍筋为什么可以使柱的承载力提高？若用矩形螺旋箍筋能否达到同样的效果？为什么？

6.7 怎样确定受压构件的计算长度？

6.8 配有普通箍筋与螺旋式箍筋轴心受压构件在工作机理和计算方法上的区别是什么？

6.9 螺旋式箍筋柱的适用条件是什么？为何限制这些条件？

6.10　偏心受压长柱随 $l_0/h$ 的变化可能发生哪几种破坏？

6.11　矩形截面大、小偏心受压破坏有何本质区别？其判别条件是什么？

6.12　附加偏心距的物理意义是什么？

6.13　为何不对称配筋小偏心受压构件要对离偏心压力较远一侧的混凝土先被压坏的情况进行验算？为何该验算公式不考虑 $\eta$ 值？又为何 $e_0$ 与 $e_a$ 是相减关系？

6.14　为何不对称配筋偏心受压构件设计时，可用 $e_i>0.3h_0$（或 $e_i\leqslant0.3h_0$）来判断是哪一种偏心受压情形？而对称配筋，须用 $\xi\leqslant\xi_b$（或 $\xi>\xi_b$）来判断大、小偏心受压构件？

6.15　在偏心受压不对称配筋截面设计中，当 $e_i>0.3h_0$ 时，在什么情况下会出现 $\xi>\xi_b$？这种情况是大偏心受压还是小偏心受压？设计这样的截面是否合理？应如何改进？

6.16　为何要对小偏心受压构件进行垂直于弯矩方向截面的承载能力验算？

6.17　偏心受压构件如何选择材料、纵筋、箍筋直径及间距？构件截面尺寸如何确定？

6.18　偏心距的变化对偏心受压构件的承载力有何影响？

6.19　在进行大偏心受压构件截面设计时，①在什么情况下假定 $\xi=\xi_b$？当求得的 $A_s'\leqslant0$ 或 $A_s\leqslant0$ 时，应如何处理？②当 $A_s'$为已知时，是否也可假定 $\xi=\xi_b$？如何求得 $A_s$？③若出现 $\xi<2a_s'/h_0$ 的情况该如何求钢筋面积？④什么情况下 $A_s$ 可按 $A_s=Ne'/[f_y(h_0-a_s')]$计算，这是否安全可靠？在什么情况下，计算中可不考虑受压钢筋 $A_s'$的作用？

6.20　在进行小偏心受压构件截面设计时，若 $A_s$ 和 $A_s'$均为未知，为什么一般取 $A_s$ 等于最小配筋量？在什么情况下 $A_s$ 可能超过最小配筋量，如何计算？

6.21　在 I 形截面对称配筋的截面设计中，如何判别中和轴位置？

6.22　偏心受压短柱和长柱的承载力有什么不同？计算时如何考虑？

6.23　在偏心受压构件中，为什么采用对称配筋方式？它与非对称配筋方式在承载力计算时有什么不同？哪种配筋方式计算总用钢量偏多？为什么？

6.24　简述 $N$-$M$ 关系曲线的特点，并指出它在截面设计时的用途。

6.25　偏心受压构件有几种破坏特征？在 $N$-$M$ 相关图中是怎样表达的？

6.26　怎样确定偏心受压构件截面发生界限破坏时的偏心距？

6.27　有三根矩形截面偏心受压短柱，材料、截面尺寸等均相同，总的钢筋面积 $A_s+A_s'$也相同，不同的是受拉钢筋面积在总的钢筋面积中的比例$[a=A_s/(A_s+A_s')]$，分别为 $a>0.5$、$a=0.5$、$a<0.5$，试绘出三种情况下截面承载能力的 $N$-$M$ 关系曲线，并说明理由。

6.28　如何考虑偏心受压构件斜截面抗剪承载力的计算？与受弯构件抗剪承载力计算有何异同？

6.29　双向偏心受压构件钢筋在截面上应如何布置？均匀对称配筋构件截面上，各钢筋的应力是否屈服？若不屈服，应如何计算？

6.30　已知柱截面尺寸 350 mm×350 mm，柱的计算长度 $l_0=5$ m，轴向力设计值 $N=1600$ kN，混凝土采用 C30，纵向钢筋采用 HRB400 级（$f_y=f_y'$），计算其配筋 $A_s'$。

6.31　某多层房屋现浇钢筋混凝土框架的底层中柱，采用方形截面，其尺寸为 400 mm×400 mm，配有 4 根直径为 25 mm的 HRB400 钢筋。混凝土采用 C25，计算跨度 $l_0=7$ m，则该柱承受的轴向力 $N$ 为多少？

6.32　一现浇圆形截面柱，其计算长度 $l_0=4.3$ m，承受设计轴向力 $N=2100$ kN，混凝土采用 C25，纵筋采用 6 根直径为 20 mm 的 HRB400 钢筋，螺旋箍筋用 HPB300 级，若柱截面直径为 400 mm 时，试求柱螺旋箍筋用量。

6.33　已知矩形截面柱 $b\times h=400$ mm×500 mm，柱的计算长度 $l_0=7$ m，轴向力设计值 $N=2100$ kN，弯矩设计值 $M_1=0.8M_2$，$M_2=185$ kN·m，混凝土采用 C25，纵向钢筋采用 HRB400（$f_y=f_y'$），求纵向受力钢筋 $A_s$ 和 $A_s'$。

6.34　已知条件同题 6.33，但 $N=2600$ kN，$M_2=175$ kN·m，求纵向受力钢筋 $A_s$ 和 $A_s'$。

6.35　矩形截面柱 $b\times h=400$ mm×600 mm，计算长度 $l_0=10.2$ m，轴向力设计值 $N=1000$ kN，弯矩设计值 $M_1=0.8M_2$，$M_2=300$ kN·m，混凝土采用 C30，纵向钢筋采用 HRB400（$f_y=f_y'$），已知纵向受压钢筋截面面积 $A_s'=1520$ mm²，求所需受拉钢筋面积 $A_s$。

6.36　已知矩形截面柱 $b\times h=300$ mm×600 mm，计算长度 $l_0=4.8$ m，轴向力设计值 $N=3000$ kN，弯矩设计值 $M_1=0.8M_2$，$M_2=336$ kN·m，混凝土采用 C30，钢筋采用 HRB400，求 $A_s$ 和 $A_s'$。

6.37　已知柱的截面尺寸 $b\times h=300$ mm×600 mm，柱的计算长度 $l_0=4.8$ m，轴向力设计值 $N=3000$ kN，弯矩设计

值 $M_1=0.8M_2$，$M_2=168$ kN·m，混凝土采用 C30，纵向钢筋采用 HRB400（$f_y=f'_y$），求纵向受力钢筋 $A_s$ 和 $A'_s$。

6.38 已知柱截面尺寸 $b\times h=300$ mm×500 mm，计算长度 $l_0=6$ m，混凝土采用 C25，纵向钢筋采用 HRB400（$f_y=f'_y$），截面配筋 $A'_s=1140$ mm²，$A_s=402$ mm²，轴向力设计值 $N=1800$ kN，$M_1=0.8M_2$，求此柱所能承受的最大弯矩值 $M$。

6.39 已知柱截面尺寸 $b\times h=400$ mm×500 mm，计算长度 $l_0=6$ m.混凝土采用 C35，纵向钢筋采用 HRB400（$f_y=f'_y$），截面配筋 $A'_s=628$ mm²，$A_s=1256$ mm²，$M_1=0.8M_2$，求当 $e_0=300$ mm 时，柱截面承受的设计轴向力 $N$ 及弯矩 $M_2$ 是多少？

6.40 已知条件同题 6.39，求当 $e_0=95$ mm 时，柱截面承受的设计轴向力 $N$ 及弯矩 $M_2$ 是多少？

6.41 已知柱截面尺寸 $b\times h=300$ mm×600 mm，柱的计算长度 $l_0=4.8$ m，轴向力设计值 $N=1000$ kN，弯矩设计值 $M_1=0.8M_2$，$M_2=300$ kN·m。混凝土采用 C25，纵向钢筋采用 HRB400（$f_y=f'_y$），求对称纵向受力钢筋面积 $A_s(A'_s)$。

6.42 已知矩形截面柱 $b\times h=400$ mm×600 mm，柱的计算长度 $l_0=4$ m，轴向力设计值 $N=1530$ kN，弯矩设计值 $M_1=0.8M_2$，$M_2=345$ kN·m，混凝土采用 C25，纵向钢筋采用 HRB400（$f_y=f'_y$），求对称纵向受力钢筋面积 $A_s(A'_s)$。

6.43 已知条件同题 6.42，但 $N=2500$ kN，求对称纵向受力钢筋面积 $A_s(A'_s)$。

6.44 I 形截面柱截面尺寸 $b_f=b'_f=500$ mm，$h_f=h'_f=120$ mm，$b\times h=100$ mm×1000 mm，柱的计算长度 $l_0=11.5$ m，轴向力设计值 $N=1700$ kN，弯矩设计值 $M_1=0.8M_2$，$M_2=700$ kN·m，混凝土采用 C30，纵向钢筋采用 HRB400（$f_y=f'_y$），求纵向受力钢筋面积 $A_s$ 和 $A'_s$。

6.45 某对称配筋偏心受压柱，$b\times h=300$ mm×400 mm，柱的计算长度 $l_0=3.6$ m，混凝土采用 C30，纵向钢筋采用 HRB400（$f_y=f'_y$），该柱的控制截面中作用有以下两组设计内力。第一组：$N=564$ kN，$M_1=0.8M_2$，$M_2=151$ kN·m；第二组：$N=325$ kN，$M_1=0.8M_2$，$M_2=142$ kN·m，试先初步判断哪一组内力为最不利，再通过计算确定出两组内力作用下所需的受力钢筋面积，并验证原判断是否正确。

# 7 受拉构件承载力计算

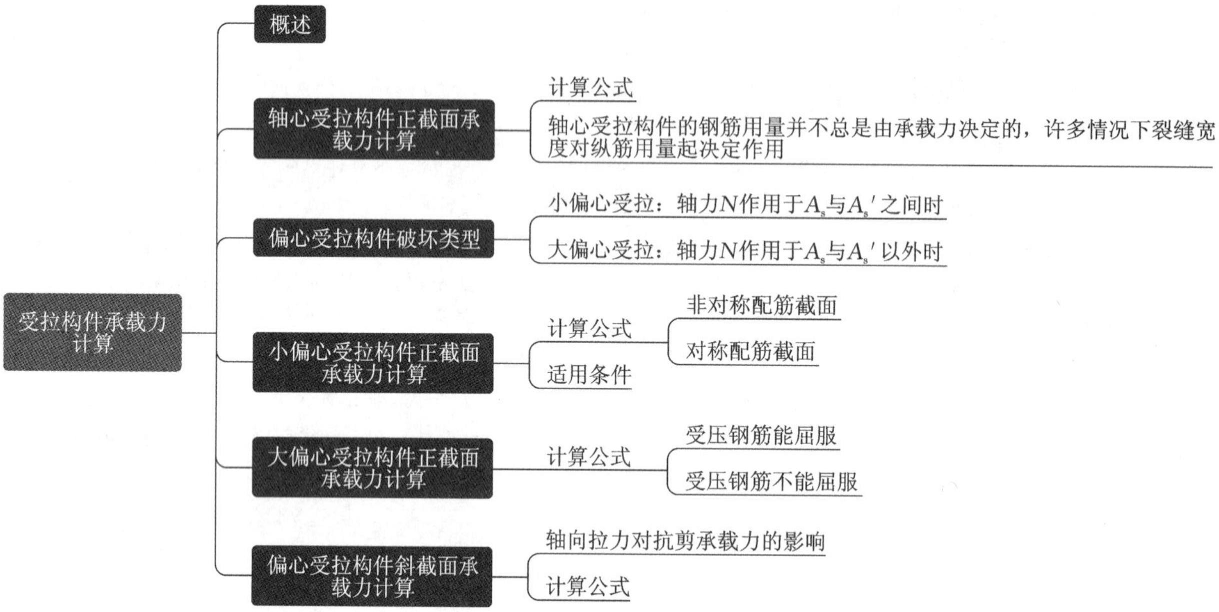


**本 章 提 要**

本章内容为轴心受拉构件和偏心受拉构件的正截面承载力计算，以及偏心受拉构件的斜截面承载力计算。难点是大偏心受拉正截面的承载力计算。学习时应与双筋受弯和偏心受压构件的知识联系起来，总结异、同之处，以便于理解和记忆。

## 7.1 概　　述

承受纵向拉力的构件称为受拉构件。当纵向拉力作用线与构件截面形心轴线重合时为轴心受拉构件；当纵向拉力作用线偏离构件截面形心轴线时，或构件上既作用有拉力又作用有弯矩时，则称为偏心受拉构件。

有些构件，如钢筋混凝土桁架中的拉杆、有内压力的圆管管壁、圆形水池的环形池壁等，可以按轴心受拉构件计算。

在钢筋混凝土结构中也会遇到偏心受拉构件。例如联肢剪力墙的某些墙肢、双肢柱的某些肢杆、悬伸式桁架承受节间竖向荷载的受拉上弦杆，以及一般屋架承担节间荷载的下弦杆等都属于偏心受拉构件。此外，经常遇到的矩形筒仓、斗仓及水池，其仓壁或池壁同时受到轴向拉力及弯矩的作用，故也属于偏心受拉构件。

用钢筋混凝土构件承受拉力，从充分利用材料强度的角度来看并不合理，因为混凝土的抗拉强度很低，承受拉力时不能充分发挥其强度；从减轻构件开裂的角度来看也不合适，因为混凝土在较小的拉力作用下就会开裂，构件中的裂缝宽度将随着拉力的增加而不断加大。因此，不少承受较大拉力的构件被做成钢构件而不是钢筋混凝土构件。

在钢筋混凝土结构中局部有受拉构件时，如将受拉构件做成钢构件，不仅会给施工带来不便，也会因处理钢筋混凝土和钢构件之间的连接构造而给设计带来不便，在此情况下也常将受拉构件设计为钢筋混凝土构件。此时，拉力由构件中的纵向钢筋承担，外围混凝土对钢筋起防护作用，因此与纯钢构件相比，可以免去经常性的维护，而且构件的刚度也较纯钢构件略大。实际工程中，这类构件有钢筋混凝土屋架或托架的受拉弦杆以及拱的拉杆等。此时一定要采取措施把构件的裂缝宽度控制在允许的范围内。

钢筋混凝土结构中的有些构件，在大多数时间里都是承受轴向压力，但在某些荷载组合下却承受轴向拉力，从而发生内力变号现象。这类构件一般都设计成钢筋混凝土构件，在设计时要按受压构件和受拉构件两种情况进行承载力计算，也要按受拉构件进行裂缝计算。这类构件的典型例子是钢筋混凝土屋架中的部分腹杆。

混凝土的抗拉强度低，一般钢筋混凝土受拉构件在外拉力不大时，混凝土就会出现裂缝。因此除了强度计算外，还需要进一步做抗裂度或裂缝宽度的验算。

钢筋混凝土轴心受拉构件一般采用正方形、矩形或其他对称截面，纵向钢筋在截面中对称布置或沿周边均匀布置(图 7.1)，偏心受拉构件的截面多为矩形。由于偏心受拉构件的截面作用有弯矩，所以矩形截面的长边宜和弯矩作用平面平行，纵向钢筋布置在短边上(图 7.2)。轴心受拉和偏心受拉构件中的纵向钢筋配筋都应满足最小配筋率的要求。

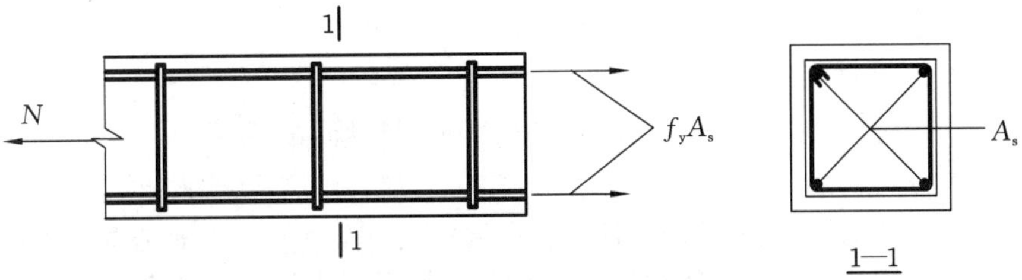


**图 7.1　钢筋混凝土轴心受拉构件**

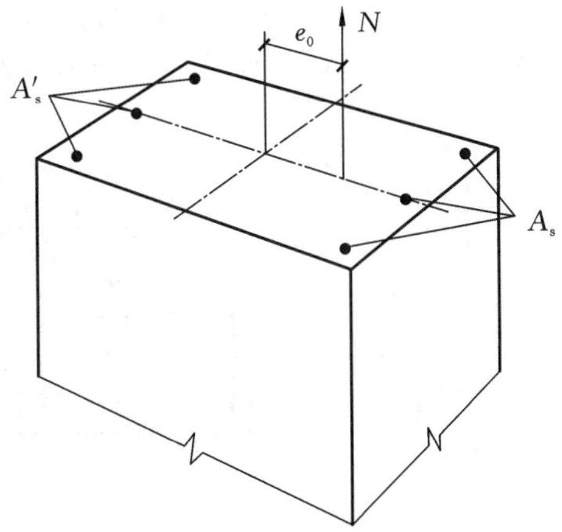


**图 7.2　钢筋混凝土偏心受拉构件的截面**

从受力的角度看，轴心受拉构件中并不需要箍筋，但为了形成钢筋骨架，仍必须设置箍筋。如屋架下弦箍筋间距一般不宜大于 200 mm，箍筋直径为 4～6 mm。偏心受拉构件要进行斜截面抗剪计算，配置箍筋时应考虑抗剪要求。偏心受拉杆件中的箍筋一般宜满足有关受弯构件箍筋的各项构造要求。水池等薄壁构件中一般双向都有钢筋，形成钢筋网。

【视频资源】

## 7.2 轴心受拉构件正截面承载力计算

钢筋混凝土轴心受拉构件开裂以前，混凝土与钢筋共同承担拉力；开裂以后，开裂截面混凝土退出工作，全部拉力由钢筋承担；破坏时整个截面全部裂通。所以，轴心受拉构件的正截面承载力按下列公式计算：

$$N \leqslant f_y A_s \tag{7.1}$$

式中 $N$——轴向拉力设计值；

$f_y$——钢筋抗拉强度设计值，为了控制受拉构件在使用荷载下的变形和裂缝开展，轴心受拉和小偏心受拉构件的 $f_y$ 大于 360 N/mm$^2$ 时，仍应按 360 N/mm$^2$ 取用。

应该注意，轴心受拉构件的钢筋用量并不总是由强度要求决定的，在许多情况下，裂缝宽度验算对纵筋用量起决定作用。

**【例 7.1】** 某钢筋混凝土屋架的下弦杆，按轴心受拉构件设计。其拉力设计值为 $N=300$ kN。若截面为矩形且尺寸为 $b\times h=200$ mm×140 mm，混凝土强度等级为 C25，钢筋为 HRB400 级，试按正截面承载力要求计算所需纵向受力钢筋的面积。

**【解】** 由附表 5 查得 HRB400 级钢筋 $f_y=360$ N/mm$^2$，有

$$A_s=\frac{N}{f_y}=\frac{300000}{360}=833\ \text{mm}^2$$

## 7.3 两种偏心受拉构件

我们可以把偏心受拉构件正截面的受力性能看作是介于受弯($N=0$)和轴心受拉($M=0$)之间的一种过渡状态。因此，根据截面中作用的弯矩和轴向拉力的比值不同，也就是轴向拉力偏心距 $e_0=M/N$ 的不同，截面的受力情况将出现明显的差异。偏心受拉构件按照轴向力 $N$ 作用在截面上位置(偏心距 $e_0$)的不同，有两种破坏形态。

设矩形截面上距轴向力 $N$ 较近一侧的纵向钢筋面积为 $A_s$，较远一侧为 $A_s'$(图 7.3)。当轴力 $N$ 作用于 $A_s$ 与 $A_s'$之间时，混凝土开裂后，纵向钢筋 $A_s$ 及 $A_s'$均受拉，中和轴在截面以外[图 7.3(a)]，这种情况称为小偏心受拉。

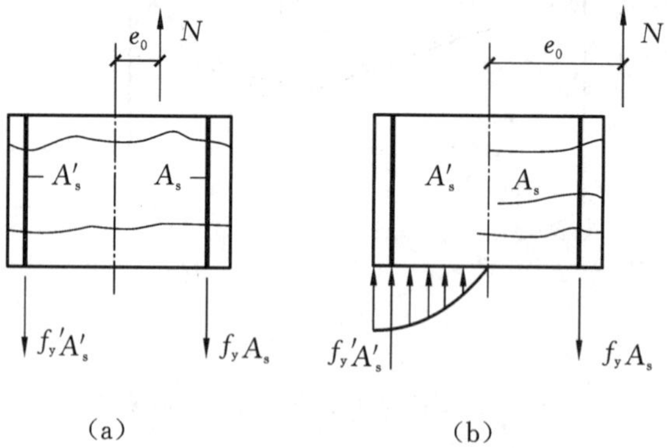


**图 7.3 两种偏心受拉构件**

(a) 小偏心受拉；(b) 大偏心受拉

【视频资源】

当轴力 $N$ 的偏心距较大，从而 $N$ 作用于钢筋 $A_s$ 与 $A_s'$间距以外时，截面部分受压、部分受拉。受拉区混凝土开裂以后，由力矩平衡关系可知，截面必定保留有受压区，不会形成贯通整个截面的通缝，距轴力较远一侧钢筋 $A_s'$及混凝土受压[图 7.3(b)]。这种情况称为大偏心受拉。

受拉构件计算时无须考虑二次弯矩的影响，也无须考虑初始偏心距，直接按偏心距 $e_0$ 计算。

## 7.4 小偏心受拉构件正截面承载力计算

在小偏心拉力作用下，临破坏之前截面全部裂通，拉力完全由钢筋承受，如图 7.4 所示。在这种情况下，构件破坏时钢筋的应力都达到屈服强度。根据平衡条件，可写出小偏心受拉构件的计算公式

$$Ne \leqslant f'_y A'_s (h_0 - a'_s) \tag{7.2}$$

$$Ne' \leqslant f_y A_s (h_0 - a'_s) \tag{7.3}$$

式中 $e = \dfrac{h}{2} - e_0 - a_s$；

$e' = \dfrac{h}{2} + e_0 - a'_s$。

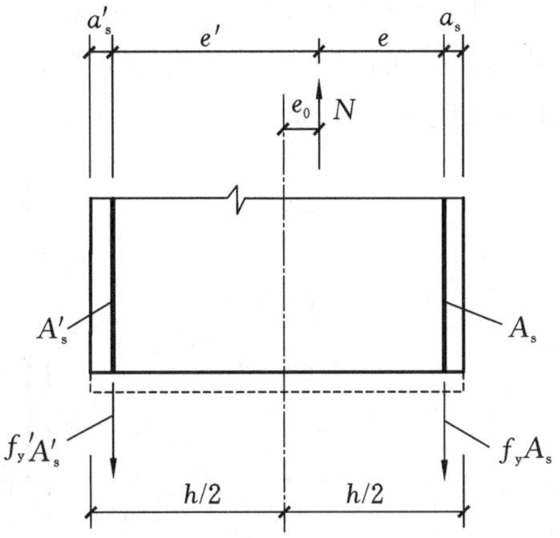

图 7.4 小偏心受拉构件截面受力情况

【视频资源】

若小偏心受拉选用对称配筋截面，则每侧都只能按由式(7.2)、式(7.3)算得的偏大的钢筋截面面积配置钢筋，有

$$A_s = A'_s = \frac{Ne'}{f_y(h_0 - a'_s)} \tag{7.4}$$

复核截面时，将已知条件直接代入式(7.2)、式(7.3)和式(7.4)检查是否满足即可。

**【例 7.2】** 偏心受拉构件的截面尺寸为 $b = 300$ mm，$h = 450$ mm，$a_s = a'_s = 35$ mm；构件承受轴向拉力设计值 $N = 760$ kN，弯矩设计值 $M = 72$ kN·m，混凝土强度等级为 C30，钢筋为 HRB400，试计算钢筋截面面积 $A_s$ 和 $A'_s$。

**【解】** (1) 判别破坏类型 $h_0 = 450 - 35 = 415$ mm

$e_0 = \dfrac{72000000}{760000} = 94.74 \text{ mm} < \dfrac{h}{2} - a_s = \dfrac{450}{2} - 35 = 190$ mm，为小偏心破坏。

(2) 求 $A_s$ 和 $A'_s$

$$e = \frac{h}{2} - e_0 - a_s = \frac{450}{2} - 94.74 - 35 = 95.26 \text{ mm}$$

$$e' = \frac{h}{2} + e_0 - a'_s = \frac{450}{2} + 94.74 - 35 = 284.74 \text{ mm}$$

$$A'_s = \frac{Ne}{f'_y(h_0 - a'_s)} = \frac{760000 \times 95.26}{360 \times (415 - 35)} = 529 \text{ mm}^2$$

$$A_s = \frac{Ne'}{f_y(h_0 - a'_s)} = \frac{760000 \times 284.74}{360 \times (415 - 35)} = 1582 \text{ mm}^2$$

(3) 验算最小配筋率

$$\rho_{\min} = \rho'_{\min} = 0.45\frac{f_t}{f_y} = 0.45 \times \frac{1.43}{360} = 0.00179 < 0.002，取\ \rho_{\min} = \rho'_{\min} = 0.2\%$$

$$\rho' = \frac{A'_s}{b \times h} = \frac{529}{300 \times 450} = 0.0039 = 0.39\% > \rho'_{\min} = 0.2\%$$

$$\rho = \frac{A_s}{b \times h} = \frac{1582}{300 \times 450} = 0.0117 = 1.17\% > \rho_{\min} = 0.2\%$$

(4) 选择钢筋的直径和根数

离轴拉力较远侧钢筋选用 2⌀20($A'_s = 628$ mm$^2$)；

离轴拉力较近侧钢筋选用 4⌀25($A_s = 1964$ mm$^2$)。

## 7.5 大偏心受拉构件正截面承载力计算

在大偏心拉力作用下，破坏之前截面虽然开裂，但没有裂通，仍然有混凝土受压区存在。离偏心力较近一侧的钢筋受拉屈服；另一侧钢筋受压，在一般情况下会屈服，但特殊情况下也可能不屈服。截面上的受力情况如图 7.5 所示。

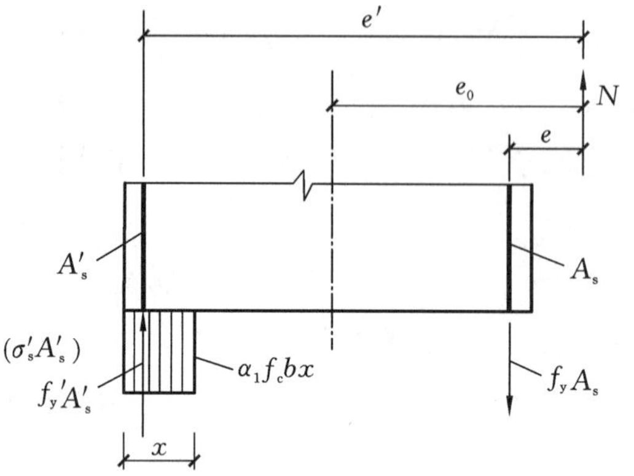


**图 7.5 大偏心受拉构件截面受力情况**

构件破坏时，如果钢筋 $A_s$ 和 $A'_s$的应力都达到屈服强度，那么根据平衡条件有基本计算公式

$$N\leqslant f_yA_s-f'_yA'_s-\alpha_1f_cbx \tag{7.5}$$

$$Ne\leqslant\alpha_1f_cbx\left(h_0-\frac{x}{2}\right)+f'_yA'_s(h_0-a'_s) \tag{7.6}$$

式中

$$e=e_0-\frac{h}{2}+a_s$$

基本公式的适用条件为

$$2a'_s\leqslant x\leqslant\xi_bh_0 \tag{7.7}$$

如果 $x>\xi_bh_0$，则受压区混凝土将可能先于受拉钢筋屈服而被压碎。这与超筋受弯构件的破坏形式类似。由于这种破坏是无预告的和脆性的，而且受拉钢筋的强度也没有得到充分利用，这种情况在设计中应当避免。

如果 $x<2a'_s$，截面破坏时受压钢筋不能屈服，此时可以取 $x=2a'_s$，即假定受压区混凝土的压力与受压钢筋承担的压力的作用点相重合。于是，利用对受压钢筋形心的力矩平衡条件即可写出

$$Ne'=A_sf_y(h_0-a'_s) \tag{7.8}$$

或直接计算 $A_s$ 的公式：

$$A_s=\frac{Ne'}{f_y(h_0-a'_s)} \tag{7.9}$$

式(7.5)、式(7.6)中的 $\alpha_1$ 取值与受弯构件相同。

在截面设计时，如果 $A'_s$及 $A_s$ 均未知，尚需补充一个条件：为使 $A'_s+A_s$ 最小，同偏心受压构件一样，应取 $\xi=\xi_b$。如果已知 $A'_s$求 $A_s$，那么先根据式(7.6)求出 $\xi$，再检查是否满足适用条件式(7.7)，如发现 $\xi>\xi_b$，说明 $A'_s$过小，应加大后重新计算；如发现 $\xi<2a'_s$，说明受压钢筋不屈服，应按式(7.9)计算 $A_s$。

复核截面时，可对偏心力作用点取矩求出 $x$，再用式(7.5)的平衡条件求出承载力 $N_u$，将 $N_u$ 与截面内力 $N$ 相比较即可。如果计算过程中发现 $x>\xi_bh_0$，说明 $A_s$ 配置过多，不能屈服。此时应计算钢筋应力 $\sigma_s$，所用方法和公式同受压构件，然后对偏心力作用点取矩求出 $x$，再用式(7.5)求出 $N_u$。

**【例 7.3】**某矩形钢筋混凝土贮仓的仓壁如图 7.6 所示，厚度 $h=140$ mm，混凝土强度等级为 C30，钢筋

为 HPB300 级。在某个 1 m 高的仓壁范围内，仓壁垂直截面内作用有水平轴心拉力 $N=22.5$ kN，弯矩 $M=16.88$ kN·m(该弯矩使仓壁外侧受拉，内侧受压)。试按正截面承载力确定在这段 1 m 高的垂直截面中沿内壁和外壁需要配置的水平受力钢筋。

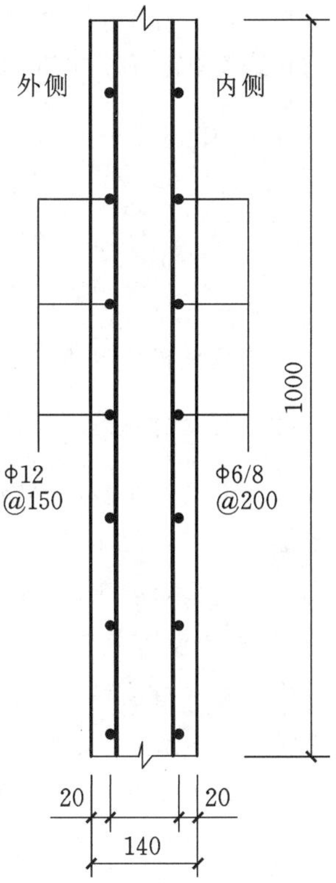

**图 7.6　贮仓壁**

**【解】** 由图 7.6 中可以看出 $a_s=a_s'=20$ mm。

$$e_0=\frac{M}{N}=\frac{16880000}{22500}=750\ \text{mm}>\frac{h}{2}-a_s=70-20=50\ \text{mm}$$

截面属于大偏心受拉。由于 $A_s'$ 和 $A_s$ 均为未知，故取 $\xi=\xi_b$，

$$\xi_b h_0=0.576\times(150-20)=74.88\ \text{mm}$$

$$e=e_0-\frac{h}{2}+a_s=750-70+20=700\ \text{mm}$$

$$A_s=\frac{Ne-\alpha_1 f_c bx\left(h_0-\dfrac{x}{2}\right)}{f_y'(h_0-a_s)}$$

$$=\frac{22500\times700-1.0\times14.3\times1000\times74.88\times\left(120-\dfrac{74.88}{2}\right)}{270\times(120-20)}$$

$$=-2690.9\ \text{mm}^2<0$$

表明按计算不需要受压钢筋，但按构造要求受压钢筋应为 $A_s'=\rho_{\min}'bh_0=0.002\times1000\times120=240\ \text{mm}^2$。选Φ 6/8@150，$A_s'=262\ \text{mm}^2$，置于仓壁内侧，然后按已知 $A_s'$ 求 $A_s$，需重新求 $\xi$。

$$\alpha_s=\frac{Ne-f_y'A_s'(h_0-a_s')}{\alpha_1 f_c bh_0^2}=\frac{22500\times700-270\times262\times(120-20)}{1.0\times14.3\times1000\times120^2}=0.0421$$

$$\xi=1-\sqrt{1-2\alpha_s}=1-\sqrt{1-2\times0.0421}=0.043<\xi_b=0.576$$

$$x=0.043\times120=5.16\ \text{mm}<2a_s'=2\times20=40\ \text{mm}$$

受压钢筋不能屈服，则

$$e'=e_0+\frac{h}{2}-a_s=750+70-20=800\ \text{mm}$$

$$A_s=\frac{Ne'}{f_y(h_0-a_s')}=\frac{22500\times800}{270\times(120-20)}=666.7\ \text{mm}^2$$

$$\rho=\frac{A_s}{bh_0}\times100\%=\frac{666.7}{1000\times120}\times100\%=0.56\%>\rho_{\min}=0.45\frac{f_t}{f_y}\times100\%=0.45\times\frac{1.1}{270}\times100\%=0.18\%$$

实选Φ 12@150，$A_s'=754\ \text{mm}^2$，放置于仓壁外侧。截面配筋如图 7.6 所示。

## 7.6　偏心受拉构件斜截面承载力计算

轴向拉力的存在将使构件的抗剪承载力明显降低，而且降低的幅度随轴向拉力的增大而增大。但试验表明，构件内箍筋的抗剪能力基本上不受轴向拉力的影响，而是保持在与受弯构件相似的水准上不变。《混凝土结构设计标准》中考虑到偏心受拉构件的上述特点，建议采用下列抗剪强度计算公式

$$V\leqslant\frac{1.75}{\lambda+1.0}f_t bh_0+f_{yv}\frac{nA_{sv1}}{s}h_0-0.2N \tag{7.10}$$

式中　$N$——按设计剪力 $V$ 的相同荷载情况求得的相应设计轴向拉力；

$\lambda$——计算截面的剪跨比，按 6.11 节的规定取值。

从上式可以看出，不等式右侧的一、二项采用与受集中荷载的受弯构件相同的形式，第三项则考虑了轴向拉力对抗剪强度的降低作用。考虑到上面所说的构件内箍筋抗剪能力基本未变的特点，《混凝土结构设计标准》中还要求上式右侧计算出的数值不得小于 $f_{yv}\frac{nA_{sv1}}{s}h_0$。

## 本章小结

(1) 偏心受压与偏心受拉相反，靠近偏心拉力 $N$ 的钢筋为 $A_s$，离 $N$ 较远的为 $A_s'$。

(2) 偏心受拉时，$e_0<\frac{h}{2}-a_s$ 为小偏心，$e_0\geqslant\frac{h}{2}-a_s$ 为大偏心。

(3) 小偏心受拉破坏时全部拉力由钢筋承担，对 $A_s'$ 和 $A_s$ 取 $f_y$ 和 $f_y'$，分别对 $A_s'$ 和 $A_s$ 取矩就可得出基本公式用于配筋和复核。

(4) 大偏心受拉时，先对 $A_s$ 取 $f_y$，对 $A_s'$ 取 $f_y'$，受压区混凝土的合力为 $\alpha_1 f_c bx$，求得的 $x<2a_s'$ 时，说明 $A_s'$ 的应力没有达到 $f_y'$，其处理方法与大偏心受压破坏时的情况类似。

(5) 大偏心破坏截面设计时可能遇到两种情况：若 $A_s'$ 及 $A_s$ 均未知，可取 $\xi=\xi_b$。若已知 $A_s'$ 求 $A_s$，先求 $\xi$(或 $x$)并保证 $\xi\leqslant\xi_b$。还要检查 $A_s'$ 是否屈服，如不屈服则对 $A_s'$ 取矩求 $A_s$。

(6) 大偏心破坏截面的计算过程中应随时注意检查使用条件 $2a_s'\leqslant x\leqslant\xi_b h_0$，发现不符合时要加以处理。

## 思考题与习题

7.1 举例说明哪些结构构件可按轴心受拉构件计算，哪些构件按偏心受拉构件计算？

7.2 钢筋混凝土偏心受拉构件划分大、小偏心的条件是什么？大、小偏心破坏的受力特点和破坏特征各有何不同？

7.3 比较双筋梁、非对称配筋大偏心受压构件及大偏心受拉构件三者正截面承载力计算的异同。

7.4 一根钢筋混凝土偏心受拉杆件，截面为矩形，$b=250$ mm，$h=400$ mm。截面承受的纵向拉力设计值 $N=530$ kN，弯矩设计值 $M=62$ kN·m，若混凝土强度等级为C30，钢筋为HRB400级，试确定截面中所需的纵向钢筋数量。

7.5 已知某水池的池壁厚 $h=200$ mm，$a_s=a_s'=200$ mm，每米长度上的内力设计值 $N=400$ kN，$M=23$ kN·m，混凝土强度等级为C30，钢筋采用HPB300，求每米长度上的 $A_s$ 和 $A_s'$。

7.6 已知条件同题7.5，但 $N=315$ kN，$M=80$ kN·m，求每米长度上的 $A_s$ 及 $A_s'$。

# 8　受扭构件承载力计算

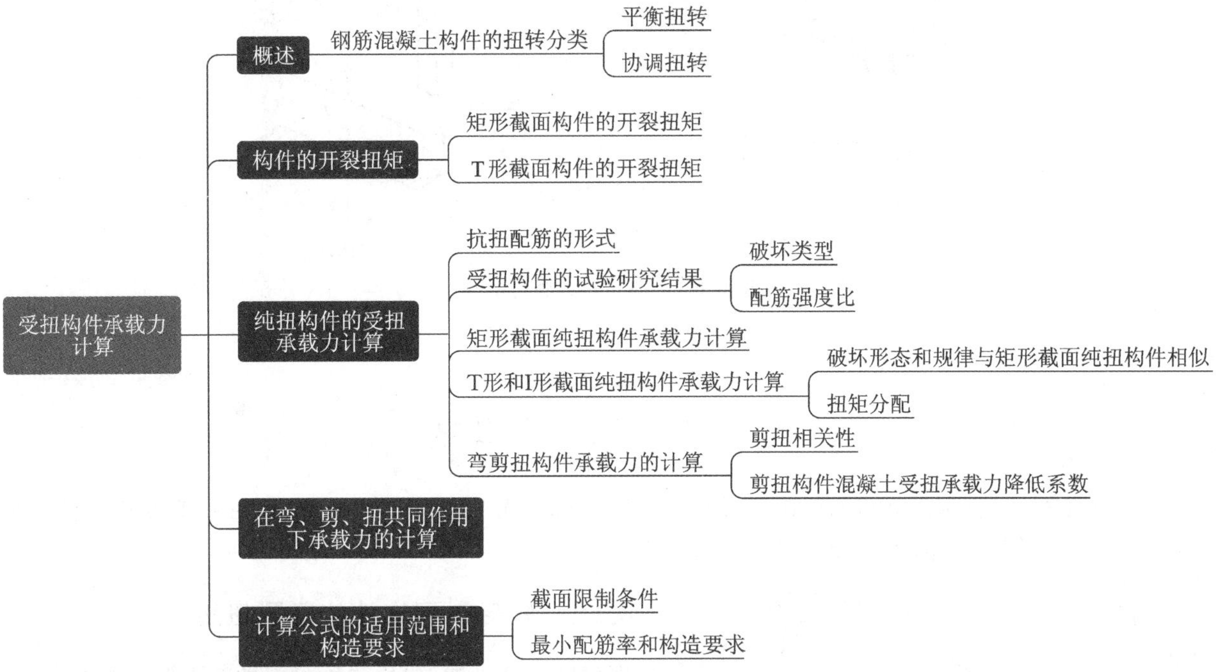


**本章提要**

本章内容为纯扭、剪扭和弯剪扭构件的受扭承载力计算，包括矩形、T形和I形截面。要真正理解导出截面受扭塑性抵抗矩时应用的截面塑性概念，剪扭相关性也是一个要点。在抗扭计算中要先检验截面限制条件和确定计算方法。抗扭箍筋的构造要求也应该掌握。

## 8.1　概　　述

扭转是钢筋混凝土结构中经常遇到的一种受力形式。框架的边梁，支撑悬臂板的雨篷梁、曲梁，吊车梁和螺旋楼梯等均承受扭矩的作用。结构构件极少处于纯扭矩作用，绝大多数都是处于弯矩、剪力和扭矩共同作用的复合受扭情况。

钢筋混凝土构件的扭转可以分为两类，即平衡扭转和协调扭转。若构件中的扭矩由荷载直接引起，其值可由平衡条件直接求出，此类扭转称为平衡扭转，如砌体结构中支撑悬臂板的雨篷梁[图 8.1(a)]。若扭矩是由相邻构件的位移受到该构件的约束而引起该构件的扭转，这种扭矩值需结合变形协调条件才能求得，这类扭转称为协调扭转，也称为附加扭转，如框架边梁受到次梁负弯矩的作用在边梁引起的扭转[图 8.1(b)]。对于平衡扭转，构件承受的扭矩大小可以由静力计算得出。对于协调扭转，则在构件受力过程中因混凝土的开裂和钢筋的屈服造成构件刚度变化，从而引起内力重分布，扭矩的大小不能由静力计算得出，而且和各受力阶段构件的刚度比有关，不是一个定值。

构件在扭矩作用下将产生剪应力和相应的主拉应力，当主拉应力超过混凝土的抗拉强度时，构件便会开裂，因此需要配置钢筋来提高构件的受扭承载力。钢筋混凝土构件的受扭承载力取决于配置抗扭钢筋的数量及布置方式。

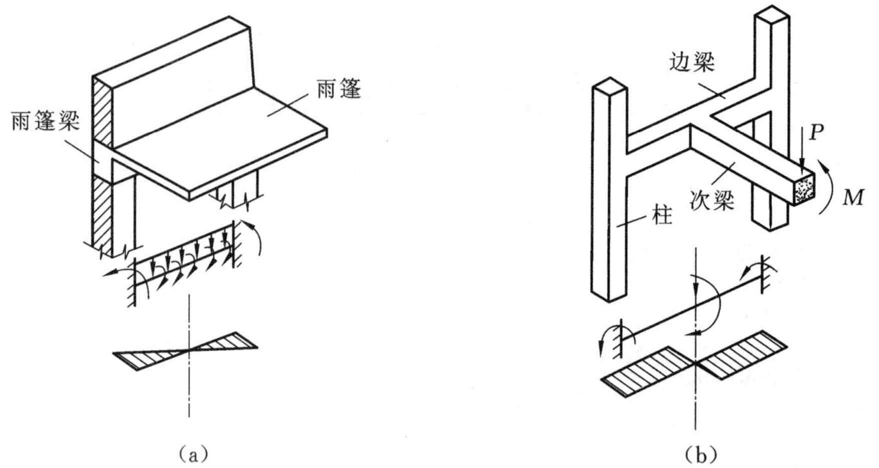


**图 8.1　平衡扭转和协调扭转**

(a) 平衡扭转；(b) 协调扭转

## 8.2　构件的开裂扭矩

试验表明，构件开裂前受扭钢筋应力很低，钢筋对开裂扭矩的影响不大。所以，在研究受扭构件开裂前的应力状态和开裂扭矩时，可以忽略钢筋的影响。

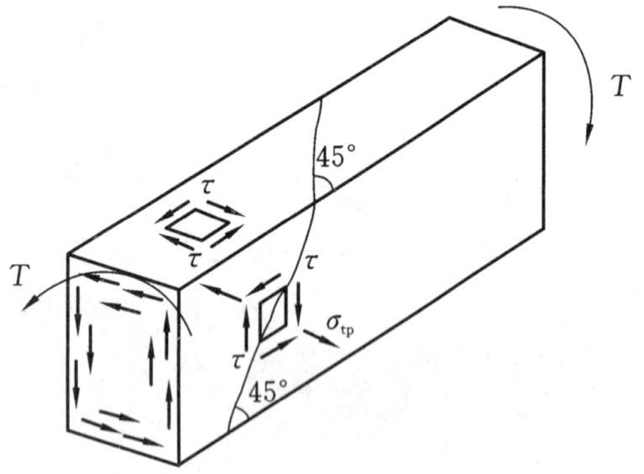


**图 8.2　受扭构件的开裂**

### 8.2.1　矩形截面构件的开裂扭矩

由材料力学可知，匀质弹性材料的矩形截面受扭时，截面上将产生剪应力(图 8.2)，截面剪应力的分布如图 8.3(a)所示，最大剪应力产生在矩形长边中点。由微元体平衡可知，主拉应力 $\sigma_{tp}=\tau$，其方向与构件轴线成 45°角。当主拉应力超过混凝土的抗拉强度时，首先将在截面长边中点处垂直于主拉应力方向上开裂，然后逐渐伸展，裂缝与纵轴线大致成 45°角。

对于理想的塑性材料来说，截面上某一点的应力达到强度极限时，构件并不立即破坏，只意味着局部材料开始进入塑性状态，构件仍能承受荷载，直到截面上的应力全部达到强度极限时，构件才达到其极限受扭承载力，这时截面上应力的分布如图 8.3(b)所示。

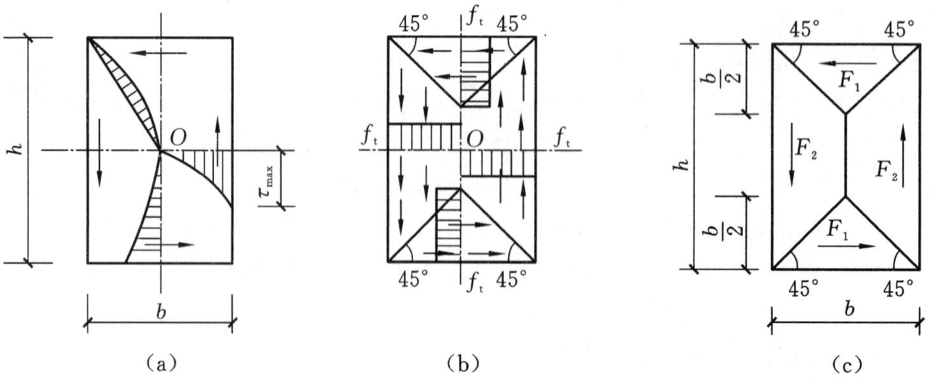


**图 8.3　弹性和塑性材料受扭截面应力分布**

(a) 弹性剪应力分布；(b) 塑性剪应力分布；(c) 开裂扭矩计算图示意

混凝土既不是理想的弹性材料也不是理想的塑性材料，而是介于两者之间的弹塑性材料。与实测的开裂扭矩相比，按理想的弹性应力分布计算的值偏低，而按理想的塑性应力分布计算的值又偏高。要想准确地确定截面真实的应力分布是十分困难的，比较切实可行的办法是在按塑性应力分布计算的基础上乘以一个降低系数。

设矩形截面的长边边长为 $h$，短边边长为 $b$，根据塑性力学理论，当截面上各点的剪应力都达到混凝土的抗拉强度 $f_t$ 时，构件才达到其极限扭矩。为了便于计算，可近似将截面上的剪应力分布划分为四个部分，即两个梯形和两个三角形[图 8.3(c)]。计算各部分剪应力的合力及相应组成的力偶，对截面的扭转中心 $O$ 点取矩，可求得按塑性应力分布时截面所能承受的极限扭矩为

$$T_u=\left[\frac{1}{2}\times b\times\frac{b}{2}\left(h-\frac{b}{3}\right)+2\times\frac{1}{2}\times\frac{b}{2}\times\frac{b}{2}\left(b-\frac{b}{3}\right)+(h-b)\times\frac{b}{2}\times\frac{b}{2}\right]f_t=\frac{b^2}{6}(3h-b)f_t \quad (8.1)$$

令 $W_t=\frac{b^2}{6}(3h-b)$，$W_t$ 称为受扭构件的截面受扭塑性抵抗矩，若截面为理想塑性材料，则

$$T_u=f_tW_t \quad (8.2)$$

混凝土不是理想塑性材料。试验表明，对于高强度混凝土，其降低系数约为 0.7，对于低强度混凝土，其降低系数接近 0.8，《混凝土结构设计标准》中统一取降低系数为 0.7。因此，可以得开裂扭矩的计算公式为

$$T_{cr}=0.7f_tW_t \quad (8.3)$$

### 8.2.2 T 形截面构件的开裂扭矩

对于 T 形、I 形、倒 L 形截面的受扭构件，可近似地将其截面视为由若干个矩形截面组成。当构件受扭整个截面转动 $\theta$ 角时，组成截面的各矩形分块也将各自扭转相同的角度 $\theta$，构件的截面受扭塑性抵抗矩 $W_t$ 为各矩形分块的受扭塑性抵抗矩之和，即

$$W_t=W_{tw}+W'_{tf}+W_{tf} \quad (8.4)$$

式中 $W_{tw}$——腹板部分矩形截面的受扭塑性抵抗矩；

$W'_{tf}$——受压区翼缘矩形截面的受扭塑性抵抗矩；

$W_{tf}$——受拉区翼缘矩形截面的受扭塑性抵抗矩。

$$W_{tw}=\frac{b^2}{6}(3h-b) \quad (8.5)$$

$$W'_{tf}=\frac{h_f'^2}{2}(b_f'-b) \quad (8.6)$$

$$W_{tf}=\frac{h_f^2}{2}(b_f-b) \quad (8.7)$$

式中 $b_f'$，$b_f$——截面受压区、受拉区的翼缘宽度；

$h_f'$，$h_f$——截面受压区、受拉区的翼缘高度。

将 T 形、I 形、倒 L 形等截面分成矩形截面的方法与腹板的宽度有关，当腹板的宽度大于上下翼缘的高度时，按图 8.4(a)所示方式划分；当腹板的宽度小于上下翼缘的高度时，按图 8.4(b)所示方式划分。

计算时取用的翼缘宽度应符合 $b_f'\leqslant(b+6h_f')$ 及 $b_f\leqslant(b+6h_f)$ 的规定。T 形、I 形、倒 L 形等截面构件的开裂扭矩仍按式(8.3)计算。

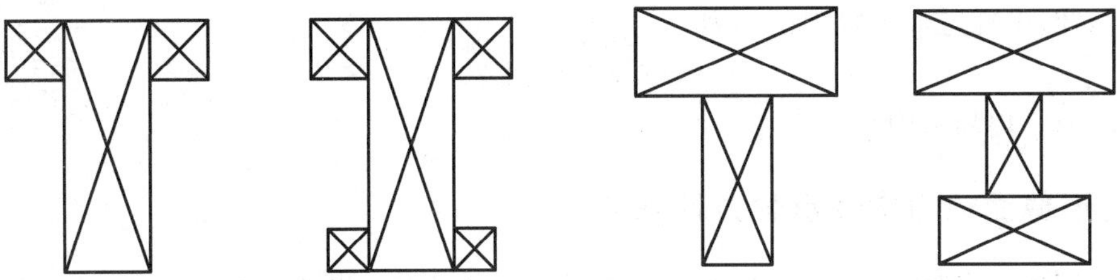

(a)　　　　(b)

**图 8.4　T 形、I 形分成矩形截面的方法**

(a) $b_f'\leqslant(b+6h_f')$ 的情况；(b) $b_f\leqslant(b+6h_f)$ 的情况

## 8.3 纯扭构件的受扭承载力计算

### 8.3.1 抗扭配筋的形式

扭矩在构件中引起的主拉应力轨迹线与构件的轴线成45°角，从这一点看，合理的抗扭配筋似乎应该是沿与构件的轴线成45°角方向布置的螺旋状箍筋。但由于螺旋状箍筋在受力上只能适应一个方向的扭转，而在实际工程中扭矩沿构件全长不改变方向的情况是比较少的，当扭矩改变方向时，螺旋状箍筋也必须相应地改变方向，这在构造上是很困难的。所以，在实际结构中都是采用横向封闭箍筋与纵向受力钢筋组成的空间骨架来抵抗扭矩。

### 8.3.2 受扭构件的试验研究结果

钢筋混凝土纯扭构件的试验表明，配筋对提高构件开裂扭矩的作用不大，但配筋的数量及形式对构件的极限扭矩有很大的影响，构件的受扭破坏形态和极限扭矩随配筋数量的不同而变化。

如果抗扭钢筋配得过少或过稀，裂缝一出现，钢筋很快屈服，配筋对破坏扭矩的影响不大，构件的破坏扭矩和开裂扭矩非常接近，这种破坏过程迅速而突然，属于脆性破坏，称为少筋破坏。当配筋数量过多，受扭构件在破坏前的螺旋裂缝会更多更密，构件由于混凝土压碎而破坏，破坏时箍筋和纵筋均未屈服。这种破坏与受弯构件的超筋梁类似，破坏时钢筋的强度没有得到充分利用，属于脆性破坏，称为超筋破坏。少筋破坏和超筋破坏均呈脆性，所以在设计中应避免。

由于抗扭钢筋由纵筋和箍筋两部分组成，纵筋和箍筋的配筋比例对构件的受扭承载力也有影响。当抗扭箍筋配置相对抗扭纵筋较少时，构件破坏时箍筋屈服而纵筋没有屈服；反之，当抗扭纵筋配置相对抗扭箍筋较少时，构件破坏时纵筋屈服而箍筋没有屈服。这两种破坏称为部分超筋破坏。部分超筋构件的延性比适筋构件要差一些，在设计中允许使用，只是不够经济。

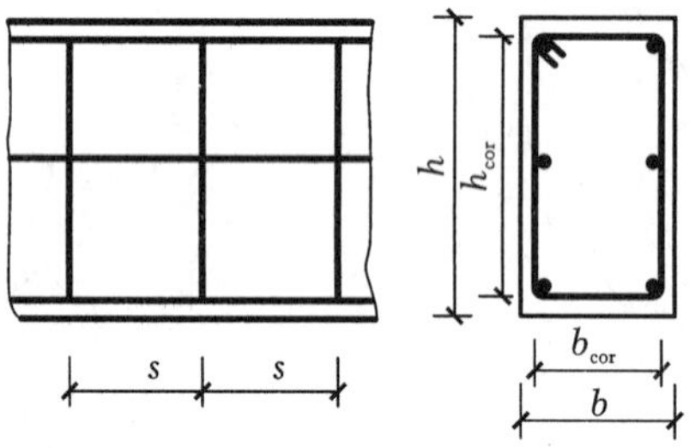

图 8.5 抗扭箍筋和抗扭纵筋

抗扭纵筋和抗扭箍筋的比例用纵筋与箍筋的配筋强度比来表示，设抗扭箍筋单肢的截面面积为 $A_{st1}$，间距为 $s$，抗扭纵筋总的截面面积为 $A_{stl}$，矩形截面的长边边长为 $h$，短边边长为 $b$（图 8.5）。$b_{cor}$ 和 $h_{cor}$ 分别为从箍筋内表面计算的截面核芯部分的短边和长边边长，$u_{cor}$ 为截面核芯部分的周长，$u_{cor}=2(b_{cor}+h_{cor})$，$f_y$ 和 $f_{yv}$ 分别为纵筋和箍筋的抗拉强度设计值，则定义纵筋与箍筋的配筋强度比 $\zeta$ 为

$$\zeta=\frac{\dfrac{f_yA_{stl}}{u_{cor}}}{\dfrac{f_{yv}A_{st1}}{s}}=\frac{f_yA_{stl}s}{f_{yv}A_{st1}u_{cor}} \tag{8.8}$$

根据试验结果，当 $0.5\leqslant\zeta\leqslant2.0$ 时，纵筋和箍筋一般都能较好地发挥其抗扭作用，为了稳妥起见，《混凝土结构设计标准》中规定 $\zeta$ 的限制范围为

$$0.6\leqslant\zeta\leqslant1.7 \tag{8.9}$$

在工程结构中常用的范围为 $\zeta=1.0\sim1.30$。

### 8.3.3 矩形截面纯扭构件承载力计算

当抗扭钢筋配置适当时，穿过裂缝的纵筋和箍筋在破坏时都可以达到屈服强度，不发生超筋破坏和少筋破坏。试验结果表明，构件的受扭承载力 $T_u$ 可认为由混凝土承担的扭矩 $T_c$ 和抗扭钢筋承担的扭矩 $T_s$ 两部分组成，即

$$T_u = T_c + T_s \tag{8.10}$$

根据国内大量试验研究的结果,《混凝土结构设计标准》中建议钢筋混凝土矩形截面纯扭构件的受扭承载力按下列公式计算(图 8.6)

$$T \leqslant 0.35 f_t W_t + 1.2\sqrt{\zeta} f_{yv} \frac{A_{st1} A_{cor}}{s} \tag{8.11}$$

$$\zeta = \frac{f_y A_{stl} s}{f_{yv} A_{st1} u_{cor}} \tag{8.12}$$

式中 $T$——扭矩设计值;

$W_t$——截面受扭塑性抵抗矩;

$f_t$——混凝土抗拉强度设计值;

$\zeta$——受扭构件纵向钢筋与箍筋的配筋强度比值;

$f_{yv}$——受扭箍筋抗拉强度设计值;

$A_{st1}$——受扭计算中沿截面周边所配置箍筋的单肢截面面积;

$A_{cor}$——截面核芯部分的面积,$A_{cor}=b_{cor}h_{cor}$,此处 $b_{cor}$ 和 $h_{cor}$ 分别为从箍筋内表面计算的截面核芯部分的短边和长边边长;

$s$——抗扭箍筋的间距;

$f_y$——抗扭纵筋抗拉强度设计值;

$A_{stl}$——受扭计算中取对称布置的全部纵向钢筋的截面面积;

$u_{cor}$——截面核芯部分的周长,$u_{cor}=2(b_{cor}+h_{cor})$。

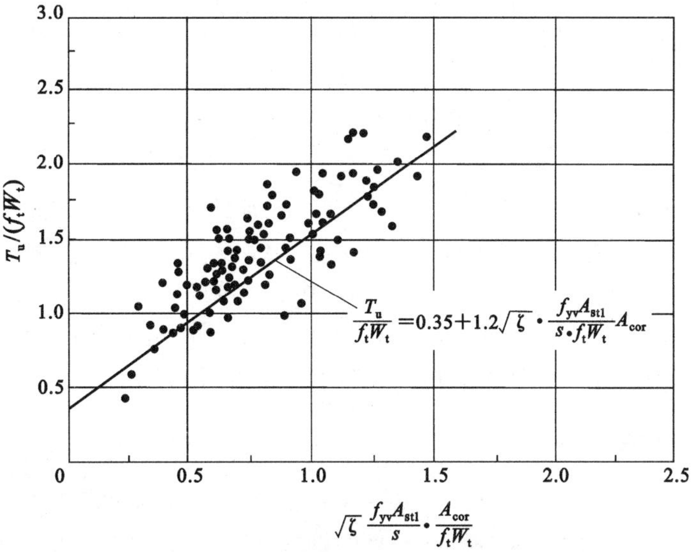


图 8.6 计算公式与试验值比较

### 8.3.4 T 形和 I 形截面纯扭构件承载力计算

试验表明,对于 T 形和 I 形截面纯扭构件,第一条斜裂缝首先出现在腹板侧面中部,其破坏形态和规律与矩形截面纯扭构件相似。图 8.7 为一腹板宽度大于翼缘高度的 T 形截面纯扭构件的裂缝开展情况,如果将其悬挑翼缘部分去掉,可以见到腹板裂缝与其顶面的裂缝基本相连,形成了大致相互贯通的螺旋形斜裂缝。这说明腹板裂缝的形成有其自身的独立性,受翼缘影响不大,可将腹板和翼缘分别进行抗扭计算。

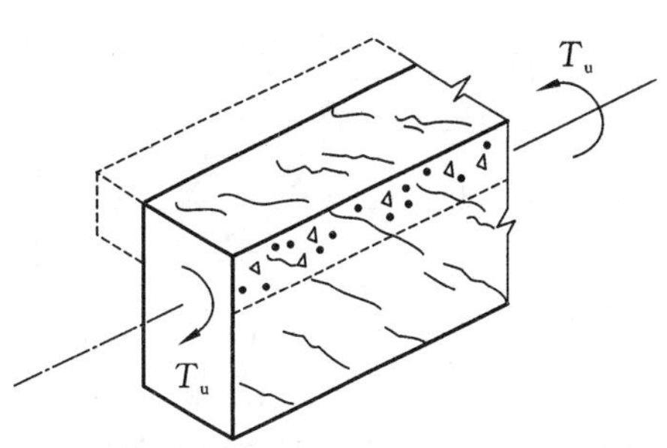


图 8.7 T 形截面受扭构件的裂缝

在计算T形和I形截面纯扭构件的承载力时，可像计算开裂扭矩一样，将截面划分为几个矩形截面，并将扭矩 $T$ 按照各矩形分块的截面受扭塑性抵抗矩分配给各个矩形，以求得各矩形分块所应承担的扭矩。各矩形分块所承担的扭矩设计值可按下列规定计算：

（1）腹板

$$T_w=\frac{W_{tw}}{W_t}T \tag{8.13}$$

（2）受压翼缘

$$T_f'=\frac{W_{tf}'}{W_t}T \tag{8.14}$$

（3）受拉翼缘

$$T_f=\frac{W_{tf}}{W_t}T \tag{8.15}$$

式中　$T$——T形和I形截面所承受的扭矩设计值；

$T_w$，$T_f'$，$T_f$——腹板、受压翼缘和受拉翼缘所承受的扭矩设计值；

$W_{tw}$，$W_{tf}'$，$W_{tf}$——腹板、受压翼缘和受拉翼缘所承受的扭矩设计值。

由式(8.13)至式(8.15)可知，各矩形分块抗扭钢筋所承担的扭矩设计值可按下列公式计算

$$T_{ws}=T_w-0.35f_tW_{tw} \tag{8.16}$$

$$T_{fs}'=T_f'-0.35f_tW_t' \tag{8.17}$$

$$T_{fs}=T_f-0.35f_tW_{tf} \tag{8.18}$$

式中　$T_{ws}$，$T_{fs}'$，$T_{fs}$——腹板、受压翼缘和受拉翼缘抗扭钢筋所承担的扭矩设计值。

根据各部分抗扭钢筋所承担的抗扭设计值，就可分别计算决定各部分抗扭钢筋的数量和布置。

## 8.4　弯剪扭构件承载力的计算

在实际工程中，单纯的受扭构件是很少的，大多数情况是构件承受弯矩、剪力和扭矩的共同作用，处于弯、剪、扭共同作用的复合受力状态。构件的受扭与受弯、受剪承载力是相互影响的，这种相互影响的性质称为相关性。由于构件受扭、受弯与受剪承载力之间的相互影响问题过于复杂，较难采用统一的方程来计算。为了简化计算，《混凝土结构设计标准》在对弯剪扭构件的计算中，采用了对混凝土提供的抗力部分考虑相关性，而对钢筋提供的抗力部分进行叠加的方法，现分别说明如下。

### 8.4.1　剪扭构件承载力的计算

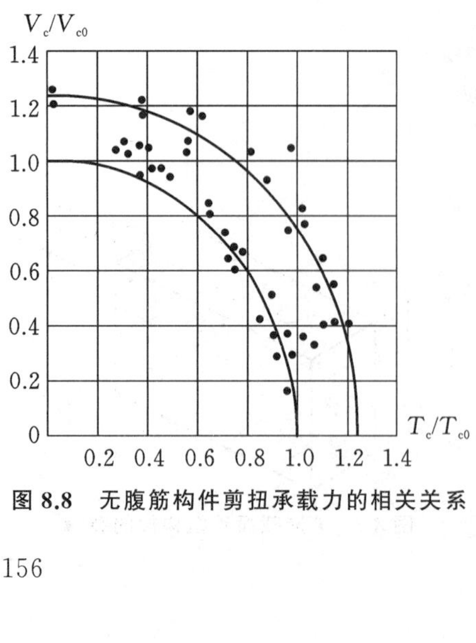


**图 8.8　无腹筋构件剪扭承载力的相关关系**

在受扭和受剪承载力的计算公式中都有一项是反映混凝土所提供的抗力，即受扭计算中的 $0.35f_tW_t$，和受剪计算中的 $0.7f_tbh_0$（或 $\frac{1.75}{\lambda+1.0}f_tbh_0$）。显然，在扭矩和剪力的共同作用下，混凝土部分所能承受的扭矩和剪力是相互影响的。图8.8给出了无腹筋构件在不同的扭矩与剪力比值下承载力的试验结果，图中纵坐标为 $\frac{V_c}{V_{c0}}$，横坐标为 $\frac{T_c}{T_{c0}}$。这里 $V_{c0}$ 和 $T_{c0}$ 分别表示无腹筋构件在单纯受剪力或扭矩作用时的受剪承载力或扭矩作用时的受剪或受扭承载力，$V_c$ 和 $T_c$ 分别表示构件同时承受剪力和扭矩作用时的受剪和受扭承载力。从图8.8中可见，无腹筋构件的受剪和受扭承载力的相关关系大致按四分之一圆弧规律变化，即随着扭矩的增大，构件的受剪承载力逐渐降

低，当扭矩达到纯扭构件的承载力时，其受剪承载力下降为零。反过来也是如此。

对于有腹筋的剪扭构件，其混凝土部分所提供的受剪承载力 $V_c$ 和受扭承载力 $T_c$ 之间可以认为也存在四分之一圆弧相关关系，这时坐标系中的 $V_{c0}$ 和 $T_{c0}$ 可分别取有腹筋构件受剪承载力公式中的混凝土作用项，以及受纯扭承载力公式中的混凝土作用项，即

$$V_{c0}=0.7f_cbh_0 \tag{8.19}$$

$$T_{c0}=0.35f_tW_t \tag{8.20}$$

为了简化计算，《混凝土结构设计标准》还建议采用图 8.9 所示的三折线关系来代替四分之一圆弧关系。即当 $\dfrac{T_c}{T_{c0}}\leqslant 0.5$ 时，取 $\dfrac{V_c}{V_{c0}}=1.0$；当 $\dfrac{V_c}{V_{c0}}\leqslant 0.5$ 时，取 $\dfrac{T_c}{T_{c0}}=1.0$；在此之间由线段 $BC$ 表示 $\dfrac{V_c}{V_{c0}}$ 与 $\dfrac{T_c}{T_{c0}}$ 的关系。

设 $BC$ 上任一点 $G$ 到纵坐标轴的距离为 $\beta_t$，则有

$$\frac{T_c}{T_{c0}}=\beta_t \tag{8.21}$$

$G$ 到横坐标轴的距离为

$$\frac{V_c}{V_{c0}}=1.5-\beta_t \tag{8.22}$$

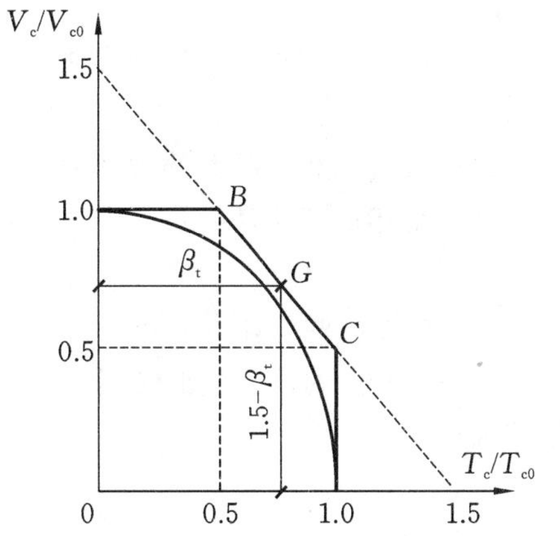


**图 8.9　混凝土部分剪扭承载力相关计算模式**

将式(8.22)的两边分别除以式(8.21)的两边，经化简后可得

$$\beta_t=\frac{1.5}{1+\dfrac{V_cT_{c0}}{T_cV_{c0}}} \tag{8.23}$$

将式(8.19)、式(8.20)代入上式，并用构件承受的剪力设计值与扭矩设计值之比 $\dfrac{V}{T}$ 代替公式中的 $\dfrac{V_c}{T_c}$，则可得到 $\beta_t$ 的计算公式为

$$\beta_t=\frac{1.5}{1+0.5\dfrac{VW_t}{Tbh_0}} \tag{8.24}$$

$\beta_t$ 称为剪扭构件混凝土受扭承载力降低系数，根据图 8.9 可知，当 $\beta_t<0.5$ 时，取 $\beta_t=0.5$；当 $\beta_t>1.0$ 时，取 $\beta_t=1.0$。因此，当构件中有剪力和扭矩共同作用时，应考虑混凝土作用项的相关作用，对受剪和受扭承载力公式进行修正。

在剪力和扭矩共同作用下的矩形截面一般剪扭构件，其受剪扭承载力应按下列公式计算：

剪扭构件的受剪承载力

$$V\leqslant 0.7(1.5-\beta_t)f_tbh_0+f_{yv}\frac{A_{sv}}{s}h_0 \tag{8.25}$$

式中　$A_{sv}$——受剪承载力所需要的箍筋截面面积。

剪扭构件的受扭承载力

$$T\leqslant 0.35\beta_tf_tW_t+1.2\sqrt{\zeta}f_{yv}\frac{A_{st1}A_{cor}}{s} \tag{8.26}$$

对集中荷载作用下独立的混凝土剪扭构件(包括作用有多种荷载，且其中集中荷载对支座截面或节点边缘所产生的剪力值占总剪力值 75%以上的情况)，上述公式应改为：

剪扭构件混凝土受扭承载力降低系数

$$\beta_t=\frac{1.5}{1+0.2(\lambda+1)\dfrac{VW_t}{Tbh_0}} \tag{8.27}$$

剪扭构件的受剪承载力

$$V \leqslant (1.5-\beta_t)\frac{1.75}{\lambda+1.0}f_t bh_0 + f_{yv}\frac{A_{sv}}{s}h_0 \tag{8.28}$$

剪扭构件的受扭承载力计算公式与式(8.26)相同。

### 8.4.2 在弯、剪、扭共同作用下承载力的计算

构件在弯矩和扭矩的共同作用下的受力状态比较复杂，为了简化计算，在试验研究的基础上，《混凝土结构设计标准》建议采用叠加方法进行计算。即先按受弯构件和受扭构件分别计算其纵筋和箍筋的面积，然后将所求得的相应的钢筋截面面积相叠加。

结合上述剪扭构件的计算方法，对于在弯矩、剪力和扭矩共同作用下的构件承载力的计算，可按下述方法进行：

(1) 按受弯构件计算在弯矩作用下所需的纵向钢筋的截面面积。

(2) 按剪扭构件计算承受剪力所需的箍筋截面面积以及计算承受扭矩所需的纵向钢筋截面面积和箍筋截面面积。

(3) 叠加上述计算所得到的纵向钢筋截面面积和箍筋截面面积，即得最后所需的纵向钢筋截面面积和箍筋截面面积。

当满足 $V \leqslant 0.35f_t bh_0$ 或 $V \leqslant \dfrac{0.875f_t bh_0}{\lambda+1.0}$ 时，可仅按受弯构件的正截面受弯承载力和纯扭构件的受扭承载力分别进行计算。当满足 $T \leqslant 0.175f_t W_t$ 时，可仅按受弯构件的正截面受弯承载力和斜截面受剪承载力分别进行计算。

当构件上的扭矩比较小时，只需按构造配置抗扭钢筋。《混凝土结构设计标准》规定，对纯扭构件，当截面中的设计扭矩较小，满足 $T \leqslant 0.7f_t W_t$ 时，可不进行抗扭计算，而只需按构造配置抗扭钢筋。

《混凝土结构设计标准》也规定，符合以下条件时，可不进行抗扭和抗剪承载力计算，而仅需按构造配置箍筋和抗扭纵筋：$\dfrac{V}{bh_0}+\dfrac{T}{W_t} \leqslant 0.7f_t$，但此时仍要考虑抗扭构件的截面限制条件。

对于在弯矩、剪力和扭矩共同作用下的矩形和I形截面构件的承载力计算，可与计算纯扭构件一样，先将截面划分为几个矩形分块，将扭矩 $T$ 按各矩形分块的截面受扭塑性抵抗矩分配给各个矩形分块，然后按上述方法分别进行计算。但应注意，抗弯纵筋应按整个T形或I形截面计算；腹板应承担全部的剪力和相应分配的扭矩；受压和受拉翼缘不考虑其承受剪力，按其所分配的扭矩按纯扭构件计算。具体计算步骤可参考例8.2。

有些构件，如钢筋混凝土结构中框架柱等除了承受弯矩、剪力和扭矩的作用外，还承受轴向压力。轴向压力可以抵消部分拉应力，延缓裂缝的出现，对提高构件的受扭和受剪承载力是有利的，《混凝土结构设计标准》中对此类构件的计算公式类似于弯、剪、扭构件的计算公式，但考虑了轴向压力的有利影响。

### 8.4.3 计算公式的适用范围和构造要求

#### 8.4.3.1 截面限制条件

如前所述，当构件配筋过多时，在钢筋屈服以前便由于混凝土被压碎而破坏。此时，即使进一步增加配筋，构件的承载力都几乎不再增大，也就是说，其承载力取决于混凝土的强度和截面尺寸。《混凝土结构设计标准》规定，对 $\dfrac{h_w}{b} \leqslant 6$ 的矩形、T形和I形截面构件，其截面应符合下列公式的要求

当 $h_w/b \leqslant 4$ 时

$$\frac{V}{bh_0}+\frac{T}{0.8W_t} \leqslant 0.25\beta_c f_c \tag{8.29}$$

当 $h_w/b \geqslant 6$ 时

$$\frac{V}{bh_0}+\frac{T}{0.8W_t}\leqslant 0.2\beta_c f_c \tag{8.30}$$

当 $4<h_w/b<6$ 时按线性内插法确定。

式中 $T$——扭矩设计值。

$b$——矩形截面的短边尺寸。

$h_0$——截面的有效高度。

$W_t$——受扭构件的截面受扭塑性抵抗矩。

$h_w$——截面的腹板高度，矩形截面取有效高度，T 形截面取有效高度减去翼缘高度，工形截面取腹板净高。

$\beta_c$——混凝土强度影响系数，当混凝土强度等级不超过 C50 时，取 $\beta_c=1.0$；当混凝土强度等级为 C80 时，取 $\beta_c=0.8$，其间按线性内插法取用。

$f_c$——混凝土轴心抗压强度设计值。

8.4.3.2 最小配筋率和构造要求

梁内受扭纵向钢筋的配筋率应符合下列要求

$$\rho_{lt}=\frac{A_{stl}}{bh}\geqslant\rho_{lt,\min}=0.6\sqrt{\frac{T}{Vb}}\frac{f_t}{f_y} \tag{8.31}$$

式中 $A_{stl}$——沿截面周边布置的受扭纵向钢筋的总截面面积；

$b$——矩形截面的宽度，T 形或 I 形截面的腹板宽度；

$h$——截面的高度。

当 $\frac{T}{Vb}>2.0$ 时，取 $\frac{T}{Vb}=2.0$。

沿截面周边布置的受扭纵向钢筋的间距不应大于 200 mm 和梁截面短边长度；除应在梁截面四角设置受扭纵向钢筋外，其余受扭纵向钢筋宜沿截面周边均匀对称布置。当梁支座边作用有较大扭矩时，受扭纵向钢筋应按受拉钢筋锚固在支座内。

在弯剪扭构件中，剪扭箍筋的配箍率 $\rho_{sv}$ 应符合下列要求

$$\rho_{sv}=\frac{A_{sv}}{bs}\geqslant\rho_{sv,\min}=0.28\frac{f_t}{f_{yv}} \tag{8.32}$$

式中 $A_{sv}$ 为配置在同一截面内箍筋各肢的全部截面面积，箍筋的最大间距和最小直径应符合受剪构件的要求。受扭所需箍筋应做成封闭式，且应沿截面周边布置；当采用复合箍筋时，位于截面内部的箍筋不应计入受扭所需的箍筋面积；受扭所需箍筋的末端应做成 135°弯钩，弯钩端头平直段长度不应小于 $10d$（$d$ 为箍筋直径）。

**【例 8.1】** 已知矩形截面构件，$b\times h=250\ \text{mm}\times 500\ \text{mm}$，承受扭矩设计值 $T=12\ \text{kN}\cdot\text{m}$，弯矩设计值 $M=90\ \text{kN}\cdot\text{m}$，均布荷载产生的剪力设计 $V=100\ \text{kN}$，采用 C35 级混凝土（$f_c=16.7\ \text{N/mm}^2$，$f_t=1.57\ \text{N/mm}^2$），HRB400 级钢筋（$f_y=360\ \text{N/mm}^2$），试计算其配筋。

**【解】** (1) 验算截面尺寸

取 $h_0=500-35=465\ \text{mm}$，$b_{cor}=250-50=200\ \text{mm}$，$h_{cor}=500-50=450\ \text{mm}$

$u_{cor}=2\times(200+450)=1300\ \text{mm}$

$$W_t=\frac{b^2}{6}(3h-b)=\frac{250^2}{6}\times(3\times 500-250)=13.02\times 10^6\ \text{mm}^3$$

$$\frac{h_w}{b}=\frac{465}{250}=1.86<4$$

$$\frac{V}{bh_0}+\frac{T}{0.8W_t}=\frac{100\times 10^3}{250\times 465}+\frac{12\times 10^6}{0.8\times 13.02\times 10^6}=2.012\ \text{N/mm}^2$$

$$\leqslant 0.25\beta_c f_c = 0.25\times1.0\times16.7 = 4.175\ \text{N/mm}^2$$

所以，截面尺寸满足要求

但$\dfrac{V}{bh_0}+\dfrac{T}{W_t}=\dfrac{100\times10^3}{250\times465}+\dfrac{12\times10^6}{13.02\times10^6}=1.782\ \text{N/mm}^2>0.7f_t=0.7\times1.57=1.099\ \text{N/mm}^2$

所以，应按计算配置抗剪及抗扭钢筋。

(2) 确定计算方法

$0.35f_tbh_0=0.35\times1.57\times250\times465=63.88\times10^3\ \text{N}=63.88\ \text{kN}<V=100\ \text{kN}$

$0.175f_tW_t=0.175\times1.57\times13.02\times10^6=3.577\times10^6\ \text{N}\cdot\text{mm}=3.577\ \text{kN}\cdot\text{m}<T=12\ \text{kN}\cdot\text{m}$

说明不能忽略剪力和扭矩的影响，应按弯剪扭共同作用计算。

(3) 计算抗弯纵筋

$$\alpha_s=\frac{M}{\alpha_1 f_c bh_0^2}=\frac{90\times10^6}{1.0\times16.7\times250\times465^2}=0.10$$

查附表 18 得 $\xi=0.106<\xi_b=0.576$，为适筋。

$$A_s=\xi bh_0\frac{\alpha_1 f_c}{f_y}=0.106\times250\times465\times\frac{1.0\times16.7}{360}=572\ \text{mm}^2$$

先不选筋，在计算抗扭纵筋并叠加后，统一选配。

(4) 计算混凝土受扭承载力降低系数

$$\beta_t=\frac{1.5}{1+0.5\dfrac{VW_t}{Tbh_0}}=\frac{1.5}{1+0.5\times\dfrac{100\times10^3\times13.02\times10^6}{12\times10^6\times250\times465}}=1.023>1.0，取\ \beta_t=1.0$$

(5) 计算抗剪箍筋

由 $V\leqslant0.7(1.5-\beta_t)f_tbh_0+f_{yv}\dfrac{A_{sv}}{s}h_0$，采用双肢箍 $n=2$，则

$$\frac{A_{sv1}}{s}\geqslant\frac{V-0.7(1.5-\beta_t)f_tbh_0}{2\times f_{yv}h_0}=\frac{100\times10^3-0.7\times(1.5-1.0)\times1.57\times250\times465}{2\times360\times465}=0.108\ \text{mm}^2/\text{mm}$$

先不选配箍筋，在计算抗扭箍筋并叠加后，统一选配。

(6) 计算抗扭箍筋和抗扭纵筋

取纵筋与箍筋的配筋强度比 $\zeta=1.2$

由 $T\leqslant0.35\beta_tf_tW_t+1.2\sqrt{\zeta}f_{yv}\dfrac{A_{st1}A_{cor}}{s}$

$$\frac{A_{st1}}{s}\geqslant\frac{T-0.35\beta_tf_tW_t}{1.2\sqrt{\zeta}f_{yv}A_{cor}}=\frac{12\times10^6-0.35\times1.57\times13.02\times10^6}{1.2\times\sqrt{1.2}\times360\times90000}=0.114\ \text{mm}^2/\text{mm}$$

所需抗扭纵筋截面面积为

$$A_{stl}\geqslant\zeta\frac{A_{st1}}{s}\frac{u_{cor}f_{yv}}{f_y}=1.2\times0.114\times\frac{1300\times360}{360}=177.8\ \text{mm}^2$$

(7) 选配钢筋

根据构造要求，将抗扭纵筋布置在截面四角及两侧面中部，顶部、底部及两侧面纵筋各$\dfrac{1}{3}$：

$\dfrac{A_{stl}}{3}=59.3\ \text{mm}^2$，顶部及两侧面各选 2Φ8(101 mm²)

底部纵筋：$\dfrac{A_{st1}}{3}+A_s=101+572=673\ \text{mm}^2$，选 2Φ16+1Φ20(716 mm²)

箍筋：$\dfrac{A_{sv1}}{s}+\dfrac{A_{st1}}{s}\geqslant0.108+0.114=0.222\ \text{mm}^2/\text{mm}$，选Φ8 双肢箍，单肢截面面积 50.3 mm²，$s\leqslant226$ mm，实取 $s=200$ mm。

(8) 验算最小配筋率

$$\rho_{sv,min}=0.28\frac{f_t}{f_{yv}}\times100\%=0.28\times\frac{1.57}{360}\times100\%=0.12\%$$

实配箍筋率 $\rho_{sv}=\frac{A_{sv}}{bs}\times100\%=\frac{2\times50.3}{250\times200}\times100\%=0.201\%>\rho_{sv,min}$，满足要求。

$$\frac{T}{Vb}=\frac{12\times10^6}{100\times10^3\times250}=0.48<2.0，取\frac{T}{Vb}=0.48，则$$

$$\rho_{lt,min}=0.6\sqrt{\frac{T}{Vb}}\frac{f_t}{f_y}\times100\%=0.6\times\sqrt{0.48}\times\frac{1.57}{360}\times100\%=0.18\%$$

实际受扭纵筋配筋率为

$$\rho_{lt}=\frac{A_{st1}}{bh}\times100\%=\frac{3\times101}{250\times500}\times100\%=0.24\%>\rho_{lt,min}=0.196\%，满足要求。$$

经验算，梁底抗弯纵筋也满足最小配筋率的要求，截面配筋如图 8.10 所示。

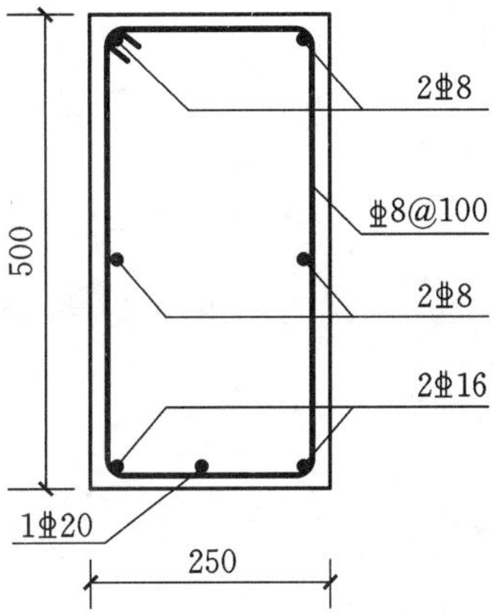


**图 8.10　例 8.1 截面配筋**

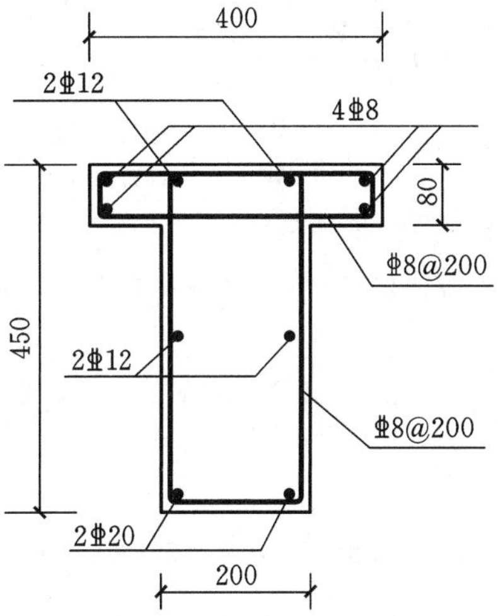


**图 8.11　例 8.2 截面配筋**

**【例 8.2】** 已知钢筋混凝土 T 形截面梁的截面尺寸如图 8.11 所示，承受弯矩设计值 $M=60$ kN·m，剪力设计值 $V=90$ kN，扭矩设计值 $T=16$ kN·m，采用 C35 混凝土（$f_c=16.7$ N/mm$^2$，$f_t=1.57$ N/mm$^2$），纵筋及箍筋 HRB400 级钢筋（$f_y=360$ N/mm$^2$），试计算其配筋。

**【解】** (1) 验算截面尺寸

$$\rho_{lt}=\frac{A_{stl}}{bh}\times100\%=\frac{3\times157}{200\times450}\times100\%=0.52\%>\rho_{lt,min}=0.6\sqrt{\frac{T}{Vb}}\times\frac{f_t}{f_y}\times100\%$$

$$=0.6\sqrt{\frac{16000000}{90000\times200}}\times\frac{1.57}{360}\times100\%=0.25\%$$

$$W_{tw}=\frac{b^2}{6}(3h-b)=\frac{200^2}{6}\times(3\times450-200)=7.67\times10^6\ \text{mm}^3$$

$$W'_{tf}=\frac{h_f'^2}{2}(b_f'-b)=\frac{80^2}{2}\times(400-200)=0.64\times10^6\ \text{mm}^3$$

$$W_t=W_{tw}+W'_{tf}=8.31\times10^6\ \text{mm}^3$$

$$\frac{V}{bh_0}+\frac{T}{0.8W_t}=\frac{90\times10^3}{200\times415}+\frac{16\times10^6}{0.8\times8.31\times10^6}=3.49\ \text{N/mm}^2\leqslant0.25\beta_cf_c=0.25\times1.0\times16.7=4.175\ \text{N/mm}^2$$

截面尺寸满足要求。

但$\dfrac{V}{bh_0}+\dfrac{T}{W_t}=\dfrac{90\times10^3}{200\times415}+\dfrac{16\times10^6}{8.31\times10^6}=3.0\ \text{N/mm}^2>0.7f_t=0.7\times1.57=1.099\ \text{N/mm}^2$

应按计算配置抗剪及抗扭钢筋。

(2) 计算抗弯纵筋

$$\alpha_1 f_c b_f' h_f'\left(h_0-\frac{h_f'}{2}\right)=1.0\times16.7\times400\times80\times\left(415-\frac{80}{2}\right)=200.4\times10^6\ \text{N}\cdot\text{mm}=200.4\ \text{kN}\cdot\text{m}$$

$>M=60\ \text{kN}\cdot\text{mm}$,属于第一类 T 形截面。

$$\alpha_s=\frac{M}{\alpha_1 f_c b_f' h_0^2}=\frac{60\times10^6}{1.0\times16.7\times400\times415^2}=0.052$$

查附表 18 得 $\xi=0.054$,则

$$A_s=\xi b_f' h_0\frac{\alpha_1 f_c}{f_y}=0.054\times400\times415\times\frac{1.0\times16.7}{360}=415.8\ \text{mm}^2$$

(3) 扭矩分配

腹板承受扭矩 $T_w=\dfrac{W_{tw}}{W_t}T=\dfrac{7.67\times10^6}{8.31\times10^6}\times16=14.77\ \text{kN}\cdot\text{m}$

受压翼缘承受扭矩 $T_f'=\dfrac{W_{tf}'}{W_t}T=\dfrac{0.64\times10^6}{8.31\times10^6}\times16=1.23\ \text{kN}\cdot\text{m}$

(4) 腹板抗剪和抗扭配筋计算

腹板按剪扭构件计算,承担全部剪力和所分配的扭矩。

$$\beta_t=\frac{1.5}{1+0.5\dfrac{VW_{tw}}{T_w bh_0}}=\frac{1.5}{1+0.5\times\dfrac{90\times10^3\times7.67\times10^6}{14.77\times10^6\times200\times415}}=1.17>1.0\ 取\ \beta_t=1.0$$

① 抗剪箍筋计算

采用双肢箍,$n=2$,由 $V\leqslant0.7(1.5-\beta_t)f_t bh_0+f_{yv}\dfrac{A_{sv}}{s}h_0$,得

$$\frac{A_{sv1}}{s}\geqslant\frac{V-0.7(1.5-\beta_t)f_t bh_0}{2\times f_{yv}h_0}=\frac{90\times10^3-0.7\times(1.5-1)\times1.57\times200\times415}{2\times360\times415}=0.148\ \text{mm}^2/\text{mm}$$

② 抗扭箍筋和抗扭纵筋计算

腹板部分 $b_{cor}=200-50=150\ \text{mm}$,$h_{cor}=450-50=400\ \text{mm}$,$u_{cor}=2(b_{cor}+h_{cor})=2\times(150+400)=1100\ \text{mm}$

$$A_{cor}=b_{cor}h_{cor}=150\times400=60000\ \text{mm}^2\ 取\ \zeta=1.2,则$$

$$\frac{A_{st1}}{s}\geqslant\frac{T_w-0.35\beta_t f_t W_{tw}}{1.2\sqrt{\zeta}f_{yv}A_{cor}}=\frac{14.77\times10^6-0.35\times1.0\times1.57\times7.67\times10^6}{1.2\times\sqrt{1.2}\times360\times60000}=0.372\ \text{mm}^2/\text{mm}$$

$$A_{stl}\geqslant\zeta\frac{A_{st1}}{s}\frac{u_{cor}f_{yv}}{f_y}=1.2\times0.372\times\frac{1100\times360}{360}=491.0\ \text{mm}^2$$

(5) 受压翼缘抗扭钢筋计算

受压翼缘按纯扭构件计算,$b_{f,cor}'=400-200-50=150\ \text{mm}$,$h_{f,cor}'=80-50=30\ \text{mm}$

$$u_{f,cor}=2(b_{f,cor}'+h_{f,cor}')=2\times(150+30)=360\ \text{mm}$$

$$A_{f,cor}'=b_{f,cor}'h_{f,cor}'=150\times30=4500\ \text{mm}^2$$

仍取 $\zeta=1.2$,则

$$\frac{A_{st1}'}{s}\geqslant\frac{T_f'-0.35f_t W_{tf}'}{1.2\sqrt{\zeta}f_{yv}A_{f,cor}'}=\frac{1.23\times10^6-0.35\times1.57\times0.64\times10^6}{1.2\times\sqrt{1.2}\times360\times4500}=0.412\ \text{mm}^2/\text{mm}$$

$$A_{stl}'\geqslant\zeta\frac{A_{st1}'}{s}\frac{u_{f,cor}'f_{yv}}{f_y}=1.2\times0.412\times\frac{360\times360}{360}=178\ \text{mm}^2$$

(6) 选配钢筋

腹板抗扭纵筋均匀布置在梁底、梁腰和梁顶三处，梁底纵筋的总截面面积为

$$A_{s,sum} \geqslant A_s + \frac{1}{3}A_{stl} = 415.8 + \frac{1}{3} \times 491.0 = 579.5\ \text{mm}^2 \text{ 选 } 2\Phi 20(628\ \text{mm}^2)$$

梁腰和梁顶各配$\frac{1}{3}A_{stl} = 163.7\ \text{mm}^2$ 的纵向钢筋，选 $2\Phi 12(226\ \text{mm}^2)$

腹板所需箍筋总用量为

$$\frac{A_{svl,sum}}{s} \geqslant \frac{A_{sv1}}{s} + \frac{A_{st1}}{s} = 0.148 + 0.372 = 0.520\ \text{mm}^2/\text{mm}$$

选$\Phi 12$ 双肢箍，$A_{svl,sum} = 113.1\ \text{mm}^2$，则 $s \leqslant 217.5$ mm，实配 $s = 200$ mm

压翼缘也选用$\Phi 12$ 箍筋，$A'_{stl} = 113.1\ \text{mm}^2$，则 $s \leqslant 274.5$ mm，实配 $s = 200$ mm

翼缘抗扭纵筋按构造选用 $4\Phi 8$，实配 $201\ \text{mm}^2 > A'_{stl} = 178\ \text{mm}^2$

(7) 验算最小配筋率

① 腹板部分

验算配箍率：

$$\rho_{sv,min} = 0.28\frac{f_t}{f_{yv}} \times 100\% = 0.28 \times \frac{1.57}{360} \times 100\% = 0.122\%$$

实际配箍率：

$$\rho_{sv} = \frac{nA_{svl}}{bs} \times 100\% = \frac{2 \times 113.1}{200 \times 200} \times 100\% = 0.566\% > \rho_{sv,min}$$

验算受扭纵筋配筋率：

$$\frac{T_w}{Vb} = \frac{14.77 \times 10^6}{90 \times 10^3 \times 200} = 0.82 < 2.0\text{，取}\frac{T_w}{Vb} = 0.82$$

则

$$\rho_{lt,min} = 0.6\sqrt{\frac{T_w}{Vb}}\frac{f_t}{f_y} \times 100\% = 0.6 \times \sqrt{0.82} \times \frac{1.57}{360} \times 100\% = 0.237\%$$

实际受扭纵筋配筋率为

$$\rho_{lt} = \frac{A_{stl}}{bh} \times 100\% = \frac{3 \times 163.7}{200 \times 450} \times 100\% = 0.546\% > \rho_{lt,min}$$

② 受压翼缘部分

验算配箍率

$$\rho_{sv,min} = 0.28\frac{f_t}{f_{yv}} \times 100\% = 0.28 \times \frac{1.57}{360} \times 100\% = 0.122\%$$

实际配箍率

$$\rho_{sv} = \frac{nA_{svl}}{(b'_f - b)s} \times 100\% = \frac{2 \times 113.1}{(400-200) \times 200} \times 100\% = 0.566\% > \rho_{sv,min} = 0.122\%$$

验算受扭纵筋配筋率：因不承受剪力，$\frac{T_w}{Vb} > 2.0$，取$\frac{T_w}{Vb} = 2.0$，则

$$\rho_{lt,min} = 0.6\sqrt{\frac{T_w}{Vb}}\frac{f_t}{f_y} \times 100\% = 0.6 \times \sqrt{2} \times \frac{1.57}{360} \times 100\% = 0.37\%$$

实际受扭纵筋配筋率为

$$\rho'_{lt} = \frac{A'_{stl}}{(b'_f - b)h'_f} = \frac{178}{(400-200) \times 80} = 0.0011\text{，即 } \rho'_{lt} = 1.11\% > \rho_{lt,min} = 0.37\%$$

经验算，抗弯纵筋配筋率也满足要求。截面配筋如图 8.11 所示。

## 本章小结

(1) 扭转是构件的基本受力形式之一,构件处于纯扭矩作用的情况是极少的,绝大多数都是处于弯矩、剪力和扭矩共同作用的复合受扭情况。

(2) 混凝土既不是理想的弹性材料又不是理想的塑性材料,混凝土构件的开裂扭矩按理想的弹性应力分布计算的值偏低,而按理想的塑性应力分布计算的值又偏高,要想准确地确定截面真实的应力分布是十分困难的。计算开裂扭矩的办法是在按塑性应力分布计算的基础上,根据试验结果乘以一个降低系数。截面受扭塑性抵抗矩 $W_t$ 可由计算得出,T 形、I 形、倒 L 形截面的受扭塑性抵抗矩 $W_t$ 为各矩形分块的受扭塑性抵抗矩之和。

(3) 在实际结构中,常采用横向封闭箍筋与纵向受力钢筋组成的空间骨架来抵抗扭矩。构件的受扭承载力 $T_u$ 由混凝土承担的扭矩 $T_c$ 和抗扭钢筋承担的扭矩 $T_s$ 两部分组成。抗扭钢筋常包括抗扭纵筋和抗扭箍筋两部分,$\zeta$ 称为抗扭纵筋和抗扭箍筋的配筋强度比。受扭承载力计算公式的截面限制条件是为了防止超筋破坏,规定抗扭纵筋和箍筋的最小配筋率是为了防止少筋破坏。

(4) 构件受扭、受弯与受剪承载力之间的相互影响问题过于复杂,采用统一的相关方程来计算比较困难。为了简化计算,《混凝土结构设计标准》对弯剪扭构件的计算采用了对混凝土提供的抗力部分考虑相关性,而对钢筋提供的抗力部分采用叠加的方法,$\beta_t$ 称为剪扭构件混凝土受扭承载力降低系数。在弯矩、剪力和扭矩共同作用下的 T 形和 I 形截面构件的承载力计算方法是先将截面划分为几个矩形分块,将扭矩按各矩形分块的截面受扭塑性抵抗矩分配给各个矩形分块,分别进行计算。抗弯纵筋应按整个 T 形或 I 形截面计算;腹板应承担全部的剪力和相应的扭矩;受压和受拉翼缘不考虑其承受剪力,按其所分配的扭矩按纯扭构件计算。

(5) 轴向压力可以抵消部分拉应力,延缓裂缝的出现,对提高构件的受扭和受剪承载力是有利的。

## 思考题与习题

8.1 什么是平衡扭转?什么是协调扭转?各有什么特点?

8.2 受扭构件的开裂扭矩是按什么方法计算的?对较复杂的截面如何计算 $W_t$?

8.3 抗扭钢筋的合理配置形式是怎样的?

8.4 钢筋混凝土纯扭构件的破坏形态有哪几类?各在什么条件下发生?哪几类破坏形态在设计中应予以避免?

8.5 $\zeta$ 代表什么意义?取值范围是什么?

8.6 弯剪扭构件承载力计算的原则是什么?$\beta_t$ 表示什么?如何计算 T 形和 I 形截面的弯剪扭构件?

8.7 轴向压力对钢筋混凝土构件的受扭承载力有什么影响?如何在计算中反映?

8.8 某矩形截面纯扭构件 $b\times h=250\ \text{mm}\times 400\ \text{mm}$,承受扭矩设计值 $T=18\ \text{kN}\cdot\text{m}$,采用 C35 级混凝土($f_c=16.7\ \text{N/mm}^2$,$f_t=1.57\ \text{N/mm}^2$),纵筋采用 HRB400 级钢筋($f_y=360\ \text{N/mm}^2$),箍筋采用 HPB300 级钢筋($f_y=270\ \text{N/mm}^2$),试计算其配筋。

8.9 已知矩形截面构件 $b\times h=250\ \text{mm}\times 400\ \text{mm}$,承受扭矩设计值 $T=16\ \text{kN}\cdot\text{m}$,弯矩设计值 $M=80\ \text{kN}\cdot\text{m}$,均布荷载产生的剪力设计值 $V=90\ \text{kN}$,采用 C35 级混凝土($f_c=16.7\ \text{N/mm}^2$,$f_t=1.57\ \text{N/mm}^2$),纵筋采用 HRB400 级钢筋,箍筋采用 HPB300 级钢筋($f_y=270\ \text{N/mm}^2$),试计算其配筋。

8.10 一钢筋混凝土 T 形截面梁,截面尺寸如图 8.11 所示,承受弯矩设计值 $M=70\ \text{kN}\cdot\text{m}$,剪力设计值 $V=50\ \text{kN}$,扭矩设计值 $T=10\ \text{kN}\cdot\text{m}$,采用 C30 级混凝土($f_c=14.3\ \text{N/mm}^2$,$f_t=1.43\ \text{N/mm}^2$),纵筋及箍筋均采用 HRB400 级钢筋($f_y=360\ \text{N/mm}^2$),试计算其配筋。

# 9 钢筋混凝土构件的变形与裂缝验算

- 钢筋混凝土构件的变形与裂缝验算
  - 裂缝验算
    - 裂缝控制要求
      - 裂缝的影响：影响外观，影响耐久性
      - 确定裂缝限值的考虑因素：环境条件，构件工作条件
    - 裂缝的出现与分布规律
      - 混凝土与钢筋的传力机制
      - 裂缝分布特征：大致均匀分布
      - 裂缝出齐：达到一定数量不再增加
    - 裂缝控制等级
      - 第一级：严格要求不出现裂缝
      - 第二级：一般要求不出现裂缝
      - 第三级：裂缝宽度不超过限值
    - 裂缝宽度计算
      - 平均裂缝间距
        - 影响因素：受力特征，配筋率，钢筋直径，钢筋表面特征
      - 平均裂缝宽度
        - 裂缝宽度：裂缝区段内钢筋与混凝土变形差值
        - 影响因素：钢筋应变不均匀系数，钢筋应力，裂缝间距
      - 最大裂缝宽度
        - 计算原理：平均裂缝宽度乘以（短期荷载）放大系数和长期荷载效应放大系数
  - 变形验算
    - 变形控制的目的和要求
      - 保证建筑使用功能
      - 防止对结构构件的不利影响
      - 防止对非结构构件的不利影响
      - 保证人们的感觉在可接受程度之内
    - 截面抗弯刚度的主要特点
      - 随荷载的增加而减小
      - 随配筋率的降低而减小
      - 刚度沿构件跨度是变化的
      - 随时间的增长而减小
    - 变形验算的关键
      - 合理确定混凝土构件的刚度
    - 短期刚度与长期刚度
      - 短期刚度的建立方法
      - 长期刚度下降的原因：混凝土徐变，钢筋滑移，混凝土塑性发展等
      - 长期刚度的建立方法：考虑荷载长期效应对短期刚度进行修正
    - 最小刚度原则
      - 同一符号弯矩区段内取最小刚度作为构件刚度

**本章提要**

前面讲述的弯(剪)、扭、压、拉构件的计算都属于承载能力极限状态计算:对所有结构构件都应满足结构构件设计抗力大于或等于荷载效应设计值。除此以外,结构构件还应按荷载的准永久组合或标准组合进行正常使用极限状态的验算,以满足结构构件的使用要求:使裂缝、变形等计算值不超过相应的规定限值。

学习本章时,应掌握构件在裂缝出现前后沿构件长度各截面的应力状态。裂缝宽度计算公式为半理论半经验公式。要搞清裂缝宽度计算公式的推导思路,即先分析平均裂缝间距,再求平均裂缝宽度,最后确定最大裂缝宽度,并了解推导过程中应考虑的主要因素。

在学习受弯构件的变形验算时,可与匀质弹性体梁的变形计算相联系,比较二者计算的异同点。它们之间的不同点是如何计算钢筋混凝土梁的刚度问题,因此要掌握刚度计算公式是如何导出的。

## 9.1 概　　述

结构构件应根据承载能力极限状态及正常使用极限状态分别进行计算和验算。通常,对各类混凝土构件都要求进行承载力计算;对某些构件,还应根据其使用条件,通过验算,使变形和裂缝宽度不超过规定限值,同时还应满足正常使用及耐久性的其他要求与规定限值,例如混凝土保护层的最小厚度等。

与不满足承载能力极限状态相比,结构构件不满足正常使用极限状态对生命财产的危害性要小,正常使用极限状态的目标可靠指标可以小些。《混凝土结构设计标准》规定:结构构件承载力计算应采用荷载设计值;对于正常使用极限状态,普通钢筋混凝土结构和预应力混凝土结构应分别按荷载的准永久组合和标准组合并考虑长期作用影响进行验算,并应保证变形、裂缝、应力等计算值不超过相应的规定限值。由于混凝土构件的变形及裂缝宽度都随时间增大,因此,验算变形及裂缝宽度时,应按荷载的标准组合或准永久组合并考虑荷载长期效应的影响。荷载效应的标准组合也称为荷载短期效应,是指按永久荷载及可变荷载的标准值计算的荷载效应;荷载效应的准永久组合也称为荷载长期效应,是按永久荷载的标准值及可变荷载的准永久值计算的荷载效应。

## 9.2 裂缝验算

### 9.2.1 裂缝控制的目的与要求

确定最大裂缝宽度限值,主要考虑两个方面的原因:一是外观要求;二是耐久性要求,并以后者为主。从外观要求考虑,裂缝过宽将给人以不安全感,同时也影响对结构质量的评价。

根据国内外的调查及试验结果,耐久性所要求的裂缝宽度限值,应着重考虑环境条件及结构构件的工作条件。处于室内正常环境,亦即无水源或很少水源的环境下,裂缝宽度限值可放宽些。不过,这时还应按构件的工作条件加以区分。例如,屋架、托梁等主要屋面承重结构构件,以及重级工作制吊车架等构件,均应从严控制裂缝宽度。

直接受雨淋的构件,无围护结构的房屋中经常受雨淋的构件,经常受蒸汽或凝结水作用的室内构件(如浴室等),以及与土直接接触的构件,都具备钢筋锈蚀的必要和充分条件,因而都应严格限制裂缝宽度。

《混凝土结构设计标准》对混凝土构件规定的最大裂缝宽度限值见附表17。

### 9.2.2 裂缝的出现与分布规律

【视频资源】

由于混凝土的抗拉强度低，随着荷载的增加，在构件的受拉区将出现裂缝。图 9.1 表示一轴心受拉构件，混凝土截面面积为 $A$，纵向钢筋截面面积为 $A_s$，在两端轴向拉力的作用下，钢筋和混凝土受到的拉应力分别为 $\sigma_s$ 和 $\sigma_{ct}$。如果拉力很小，构件处于弹性阶段，钢筋的拉应力等于混凝土拉应力的 $\alpha_E$ 倍，即$\sigma_s=\alpha_E\sigma_{ct}$，其中 $\alpha_E=E_s/E_c$。沿构件的纵向，各截面的受力均相同，所以 $\sigma_s$ 和 $\sigma_{ct}$沿构件纵向都相等，如图 9.1(b)和图 9.1(c)所示。

由于混凝土为非匀质材料，沿构件的纵向各截面，混凝土的实际抗拉强度是变化的[图 9.1(c)]，假定其中 $a—a'$截面处的抗拉强度最小，即为最弱的截面。随着构件所受的拉力逐渐增加，混凝土进入弹塑性阶段，拉应力逐渐接近抗拉强度，当 $a—a'$截面处混凝土拉应力超过其抗拉强度时，首先在此处出现第一条裂缝，如图 9.2 所示。在裂缝出现截面，钢筋和混凝土所受到的拉应力将发生突然变化，开裂的混凝土不再承受拉力，拉应力降低到零，原来由混凝土承担的拉力转移由钢筋承担，所以裂缝截面的钢筋应力就突然增大(图 9.2 中的 $\sigma_{scr}$)。在开裂前混凝土有一定弹性，开裂后受拉张紧的混凝土向裂缝截面两边回缩，混凝土和钢筋有产生相对滑移的趋势。由于钢筋与混凝土之间存在粘结作用，混凝土的回缩受到钢筋的约束，因而随着离裂缝截面距离的加大，回缩逐渐减小，亦即混凝土仍处在一定的张紧状态，当达到某一距离处，混凝土和钢筋的拉应变相同，两者的应力又恢复到未裂前状态。

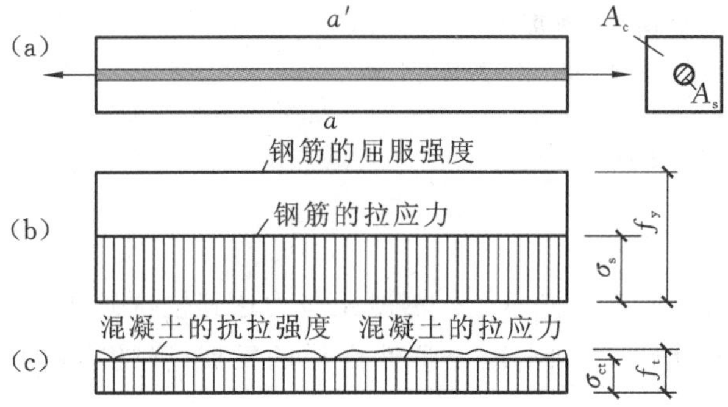


**图 9.1　开裂前构件中的应力**

(a)受拉构件；(b) 钢筋应力；(c) 混凝土应力

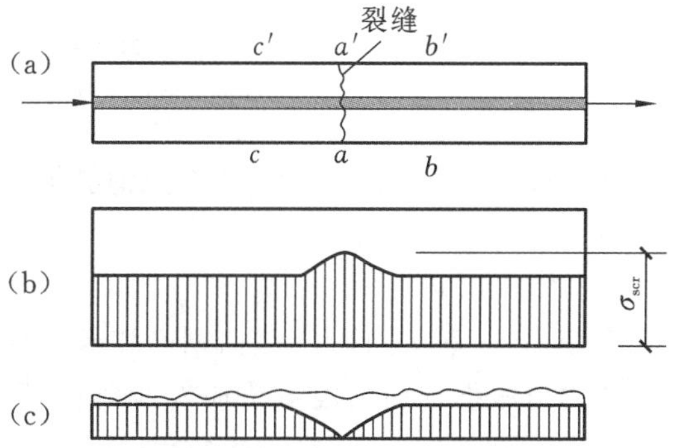


**图 9.2　裂缝对构件中应力的影响**

(a) 裂缝位置；(b) 钢筋应力；(c) 混凝土应力

当拉力稍增加时，在混凝土拉应力大于抗拉强度的截面又将出现第二条裂缝。第二条裂缝总在离首批裂缝截面外一定距离的截面出现，这是因为靠近裂缝两边混凝土的拉应力较小，总小于混凝土的抗拉强度，故靠近裂缝两边的混凝土不会开裂。

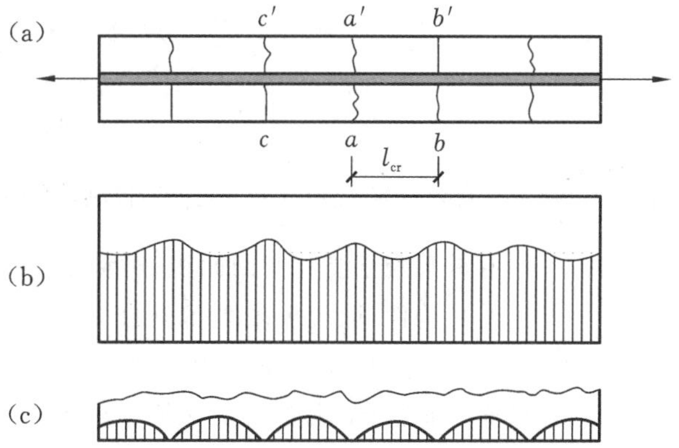


**图 9.3　有多条裂缝时构件中的应力**

(a) 裂缝位置；(b) 钢筋应力；(c) 混凝土应力

$l_{cr}$—裂缝间距

图 9.3 表示第二条裂缝以及后续裂缝相继出现后的应力分布，钢筋和混凝土的应力是随着裂缝位置而变化，呈波浪形起伏。各裂缝之间的间距大体相等，各裂缝先后出现，最后趋于稳定，不再出现新裂缝。此后再继续增加拉力时，只是使原有的裂缝延伸与开展，拉力越大，裂缝越宽。如果混凝土的材料性能(抗拉强度)很不均匀，则裂缝的间距有疏有密，裂缝的出现也有先有后，当两条裂缝的间距较大时，随着拉力的增加，在两条裂缝之间

还有可能出现新的裂缝。

工程实践中大量遇到的情况是：混凝土有一定的不均匀性，但也并非很不均匀的材料，裂缝类似于图9.3的情况。也就是说，裂缝基本是均匀分布的。

### 9.2.3 平均裂缝间距

为了确定轴心受拉构件中裂缝的间距，可隔离出第一条裂缝出现以后而第二条裂缝即将出现时的一段构件加以分析，即将图9.2中截面 $a—a'$ 与 $b—b'$ 之间的一段构件割离（图9.4），其中截面 $a—a'$ 出现裂缝，截面 $b—b'$ 即将出现裂缝但尚未出现裂缝。

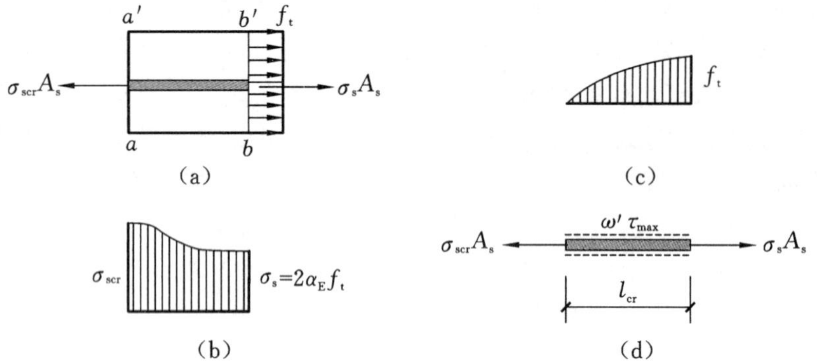


**图9.4 分析平均裂缝间距的隔离体**

(a) 隔离体；(b) 钢筋应力；(c) 混凝土应力；(d) 钢筋的受力平面

在截面 $a—a'$ 处，拉力 $N_{cr}$ 全部由钢筋承担，钢筋拉应力 $\sigma_{scr}$ 为

$$\sigma_{scr}=\frac{N_{cr}}{A_s} \tag{9.1}$$

在截面 $b—b'$ 处，拉力 $N_{cr}$ 由钢筋和未开裂的混凝土两者共同承受。混凝土应力达到抗拉强度 $f_t$，钢筋的应力可根据钢筋与混凝土应变相等的原则求得，但考虑到混凝土塑性变形的发展，弹性模量取用 $E_c'=0.5E_c$，则截面 $b—b'$ 处钢筋的拉应力为

$$\sigma_s=\frac{E_s}{0.5E_c}f_t=2\alpha_Ef_t \tag{9.2}$$

由图9.4中的平衡条件得

$$\sigma_{scr}A_s=f_tA_{te}+2\alpha_Ef_tA_s \tag{9.3}$$

$$\sigma_{scr}=\frac{f_tA_{te}+2\alpha_Ef_tA_s}{A_s}=\frac{f_t}{\rho_{te}}+2\alpha_Ef_t \tag{9.4}$$

式中 $\rho_{te}$——以有效受拉混凝土面积计算的纵筋配筋率，对于轴心受拉构件，$\rho_{te}=\frac{A_s}{A_{te}}$。

$A_{te}$——有效混凝土受拉截面面积，对轴心受拉构件，取构件横截面面积；对受弯、偏心受压和偏心受拉构件，取腹板截面面积的1/2与受拉翼缘截面面积之和。

由于 $b—b'$ 截面尚未开裂，钢筋应力总小于 $a—a'$ 截面的钢筋应力，所以为了保持作用在这一段钢筋上的力的平衡，在钢筋与混凝土的接触面上必须存在粘结力，即平行并作用于钢筋表面的剪应力[图9.4(d)]。

粘结应力在 $ab$ 段中并非均匀分布，设最大粘结应力为 $\tau_{max}$，平均粘结应力为 $\omega'\tau_{max}$，$\omega'$ 为粘结应力均匀分布系数，则由图9.4(d)力的平衡条件可得

$$\sigma_{scr}A_s=\sigma_sA_s+\omega'\tau_{max}ul_{cr} \tag{9.5}$$

式中 $l_{cr}$——裂缝的间距；

$u$——钢筋截面的周长。

将式(9.2)和式(9.4)代入式(9.5),得

$$l_{cr}=\frac{f_t A_s}{\omega'\tau_{max}\rho_{te}u} \tag{9.6}$$

如钢筋直径为 $d$,则式(9.6)可化为

$$l_{cr}=\frac{f_t d}{4\omega'\tau_{max}\rho_{te}} \tag{9.7}$$

由试验证明,混凝土的粘结强度大致与其抗拉强度成正比关系,$\frac{f_t}{\omega'\tau_{max}}$为一常数,则式(9.7)可表达为

$$l_{cr}=\zeta_1\frac{d}{\rho_{te}} \tag{9.8}$$

式中 $\zeta_1$——经验系数。

式(9.8)表明,裂缝间距 $l_{cr}$与 $d/\rho_{te}$成正比。但式(9.8)的计算结果与试验结果还存在差距,因此,有必要对式(9.8)予以修正。

在推导式(9.8)时,在假设即将出现裂缝的截面处,整个截面中拉应力是均匀分布的。然而实际的拉应力分布可能并不均匀。此外,由于混凝土和钢筋的粘结作用,钢筋对受拉张紧的混凝土的回缩起着约束作用,而这种约束作用是有一定的影响范围的,离钢筋表面愈远,混凝土所受的约束作用将愈小。因此,裂缝间距与混凝土保护层厚度有一定的关系,在确定平均裂缝间距时,应适当考虑混凝土保护层厚度的影响。

考虑到混凝土保护层等的影响,$l_{cr}$的表达式改成如下形式

$$l_{cr}=\zeta_1\frac{d}{\rho_{te}}+\zeta_2 c \tag{9.9}$$

式中 $c$——纵向受拉钢筋保护层厚度(mm);

$\zeta_2$——经验系数。

受弯、偏心受拉和偏心受压构件裂缝分布规律和公式推导过程与轴心受拉构件类似,它们的平均裂缝间距比轴心受拉构件小些。根据试验资料的分析,并考虑纵向受拉钢筋表面形状的影响,平均裂缝间距的计算公式为

$$l_{cr}=\beta\left(0.08\frac{d_{eq}}{\rho_{te}}+1.9c\right) \tag{9.10}$$

$$d_{eq}=\frac{\sum n_i d_i^2}{\sum n_i v_i d_i^2} \tag{9.11}$$

$$\rho_{te}=\frac{A_s}{A_{te}} \tag{9.12}$$

式中 $\beta$——系数,对轴心受拉构件,取 $\beta=1.1$;对其他受力构件,取 $\beta=1$。

$\rho_{te}$——按有效受拉混凝土截面面积计算的纵向受拉钢筋配筋率,在最大裂缝宽度计算中,当 $\rho_{te}<0.01$ 时,取 $\rho_{te}=0.01$。

$d_{eq}$——纵向受拉钢筋的等效直径(mm)。

$d_i$——第 $i$ 种纵向受拉钢筋的直径(mm)。

$n_i$——第 $i$ 种纵向受拉钢筋的根数。

$v_i$——第 $i$ 种纵向受拉钢筋的相对粘结特性系数,对带肋钢筋,取 1.0;对光面钢筋,取 0.7。

### 9.2.4 平均裂缝宽度

裂缝宽度是指受拉钢筋截面重心水平处构件侧表面的裂缝宽度。试验表明,裂缝宽度的离散程度比裂缝间距更大些。因此,平均裂缝宽度的确定,必须以平均裂缝间距为基础。

(1) 平均裂缝宽度计算式

平均裂缝宽度 $\omega_m$ 等于构件裂缝区段内钢筋的平均伸长量与相应水平处构件侧表面混凝土平均伸长量的差值(图 9.5),即

$$\omega_m = \varepsilon_{sm} l_{cr} - \varepsilon_{ctm} l_{cr} \tag{9.13}$$

式中 $\varepsilon_{sm}$——纵向受拉钢筋的平均拉应变,$\varepsilon_{sm} = \psi\varepsilon_s = \psi\sigma_s/E_s$,$\psi$ 为裂缝间纵向受拉钢筋应变不均匀系数;

$\varepsilon_{ctm}$——与纵向受拉钢筋相同水平处侧表面混凝土的平均拉应变。

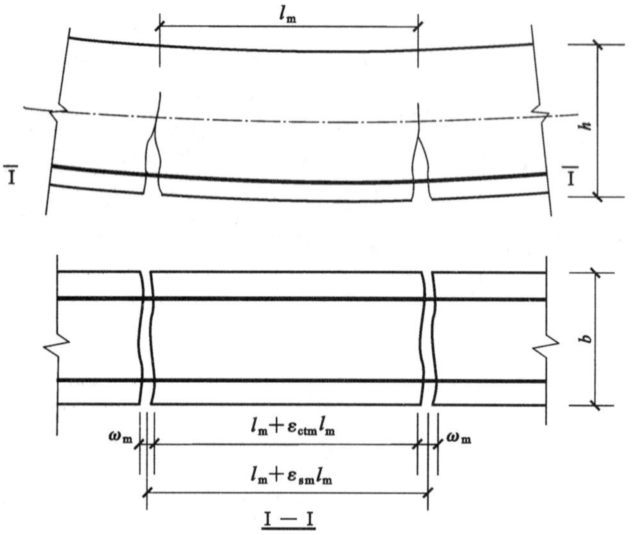


图 9.5 平均裂缝宽度

令 $\alpha_c = 1 - \dfrac{\varepsilon_{ctm}}{\varepsilon_{sm}}$,$\alpha_c$ 称为裂缝间混凝土自身伸长量对裂缝宽度的影响系数。将 $\alpha_c$ 及 $\varepsilon_{sm}$ 的表达式代入式(9.13),可得

$$\omega_m = \alpha_c \psi \frac{\sigma_s}{E_s} l_{cr} \tag{9.14}$$

试验研究表明,系数 $\alpha_c$ 虽然与配筋率、截面形状和混凝土保护层厚度等因素有关,但在一般情况下,$\alpha_c$ 变化不大,且对裂缝开展宽度的影响也不大。为简化计算,对受弯、轴心受拉、偏心受力构件,均可近似取 $\alpha_c = 0.85$,则式(9.14)可写为

$$\omega_m = 0.85\psi \frac{\sigma_s}{E_s} l_{cr} \tag{9.15}$$

(2) 裂缝截面处的钢筋应力 $\sigma_s$

式(9.15)中,$\sigma_s$ 是指混凝土构件裂缝截面处纵向受拉钢筋的应力。对普通钢筋混凝土构件,采用荷载准永久组合计算,此时 $\sigma_s$ 等同于 $\sigma_{sq}$;对预应力混凝土构件,采用荷载标准组合计算,此时 $\sigma_s$ 等同于 $\sigma_{sk}$。对于受弯、轴心受拉、偏心受拉以及偏心受压构件,$\sigma_s$ 均可按裂缝截面处力的平衡条件求得。以荷载准永久组合为例:

① 受弯构件

$$\sigma_{sq} = \frac{M_q}{A_s \eta h_0} \tag{9.16}$$

可近似取 $\eta = 0.87$。

② 轴心受拉构件

$$\sigma_{sq} = \frac{N_q}{A_s} \tag{9.17}$$

③ 偏心受拉构件

截面应力状态如图 9.6 所示，若近似取大偏心受拉构件截面内力臂长 $\eta h_0=h_0-a'_s$，即设压区混凝土压应力合力与受压钢筋合力作用点重合，对受压钢筋作用点取力矩平衡，可得

$$\sigma_{sq}=\frac{N_q e'}{A_s(h_0-a'_s)} \tag{9.18}$$

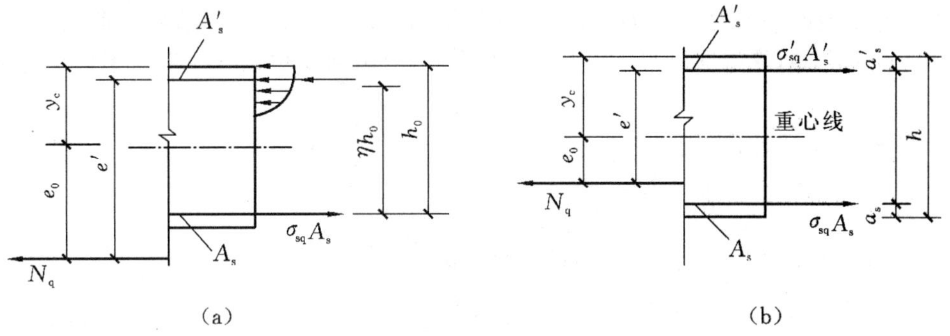


**图 9.6　偏心受拉构件裂缝计算时的截面应力图形**

(a) 大偏心；(b) 小偏心

④ 偏心受压构件

偏心受压构件裂缝计算时的截面应力图形如图 9.7 所示。对受压区合力点取矩，得

$$\sigma_{sq}=\frac{N_q(e-z)}{A_s z} \tag{9.19}$$

$$z=\left[0.87-0.12(1-\gamma'_f)\left(\frac{h_0}{e}\right)^2\right]h_0 \tag{9.20}$$

式(9.16)至式(9.20)中：

$M_q$——按荷载效应准永久组合计算的弯矩值；

$N_q$——按荷载效应准永久组合计算的轴向压力值；

$z$——纵向受拉钢筋合力点至受压区合力点的距离，且不大于 $0.87h_0$；

$\gamma'_f$——受压翼缘面积与腹板有效面积的比值，$\gamma'_f=\dfrac{(b'_f-b)h'_f}{bh_0}$，其中 $b'_f$、$h'_f$为受压翼缘的宽度、高度，当 $h'_f>0.2h_0$ 时，取 $h'_f=0.2h_0$；

$e$——$N_q$ 至受拉钢筋合力点的距离，当偏心受压构件的 $l_0/h>14$ 时，还应考虑侧向挠度的影响，$e=\eta_s e_0+y_s$，此处，$y_s$ 为截面重心至纵向受拉钢筋合力点的距离，$\eta_s$ 是指使用阶段的偏心距增大系数，当 $l_0/h\leqslant 14$ 时，取$\eta_s=1.0$，当 $l_0/h>14$ 时，可近似地取：

$$\eta_s=1+\frac{1}{4000e_0/h_0}\left(\frac{l_0}{h}\right)^2 \tag{9.21}$$

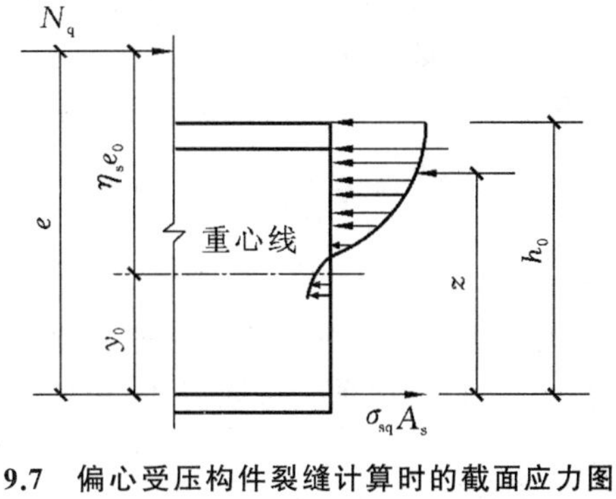


**图 9.7　偏心受压构件裂缝计算时的截面应力图形**

(3) 裂缝间纵向受拉钢筋应变不均匀系数 $\psi$

在两个相邻裂缝间，钢筋应变是不均匀的，裂缝截面处最大，离开裂缝截面就逐渐减小，这主要是由于裂缝间的受拉混凝土参加工作。因此，系数 $\psi$ 的物理意义就是反映裂缝间受拉混凝土对纵向受拉钢筋应变的影响程度。

$\psi$ 的大小与以有效受拉混凝土截面面积计算的纵向受拉钢筋配筋率 $\rho_{te}$ 有关。这是因为参加工作的受拉混凝土主要是指钢筋周围的那部分有效受拉混凝土面积。当 $\rho_{te}$ 较小时，说明钢筋周围的混凝土参加受拉的有效相对面积大些，它所承担的总拉力也相对大些，对纵向受拉钢筋应变的影响程度也相应大些，因而 $\psi$ 小些。

试验和研究表明，$\psi$ 可近似表达为

$$\psi=1.1\left(1-\frac{M_{cr}}{M_q}\right) \tag{9.22}$$

式中 $M_{cr}$——混凝土截面的抗裂弯矩，可根据裂缝即将出现时的截面应力图形求得；

$M_q$——荷载效应组合下的弯矩。

将 $M_{cr}$ 和 $M_q$ 的表达式代入式(9.22)，经整理后得

$$\psi=1.1-\frac{0.65f_{tk}}{\rho_{te}\sigma_{sq}} \tag{9.23}$$

在计算中，$\psi<0.2$ 时，取 $\psi=0.2$；当 $\psi>1.0$ 时，取 $\psi=1.0$。对直接承受重复荷载的构件，取 $\psi=1.0$。

### 9.2.5 最大裂缝宽度与裂缝宽度验算

以上按式(9.15)求得的 $\omega_m$ 值是整个构件上的平均裂缝宽度，而实际上由于混凝土质量的不均匀，裂缝的间距有疏有密，每条裂缝开展的宽度有大有小，离散性是很大的。验算宽度是否超过允许值，应以最大裂缝宽度为准。同时在荷载长期作用下，由于混凝土的滑移徐变和受拉混凝土的应力松弛导致裂缝间受拉混凝土不断退出工作，这将使 $\psi$ 增大，从而使裂缝宽度随时间而增大。此外，混凝土收缩使裂缝间混凝土的长度缩短，从而引起裂缝宽度增大。

在计算中，最大裂缝宽度 $\omega_m$ 可由平均裂缝宽度乘以一个扩大系数 $\tau$ 求得；当考虑荷载长期效应影响时，可再乘以考虑荷载长期作用影响的扩大系数 $\tau_l$。这些扩大系数均根据试验资料用统计方法得出。在考虑裂缝宽度分布不均匀性和荷载长期效应组合影响后，对矩形、T 形、倒 T 形和 I 形截面的钢筋混凝土轴心受拉、受弯、偏心受拉和偏心受压构件，裂缝宽度计算公式可综合如下

$$\omega_{max}=\alpha_{cr}\psi\frac{\sigma_{sq}}{E_s}\left(1.9c_s+0.08\frac{d_{eq}}{\rho_{te}}\right) \tag{9.24a}$$

对于常用的只配一种同直径、同种类钢筋的构件

$$\omega_{max}=\alpha_{cr}\psi\frac{\sigma_s}{E_s}\left(1.9c_s+0.08\frac{d}{v\rho_{te}}\right) \tag{9.24b}$$

式中 $\alpha_{cr}$——构件受力特征系数，根据《混凝土结构设计标准》规定，钢筋混凝土轴心受拉构件取 $\alpha_{cr}=2.7$，受弯、偏心受压取 $\alpha_{cr}=1.9$，偏心受拉取 $\alpha_{cr}=2.4$。

$c_s$——最外层纵向受拉钢筋外边缘至受拉区底边的距离(mm)，当 $c_s<20$ mm 时，取 $c_s=20$ mm；当 $c_s>65$ mm 时，取 $c_s=65$ mm。

$d$——钢筋直径。

$v$——钢筋相对粘结特性参数。

《混凝土结构设计标准》还规定：对承受吊车荷载但不需做疲劳验算的受弯构件，可将计算求得的最大裂缝宽度乘以系数 0.85。这是因为这类构件主要承受短期荷载，卸载后裂缝可部分闭合，同时用车满载的机遇较小，而且是按 $\psi=1$ 计算的。对 $e_0/h_0\leqslant0.55$ 的偏心受压构件，可不验算裂缝宽度。

通过对式(9.24)的分析可看出，如果验算后发现构件裂缝宽度不满足要求，可以采取增大截面尺寸、

提高混凝土强度等级、减小钢筋直径或增大钢筋截面面积等措施使构件裂缝宽度满足要求。

**【例 9.1】** 已知一矩形截面简支梁的截面尺寸 $b\times h=200\ \text{mm}\times 500\ \text{mm}$，混凝土强度等级采用 C30，纵向受拉钢筋为 4 根直径 16 mm 的 HRB400 级钢筋，取 $c_s=40\ \text{mm}$，按荷载准永久组合计算的跨中弯矩值 $M_q=80\ \text{kN}\cdot\text{m}$，梁处于室内正常环境。

试验算最大裂缝宽度是否满足要求。

**【解】** (1) 确定各类参数与系数

$A_s=804\ \text{mm}^2$，$E_s=2\times10^5\ \text{N/mm}^2$，$f_{tk}=2.01\ \text{N/mm}^2$，钢筋的相对粘结特征系数 $v_i=v=1.0$，构件的受力特征系数 $\alpha_{cr}=1.9$，环境类别为一类，其裂缝的控制等级为三级且 $\omega_{lim}=0.30\ \text{mm}$。

$$h_0=h-c_s-\frac{d}{2}=500-40-\frac{16}{2}=452\ \text{mm}$$

$$d_{eq}=\frac{d}{v}=16\ \text{mm}$$

$$\rho_{te}=\frac{A_s}{0.5bh}=\frac{804}{0.5\times200\times500}=0.0161$$

$$\sigma_{sq}=\frac{M_q}{0.87h_0A_s}=\frac{80\times10^6}{0.87\times452\times804}=253\ \text{N/mm}^2$$

$$\psi=1.1-0.65\frac{f_{tk}}{\rho_{te}\sigma_{sq}}=1.1-0.65\times\frac{2.01}{0.0161\times253}=0.779$$

(2) 计算最大裂缝宽度

$$\omega_{max}=\alpha_{cr}\psi\frac{\sigma_{sq}}{E_s}\left(1.9c_s+0.08\frac{d_{eq}}{\rho_{te}}\right)=1.9\times0.779\times\frac{253}{2\times10^5}\times\left(1.9\times40+0.08\times\frac{16}{0.0161}\right)$$
$$=0.291\ \text{mm}$$

(3) 验算裂缝

$$\omega_{max}=0.291\ \text{mm}<\omega_{lim}=0.3\ \text{mm}$$

满足要求。

**【例 9.2】** 有一矩形截面的对称配筋偏心受压柱，截面尺寸 $b\times h=350\ \text{mm}\times600\ \text{mm}$。计算长度 $l_0=5\ \text{m}$，受拉和受压钢筋均为 4 根直径 20 mm 的 HRB400 级钢筋（$A_s=A_s'=1256\ \text{mm}^2$），采用混凝土强度等级为 C30，$c_s=40\ \text{mm}$；荷载准永久组合的 $N_q=380\ \text{kN}$，$M_q=160\ \text{kN}\cdot\text{m}$。

试验算是否满足露天环境中使用的裂缝宽度要求。

**【解】** (1) 确定各类参数与系数

$E_s=2\times10^5\ \text{N/mm}^2$，$f_{tk}=2.01\ \text{N/mm}^2$，钢筋的相对粘结特征系数 $v_i=v=1.0$，构件的受力特征系数 $\alpha_{cr}=1.9$。露天环境为二类环境，其裂缝的控制等级为三级且 $\omega_{lim}=0.20\ \text{mm}$。

$$\rho_{te}=\frac{A_s}{0.5bh}=\frac{1256}{0.5\times350\times600}=0.012$$

$$\frac{l_0}{h}=\frac{5000}{600}=8.33<14,\ \eta_s=1.0$$

$$a_s=c_s+\frac{d}{2}=40+\frac{20}{2}=50\ \text{mm}$$

$$h_0=600-a_s=550\ \text{mm}$$

$$e_0=\frac{M_q}{N_q}=\frac{160000}{380}=421.05\ \text{mm}>0.55h_0=302.5\ \text{mm}$$

$$e=e_0+\frac{h}{2}-a_s=421+300-50=671\ \text{mm}$$

$$z=\left[0.87-0.12(1-\gamma_f')\left(\frac{h_0}{e}\right)^2\right]h_0=\left[0.87-0.12\times\left(\frac{550}{671}\right)^2\right]\times550=0.789\times550=434\ \text{mm}$$

$$\sigma_{sq}=\frac{N_q(e-z)}{A_s z}=\frac{380000\times(671-434)}{1256\times434}=165\ \text{N/mm}^2$$

$$\psi=1.1-0.65\frac{f_{tk}}{\rho_{te}\sigma_{sq}}=1.1-0.65\times\frac{2.01}{0.012\times165}=0.440$$

（2）计算最大裂缝宽度

$$\omega_{max}=\alpha_{cr}\psi\frac{\sigma_{sq}}{E_s}\left(1.9c_s+0.08\frac{d_{eq}}{\rho_{te}}\right)=1.9\times0.440\times\frac{165}{2\times10^5}\times\left(1.9\times40+0.08\times\frac{20}{0.012}\right)=0.144\ \text{mm}$$

（3）验算裂缝

$$\omega_{max}=0.144\ \text{mm}<\omega_{lim}=0.2\ \text{mm}$$

满足要求。

## 9.3 变形验算

### 9.3.1 变形控制的目的和要求

在一般建筑中，对混凝土构件的变形有一定的要求，主要是出于以下四方面的考虑：

（1）保证建筑的使用功能要求

结构构件产生过大的变形将损害甚至丧失其使用功能。例如，放置精密仪器设备的楼盖梁、板的挠度过大，将使仪器设备难以保持水平；吊车梁的挠度过大会妨碍吊车的正常运行等。

（2）防止对结构构件产生不良影响

主要是指防止结构性能与设计中的假定不符。例如，梁端的旋转将使支撑面积减小，支撑反力偏心距增大，当梁支撑在砖墙（或柱）上时，可能使墙体沿梁顶、梁底出现内外水平缝，严重时将产生局部承压或墙体失稳破坏等。

（3）防止对非结构构件产生不良影响

这包括防止结构构件变形过大而使门窗等活动部件不能正常开关；防止非结构构件如隔墙及天花板的开裂、压碎或其他形式的破坏等。

（4）保证人们的感觉在可接受程度之内

如防止因厚度较小，板站上人后产生过大的颤动或明显下垂引起的不安全感；防止可变荷载（活荷载、风荷载等）引起的振动及噪声对人的不良感觉等。

随着高强度混凝土和钢筋的采用，构件截面尺寸相应减小，变形问题更为突出。《混凝土结构设计标准》在考虑上述因素的基础上，根据工程经验，仅对受弯构件规定了允许挠度值。

### 9.3.2 截面抗弯刚度的主要特点

构件的最大挠度可以根据其刚度，用结构力学的方法计算。对匀质弹性材料梁，其跨中挠度公式为

$$f=C\frac{Ml^2}{EI}=C\frac{Ml^2}{B} \tag{9.25}$$

式中 $C$——与荷载形式、支撑条件有关的系数，如承受均布荷载的简支梁，$C=5/48$；

$l$——梁的计算跨度；

$B$——梁的截面抗弯刚度。

$B$ 的物理意义就是使截面产生单位转角所需施加的弯矩，它体现了截面抵抗弯曲变形的能力。对于材料力学中研究的梁，梁的截面抗弯刚度（$B=EI$）是一个常数。因此，弯矩与挠度之间是始终不变的正比例关系，如图 9.8 中虚线 $OA$ 所示。

对混凝土受弯构件，上述关于匀质弹性材料梁的力学概念仍然适用，但不同之处在于钢筋混凝土是不

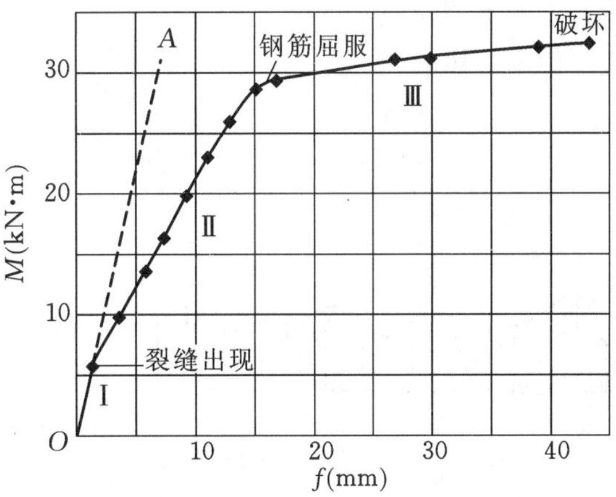


**图 9.8　受弯构件挠度与弯矩的关系**

匀质的非弹性材料。

因而混凝土受弯构件的截面抗弯刚度不为常数，其主要特点如下：

(1) 随荷载的增加而减小

适筋梁从加载开始到破坏的 $M$-$f$ 曲线如图 9.8 所示。在裂缝出现前，$M$-$f$ 曲线与直线 $OA$ 几乎重合，因而截面抗弯刚度可视为常数。当接近裂缝出现时，即进入第Ⅰ阶段末时，$M$-$f$ 曲线已偏离直线，逐渐弯曲，说明截面抗弯刚度有所降低。出现裂缝后，即进入第Ⅱ阶段后，$M$-$f$ 曲线发生转折，$f$ 增加较快，截面抗弯刚度明显降低。钢筋屈服后进入第Ⅲ阶段，此时 $M$ 增加很小，$f$ 激增，截面抗弯刚度明显降低。

按正常使用极限状态验算变形时，所采用的截面抗弯刚度通常在 $M$-$f$ 曲线第Ⅱ阶段、弯矩为$(0.5\sim0.7)M_u$ 的区段内。在该区段内的截面抗弯刚度仍然随弯矩的增大而变小。

(2) 随配筋率 $\rho$ 的降低而减小

试验表明，截面尺寸和材料都相同的适筋梁，配筋率大的，其 $M$-$f$ 曲线陡，变形小，相应的截面抗弯刚度大；反之，配筋率小，$M$-$f$ 曲线平缓，变形大，截面抗弯刚度就小。

(3) 沿构件跨度，截面抗弯刚度是变化的

如图 9.9 所示，即使在纯弯区段，各个截面承受的弯矩相同，但曲率(即截面抗弯刚度)却不相同，裂缝截面处的曲率大些，裂缝间截面的曲率小些。所以，验算其变形时采用的截面抗弯刚度是对纯弯区段内平均截面抗弯刚度而言。

(4) 随加载时间的增长而减小

试验表明，对一个构件保持不变的荷载值，则随时间的增长，截面抗弯刚度将会减小，但对一般尺寸的构件，3 年以后可趋于稳定。在变形验算中，除了要考虑短期荷载下构件的力学性能，还应考虑荷载长期效应组合的影响，对前者采用短期刚度 $B_s$，对后者则采用长期刚度 $B$。

### 9.3.3　短期刚度计算公式的建立

(1) 平均曲率

对于钢筋混凝土梁，裂缝出现后，沿梁长度方向上，受拉钢筋的拉应变和受压区边缘混凝土的压应变都是不均匀分布的，裂缝截面处最大，裂缝间则为曲线变化，中和轴高度呈波浪形变化，裂缝截面处中和轴高度最小，如图 9.9 所示。因而各截面的曲率也是不同的。但大量试验表明，如果测量范围比较长(>750 mm)，则各水平纤维的平均应变沿梁截面高度的变化基本符合平截面假定。

根据平均应变符合平截面的假定，可得平均曲率

$$\phi=\frac{1}{r}=\frac{\varepsilon_{cm}+\varepsilon_{sm}}{h_0} \tag{9.26}$$

式中　$r$——与平均中和轴相应的平均曲率半径；

$\varepsilon_{sm}$——纵向受拉钢筋重心处的平均拉应变；

$\varepsilon_{cm}$——受压区边缘混凝土的平均压应变。

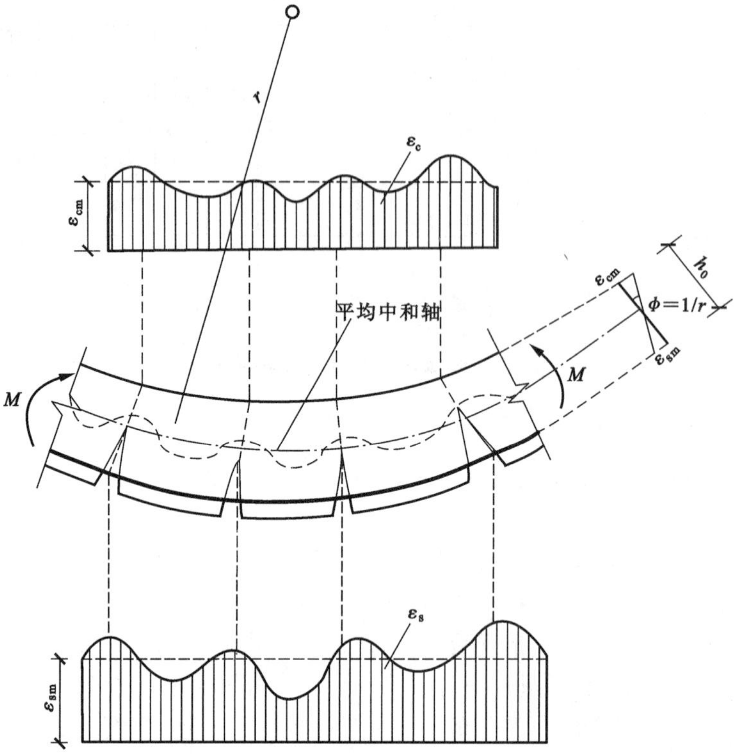


图 9.9　抗弯刚度沿构件跨度的变化

【视频资源】

根据材料力学相关知识和式(9.26)有

$$B_s=\frac{M}{\phi}=\frac{M}{\frac{\varepsilon_{cm}+\varepsilon_{sm}}{h_0}}=\frac{Mh_0}{\varepsilon_{cm}+\varepsilon_{sm}} \tag{9.27}$$

(2) 平均应变

① 受拉钢筋平均拉应变 $\varepsilon_{sm}$

根据式(9.16)与钢筋应力应变关系，可求得裂缝截面处钢筋应变为

$$\varepsilon_s=\frac{\sigma_s}{E_s}=\frac{M}{E_sA_s\eta h_0} \tag{9.28}$$

将 $\eta=0.87$ 代入，并考虑钢筋应变不均匀系数 $\psi$，得钢筋平均应变为

$$\varepsilon_{sm}=\frac{\psi M}{0.87E_sA_sh_0}=\frac{1.15\psi M}{E_sA_sh_0} \tag{9.29}$$

② 受压区混凝土平均应变 $\varepsilon_{cm}$

如图 9.10 所示，在受力的第二阶段，裂缝截面受压区混凝土中的应力分布为曲线图形。为简化计算，取等效应力图形为矩形，经分析可以得出受压区混凝土平均应变。

$$\varepsilon_{cm}=\frac{M}{\zeta bh_0^2E_c} \tag{9.30}$$

式中　$\zeta$——受压区边缘混凝土平均应变综合系数。

采用一个平均应变综合系数 $\zeta$ 以代替一系列系数，主要是容易通过试验资料直接得出，避免了一系列系数的烦琐计算和误差积累。

将式(9.29)、式(9.30)代入式(9.27)，得

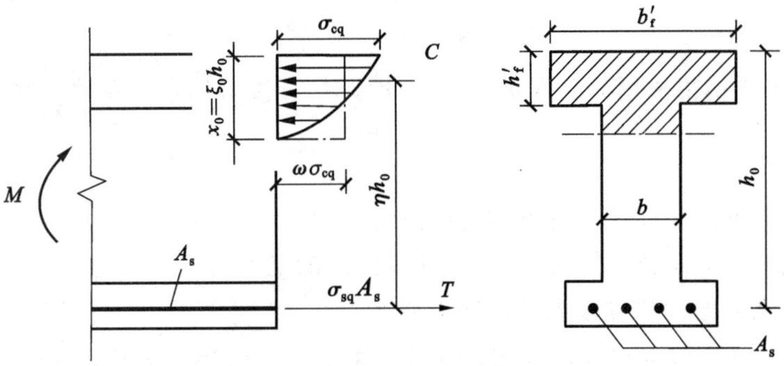


图 9.10 裂缝截面处的应力图形

$$B_s=\frac{Mh_0}{\frac{M}{\zeta bh_0^2E_c}+\frac{1.15\psi M}{E_sA_sh_0}}=\frac{E_sA_sh_0^2}{1.15\psi+\frac{\alpha_E\rho}{\zeta}} \tag{9.31}$$

式中 $\alpha_E$——钢筋弹性模量与混凝土弹性模量比值；

$\rho$——纵向受拉钢筋配筋率。

在刚度计算公式中出现的是 $\alpha_E\rho/\zeta$ 而不是单个的系数 $\zeta$，因此，为了设计计算方便起见，宜加以简化。根据试验资料统计，$\alpha_E\rho/\zeta$ 为 $\alpha_E\rho$ 的线性函数，取

$$\frac{\alpha_E\rho}{\zeta}=0.2+\frac{6\alpha_E\rho}{1+3.5\gamma_f} \tag{9.32}$$

将式(9.32)代入式(9.31)，则得

$$B_s=\frac{E_sA_sh_0^2}{1.15\psi+0.2+\frac{6\alpha_E\rho}{1+3.5\gamma_f}} \tag{9.33}$$

式中 $\gamma_f$——受拉翼缘截面面积与腹板有效截面面积的比值。

### 9.3.4 长期刚度

在荷载长期作用下，构件截面抗弯刚度将会降低，致使构件的挠度增大。在实际工程中，总是有部分荷载长期作用在构件上，因此计算挠度时必须采用长期刚度 $B$。

(1) 荷载长期作用下刚度降低的原因

在荷载长期作用下，受压混凝土将发生徐变，即荷载不增加而变形却随时间增长。在配筋率不高的梁中，由于裂缝间受拉混凝土的应力松弛以及钢筋的滑移等因素，使受拉混凝土不断退出工作，因而受拉钢筋平均应变和平均应力亦将随时间而增大。同时，由于裂缝不断向上发展，使其上部原来受拉的混凝土退出工作，以及由于受压混凝土的塑性发展，使内力臂减小，也将引起钢筋应变和应力的某些增大。以上这些原因都会导致挠度增大、刚度降低。此外，由于受拉区与受压区混凝土的收缩不一致，使梁发生翘曲，亦会导致曲率的增大和刚度的降低。凡是影响混凝土徐变和收缩的因素都将影响刚度的降低，使构件挠度增大。

(2) 长期刚度 $B$

对于受弯构件，《混凝土结构设计标准》要求按荷载准永久组合或标准组合并考虑荷载长期效应影响的刚度 $B$ 进行计算，并建议用荷载效应准永久组合 $M_q$ 对挠度增大的影响系数 $\theta$ 来考虑荷载长期效应对刚度的影响。

当对预应力混凝土构件采用荷载标准组合计算时，仅考虑荷载的准永久部分的影响，对 $B_s$ 修正得到刚度 $B$ 为

$$B=\frac{M_k}{M_q(\theta-1)+M_k}B_s \tag{9.34}$$

当对普通钢筋混凝土构件采用荷载准永久组合计算时，直接采用影响系数 $\theta$ 修正 $B_s$，得到 $B$ 为

$$B=\frac{B_s}{\theta} \tag{9.35}$$

式中 $M_k$——按荷载标准组合计算的弯矩，取计算区段的最大弯矩；

$M_q$——按荷载准永久组合计算的弯矩，取计算区段的最大弯矩；

$\theta$——荷载准永久组合对挠度增大的影响系数。

对钢筋混凝土构件，$\theta$ 值按下列规定取用：当 $\rho'=0$ 时，$\theta=2.0$；当 $\rho'=\rho$ 时，$\theta=1.6$；当 $\rho'$ 为中间值时，$\theta$ 值按线性内插法计算。对翼缘位于受拉区的 T 形截面，$\theta$ 应增加 20%。对预应力混凝土构件，取 $\theta=2.0$。

### 9.3.5 受弯构件的变形验算

钢筋混凝土受弯构件在荷载作用下，在各截面的弯矩是不相等的，因而其刚度在各截面也不相同。例如一根承受两个对称集中荷载的简支梁[图 9.11(a)]，该梁各截面刚度 $B$ 的分布图形如图 9.11(b)所示，按最大弯矩截面计算的刚度为最小刚度 $B_{min}$，亦即跨中纯弯区段的平均值。为了简化计算，在同一符号弯矩范围内，按最小刚度(即取弯矩最大截面处的刚度)作为各截面的刚度[图 9.11(b)中的虚线]，将变刚度梁作为等刚度梁来计算。这就是挠度计算中的“最小刚度原则”，它使计算过程大为简化，而计算结果也能满足工程设计的要求。

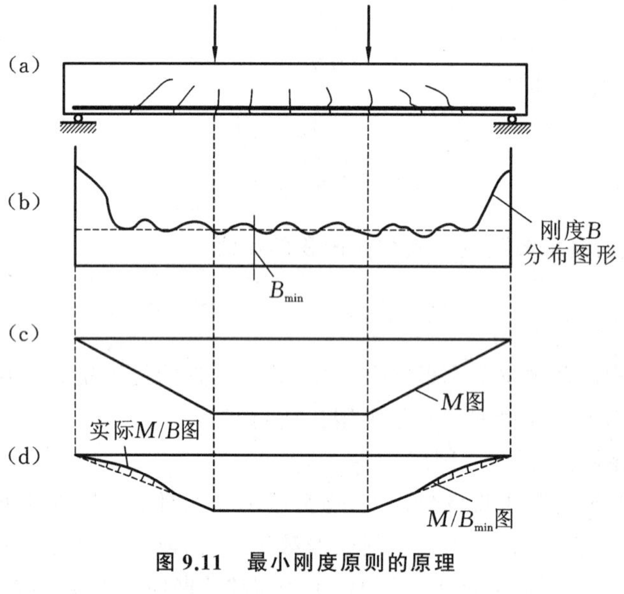


**图 9.11 最小刚度原则的原理**

《混凝土结构设计标准》规定：在等截面构件中，可假定各同号弯矩区段内的刚度相等，并取用该区段内最大弯矩处的刚度。当计算跨度内的支座截面刚度不大于跨中截面刚度的 2 倍或不小于跨中截面刚度的 1/2 时，该跨也可按等刚度构件进行计算，其构件刚度可取跨中最大弯矩截面的刚度。

**【例 9.3】** 已知某教学楼楼盖中一矩形截面简支梁，截面尺寸为 200 mm×500 mm，配置 4 根直径为 16 mm的 HRB400 级受力钢筋，混凝土强度等级为 C30，箍筋直径 8 mm，保护层厚度 $c=20$ mm，梁跨度 $l=5.6$ m；承受均布荷载，其中永久荷载(包括自重在内)标准值 $g_k=12.4$ kN/m，楼面活荷载标准值 $q_k=5$ kN/m，楼面活荷载的准永久值系数 $\psi_q=0.5$。试验算其挠度 $f$。

**【解】** (1) 计算 $M_q$

$$M_q=\frac{1}{8}g_k l^2+\psi_q\times\frac{1}{8}q_k l^2=\frac{1}{8}\times12.4\times5.6^2+0.5\times\frac{1}{8}\times5\times5.6^2=58.41\ \text{kN}\cdot\text{m}$$

(2) 确定各类参数与系数

$$A_s=804\ \mathrm{mm^2}, E_s=2\times10^5\ \mathrm{N/mm^2}, f_{tk}=2.01\ \mathrm{N/mm^2}, E_c=3.0\times10^4\ \mathrm{N/mm^2}$$

$$\alpha_E=2\times10^5/(3.0\times10^4)=6.67$$

$$h_0=500-(28+16/2)=464\ \mathrm{mm}$$

$$\theta=2.0$$

$$\rho=\frac{A_s}{bh_0}=\frac{804}{200\times464}=0.0086$$

$$\rho_{te}=\frac{A_s}{0.5bh}=\frac{804}{0.5\times200\times500}=0.0161$$

$$\sigma_{sq}=\frac{M_q}{A_s\eta h_0}=\frac{58.41\times10^6}{804\times0.87\times464}=179.97\ \mathrm{N/mm^2}$$

$$\psi=1.1-\frac{0.65f_{tk}}{\rho_{te}\sigma_{sq}}=1.1-\frac{0.65\times1.54}{0.0161\times179.97}=0.756$$

(3) 计算 $B_s$

$$B_s=\frac{E_sA_sh_0^2}{1.15\psi+0.2+\dfrac{6\alpha_E\rho}{1+3.5\gamma_f}}=\frac{2\times10^5\times804\times464^2}{1.15\times0.756+0.2+\dfrac{6\times6.67\times0.0086}{1}}=\frac{3.462\times10^{13}}{1.413}=2.45\times10^{13}\ \mathrm{N\cdot mm^2}$$

(4) 计算 $B$

$$B=\frac{B_s}{\theta}=\frac{2.45\times10^{13}}{2}=1.225\times10^{13}\ \mathrm{N\cdot mm^2}$$

(5) 计算 $f$

$$f=\frac{5}{48}\frac{M_ql^2}{B}=\frac{5}{48}\times\frac{58.41\times10^6\times5600^2}{1.225\times10^{13}}=15.58\ \mathrm{mm}$$

(6) 验算变形

$$[f/l]=1/200$$

$$f/l=15.58/5600=1/359<[f/l]=1/200$$

满足变形要求。

## 9.4 耐久性设计

### 9.4.1 耐久性设计的目的与要求

结构设计的目的是使结构建成后能完成预定的安全性、适用性和耐久性等功能要求。混凝土结构长期暴露于自然环境并承受使用荷载的情况下，结构状态或者性能会随着时间的增长逐渐退化。当结构经过一定的工作年限后，结构或构件的状态超过某种特定极限状态，以致结构不能满足预定的功能要求时，该极限状态即为耐久性极限状态。

影响混凝土结构耐久性能的因素有很多，主要分为内部和外部两方面。内部因素主要有混凝土的强度、密实性、水泥用量、水胶比、氯离子及碱含量、外加剂用量、保护层厚度等；外部因素主要有环境条件，包括温度、湿度、$CO_2$含量、侵蚀性介质等。出现耐久性能下降的问题，往往是内、外部因素综合作用的结果。此外，设计不周、施工质量差或使用中维护不当等也会影响混凝土结构耐久性能。

(1) 环境作用(环境类别、环境作用等级的判断)

混凝土结构耐久性与结构的工作环境条件有密切的关系。同一结构在强腐蚀环境中要比在一般大气环境中使用寿命短。对结构所处的环境划分类别，可使设计者针对不同的环境采取相应的对策。根据工程经验，参考国内外有关研究成果，《混凝土结构耐久性设计标准》(GB/T 50476—2019)中把结构工作环境分为五大类，见表 9.1。

**表 9.1　环境类别**

| 环境类别 | 名称 | 劣化机理 |
|---|---|---|
| Ⅰ | 一般环境 | 正常大气作用引起钢筋锈蚀 |
| Ⅱ | 冻融环境 | 反复冻融导致混凝土损伤 |
| Ⅲ | 海洋氯化物环境 | 氯盐侵入引起钢筋锈蚀 |
| Ⅳ | 除冰盐等其他氯化物环境 | 氯盐侵入引起钢筋锈蚀 |
| Ⅴ | 化学腐蚀环境 | 硫酸盐等化学物质对混凝土的腐蚀 |

同类环境条件引起的劣化机理虽然相同，但是不同程度作用导致环境作用的程度存在差异。故此，《混凝土结构耐久性设计标准》(GB/T 50476—2019)中把结构受不同程度的环境影响进行更细微的分类，见表 9.2。

**表 9.2　环境作用等级**

| 环境类别 | 环境作用等级 | | | | | |
|---|---|---|---|---|---|---|
| | A 轻微 | B 轻度 | C 中度 | D 严重 | E 非常严重 | F 极端严重 |
| 一般环境 | I-A | I-B | I-C | — | — | — |
| 冻融环境 | — | — | Ⅱ-C | Ⅱ-D | Ⅱ-E | — |
| 海洋氯化物环境 | — | — | Ⅲ-C | Ⅲ-D | Ⅲ-E | Ⅲ-F |
| 除冰盐等其他氯化物环境 | — | — | Ⅳ-C | Ⅳ-D | Ⅳ-E | — |
| 化学腐蚀环境 | — | — | Ⅴ-C | Ⅴ-D | Ⅴ-E | — |

(2) 退化(劣化)

试验和工程实践表明，由于混凝土结构本身的组成成分及承载力特点，其抗力有初期增长和强盛阶段，在外界环境和各种因素作用下也存在逐渐削弱和衰减阶段，经历一定年代后，甚至会不能满足设计应有的功能而退化。

(3) 设计工作年限

耐久性设计的目的是为了保证结构具有足够的工作年限。对于混凝土结构的设计工作年限，《混凝土结构耐久性设计标准》(GB/T 50476—2019)中提出，混凝土结构的设计工作年限不应低于《工程结构可靠性设计统一标准》等国家现行标准的规定；一般环境下的民用建筑在设计工作年限内无需大修，其结构构件的设计工作年限应与结构整体设计工作年限相同。此外，设计工作年限与经济状况、结构工作性质有关，也与结构中使用的材料有一定关系。结构耐久性等级的不同，对应的设计工作年限也不同。按照中国的实际情况，结构设计工作年限见表 9.3。

**表 9.3　设计工作年限**

| | | |
|---|---|---|
| Ⅰ级 | 特别重要的建筑结构 | 设计工作年限≥100 年 |
| Ⅱ级 | 一般建筑结构 | 设计工作年限≥50 年 |
| Ⅲ级 | 临时性建筑结构 | 设计工作年限≥5 年 |

当业主对设计工作年限有更高要求时，设计上应予以考虑。结构刚建成时，要求剩余寿命为 50 年，此时结构状态应能满足 50 年工作要求；10 年后，结构性能有一定程度退化，设计工作寿命还有 40 年，此时

的结构若能满足40年工作需求，则满足耐久性极限状态要求，若不能，则认为超过了耐久性极限状态。

### 9.4.2　材料劣化机理

钢筋混凝土结构是由混凝土和钢筋两种材料组成，其性能的劣化包括混凝土材料劣化和钢筋材料劣化，以及两种材料之间粘结性能的破坏。其中，混凝土的碳化及钢筋锈蚀是影响混凝土结构耐久性的最主要因素。

(1) 混凝土的退化机理

大气环境中的$CO_2$引起混凝土中性化的过程称为混凝土的碳化。

溶液有酸性、碱性和中性三种。当溶液中的pH值小于7时呈酸性；大于7时呈碱性；等于7时呈中性。当大气环境中的$CO_2$不断向混凝土内部扩散，并与混凝土中的碱性水化物[主要是$Ca(OH)_2$]发生中和反应，使pH值下降而中性化。所以，混凝土的碳化就是指混凝土的中性化。碳化对混凝土本身是无害的，但碳化会破坏钢筋表面的氧化膜，为钢筋锈蚀创造前提条件；同时碳化会加剧混凝土的收缩，可导致混凝土开裂，使钢筋容易锈蚀。

在硅酸盐水泥混凝土中，初始碱度较高，pH值常达到12.5～13.5，从而使得混凝土中的碱性物质[如$Ca(OH)_2$]在钢筋表面生成氧化膜。此氧化膜是致密的，可保护钢筋不被腐蚀，故也称此氧化膜为钝化膜。但是，碳化会使混凝土的pH值降到10以下，当碳化从构件表面开始向内发展，使保护层完全碳化直至钢筋表面时，氧化膜就被破坏了，这就叫脱钝。

混凝土碳化深度可用碳酸试液测定，当敲开混凝土、滴上试液后，碳化部分的混凝土保持原色，未碳化部分混凝土呈浅红色。

影响混凝土碳化的因素很多，可归结为环境因素与材料本身的因素。环境因素主要是空气中$CO_2$的浓度，通常室内的$CO_2$浓度较高，故室内混凝土的碳化比室外的快些。试验表明，混凝土周围相对湿度为50%～70%时，碳化速度较快；温度交替变化有利于$CO_2$的扩散，可加速混凝土的碳化。

混凝土材料自身的影响不可忽视。混凝土强度等级愈高，内部结构愈密实，孔隙率愈低，孔径也愈小，则碳化速度愈慢；水胶比大也会加速碳化反应。针对混凝土自身的影响因素，减小、延缓其碳化的主要措施有：

① 合理设计混凝土配合比，规定水泥用量的低限值和水胶比的高限值，合理采用掺合料；

② 提高混凝土的密实性、抗渗性；

③ 规定钢筋保护层的最小厚度；

④ 采用覆盖面层(水泥砂浆或涂料等)。

(2) 钢筋的锈蚀机理

钢筋的锈蚀是影响混凝土结构耐久性的关键问题之一。

钢筋表面氧化膜的破坏是使钢筋锈蚀的必要条件。这时，如果含氧水分侵入，钢筋就会锈蚀。因此，含氧水分侵入是钢筋锈蚀的充分条件。钢筋锈蚀严重时，体积膨胀，导致沿钢筋长度出现纵向裂缝，并使保护层剥落，从而使构件截面削弱，截面承载力降低，最终使结构构件破坏或失效。

混凝土中钢筋的锈蚀机理是电化学腐蚀。由于钢筋中化学成分的不均匀分布，混凝土碱度的差异以及裂缝处氧气的增浓等原因，使得钢筋表面各部位之间产生电位差，从而构成了许多具有阳极和阴极的微电池。

钢筋表面的氧化膜被破坏后，钢材表面从空气中吸收溶有$CO_2$、$O_2$或$SO_2$的水分，在微电池中形成了电解质水膜，于是就在阴极与阳极间以电解方式产生电化学腐蚀反应。其结果是生成$Fe(OH)_2$，$Fe(OH)_2$在空气中又进一步被氧化成$Fe(OH)_3$，即铁锈。铁锈是疏松多孔的，它的体积比原来的增加2～4倍，迫使混凝土保护层胀裂，进一步加快了锈蚀的发展。

当然，钢筋锈蚀是一个相当长的过程，先是在裂缝较宽的个别点上"坑蚀"，继而逐渐形成"环蚀"，同时向两边扩展，形成锈蚀面，使钢筋截面削弱。锈蚀严重时，体积膨胀，导致沿钢筋长度的混凝土产生纵向裂缝，并使混凝土保护层剥落，习称"暴筋"。通常可把大范围内出现沿钢筋的纵向裂缝作为判别混凝土结构构件寿命终结的标准。

防止钢筋锈蚀的主要措施有：

① 降低水胶比，增加水泥用量，提高混凝土的密实度；

② 有足够的混凝土保护层厚度；

③ 严格控制氯离子的含量；

④ 采用覆盖层，防止 $CO_2$、$O_2$、$Cl^-$ 的渗入。

### 9.4.3 耐久性设计方法

(1) 耐久性极限状态方程

对于耐久性设计如何建立耐久性极限状态方程，目前有以下两种不同的观点。

① 耐久性极限状态设计法。其设计原则是在使用寿命内抵抗环境作用的能力大于环境对结构作用的效应，即满足

$$F \leqslant R \tag{9.36}$$

式中 $F$——环境作用效应；

$R$——结构构件抵抗环境作用的能力。

根据结构工作环境状况，确定耐久性极限状态及其标志，将大气环境下的混凝土结构耐久性极限状态分为：对不允许钢筋锈蚀的结构构件（如预应力钢筋、直径较小的钢筋、结构塑性铰区的主筋、低温下受拉主筋等），以混凝土碳化达到主要钢筋表面为耐久性极限状态标志；对允许有限锈蚀的构件，以钢筋截面质量损失率达 1%作为耐久性极限状态的标志。

② 基于近似概率法的极限状态设计法。耐久性设计包括计算和构造部分。计算部分与现行《混凝土结构设计标准》中的设计方法相协调，引入耐久性设计概念，其表达式为

$$S \leqslant \eta R \tag{9.37}$$

式中 $S$——内力设计值；

$R$——构件抗力设计值；

$\eta$——耐久性设计系数，为构件 $t$ 时刻的可靠指标 $\beta(t)$ 的函数。

(2) 耐久性设计方法及措施

混凝土结构的耐久性由结构的内部因素和环境作用的外部因素共同决定，开展耐久性设计应从设计目标、结构构造、材料性质、施工工艺、环境作用等多方面考虑。一般混凝土结构的耐久性设计应包含以下内容：

① 确定结构的设计工作年限、环境类别及其作用等级；

② 采用有利于减轻环境作用的结构形式和布置；

③ 规定结构材料的性能与指标；

④ 确定钢筋的混凝土保护层厚度；

⑤ 提出混凝土构件裂缝控制与防排水等构造要求；

⑥ 针对严重环境作用采取合理的防腐蚀附加措施或多重防护措施；

⑦ 采用保证耐久性的混凝土成型工艺、提出保护层厚度的施工质量验收要求；

⑧ 提出结构使用阶段的检测、维护与修复要求，包括检测与维护必需的构造与设施；

⑨ 根据使用阶段的检测情况，必要时对结构或构件进行耐久性再设计。

我国土木工程基础设施规模巨大，自然环境作用复杂，在耐久性设计方面面临较多困难和挑战。基础设施是经济社会发展的重要支撑，提升土木工程结构耐久性对国家和社会发展具有重要意义。2020年，中央全面深化改革委员会第十二次会议审议通过了《关于推动基础设施高质量发展的意见》(以下简称《意见》)，强调要以整体优化、协同融合为导向，统筹存量和增量、传统和新型基础设施发展，打造集约高效、经济适用、智能绿色、安全可靠的现代化基础设施体系。在《意见》指导下，工程结构设计中应大力推动耐久性设计，提升我国基础设施建造品质和使用寿命。

## 本 章 小 结

《混凝土结构设计标准》规定的混凝土保护层最小厚度、最大裂缝宽度和构件变形等有关限值，主要是为了保证结构的耐久性要求和正常使用要求。

验算构件变形和裂缝宽度时，对普通混凝土构件、预应力混凝土构件应分别采用荷载准永久组合、荷载标准组合并考虑荷载长期效应的影响。

凡截面受有拉力的混凝土构件中，由于混凝土的抗拉强度较低，构件通常是带裂缝工作的。裂缝的出现与混凝土抗拉强度有关；裂缝的分布又与混凝土和钢筋间的粘结强度、混凝土保护层厚度等有关；裂缝宽度则与裂缝间距、混凝土和钢筋间的相对滑移量、钢筋应力大小以及荷载的长期作用等因素有关。

最大裂缝宽度的计算公式是在平均裂缝间距和平均裂缝宽度理论计算值的基础上，根据试验资料统计求得“扩大系数”后加以确定的。平均裂缝宽度是指构件平均裂缝区段内钢筋的平均伸长量与相应水平处构件侧表面混凝土平均伸长量的差值。平均裂缝宽度乘以“扩大系数”即为最大裂缝宽度。

混凝土受弯构件截面的抗弯刚度不为常数，而是随荷载的增加、梁纵向受拉钢筋配筋率的降低以及荷载作用时间的增长而减小，而且沿构件跨度，各截面抗弯刚度都不相同。因此，其挠度计算问题实际上为截面抗弯刚度的计算问题。

根据平截面假定可求得截面的平均曲率和刚度，并可得出按荷载短期效应组合值计算的短期刚度表达式。考虑挠度增大的影响系数 $\theta$ 后，可得到长期刚度表达式。作为受弯构件的挠度验算，还必须采用“最小刚度法”所确定的长期刚度，方可利用材料力学中计算挠度的公式。

在变形和裂缝宽度验算中，引入了一些重要的参数：根据梁第Ⅱ阶段裂缝截面应力状态确定的内力臂长度系数 $\eta$；受压区边缘混凝土平均应变综合系数 $\zeta$；钢筋拉应变(应力)不均匀系数 $\psi$；以有效受拉混凝土截面面积计算的纵向受拉钢筋配筋率 $\rho_{te}$ 等。

受弯构件变形和裂缝宽度的验算是在完成承载力计算基础上进行的。为避免出现承载力、变形和裂缝宽度不能同时满足的问题，还需掌握和理解配筋率、钢筋直径、构件跨高比等对变形和裂缝的影响。

## 思考题与习题

9.1 确定构件变形和裂缝宽度限值时应考虑哪些因素？

9.2 简述裂缝的出现、分布和展开的过程和机理。

9.3 最大裂缝宽度计算公式是怎样建立起来的？

9.4 减小钢筋混凝土构件裂缝宽度的有效措施有哪些？

9.5 何谓构件截面的抗弯刚度？与材料力学中的刚度相比有何区别和特点？怎样建立短期刚度公式和长期刚度公式？

9.6 提高受弯构件刚度的有效措施有哪些？

9.7 受弯构件挠度计算与材料力学方法有何不同？何谓“最小刚度原则”？简述主要参数 $\eta$、$\zeta$、$\psi$、$\rho_{te}$ 的物理意义。

9.8 简述配筋率对受弯构件正截面承载力、挠度和裂缝宽度的影响。

9.9 已知钢筋混凝土桁架的下弦杆 $b \times h = 200\ \text{mm} \times 200\ \text{mm}$，混凝土强度等级采用 C25，纵筋为 6 根直径 14 mm 的 HRB400 级钢筋，混凝土保护层厚度 $c = 25$ mm，箍筋直径 10 mm，下弦杆的端节点间承受按荷载准永久组合计算的轴向拉力值 $N_q = 150$ kN。室内正常环境。试验算最大裂缝宽度是否满足要求。

9.10 钢筋混凝土屋面大梁的支撑情况如图 9.12 所示，采用强度等级为 C30 混凝土，保护层厚度 $c = 20$ mm，HRB400 级钢筋，恒荷载标准值 $g_k = 16.6$ kN/m(含大梁自重)，屋面活荷载标准值 $q_k = 7.2$ kN/m，通过正截面抗弯承载力计算，截面配纵向受拉钢筋如图 9.12 所示。若最大允许挠度为 $l/250$，最大允许裂缝宽度为 0.3 mm，试验算该梁跨中挠度和裂缝宽度是否满足要求(提示：屋面活荷载的准永久值为零)。

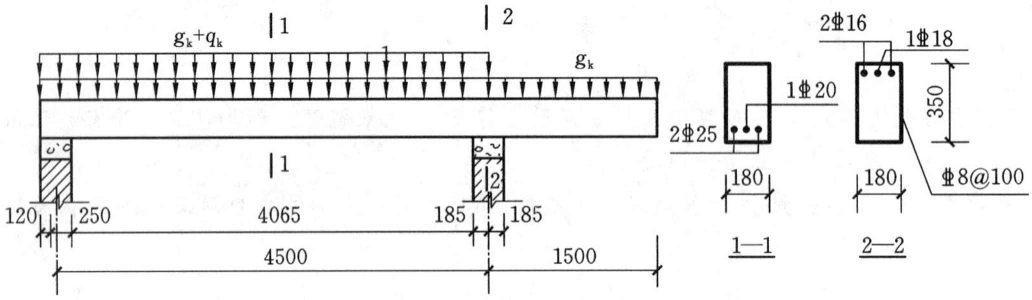


图 9.12

9.11 有一矩形截面的对称配筋偏心受压柱，截面尺寸 $b \times h = 400\ \text{mm} \times 600\ \text{mm}$。计算长度 $l_0 = 6$ m，受拉和受压钢筋均为 4 根直径 22 mm 的 HRB400 级钢筋，采用混凝土强度等级为 C35，混凝土保护层厚度 $c = 25$ mm，箍筋直径 14 mm；荷载准永久组合效应的 $N_q = 400$ kN，$M_q = 196$ kN·m。试验算此柱是否满足室内正常环境中使用的裂缝宽度要求。

# 10　预应力混凝土构件

- 预应力混凝土结构设计
  - 预应力结构概念
    - 原理：（受拉区）预先施加应力的混凝土构件
    - 目的：提升混凝土结构抗裂度
    - 优势：抗裂度提升，刚度提升，材料用量减小，耐久性强
  - 施工方法
    - 先张法：钢筋张拉先于混凝土浇筑
    - 后张法：混凝土浇筑成型后张拉钢筋
  - 结构材料和机具
    - 高强钢筋（预应力钢丝、钢绞线等）+高强混凝土（快硬，早强）
    - 夹具：施加预应力的临时性锚固机具
    - 锚具：锚固预应力钢筋的永久性锚固机具
  - 预应力筋的应力
    - 张拉控制应力
      - 不能太大：避免受力不均匀致使个别钢丝拉断
      - 不能太小：保证预应力度，充分利用材料
    - 预应力损失
      - 第1类：张拉锚具松动和钢筋松动引起的损失
      - 第2类：预应力筋与混凝土孔壁摩擦引起的损失
      - 第3类：加热养护时预应力筋与台座温差的损失
      - 第4类：预应力筋松弛引起的损失
      - 第5类：混凝土徐变引起的损失
      - 第6类：环形混凝土构件局部受压引起的损失
    - 预应力损失组合
      - 组合方式：放张前为第一批，放张后为第二批
      - 第一批预应力损失
        - 先张法：第1, 2, 3, 4类
        - 后张法：第1, 2类
      - 第二批预应力损失
        - 先张法：第1, 2类
        - 后张法：第4, 5, 6类
  - 关键应力状态
    - 施工阶段
      - 先张构件
        - 张拉并锚固钢筋
        - 混凝土预压前
        - 混凝土预压后
        - 第二批预应力损失后
      - 后张构件
        - 张拉并锚固
        - 完成第二批预应力损失
    - 使用阶段
      - 消压状态、开裂状态、破坏状态
  - 计算与验算
    - 使用阶段
      - 极限承载力
      - 正截面裂缝、斜截面裂缝（受弯构件）
      - 变形验算（受弯构件）
    - 施工阶段
      - 放张或张拉时的混凝土强度验算
      - 局部受压验算（后张）
  - 部分预应力混凝土
    - 全预应力混凝土：无拉应力
    - 部分预应力混凝土：有拉应力
      - 预应力筋+非预应力筋
      - 预应力度相对低
  - 无粘结预应力混凝土
    - 钢筋与混凝土间允许滑移，依靠端部锚具传力；施工便利

**本章提要**

本章主要介绍预应力混凝土结构的基本概念，预应力损失的概念、计算方法和组合方法，预应力轴心受拉、受弯构件各阶段的应力状态和设计计算方法，预应力混凝土构件的主要构造要求等；也介绍了部分预应力构件和无粘结预应力构件的概念和计算要点。本章内容较多，学习的要点是掌握预应力构件各阶段的受力情况和应力分布。

## 10.1 概　　述

混凝土作为一种建筑材料，主要缺点就是抗拉强度很低。当混凝土用于存在受拉区的构件时，比如用于受拉构件或受弯构件时，受拉区的混凝土在很小的拉应力作用下就会开裂，造成构件裂缝宽度超出许可或构件刚度达不到要求。在很多情况下，混凝土构件的截面尺寸是由对其抗裂要求、裂缝宽度要求或刚度的要求决定的。

使用高强度的混凝土并不能解决这一问题。混凝土的强度提高后，极限拉应变没有大的变化，弹性模量的提高也很有限。在抗裂能力和弹性模量都没有根本性提高的情况下，仍然只能靠加大截面尺寸的方法来保证构件的抗裂能力和刚度，不仅不能节省材料，反而会因采用高强度混凝土而提高了造价。

混凝土的这一缺点还限制了高强度钢筋的使用。混凝土的极限抗拉应变一般只有$(0.1\sim0.15)\times10^{-3}$，因此当混凝土受拉开裂时，钢筋中的应力只有 20～30 MPa[相应的钢筋应变为$(0.1\sim0.15)\times10^{-3}$]，强度远未充分利用。即便对于允许开裂的构件，《混凝土结构设计标准》规定一般的裂缝宽度不得大于 0.2～0.3 mm，与此相应的钢筋拉应力为 150～250 MPa（光面钢筋）或 200～300 MPa（螺纹钢筋）。这就意味着，钢筋的应力无法再提高，使用高强钢筋是无法发挥作用的。

为解决混凝土抗拉强度低所带来的这一系列问题，人们设想对在荷载作用下的受拉区混凝土预先施加一定的压应力（即预压应力），使其能够部分或全部抵消由荷载产生的拉应力。这种做法实际上是利用混凝土较高的抗压强度来弥补其抗拉强度的不足。

对混凝土施加预应力通常是通过张拉构件内的钢筋实现的（图 10.1），钢筋张拉后产生回弹力，回弹力通过钢筋和混凝土之间的粘结力传递给混凝土，或者通过锚具直接在构件两端施压而传递给混凝土，从而使混凝土受压而产生预压应力。这样的钢筋称为预应力钢筋。

预应力构件没有承受荷载时，预应力钢筋就已经承受了一定程度的拉应力；承受荷载后，拉应力在此基础上进一步提高。在预应力构件中一般使用高强度的预应力钢筋，使得构件受荷载后预应力钢筋的应力仍可以有较大幅度的增高。因此也可以说，预应力构件在利用混凝土抗压强度的同时，也利用了高强钢筋的抗拉强度来弥补混凝土抗拉强度的不足。

由于预应力减小了构件中混凝土承受的拉应力，预应力混凝土构件在使用阶段可以做到不开裂或开裂甚微，构件的刚度提高，挠度大大减小，所以预应力这一手段大大地提高了构件的抗裂度，减小了构件的裂缝与变形（图 10.2）。预应力的最大优点也就在于提高了构件的抗裂能力和构件的刚度，其他的大部分优点都是由此而来的。抗裂能力和刚度提高后，就有可能减小构件截面尺寸或采用高强度的材料，从而提高耐久性。

预应力提高了构件受荷载以后混凝土拉应力允许提高的幅度，但同时也降低了构件受荷载以后混凝土压应力和钢筋拉应力允许提高的幅度。因此，使用同样材料、同样尺寸的预应力构件和非预应力构件相比，两者的强度是差不多的（图 10.2），试验和理论分析也都证明了这一点。但是，预应力构件可以采用高强度的混凝土和高强度的钢筋，而材料的价格并不会随强度的提高而成正比地增加。施加预应力虽然不能提高构件的强度，但可以采用高强度的材料，对一些结构，尤其是大型结构，有一定的经济意义。

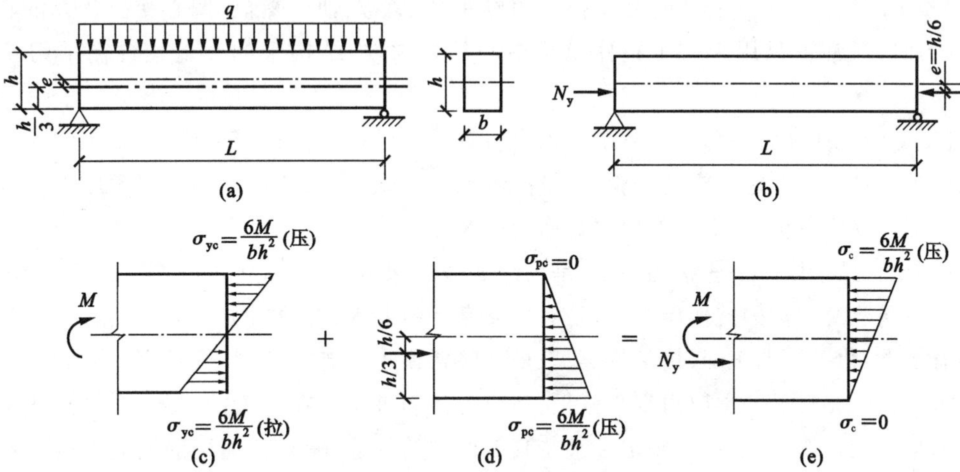

图 10.1　预应力混凝土构件原理

(a) 荷载；(b) 施加预应力；(c) 荷载单独作用下的截面应力；

(d) 预应力单独作用下的截面内力；(e) 荷载和预应力共同作用下的截面应力

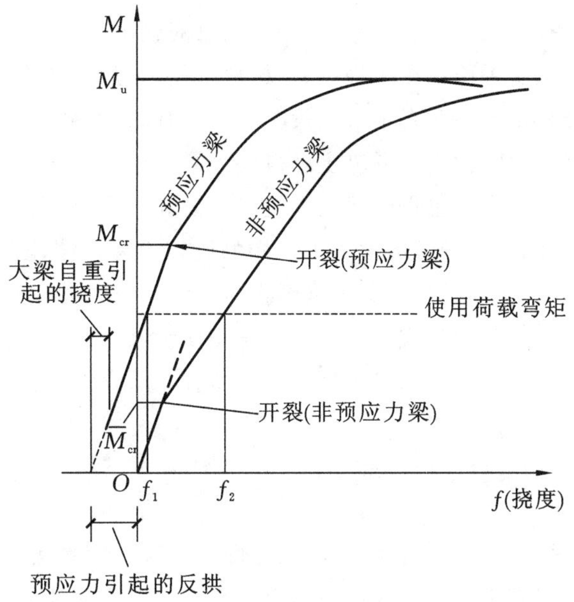


图 10.2　预应力和非预应力构件的比较

$M_u$—极限荷载；$M_{cr}$—开裂荷载；$f_1$—预应力构件在使用荷载弯矩下的挠度值；$f_2$—非预应力构件在使用荷载弯矩下的挠度值

有时出于固定箍筋、形成钢筋骨架等构造上的考虑，或者为了满足某些强度和抗裂及裂缝宽度要求等，在预应力构件中也使用一部分非预应力钢筋，这些钢筋在施工阶段不张拉。

施加了预应力的混凝土称为预应力混凝土，不施加预应力的钢筋混凝土称为普通钢筋混凝土，也简称为钢筋混凝土。

预应力混凝土的优点是明显的。由于预应力提高了构件的抗裂能力和刚度，使构件在使用荷载作用下可以不出现裂缝或可以使裂缝宽度大大减小，有效地改善了构件的使用性能，提高了构件的刚度，增加了结构的耐久性。预应力混凝土采用高强材料，因而可以减小构件截面尺寸，减少材料用量并降低结构物的自重，这一点对于大跨度结构和高层建筑结构尤其重要。预应力受弯构件在施加预应力的同时，可以使构件产生反拱，减小了构件工作时的挠度。预应力构件的抗疲劳性能较好，这是因为预应力使得钢筋在重复荷载下的应力变化幅度较小。此外，预应力还可以作为结构的一种拼装手段和加固措施。

预应力混凝土应优先用于工作中存在受拉区的构件，如受弯、轴心受拉、偏心受拉及大偏心受压等构件。采用预应力时，通常也只用于一个整体结构中的部分构件，结构中的其他构件仍采用普通钢筋混凝土。

预应力混凝土的设计和施工都比较复杂。预应力混凝土对材料质量要求严格；施工中要使用专门的机具，并要求施工人员具有一定的施工经验；质量控制比较复杂，施工费用也高。将预应力混凝土用于不适用的场合，会提高综合造价，反而不如使用普通钢筋混凝土。

预应力混凝土常用于以下一些结构中：一是大跨度结构，如大跨度桥梁、体育馆、车间以及仓库等大跨度建筑的屋盖、高层建筑结构的转换层等；二是对抗裂有特殊要求的结构，如压力容器、压力管道、水工或海洋建筑，还有冶金、化工厂的车间、构筑物等；三是某些高耸建筑结构，如水塔、烟筒、电视塔等；四是某些大量制造的预制构件，如常见的预应力空心楼板、预应力预制桩等。在一般的房屋结构中，如果建筑设计限定了层高、屋楼盖梁等的高度，或者限定了某些其他构件的尺寸，使得普通钢筋混凝土构件难以满足要求时，也可以考虑使用预应力混凝土。

预应力的概念和方法在人们日常生活和生产中早已有所应用。传统木器中的木桶、木盆都是利用桶箍将一块块壁板箍成一个整体。没有桶箍，壁板（相当于混凝土的抗拉强度很低）很容易散开；桶箍（相当于给混凝土施加预压应力）把壁板箍紧，就使得壁板之间不易分离（相当于提高了抗裂能力）。

将预应力用于混凝土的想法和试验也早在一个多世纪以前就出现了。但由于当时缺乏合适的高强度钢筋和混凝土，也缺乏准确的试验手段和相关理论，在材料、试验、理论、计算方法、施工方法等方面都不够完善，预应力的优点未能充分显示。因此在很长一段时间内，预应力混凝土的研究和应用没有得到重视和发展。随着工业和科技水平的提高，预应力混凝土已得到大量应用。

近年来，我国预应力混凝土的应用也得到了很大发展。设计方法上，发展了全面考虑次内力的设计方法，考虑温度效应、徐变等影响的超长预应力混凝土结构的设计方法。结构形式上，开发了预应力型钢混凝土结构、体外预应力混凝土结构、纤维增强复合材料预应力混凝土结构，以及预应力混凝土叠合构件等新结构体系，极大地拓展了预应力技术的应用范围。基于预应力技术，大量大型复杂结构工程得以建成。如广州南站采用了后张有粘结预应力技术，最大柱网尺寸达到 48 m×32 m。

## 10.2 施加预应力的方法

施加预应力的方法有许多种，但基本可以分为两类，即先张法与后张法。在浇筑混凝土之前张拉预应力筋的方法称为先张法，而在混凝土浇筑并养护成型之后张拉预应力筋的方法称为后张法。

先张法施工就是首先在台座上张拉钢筋，然后浇筑混凝土的一种预应力混凝土构件施工方法，其设备与张拉情况如图 10.3 所示。先张法的主要工序是先在台座上张拉预应力筋，并将它临时锚固在台座上[图 10.3(a)、(b)]，然后架设模板，绑扎普通钢筋骨架，浇筑构件混凝土[图 10.3(c)]。待混凝土达到要求的强度后，切断或放松预应力钢筋，让钢筋的回弹力通过钢筋与混凝土间的粘结力传递给混凝土，使其获得预压应力，如图 10.3(d)所示。

先张法主要靠粘结力锚固，不需要专门的锚具。为了加速台座的周转，特别是对大量生产的板类构件或其他小型构件，在混凝土强度达到设计强度的 75%以上时，即可切断或放松预应力筋；此外也经常使用“长线法”以减少设备投入和提高生产效率，就是在相距很远（可达上百米或更远）的台座之间张拉很长的整根预应力钢筋，然后在台座之间同时制作形成“一串”的多个构件，放松预应力钢筋后再切断各个构件之间相连的钢筋。

先张法主要适用于大批量生产的中、小型构件，如常见的预应力混凝土楼板、轨枕、水管、电杆等。

后张法是先浇筑构件混凝土，待混凝土结硬后，再张拉预应力筋的方法，如图 10.4 所示。

后张法施工在制作构件时，预先在构件中留出穿预应力筋的孔道，当构件混凝土达到规定强度(不低于设计的混凝土强度等级的 75%)后，将预应力钢筋穿入预留孔道内，再将千斤顶支承于混凝土构件端部，张拉钢筋，使构件也同时受到压缩。待张拉到一定拉力后，用特制的锚具将预应力钢筋锚固于混凝土构件上，使混凝土获得并保持其压应力。最后，在预留孔道内压注水泥浆，以保护钢筋不受锈蚀，并使筋束与混凝土粘结成为整体。

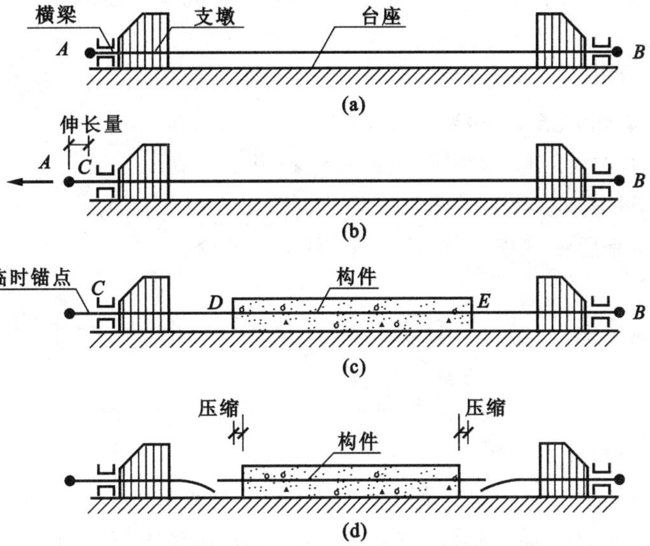


**图 10.3　先张法施工工序示意图**

(a) 钢筋就位；(b) 张拉钢筋；(c) 浇筑构件；(d) 切断钢筋，挤压构件

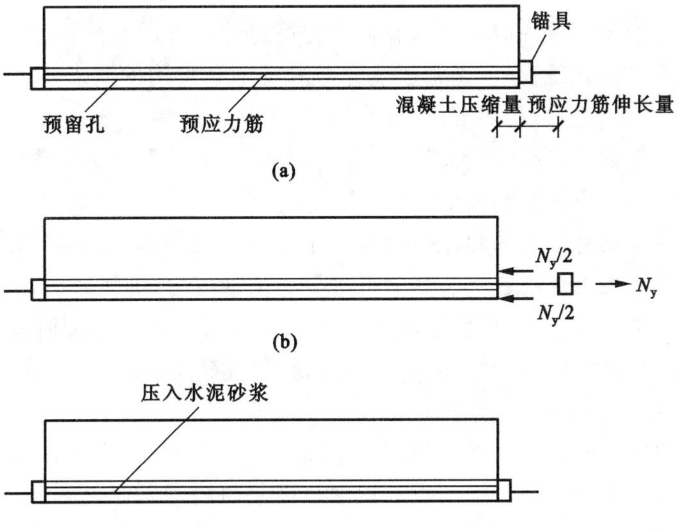


**图 10.4　后张法施工工序示意图**

(a) 浇筑混凝土并预留孔道；(b) 张拉钢束；(c) 锚固钢束，在孔道内压入水泥砂浆

后张法不需要台座，但需要有可靠的锚具及千斤顶、张拉油泵等设备。后张法主要用于以粗钢筋或钢绞线配筋的大型预应力构件，如桥梁、屋架、屋面梁、吊车梁等。

先张法构件预应力筋的回弹力是通过钢筋与混凝土间的粘结力传给混凝土的，因而在构件上无需任何锚具。而后张法构件则不同，它的钢筋回弹力必须通过构件端部的锚具才能使混凝土建立起预压应力。

因而锚具必须永远留在构件上。

先张法构件中的预应力钢筋可布置为直线形或折线形，多为直线形。后张法构件中的预应力钢筋可以做成曲线形，使它基本上沿着构件工作时内部的主拉应力迹线的方向布置，从而发挥更好的效果。

当以相同的张拉应力张拉钢筋时，两种方法在混凝土中所建立的预压应力是不等的，先张法低，后张法高。在先张法构件切断或放松预应力钢筋后，由于预应力钢筋回弹带动混凝土缩短，因而预应力钢筋本身将缩短，应力将降低。在后张法中，混凝土的压缩与张拉预应力钢筋同步发生，混凝土压缩造成的钢筋回弹随时得到补偿，钢筋应力在张拉到预定的数值后不会再因混凝土压缩而减小。所以，先张法构件混凝土截面上所建立的压应力常比后张法构件低。

张拉预应力钢筋时，可以将预应力筋在构件的一端用锚具固定，在另一端用机具进行张拉；也可以在两端均安置张拉机具，两端同时张拉，称为两端张拉。

张拉预应力钢筋时，有时为了减少预应力损失，或者由于受到张拉千斤顶行程的限制，需要进行多次或重复张拉，两次张拉之间用锚具等临时固定钢筋的端头以保持张拉应力。

施加预应力的方法还有后张自锚法、电热法等，但应用较少。

## 10.3 预应力混凝土使用的材料和机具

用作预应力钢筋的钢材首先应具有高强度，因为只有强度高才能在钢筋中建立起高应力，预应力的效果才明显，才能发挥预应力构件的优势。

结构中预应力的大小取决于钢筋的应力，同时构件制作及使用过程将出现各种预应力损失(有时损失总值可达 200 $N/mm^2$ 以上)，因此必须采用高强度钢材；此外还要求钢筋具有较低的松弛率，以减少预应力的松弛损失。这样才能在钢筋中建立起高的张拉应力并在出现应力损失后仍保持较高的应力。预应力钢筋还应具有一定的塑性，即拉断时有一定的延伸率。尤其是在低温或冲击环境下以及在抗震结构中，更应注意钢材的塑性要求，否则可能产生脆性破坏。

预应力混凝土的施工工艺要求预应力钢筋有良好的可焊性和可镦性能。因为结构中的钢筋常常需要接长使用，也常需要经过镦粗加以锚固。先张法预应力混凝土结构构件要求预应力钢筋与混凝土之间有较好的粘结性能，因为它们是靠钢筋和混凝土之间的粘结力来传递预应力的。

目前国内常用的预应力钢材有高强光面钢丝、螺旋肋钢丝、高强钢绞线和预应力螺纹钢筋等。

预应力构件使用的混凝土应具有高强度，这样才能充分利用高强钢材，并减小截面和自重，进而减小结构上的荷载。混凝土还应具有较高的弹性模量和较小的徐变及收缩变形，以减少预应力损失。预应力混凝土的施工工艺也要求混凝土快硬、早强，从而可尽早施加预应力，加快施工进度。

一般预应力构件的混凝土强度等级不宜低于 C40，且不应低于 C30。同时要求预应力混凝土构件的混凝土内不得掺加对钢筋有侵蚀作用的添加剂，如氯化钠、氯化钙等；还要求尽可能地采用干硬性混凝土，并加强振捣与养护，以减小混凝土的收缩与徐变。

为了使后张法构件预应力筋在张拉之后与混凝土粘结在一起，必须在张拉后从锚头的孔洞或预留孔中灌入水泥浆，填满孔道，并保护预应力钢筋免遭锈蚀。灌浆材料通常是纯水泥浆，有时也加细砂。为了早强和易于施工，也常加少量添加剂。

无论是先张法所用的临时锚具，还是后张法所用的永久性锚具，都是保证预应力混凝土结构安全、可靠的关键设备。因此对锚具的选用也必须格外慎重。锚具应保证受力可靠，使锚固的钢筋不会发生滑移，保证预应力的可靠传递，并使钢筋的预应力损失尽可能小。锚具还应使锚固和放松简易而快速。在满足这些条件的前提下，锚具应尽可能做到构造简单、制造方便、轻质、用料省、价格低。目前常用的锚具有锥形锚、镦头锚、螺纹锚、夹片锚等。

螺纹锚[图 10.5(a)]用于锚固高强粗钢筋，其构造很简单，即用一锚固螺帽直接拧紧在已张拉的高强粗钢筋的螺纹上。这种锚具构件简单，施工方便，且较为可靠，预应力损失小。

锥形锚，又称弗氏锚[图 10.5(d)]，包括锚圈和锚塞(又称锥销)。锥形锚的优点是：锚固方便，横截面面积小，便于在梁体上分散布置。缺点是锚固时钢筋回缩量大，预应力损失大，不能重复张拉或接长，使钢筋设计长度受到千斤顶行程的限制。但近年在这些方面已有较大改进。

镦头锚[图 10.5(e)]又称 BBRV 锚，适用于锚固钢丝束。使用时先将钢丝逐根穿过锚杯的孔，然后用镦头机将钢丝端头镦粗如圆钉帽状，使钢丝锚固于锚杯上。在固定端，将锚圈(螺帽)拧在锚杯上即可将钢丝束锚固于梁端。在张拉端，通过螺纹把千斤顶与锚杯连接，并进行张拉，然后拧上锚圈，再放松千斤顶，即可完成张拉锚固过程。

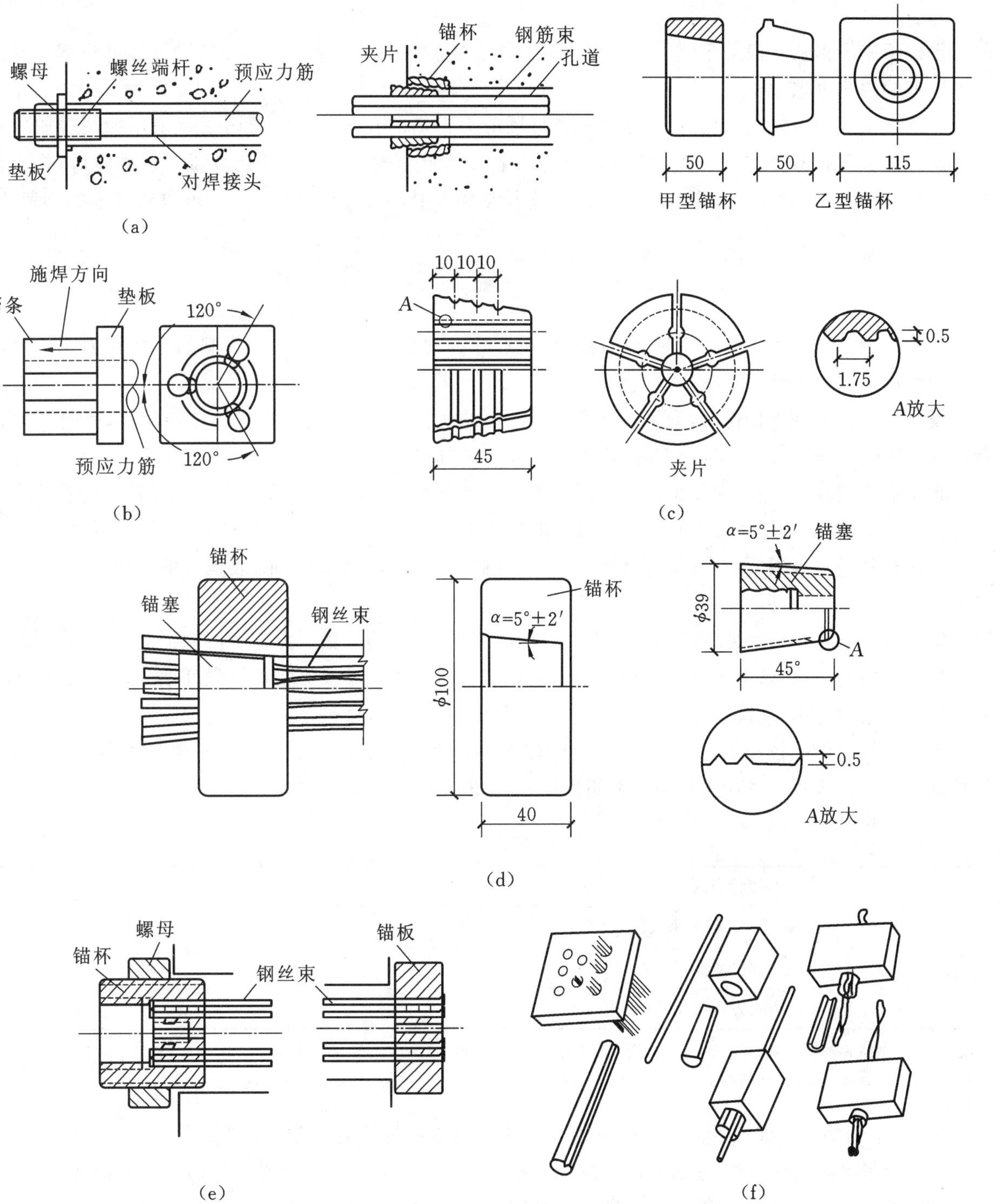


**图 10.5　预应力锚具和夹具**

(a) 螺丝锚杆锚具；(b) 帮条锚具；(c) 夹片锚具；(d) 弗氏锚具；(e) 镦头锚具；(f) 先张法夹具

夹片锚具有各种不同的形式，但都是用来锚固钢绞线的。由于近年来在大跨度预应力混凝土结构中大都采用钢绞线，因此夹片锚具的使用随之增多。国内主要的夹片锚具为JM、XM、QM、YM及OVM系列锚具[图10.5(c)]，可锚固由几根至几十根钢绞线组成的钢束。还有扁形夹片锚，称为扁锚(BM系列)，适用于较扁较薄的构件。夹片锚又称群锚。

锚具的工作原理可以分为两大类。一类是利用钢筋回缩带动锥形或楔形的锚塞、夹片等一起移动，使之挤紧在锚杯的锥形内壁上；同时，挤压力也使锚塞或夹片紧紧挤住钢筋，产生极大的摩擦力，甚至使钢筋变形，从而阻止了钢筋的回缩。另一类则是为钢筋制造一个扩大的端头，在锚板、垫板等的配合下阻止钢筋回缩。

张拉预应力钢筋一般采用液压千斤顶。但应注意每种锚具都有各自适用的千斤顶，可根据锚具或千斤顶厂家的说明书选用。

对后张法预应力混凝土构件，必须预先留好预应力钢筋的孔道。目前国内主要采用抽拔橡胶管和金属波纹管来做制孔器。前者是将带钢丝网的橡胶管预埋在混凝土中，混凝土达到一定强度后，拔出橡胶管，形成预留孔道。后者是将金属波纹管预先埋入混凝土中，待混凝土硬结后，该波纹管就成为预留孔道。

## 10.4 张拉控制应力

张拉控制应力是指张拉钢筋时，张拉设备(千斤顶和油泵)上的压力表所控制的总张拉力除以预应力钢筋面积得出的应力值，以$\sigma_{con}$表示。

设计预应力混凝土构件时，为了充分发挥预应力的优点，张拉控制应力宜尽可能定得高一些，以使混凝土获得较高的预压应力。但是，张拉应力也并非越高越好。

张拉应力越高，预应力混凝土构件在荷载下的变形就越小，其抗裂度亦越高。当张拉控制应力定得过高时，构件开裂时的弯矩可能太接近构件破坏时的弯矩，这种构件在正常使用荷载作用下不会开裂，变形极小。但构件一旦开裂，很快就临近破坏，使构件在破坏前没有明显的征兆，表现为明显的脆性破坏特性，降低了安全性能。

钢材材质的不均匀性使钢筋强度表现出较大的离散性；钢筋的张拉力也不可能控制得十分准确；把张拉控制应力取得过高，就有可能在张拉过程中由于实际张拉力偏高或实际材料强度偏低，导致预应力筋进入塑性流动阶段，大大地降低了钢筋的性能，甚至发生断裂事故，这也是不允许出现的。

预应力钢筋的张拉控制应力值$\sigma_{con}$不宜超过表10.1规定的张拉控制应力上限值。由表10.1可见，张拉控制应力值的大小与预应力钢筋的钢筋种类、强度取值标准和张拉方法有关。

**表10.1 张拉控制应力上限值**

| 钢筋种类 | 应力上限 |
|---|---|
| 消除应力钢丝、钢绞线 | $0.75f_{ptk}$ |
| 中强度预应力钢丝 | $0.70f_{ptk}$ |
| 预应力螺纹钢筋 | $0.85f_{pyk}$ |

注：① 预应力钢筋的强度标准值按《混凝土结构设计标准》第4.2.2条采用；

② 消除应力钢丝、钢绞线、中强度预应力钢丝的$\sigma_{con}$不应小于$0.4f_{ptk}$，预应力螺纹钢筋的$\sigma_{con}$不应小于$0.5f_{pyk}$。

《混凝土结构设计标准》也指出，在下列情况下表10.1中的数值允许提高5%：

(1) 为了提高构件制作、运输及吊装阶段的抗裂度而设置在使用阶段受压区的预应力钢筋；

(2) 为了部分抵消由于应力松弛、摩擦、钢筋分批张拉以及预应力钢筋与台座之间的温差等因素产生的预应力损失。

# 10.5 预应力损失

预应力钢筋在张拉过程中、在预加应力阶段中以及在长期的使用过程中，由于材料的性能、张拉工艺和锚固等原因，均可能引起预加应力的减小，即所谓发生了“预应力损失”。在预应力混凝土设计中需考虑的主要预应力损失有以下六项。

## 10.5.1 张拉端锚具变形和钢筋松动引起的预应力损失 $\sigma_{l1}$

在张拉端，不论我们采用哪种夹具和锚具，当张拉预应力筋应力达到 $\sigma_{con}$ 后，便需卸去张拉设备，在预应力筋回弹力的作用下一定会出现某一量值的锚具变形或钢筋回缩（松动），它们都将使预应力筋的张紧程度降低，应力降低，即引起预应力筋产生应力损失。

预应力直线钢筋由于锚具变形和钢筋内缩引起的预应力损失 $\sigma_{l1}$（$N/mm^2$）按下式计算

$$\sigma_{l1}=\frac{a}{l}E_s \tag{10.1}$$

式中 $a$—— 张拉端锚具变形和钢筋内缩值（mm），按表 10.2 取用；

$l$——张拉端至锚固端之间的距离（mm）；

$E_s$——预应力钢筋的弹性模量（$N/mm^2$）。

**表 10.2 锚具变形和钢筋内缩值 $a$**

| 锚具类别 | | $a$(mm) |
|---|---|---|
| 支承式锚具（钢丝束镦头锚具等） | 螺帽缝隙 | 1 |
| | 每块后加垫板的缝隙 | 1 |
| 夹片式锚具 | 有顶压时 | 5 |
| | 无顶压时 | 6～8 |

注：① 表中的锚具变形和钢筋内缩值也可根据实测数据确定；

② 其他类型的锚具变形和钢筋内缩值应根据实测数据确定。

由表 10.2 可见，支承式锚具（包括镦头锚具）的锚具损失值是较小的，而依靠摩擦楔紧作用锚固的锚具，其锚具损失值较大。

当预应力直线筋一端张拉时，锚具损失只需考虑张拉端，因为固定端的锚具变形在张拉过程中已经完成，不再会因张拉端的锚固而引起损失。后张法构件预应力曲线钢筋或折线钢筋情况下的 $\sigma_{l1}$，应根据预应力曲线钢筋或折线钢筋与孔道壁之间反向摩擦影响长度 $l_f$ 范围内的预应力钢筋变形值等于锚具变形和预应力钢筋内缩值的条件确定（图 10.6）。抛物线形预应力钢筋可近似按圆弧形曲线考虑。当其对应的圆心角 $\theta\leqslant 30°$ 时，其预应力损失值可按下列公式计算：

$$\sigma_{l1}=2\sigma_{con}l_f\left(\frac{\mu}{r_c}+\kappa\right)\left(1-\frac{x}{l_f}\right) \tag{10.2}$$

反向摩擦影响长度 $l_f$(m) 按下列公式计算

$$l_f=\sqrt{\frac{aE_s}{1000\sigma_{con}(\mu/r_c+\kappa)}} \tag{10.3}$$

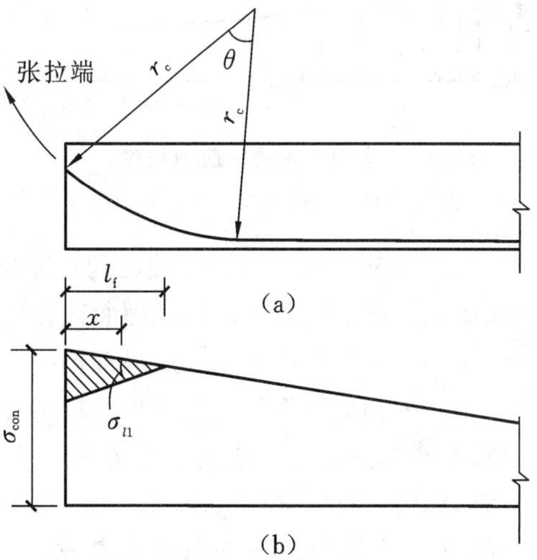


**图 10.6 张拉端的预应力损失**

(a) 预应力钢筋端部曲线段示意；(b) $\sigma_{l1}$ 分布

式中　$r_c$——圆弧形曲线预应力钢筋的曲率半径(m)；

$\mu$——预应力钢筋与孔道壁之间的摩擦系数(1/rad)，按表 10.3 取用；

$\kappa$——考虑孔道每米长度局部偏差的摩擦系数(1/m)，按表 10.3 取用；

$x$——张拉端至计算截面的距离(m)，应符合 $x \leqslant l_f$ 的规定；

$a$——锚具变形和钢筋内缩值(mm)，按表 10.2 取用。

当预应力钢筋为其他形状时的 $\sigma_{l1}$ 计算方法，请参考《混凝土结构设计标准》。

锚具损失在后张法构件中影响很大，而在先张法构件中的影响很小，因为先张法构件通常是在长线台座上生产的。减小锚具损失的措施之一是尽量减少所用垫板的数量。因为在锚具处每增加一块垫板，$a$ 值就得增加 1 mm。

**表 10.3　摩擦系数**

| 孔道成型方式 | $\kappa$(1/m) | $\mu$(1/rad) | |
|---|---|---|---|
| | | 钢丝束、钢绞线 | 预应力螺纹钢筋 |
| 预埋塑料波纹管 | 0.0015 | 0.15 | — |
| 预埋金属波纹管 | 0.0015 | 0.25 | 0.50 |
| 预埋钢管 | 0.0010 | 0.30 | — |
| 抽芯成型 | 0.0014 | 0.55 | 0.60 |
| 无粘结预应力筋 | 0.0040 | 0.09 | — |
| 缓粘结预应力钢绞线 | 0.006 | 0.12 | — |

## 10.5.2　预应力钢筋与孔道壁之间摩擦引起的预应力损失 $\sigma_{l2}$

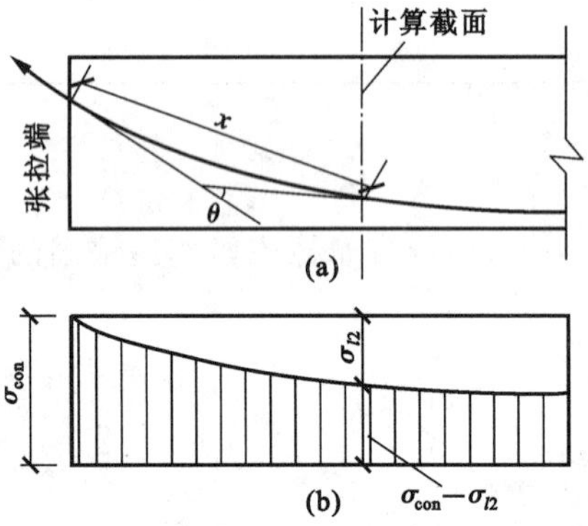


**图 10.7　摩擦引起的预应力损失**

(a) 曲线形预应力钢筋示意；(b) $\sigma_{l2}$分布

后张法预应力钢筋是穿过预留孔道的。由于施工的偏差及孔道壁粗糙等原因，预应力钢筋张拉时与孔道壁表面接触，会产生摩擦阻力。当孔道为曲线时，摩擦阻力更大。从而使构件各个截面上钢筋的实际预拉应力都比张拉端的小，且离张拉端越远，钢筋的预拉应力降得越多(图 10.7)。这种应力差称为摩擦损失，以 $\sigma_{l2}$ 表示。

预应力损失 $\sigma_{l2}$(N/mm²)可按下式计算

$$\sigma_{l2}=\sigma_{con}\left(1-\frac{1}{e^{\kappa x+\mu\theta}}\right) \tag{10.4}$$

当 $\kappa x+\mu\theta \leqslant 0.3$ 时，$\sigma_{l2}$ 可按以下近似公式计算

$$\sigma_{l2}=(\kappa x+\mu\theta)\sigma_{con} \tag{10.5}$$

式中　$x$——从张拉端至计算截面的孔道长度，亦可近似取该段孔道在纵轴上的投影长度(m)；

$\theta$——从张拉端至计算截面曲线孔道部分切线的夹角(rad)；

$\kappa$——考虑孔道每米长度局部偏差的摩擦系数，按表 10.3 取用；

$\mu$——预应力钢筋与孔道壁之间的摩擦系数，按表 10.3 取用。

减小摩擦损失的措施主要有两项：一是进行超张拉，二是采用两端张拉。为了减少后张法构件中的某些预应力损失，有时采用“超张拉工艺”。超张拉时，先采用高于 $\sigma_{con}$ 的应力张拉[(1.05～1.1)$\sigma_{con}$，不同情况下的具体数值会有波动]，并保持这一状态 2 min，然后将预应力钢筋稍稍放松，使张拉应力减小到 $0.85\sigma_{con}$，最后再张拉使预应力钢筋的应力达到 $\sigma_{con}$。超张拉工艺的张拉程序可归纳为：

$$0 \rightarrow (1.05 \sim 1.1)\sigma_{con} \xrightarrow{\text{持荷 2 min}} 0.85\sigma_{con} \rightarrow \sigma_{con}$$

超张拉只是暂时提高了预应力筋的张拉应力。最终的钢筋张拉应力仍然是张拉控制应力 $\sigma_{con}$。

采用超张拉工艺时，预应力筋实际应力分布沿构件比较均匀，而且预应力损失也大大降低了。如果两端张拉，则沿构件长度方向上的钢筋应力分布也将较均匀。

### 10.5.3 混凝土加热养护时受张拉的钢筋与承受拉力设备之间的温度差引起的预应力损失 $\sigma_{l3}$

为了缩短先张法构件的生产周期，常在浇捣混凝土后进行蒸汽养护。升温时，新浇的混凝土尚未结硬。钢筋受热膨胀，但是两端台座是固定不动的，即台座间距离保持不变，因而，张拉后的钢筋就松了。降温时，混凝土已结硬并和钢筋结成整体，显然，钢筋应力不能恢复到原来的张拉值，这样就产生了预应力损失。

若预应力钢筋和承受拉力的设备之间温度差为 $\Delta t$（以℃计），则相应的钢材应变为 $0.00001\times\Delta t$，所以预应力损失为

$$\sigma_{l3}=0.00001\times\Delta t\times E_s\approx 2\Delta t \tag{10.6}$$

温差应力损失与温差大小也成正比，当温差很高时，它将是一项很大的损失。减小该项损失的方法是采用“两阶段升温养护体制”，其升温程序如下：

$$\text{浇筑混凝土}\xrightarrow{\Delta t_1=20\ ℃} f'_{cu}=7.5\sim 10.0\ \mathrm{N/mm^2} \xrightarrow{\text{升温至规定养护温度}} (0.7\sim 1.0)f_{cu}$$

此时只 $\Delta t_1$ 段升温引起温差损失，在 $f'_{cu}$ 达到 $7.5\sim 10.0\ \mathrm{N/mm^2}$ 后，预应力筋与混凝土已建立起足够的粘结力，再升温时混凝土将与钢筋同时伸长，因而预应力筋的应力不会再降低，故第二阶段无预应力损失，使温差损失大大减小。采用钢模生产的先张法构件，由于预应力筋是锚固在模板上，在升温时两者温度相同，故无此项损失。

### 10.5.4 钢筋松弛引起的预应力损失 $\sigma_{l4}$

钢筋在高应力下，具有随时间而增长的塑性变形性能。当钢筋长度保持不变时，应力会随时间的增长而逐渐降低，称为钢筋的松弛。钢筋的松弛会引起预应力钢筋中的应力损失。

预应力钢筋的应力松弛与钢筋的材料性质有关。对于普通松弛消除应力钢丝、钢绞线

$$\sigma_{l4}=0.4\left(\frac{\sigma_{con}}{f_{ptk}}-0.5\right)\sigma_{con} \tag{10.7}$$

对于低松弛的预应力钢丝、钢绞线，当 $\sigma_{con}\leqslant 0.7f_{ptk}$ 时

$$\sigma_{l4}=0.125\left(\frac{\sigma_{con}}{f_{ptk}}-0.5\right)\sigma_{con} \tag{10.8}$$

当 $0.7f_{ptk}<\sigma_{con}\leqslant 0.8f_{ptk}$ 时

$$\sigma_{l4}=0.20\left(\frac{\sigma_{con}}{f_{ptk}}-0.575\right)\sigma_{con} \tag{10.9}$$

对于中强度钢丝，取 $\sigma_{l4}=0.08\sigma_{con}$；预应力螺纹钢筋取 $\sigma_{l4}=0.03\sigma_{con}$。

当 $\sigma_{con}\leqslant 0.5f_{ptk}$ 时，应力松弛的应力损失可取为零。按相关施工规范的规定进行超张拉工艺是减少松弛损失的有效措施，可采用以下程序进行超张拉：

$$0\rightarrow 1.05\sigma_{con}\xrightarrow{\text{持荷 2 min}} 0\rightarrow\sigma_{con}$$

### 10.5.5 混凝土收缩、徐变引起的预应力损失 $\sigma_{l5}$

混凝土在正常湿度条件下产生的收缩和在应力作用下产生的徐变都将导致构件缩短，因而使预应力降低，即产生了预应力损失。混凝土收缩、徐变所引起的拉区和受压区预应力钢筋的预应力损失分别用

$\sigma_{l5}$、$\sigma'_{l5}$表示。

在一般情况下，对先张法、后张法构件的预应力损失 $\sigma_{l5}$、$\sigma'_{l5}$（N/mm²）可按下列公式计算

先张法构件

$$\sigma_{l5}=\frac{60+340\dfrac{\sigma_{pc}}{f'_{cu}}}{1+15\rho} \tag{10.10a}$$

$$\sigma'_{l5}=\frac{60+340\dfrac{\sigma'_{pc}}{f'_{cu}}}{1+15\rho'} \tag{10.10b}$$

后张法构件

$$\sigma_{l5}=\frac{55+300\dfrac{\sigma_{pc}}{f'_{cu}}}{1+15\rho} \tag{10.11a}$$

$$\sigma'_{l5}=\frac{55+300\dfrac{\sigma'_{pc}}{f'_{cu}}}{1+15\rho'} \tag{10.11b}$$

式中 $\sigma_{pc}$，$\sigma'_{pc}$——受拉区、受压区预应力钢筋合力点处混凝土法向压应力。

$f'_{cu}$——施加预应力时的混凝土立方体抗压强度。

$\rho$，$\rho'$——受拉区、受压区预应力钢筋和非预应力钢筋的配筋率。对先张法构件，$\rho=\dfrac{A_p+A_s}{A_0}$，$\rho'=\dfrac{A'_p+A'_s}{A_0}$；对后张法构件，$\rho=\dfrac{A_p+A_s}{A_n}$，$\rho'=\dfrac{A'_p+A'_s}{A_n}$；对于对称配置预应力钢筋和非预应力筋的构件，取 $\rho=\rho'$，此时配筋率应按其钢筋截面面积的一半进行计算。

受拉区、受压区预应力钢筋在各自合力点处混凝土法向压应力 $\sigma_{pc}$、$\sigma'_{pc}$应按第 10.6 节或第 10.8 节中的方法计算。此时，预应力损失值仅考虑混凝土预压前（第一批）的损失，非预应力钢筋中的应力 $\sigma_{l5}$、$\sigma'_{l5}$值应取为零；$\sigma_{pc}$、$\sigma'_{pc}$值不得大于 $0.5f'_{cu}$；当 $\sigma'_{pc}$为拉应力时，则公式中的 $\sigma'_{pc}$应取为零。计算混凝土法向应力 $\sigma_{pc}$、$\sigma'_{pc}$时可根据构件制作情况考虑自重的影响。

当结构处于年平均相对湿度低于 40%的环境下，$\sigma_{l5}$ 及 $\sigma'_{l5}$ 应增加 30%；对重要的结构构件，当需要考虑与时间相关的混凝土收缩、徐变及钢筋应力松弛预应力损失值时，应按《混凝土结构设计标准》要求另行计算。

减少收缩、徐变损失的主要措施是：采用高等级水泥，减少水泥用量，降低水胶比。此外，振捣密实，加强养护也是必要的。但是，特别重要的是要控制混凝土的预压应力不大于施加预应力时混凝土立方强度的 50%。

混凝土收缩、徐变引起的预应力损失，在总损失中占的比重很大，在曲线配筋构件中可占 30%左右，而在直线配筋构件中则可占 60%左右。因此，必须认真对待。

### 10.5.6 环形构件采用螺旋形预应力筋时局部挤压引起的预应力损失 $\sigma_{l6}$

螺旋形预应力筋对构件混凝土产生径向压力，由于混凝土在局部承压下强度不足而使预应力筋嵌入混凝土内（图 10.8）。这一嵌入现象还会随时间增长而增长，这就会使预应力筋环的直径减小，预应力筋中的拉应力降低，这就出现了第六项预应力损失 $\sigma_{l6}$。

这项损失取决于预应力筋对构件混凝土径向压力的大小，而径向压力的大小又与螺旋形预应力筋的张拉应力成正比，与环形构件直径 $d$ 成反比；直径越大，损失越小。《混凝土结构设计标准》规定，只对 $d\leqslant$ 3 m 的构件考虑此项损失，并认为与 $\sigma_{con}$和 $d$ 无关，取 $\sigma_{l6}=30$ N/mm²。

### 10.5.7 预应力损失的组合

以上各项预应力损失中，有的（如 $\sigma_{l1}$、$\sigma_{l2}$、$\sigma_{l3}$、$\sigma_{l6}$）是瞬时完成的；有的（如 $\sigma_{l4}$、$\sigma_{l5}$）是经过相当长时间才完成的。这些收缩、徐变损失和松弛损失都与时间有关，是时间的函数；而且这些损失又是相互有关的。因此，要准确计算这些预应力损失并不容易。此外，一些其他因素也可能会造成一定程度的预应力损失。

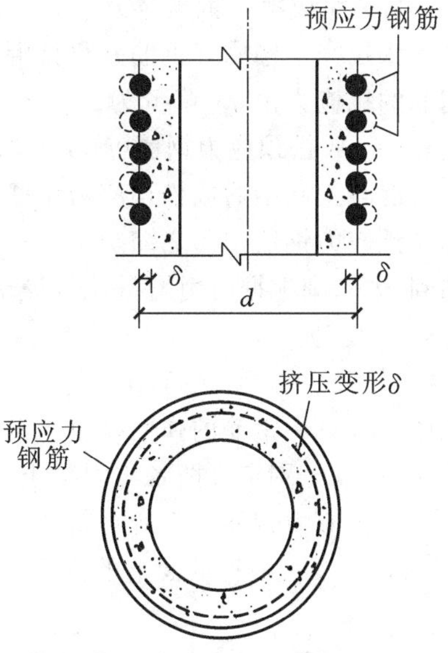

图 10.8 施加预应力的环形构件

考虑到预应力损失的计算值与实际值之间可能有一定误差，并且，为了保证预应力构件的抗裂性，《混凝土结构设计标准》规定了总损失的最小值。即如果计算求得的预应力总损失值小于下列数值，则应按下列数值取用：

先张法构件：100 N/mm²；后张法构件：80 N/mm²。

本节讲述的六项预应力损失，它们有的只发生在先张法构件中，有的只发生在后张法构件中，有的两种构件都有。在两种构件中它们出现的时刻也不尽相同，有一些损失在混凝土建立起初始预压应力前或同时即已完成，也有一些损失只有建立起混凝土初始预压应力之后才可能出现。还有个别损失（如预应力筋松弛损失）在先张法构件中一旦张拉钢筋即开始出现，一直到构件混凝土建立起初始预压应力后还在延续，因而此项损失在先张法构件混凝土初始预压应力建立前、后两个阶段都有。《混凝土结构设计标准》为了分析和计算方便把这些损失按先张法与后张法构件分别划分为两个阶段，在建立预应力之前产生的损失的总和称为 $\sigma_{l\mathrm{I}}$，在建立预应力之后产生的损失的总和称为 $\sigma_{l\mathrm{II}}$，预应力构件在各阶段的预应力损失值的组合应按表 10.4 计算。

表 10.4 各阶段预应力损失值的组合

| 预应力损失值的组合 | 先张法构件 | 后张法构件 |
|---|---|---|
| 混凝土预压前（第一批）的损失 $\sigma_{l\mathrm{I}}$ | $\sigma_{l1}+\sigma_{l2}+\sigma_{l3}+\sigma_{l4}$ | $\sigma_{l1}+\sigma_{l2}$ |
| 混凝土预压后（第二批）的损失 $\sigma_{l\mathrm{II}}$ | $\sigma_{l5}$ | $\sigma_{l4}+\sigma_{l5}+\sigma_{l6}$ |

注：先张法构件由于钢筋应力松弛引起的损失值 $\sigma_{l4}$ 在第一批和第二批损失中所占的比例如何区分，可根据实际情况确定。

## 10.6 预应力轴心受拉构件各阶段的应力分析

预应力轴心受拉构件从张拉钢筋开始，到随着轴心拉力的增大而出现裂缝，再到破坏为止，一般可按两大阶段进行分析，即施工阶段和使用阶段。每个大阶段又包括若干个阶段。下面分先张法和后张法两种情况来进行讨论，主要分析截面中混凝土和钢筋的应力和变形之间的变化关系。

在预应力混凝土计算中，经常要用到钢筋和混凝土的应力。例如在计算混凝土收缩、徐变预应力损失时，就需要知道混凝土在当时阶段的应力；又如在设计中进行抗裂验算时，也要知道在构件即将开裂状态下的混凝土应力。因此，各阶段应力分析是预应力混凝土计算的基础。

混凝土开裂以前，钢筋和混凝土基本上都处于弹性阶段，可用弹性方法分析。分析中要用到两个基本的原理。首先，两种材料共同变形时，应力增量的比例等于弹性模量的比例；其次，多种材料共同工作组成的截面，可以应用材料弹性模量的比例换算成等效的单一材料的截面。

### 10.6.1 先张法预应力混凝土轴心拉杆各阶段应力状态

(1) 张拉预应力钢筋（施工阶段）

在台座上张拉截面面积为 $A_{\mathrm{p}}$ 的预应力钢筋受到的张拉应力为 $\sigma_{\mathrm{con}}$，所施加的全部预拉力为$\sigma_{\mathrm{con}}A_{\mathrm{p}}$，此力由台座承受。如果构件中同时布置有非预应力钢筋 $A_{\mathrm{s}}$，则它的应力为零。

(2) 完成第一批预应力损失 $\sigma_{l\,\mathrm{I}}$（施工阶段）

张拉完毕锚固好钢筋并浇捣混凝土。由于锚具变形、钢筋松弛、温差等使一部分预应力损失，预应力钢筋的拉应力由 $\sigma_{con}$ 降低为 $\sigma_{con}-\sigma_{l\,\mathrm{I}}$。混凝土应力为零；非预应力钢筋中应力亦为零。

(3) 放松预应力钢筋（施工阶段）

混凝土硬结后放松预应力钢筋，钢筋回缩时通过粘结力使混凝土受压。构件的长度缩短，预应力钢筋和非预应力钢筋都随之缩短。设这时混凝土所获得的预压应力为 $\sigma_{pc\,\mathrm{I}}$，即混凝土压应力由上阶段的零增加到 $\sigma_{pc\,\mathrm{I}}$，则根据应力增量比例等于弹性模量比例的原理，预应力钢筋的拉应力相应地比上阶段减少了 $\alpha_E\sigma_{pc\,\mathrm{I}}$，变为

$$\sigma_{p\,\mathrm{I}}=\sigma_{con}-\sigma_{l\,\mathrm{I}}-\alpha_E\sigma_{pc\,\mathrm{I}} \tag{10.12}$$

式中　$\alpha_E$——钢筋的弹性模量与混凝土弹性模量之比，当预应力钢筋和非预应力钢筋的弹性模量相差较大时，可以分别定义两者与混凝土弹性模量之比。

非预应力钢筋的应变总是和混凝土的应变保持一致，它的压应力总是混凝土压应力的 $\alpha_E$ 倍，此时有 $\sigma_{s\,\mathrm{I}}=\alpha_E\sigma_{pc\,\mathrm{I}}$。根据截面上的内力平衡条件，有

$$\sigma_{p\,\mathrm{I}}A_p=\sigma_{pc\,\mathrm{I}}A_c+\sigma_{s\,\mathrm{I}}A_s \tag{10.13}$$

将 $\sigma_{p\,\mathrm{I}}$ 和 $\sigma_{s\,\mathrm{I}}$ 代入上式并整理得

$$\sigma_{pc\mathrm{I}}=\frac{(\sigma_{con}-\sigma_{l\,\mathrm{I}})A_p}{A_c+\alpha_EA_s+\alpha_EA_p}=\frac{N_{p\,\mathrm{I}}}{A_0} \tag{10.14}$$

式中　$A_c$——混凝土净截面面积，为构件截面面积扣除预应力钢筋和非预应力钢筋截面面积后的混凝土截面面积，当预应力钢筋和非预应力钢筋截面面积不大时，也可近似按混凝土构件截面面积计算；

$A_0$——截面的总换算截面面积，有

$$A_0=A_c+\alpha_EA_p+\alpha_EA_s \tag{10.15}$$

$N_{p\,\mathrm{I}}$——产生第一批损失后预应力钢筋中的总拉力，即

$$N_{p\,\mathrm{I}}=(\sigma_{con}-\sigma_{l\,\mathrm{I}})A_p \tag{10.16}$$

式(10.15)体现了换算截面的原理。$N_{p\mathrm{I}}$ 是预应力筋的总拉力，也是预应力筋作用在截面上的总压力，$A_0$ 是将钢筋换算成混凝土后的换算截面面积。两者相除就可得到混凝土的压应力。

(4) 完成第二批预应力损失 $\sigma_{l\,\mathrm{II}}$（施工阶段）

当混凝土的收缩、徐变出现后，产生第二批预应力损失，预应力总损失为 $\sigma_l=\sigma_{l\,\mathrm{I}}+\sigma_{l\,\mathrm{II}}$。在钢筋拉应力比上阶段有所降低的同时，混凝土压应力也有所减小，由上阶段的 $\sigma_{pc\,\mathrm{I}}$ 减小到 $\sigma_{pc\mathrm{II}}$，从而使预应力钢筋的应力比上阶段减少 $\alpha_E(\sigma_{pc\mathrm{II}}-\sigma_{pc\,\mathrm{I}})$ 而变为

$$\sigma_{p\mathrm{II}}=\sigma_{con}-\sigma_{pc\,\mathrm{I}}-\alpha_E(\sigma_{pc\mathrm{II}}-\sigma_{pc\,\mathrm{I}})=\sigma_{con}-\sigma_l-\alpha_E\sigma_{pc\mathrm{II}} \tag{10.17}$$

非预应力钢筋中的应力为

$$\sigma_{s\mathrm{II}}=\alpha_E\sigma_{pc\mathrm{II}}+\sigma_{l5} \tag{10.18}$$

混凝土的合力可从截面的内力平衡条件求得

$$\sigma_{p\mathrm{II}}A_p=\sigma_{pc\mathrm{II}}A_c+\sigma_{s\mathrm{II}}A_s \tag{10.19}$$

将 $\sigma_{p\mathrm{II}}$ 和 $\sigma_{s\mathrm{II}}$ 代入上式整理后得

$$\sigma_{pc\mathrm{II}}=\frac{(\sigma_{con}-\sigma_l)A_p-\sigma_{l5}A_s}{A_c+\alpha_EA_s+\alpha_EA_p}=\frac{N_{p\mathrm{II}}-\sigma_{l5}A_s}{A_0} \tag{10.20}$$

$\sigma_{pc\mathrm{II}}$ 称为构件混凝土中所建立起来的预应力。$N_{p\mathrm{II}}$ 为完成全部损失后，预应力钢筋的总拉力

$$N_{p\mathrm{II}}=(\sigma_{con}-\sigma_l)A_p$$

(5) 加荷至混凝土应力为零（使用阶段）

构件承受逐渐增加的轴向拉力时，预应力钢筋中的拉应力逐渐增加，非预应力钢筋中的压应力逐渐减小，混凝土的预压应力也逐渐减小。当混凝土中的应力为零时，混凝土中的有效预压应力由上阶段的 $\sigma_{pc\mathrm{II}}$ 减小到零。这时预应力钢筋中的拉应力 $\sigma_{p0}$ 应是在上阶段的 $\sigma_{pc\mathrm{II}}$ 基础上再增加 $\alpha_E\sigma_{pc\mathrm{II}}$，即

$$\sigma_{p0}=\sigma_{p\text{II}}+\alpha_E\sigma_{pc\text{II}} \tag{10.21}$$

将式(10.17)代入上式得

$$\sigma_{p0}=\sigma_{con}-\sigma_l \tag{10.22}$$

非预应力钢筋中的压应力在此阶段为$\sigma_{l5}$。此时的轴向拉力$N_0$可由内力平衡条件求得

$$N_0=\sigma_{p0}A_p+\sigma_{s0}A_s=(\sigma_{con}-\sigma_l)A_p-\sigma_{l5}A_s=N_{p\text{II}}-\sigma_{l5}A_s \tag{10.23}$$

从式(10.20)可知,$N_{p\text{II}}-\sigma_{l5}A_s=\sigma_{pc\text{II}}A_0$,所以也有

$$N_0=\sigma_{pc\text{II}}\cdot A_0 \tag{10.24}$$

对$N_0$可以理解为当混凝土法向预压应力被抵消到零时预应力钢筋和非预应力钢筋的合力,这一阶段的实际情况是,轴向拉力抵消了上阶段中混凝土的全部预压应力,使混凝土应力为零。

(6) 加荷至裂缝即将出现(使用阶段)

当轴向拉力超过$N_0$之后,混凝土开始受拉;当继续加荷至使构件开裂时的拉力$N_{cr}$时,混凝土的拉应力由上阶段的零增加到抗拉强度标准值$f_{tk}$,裂缝即将出现;这时预应力钢筋的拉应力$\sigma_p$是在上阶段的$(\sigma_{con}-\sigma_l)$基础上再增加$\alpha_E f_{tk}$,即

$$\sigma_p=\sigma_{con}-\sigma_l+\alpha_E f_{tk} \tag{10.25}$$

非预应力钢筋的应力$\sigma_s$增加到$\sigma_s=-\sigma_{l5}+\alpha_E f_{tk}$。轴向拉力$N_{cr}$可从截面上的内力平衡条件求得,为

$$\begin{aligned}N_{cr}&=(\sigma_{con}-\sigma_l+\alpha_E f_{tk})A_p-\sigma_{l5}A_s+\alpha_E f_{tk}A_s+f_{tk}A_c\\&=(\sigma_{con}-\sigma_l)A_p-\sigma_{l5}A_s+f_{tk}(A_c+\alpha_E A_s+\alpha_E A_p)\\&=N_{p\text{II}}-\sigma_{l5}A_s+f_{tk}A_0\\&=\sigma_{pc\text{II}}A_0+f_{tk}A_0\\&=(\sigma_{pc\text{II}}+f_{tk})A_0\end{aligned} \tag{10.26}$$

实际上根据换算截面的原理可以直接写出上式。不难看出,由于预压应力$\sigma_{pc\text{II}}$的作用($\sigma_{pc\text{II}}$要比$f_{tk}$大得多),使预应力混凝土轴心受拉构件的$N_{cr}$要比普通钢筋混凝土轴心受拉构件大得多,这就是预应力构件抗裂度提高的原因。

(7) 加荷至破坏(使用阶段)

当轴向拉力超过$N_{cr}$后,混凝土开裂,在裂缝截面处,混凝土退出工作,全部外荷载由预应力钢筋及非预应力钢筋承担;随着荷载的增加,拉应力不断增长;破坏时,预应力钢筋及非预应力钢筋都能屈服,应力分别达到屈服强度$f_{py}$和$f_y$。此时

$$N_u=f_{py}A_p+f_yA_s \tag{10.27}$$

轴心受拉构件各阶段的应力状态汇总于表10.5。上面分析中定义的一些量如$N_0$、$N_{cr}$等都是各受力阶段标志性的量值,在预应力混凝土的分析和计算中经常要用到。

**表 10.5　先张法轴心受拉构件各阶段应力分析**

| 受力阶段 | | 预应力钢筋应力 $\sigma_p$ | 混凝土应力 $\sigma_{pc}$ | 非预应力钢筋应力 $\sigma_s$ |
|---|---|---|---|---|
| 施工阶段 | 张拉并锚固钢筋 | $\sigma_{con}-\sigma_{l\text{I}}$ | 0 | 0 |
| | 混凝土预压前 | $\sigma_{con}-\sigma_{l\text{I}}$ | 0 | 0 |
| | 混凝土预压 | $\sigma_{p\text{I}}=\sigma_{con}-\sigma_{l\text{I}}-\alpha_E\sigma_{pc\text{I}}$ | $\sigma_{pc\text{I}}=\frac{(\sigma_{con}-\sigma_{l\text{I}})A_p}{A_0}$ | $\sigma_{s\text{I}}=\alpha_E\sigma_{pc\text{I}}$ |
| | 完成第二批损失 | $\sigma_{p\text{II}}=\sigma_{con}-\sigma_l-\alpha_E\sigma_{pc\text{II}}$ | $\sigma_{pc\text{II}}=\frac{(\sigma_{con}-\sigma_l)A_p-\sigma_{l5}A_s}{A_0}$ | $\sigma_{s\text{II}}=\alpha_E\sigma_{pc\text{II}}+\sigma_{l5}$ |
| 使用阶段 | 混凝土消压 | $\sigma_{con}-\sigma_l$ | 0 | $\sigma_{l5}$ |
| | 混凝土即将开裂 | $\sigma_{con}-\sigma_l+\alpha_E f_{tk}$ | $f_{tk}$ | $\alpha_E f_{tk}-\sigma_{l5}$ |
| | 构件破坏 | $f_{py}$ | 0 | $f_y$ |

### 10.6.2 后张法预应力轴心拉杆各阶段应力状态

(1) 在已预制好的构件上张拉预应力钢筋(施工阶段)

张拉预应力钢筋时,千斤顶将力传给混凝土,使混凝土受压,同时,产生摩擦损失 $\sigma_{l2}$。这时,预应力钢筋中的拉应力 $\sigma_p=\sigma_{con}-\sigma_{l2}$,非预应力钢筋中的压应力 $\sigma_s=\alpha_E\sigma_{pc}$。

从截面上内力平衡条件可得

$$\sigma_p A_p=\sigma_{pc}A_c+\sigma_s A_s \tag{10.28}$$

将 $\sigma_p$、$\sigma_s$ 代入上式并整理得

$$\sigma_{pc}=\frac{(\sigma_{con}-\sigma_{l2})A_p}{(A_c+\alpha_E A_s)}=\frac{(\sigma_{con}-\sigma_{l2})A_p}{A_n} \tag{10.29}$$

式中 $A_c$——混凝土的净截面面积,为截面总面积扣除非预应力钢筋截面面积以及预留孔道的面积(预应力钢筋面积不要重复扣除,因为它包括在孔道面积之中);

$A_n$——构件净换算截面面积,为混凝土净截面面积及非预应力钢筋换算截面面积之和,即

$$A_n=A_c+\alpha_E A_s \tag{10.30}$$

(2) 完成第一批预应力损失(施工阶段)

预应力钢筋张拉完毕并在构件上用锚具锚固住钢筋,第一批预应力损失完成。这时预应力钢筋的拉应力由$(\sigma_{con}-\sigma_{l2})$降低至 $\sigma_{p\mathrm{I}}=\sigma_{con}-\sigma_{l\mathrm{I}}$,非预应力钢筋中的压应力为 $\sigma_{s\mathrm{I}}=\alpha_E\sigma_{pc\mathrm{I}}$。根据截面上内力平衡条件可得混凝土压应力

$$\sigma_{pc\mathrm{I}}=\frac{(\sigma_{con}-\sigma_{l\mathrm{I}})A_p}{A_c+\alpha_E A_s}=\frac{(\sigma_{con}-\sigma_{l\mathrm{I}})A_p}{A_n}=\frac{N_{p\mathrm{I}}}{A_n} \tag{10.31}$$

(3) 完成第二批预应力损失(施工阶段)

预应力钢筋的拉应力进一步从 $\sigma_{p\mathrm{I}}$ 降低至 $\sigma_{p\mathrm{II}}$,$\sigma_{p\mathrm{II}}=\sigma_{con}-\sigma_{l\mathrm{I}}-\sigma_{l\mathrm{II}}=\sigma_{con}-\sigma_l$,非预应力钢筋中的压应力为

$$\sigma_{s\mathrm{II}}=\alpha_E\sigma_{pc\mathrm{II}}+\sigma_{l5} \tag{10.32}$$

根据截面上的应力平衡条件可得,截面上混凝土预压应力为

$$\sigma_{pc\mathrm{II}}=\frac{(\sigma_{con}-\sigma_l)A_p-\sigma_{l5}A_s}{A_n}=\frac{N_{p\mathrm{II}}-\sigma_{l5}A_s}{A_n} \tag{10.33}$$

(4) 加荷至混凝土应力为零(使用阶段)

构件承受外荷载 $N_0$,使建立的混凝土预应力 $\sigma_{pc\mathrm{II}}$ 全部抵消,即 $\sigma_{pc}=0$。这时,预应力钢筋的拉应力

$$\sigma_p=\sigma_{p\mathrm{II}}+\alpha_E\sigma_{pc\mathrm{II}}=\sigma_{con}-\sigma_l+\alpha_E\sigma_{pc\mathrm{II}} \tag{10.34}$$

非预应力钢筋的压应力为 $\sigma_{l5}$。轴向拉力

$$N_0=\sigma_{pc\mathrm{II}}A_0 \tag{10.35}$$

$N_0$ 的公式与先张法的形式相同。

(5) 加荷至裂缝即将出现(使用阶段)

混凝土拉应力达到 $f_{tk}$,有

$$\sigma_p=\sigma_{con}-\sigma_l+\alpha_E\sigma_{pc\mathrm{II}}+\alpha_E f_{tk} \tag{10.36}$$

非预应力钢筋的拉应力 $\sigma_s=-\sigma_{l5}+\alpha_E f_{tk}$。可推导出轴向拉力 $N_{cr}=(\sigma_{p\mathrm{II}}+f_{tk})A_0$,也与先张法的公式相同。

(6) 加荷至破坏(使用阶段)

构件破坏时全部拉力由钢筋承担,预应力钢筋和非预应力钢筋的拉应力分别达到屈服强度 $f_{py}$ 和 $f_y$,此时的拉力 $N_u$ 为

$$N_u=f_{py}A_p+f_y A_s \tag{10.37}$$

后张法预应力混凝土轴心受拉构件各阶段的应力状态汇总于表 10.6。

**表 10.6　后张法轴心受拉构件各阶段应力分析**

| 受力阶段 | | 预应力钢筋应力 $\sigma_p$ | 混凝土应力 $\sigma_{pc}$ | 非预应力钢筋应力 $\sigma_s$ |
|---|---|---|---|---|
| 施工阶段 | 预应力钢筋张拉并锚固 | $\sigma_{pI}=\sigma_{con}-\sigma_{lI}$ | $\sigma_{pcI}=\dfrac{N_{pI}}{A_n}=\dfrac{(\sigma_{con}-\sigma_{lI})A_p}{A_n}$ | $\sigma_{sI}=\alpha_E\sigma_{pcI}$ |
| | 完成第二批损失 | $\sigma_{pII}=\sigma_{con}-\sigma_l$ | $\sigma_{pcII}=\dfrac{(\sigma_{con}-\sigma_l)A_p-\sigma_{l5}A_s}{A_n}$ | $\sigma_{sII}=\alpha_E\sigma_{pcII}+\sigma_{l5}$ |
| 使用阶段 | 加载至消压 | $\sigma_{con}-\sigma_l+\alpha_E\sigma_{pcII}$ | 0 | $\sigma_{l5}$ |
| | 加载至构件即将开裂 | $\sigma_{con}-\sigma_l+\alpha_E\sigma_{pcII}+\alpha_E f_{tk}$ | $f_{tk}$ | $\alpha_E f_{tk}-\sigma_{l5}$ |
| | 加载至破坏 | $f_{py}$ | 0 | $f_y$ |

最后建立在构件混凝土截面上的有效预应力 $\sigma_{pcII}$ 的计算公式，先张法和后张法的形式基本相同，只是先张法用 $A_0$，后张法用 $A_n$。因 $A_0>A_n$，若两种方法的 $\sigma_{con}$ 相同，则后张法建立的预压应力要高些。

使用阶段计算 $N_0$、$N_{cr}$、$N_u$ 的三个公式，不论是先张法还是后张法，公式的形式都相同，仅在计算 $N_0$、$N_{cr}$时两种方法对 $\sigma_{pcII}$ 的具体计算不相同。

先张法和后张法的张拉控制应力符号虽相同，但含义有差异。在先张法中，预应力钢筋的张拉是在混凝土浇筑之前进行的。在后张法中，预应力钢筋的张拉则是直接在混凝土构件上进行的；在张拉钢筋的同时，混凝土就受到挤压；当钢筋到达控制应力时，混凝土的弹性压缩已经完成，所以后张法的张拉控制应力相当于先张法的($\sigma_{con}-\alpha_E\sigma_{pc}$)。

下面以后张法预应力轴心受拉构件为例，把预应力钢筋和混凝土在各阶段的应力变化关系画成曲线图(图 10.9)，并和普通钢筋混凝土轴心受拉构件进行比较，从中不难看到预应力混凝土构件的一些特点。预应力钢筋从张拉直至破坏始终处于高拉应力状态，而混凝土在荷载到达 $N_0$ 以前始终处于受压状态，因此发挥了两种材料各自的特长。预应力混凝土构件出现裂缝要比普通钢筋混凝土构件迟得多，故构件的抗裂度大大提高。但预应力构件裂缝的出现与破坏比较接近。当材料强度和截面尺寸及配筋相同时，预应力混凝土构件的承载能力与普通钢筋混凝土构件相同。

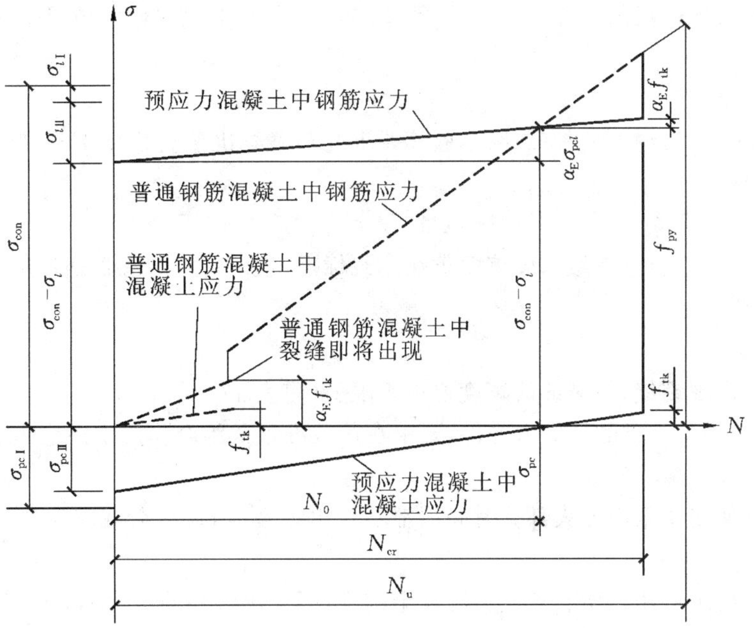


**图 10.9　预应力混凝土和普通钢筋混凝土应力比较**

## 10.7 预应力混凝土轴心受拉构件的计算

预应力混凝土轴心受拉构件设计中通常要进行使用阶段强度计算、使用阶段裂缝验算、施工阶段验算以及端面局部承压计算。

### 10.7.1 使用阶段强度计算

在预应力混凝土轴心受拉构件破坏时，预应力钢筋和非预应力钢筋都可达到它们的设计强度。故可按下式进行强度计算

$$N \leqslant f_{py} A_p + f_y A_s \tag{10.38}$$

式中 $N$——构件轴心拉力的设计值；

$f_{py}, f_y$——预应力钢筋与非预应力钢筋的抗拉设计强度；

$A_p, A_s$——预应力钢筋与非预应力钢筋的截面面积。

### 10.7.2 使用阶段裂缝验算

预应力的主要目的就在于提高构件的抗裂能力，因而抗裂度验算对于预应力构件尤其重要。

在预应力混凝土构件中除预应力筋外，一般还配有非预应力筋。它们在混凝土开裂之前与混凝土具有相同的应变，并不因先张、后张而异，故其应力变化总是混凝土应力变化的 $\alpha_E$ 倍，完全可以换算为等效混凝土，并可用该换算截面作为构件的计算截面。

由于各种预应力构件所处的环境不同、使用要求不同，人们希望给它们留出不同的抗裂安全储备。为此，《混凝土结构设计标准》将预应力混凝土构件的抗裂等级划分为三级：一级为严格要求不出现裂缝的构件；二级为一般要求不出现裂缝的构件；三级构件则允许在使用中开裂，但要求计算所得的裂缝宽度小于限值。

在预应力构件中，混凝土截面的实际拉应力可按由两部分叠加而成考虑：一部分是外荷载作用产生的那部分拉应力，可用荷载标准组合下产生的 $\sigma_{ck}$ 或准永久荷载组合下的 $\sigma_{cq}$ 表示；另一部分是混凝土的预压应力，可用 $\sigma_{pc}$ 表示。

对于严格要求不出现裂缝的构件（一级），验算要求在正常使用中的任何情况下混凝土中都不允许出现拉应力，也就是

$$\sigma_{ck} - \sigma_{pc} \leqslant 0 \tag{10.39}$$

对于一般要求不出现裂缝的构件（二级），验算要求在荷载标准组合作用下出现的拉应力小于混凝土的抗拉强度标准值，即

$$\sigma_{ck} - \sigma_{pc} \leqslant f_{tk} \tag{10.40}$$

对于允许出现裂缝的构件（三级），验算要求在荷载标准组合下，并考虑长期作用影响计算的最大裂缝宽度，应符合下列规定：

$$\omega_{max} < \omega_{lim} \tag{10.41}$$

也就是构件允许出现裂缝，但裂缝的宽度要小于限值（附表 17）。

同时，对环境类别为二 a 类的预应力构件，要求在荷载准永久组合作用下还应满足以下要求：

$$\sigma_{cq} - \sigma_{pc} \leqslant f_{tk} \tag{10.42}$$

这意味着构件在设计使用年限内的大部分时间内都不会出现裂缝，仅在荷载较大的少数较短时间内可能出现裂缝。

抗裂验算的上述要求适用于所有预应力混凝土构件，而不仅仅是预应力轴心受拉构件。公式中的 $\sigma_{pc}$ 必须是扣除全部预应力损失后在抗裂验算边缘的混凝土预压应力。式中的 $\sigma_{ck}$、$\sigma_{cq}$ 分别为荷载的标准组合、准永久组合下抗裂验算边缘的混凝土法向应力。对于预应力轴心受拉构件有

$$\sigma_{ck}=\frac{N_k}{A_0},\quad \sigma_{cq}=\frac{N_q}{A_0} \tag{10.43}$$

式中　$N_k$——按荷载的标准组合计算的轴向力值；

$N_q$——按荷载的准永久组合计算的轴向力值；

$A_0$——换算截面的面积，考虑混凝土净截面和全部预应力钢筋及非预应力钢筋。

混凝土预压应力 $\sigma_{pc}$ 根据各阶段应力分析的方法得出，在验算使用阶段的裂缝时，$\sigma_{pc}$ 相当于各阶段应力分析中的 $\sigma_{pc\,\text{II}}$。

对于允许出现裂缝的构件，裂缝宽度的计算和普通钢筋混凝土使用同一个公式，在计算 $\rho_{te}$、$d_{eq}$ 和 $\sigma_{sk}$ 时，要将预应力钢筋和非预应力钢筋都考虑进去。对于预应力轴心受拉构件，纵向受拉钢筋的等效应力为

$$\sigma_{sk}=\frac{N_k-N_{p0}}{A_p+A_s} \tag{10.44}$$

式中　$N_k$——按荷载的标准组合计算的轴向力值；

$N_{p0}$——混凝土法向应力等于零时预应力钢筋及非预应力钢筋的合力；

$A_p$——预应力钢筋的截面面积；

$A_s$——非预应力钢筋的截面面积。

### 10.7.3　施工阶段验算

很多预应力构件都是预制构件，在制作、运输和吊装时有可能处于和使用阶段完全不同的应力状态。即便是非预制构件，在施工中也会出现和使用阶段不同的应力状态。所以，施工阶段构件的强度、抗裂度也同样应予以保证。

后张法构件截面内混凝土预压应力最高值出现在预应力筋刚刚张拉到规定的张拉控制应力 $\sigma_{con}$，但未锚固时。此时在张拉端没有任何预应力损失产生，故此时该截面预应力钢筋的应力最高，相应的混凝土预压应力也最高。先张法构件在刚刚放松或切断预应力钢筋时，截面上混凝土的预压应力也比任何时刻都高。而此时混凝土强度却相对较低，尤其是大批量生产的先张法构件，此时混凝土强度一般只有设计强度的 75%。所以混凝土预压应力最高和混凝土强度最低这样两种不利情况就碰到了一起。要使混凝土不会在预压应力作用下压坏，就必须验算并予以保证。先张法构件放松或切断预应力筋时混凝土的预压应力相当于各阶段应力状态分析中的 $\sigma_{pc\,\text{I}}$，而对于后张法构件，截面上最大混凝土压应力 $\sigma_{cc}$ 则为

$$\sigma_{cc}=\frac{\sigma_{con}A_p}{A_n} \tag{10.45}$$

《混凝土结构设计标准》规定，对于像轴心受拉构件这样的预压时全截面受压的构件，施工阶段出现的混凝土截面上的最大预压力应满足

$$\sigma_{cc}\leqslant 0.8f'_{ck} \tag{10.46}$$

式中　$f'_{ck}$——张拉（后张）或放松（先张）预应力筋时混凝土的抗压设计强度。

预应力轴心受拉构件在运输、吊装过程中由于自重的作用还可能在构件中出现弯曲应力，如果此应力较大则需在施工阶段验算中考虑这一应力，但此应力一般很小。最常见的预应力混凝土轴心受拉构件是预应力混凝土屋架下弦，在设计中就允许忽略这一应力。轴心受拉构件的刚度通常是由长细比的要求保证的，无需计算。

对于预应力混凝土轴心受拉构件，端面混凝土的局部承压是必须验算的。这部分内容将在稍后论及。

## 10.8　受弯构件各阶段的应力分析

受弯构件应力分析的原理和受拉构件类似。采用换算截面后，可以按单一材料的梁来计算截面上各点的应力。本节内容只包括各阶段应力分析的要点，详细的计算步骤和方法（比如换算截面几何特性的计

算以及截面上下边缘的应力计算等)可参阅本章的例题或查阅有关文献。

在预应力混凝土受弯构件中,主要的预应力钢筋 $A_p$ 放置在使用阶段的受拉区;为了防止在制作、运输、吊装过程中受弯破坏,有时也在这些过程中可能出现的受拉区配置预应力钢筋 $A'_p$。预应力混凝土受弯构件也常配置非预应力钢筋。为突出要点和避免分析过程过分复杂,以下分析中不考虑非预应力钢筋。

在受弯构件中,随着 $A_p$、$A'_p$的数量和位置的不同,混凝土截面上所受到的应力是不均匀的(图 10.10),混凝土截面相当于受一个偏心压力的作用,而且这个压力的大小和偏心距也随着应力阶段的不同而变化。

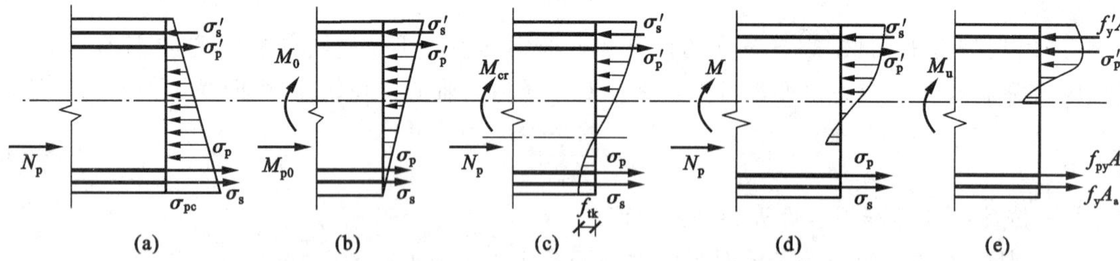


**图 10.10 预应力混凝土受弯构件各阶段截面应力分布**

(a) 预压时;(b) 截面下边缘应力为零时;(c) 即将开裂状态;(d) 工作状态;(e) 承载力极限状态

### 10.8.1 先张法构件各阶段应力分析

(1) 完成第一批预应力损失(施工阶段)

钢筋张拉后、放松前,第一批预应力损失已产生,这时预应力钢筋的合力为

$$N_{p\mathrm{I}}=(\sigma_{con}-\sigma_{l\mathrm{I}})A_p+(\sigma'_{con}-\sigma'_{l\mathrm{I}})A'_p \tag{10.47}$$

钢筋的合力 $N_{p\mathrm{I}}$ 对换算截面重心轴的距离 $e_{p0\mathrm{I}}$ 为

$$e_{p0\mathrm{I}}=\frac{(\sigma_{con}-\sigma_{l\mathrm{I}})A_p y_{p0}-(\sigma'_{con}-\sigma'_{l\mathrm{I}})A'_p y'_{p0}}{N_{p\mathrm{I}}} \tag{10.48}$$

截面上各点混凝土的预应力为

$$\sigma_{pc\mathrm{I}}=\frac{N_{p\mathrm{I}}}{A_0}\pm\frac{N_{p\mathrm{I}}e_{p0\mathrm{I}}}{I_0}y_0 \tag{10.49}$$

式中 $A_0$,$I_0$——换算截面的面积和惯性矩;

$e_{p0\mathrm{I}}$——$N_{p\mathrm{I}}$的作用点至换算截面重心轴的距离;

$y_{p0}$,$y'_{p0}$——受拉区及受压区的预应力钢筋合力点至换算截面重心的距离;

$y_0$——换算截面重心至所计算应力纤维处的距离。

先张法构件的换算截面包括混凝土净截面和所有预应力及非预应力钢筋的换算面积。在式(10.49)中,右边第二项的应力方向与第一项的应力方向相同时,取正号;相反时取负号。在受弯构件中,由于 $A_p$ 和 $A'_p$不等,且 $\sigma_{con}$ 和 $\sigma'_{con}$ 亦往往不同,所以 $\sigma_{pc\mathrm{I}}$ 沿截面高度的分布是不均匀的,计算 $A_p$ 和 $A'_p$处的 $\sigma_{l5}$ 及 $\sigma'_{l5}$ 时,$\sigma_{pc}$的值应分别取受拉区及受压区预应力钢筋在各自的合力点处的预压应力值。

(2) 完成第二批预应力损失(施工阶段)

这一阶段预应力钢筋的有效预应力、钢筋合力、钢筋的合力对换算截面重心轴的距离、截面上各点混凝土的应力分别为

$$\left.\begin{aligned}\sigma_{p\mathrm{II}}&=\sigma_{con}-\sigma_l-\alpha_E\sigma_{pc\mathrm{II}}\\ \sigma'_{p\mathrm{II}}&=\sigma_{con}-\sigma'_l-\alpha_E\sigma'_{pc\mathrm{II}}\end{aligned}\right\} \tag{10.50}$$

$$N_{p\mathrm{II}}=(\sigma_{con}-\sigma_l)A_p+(\sigma'_{con}-\sigma'_l)A'_p-\sigma_{l5}A_s-\sigma'_{l5}A'_s \tag{10.51}$$

$$e_{p0\mathrm{II}}=\frac{(\sigma_{con}-\sigma_l)A_p y_{p0}-(\sigma'_{con}-\sigma'_l)A'_p y'_{p0}-\sigma_{l5}A_s y_{s0}+\sigma'_{l5}A'_s y'_{s0}}{N_{p\mathrm{II}}} \tag{10.52}$$

$$\sigma_{pc\mathrm{II}}=\frac{N_{p\mathrm{II}}}{A_0}\pm\frac{N_{p\mathrm{II}}e_{p0\mathrm{II}}}{I_0}y_0 \tag{10.53}$$

式中　$y_{s0}, y'_{s0}$——受拉区与受压区非预应力筋 $A_s$、$A'_s$合力作用点对换算截面重心轴的距离。

式中其余各量的意义和上一阶段相同，但由于应力状态不同，各量的数值也有所变化，用不同的下标来区分。

(3) 加荷至受拉边缘混凝土预压应力为零(使用阶段)

在外荷载作用下截面上承受的弯矩设为 $M_0$，截面下边缘受到的拉应力为 $M_0/W_0$，其中 $W_0$ 为换算截面下边缘的弹性抵抗矩，这一拉应力恰好把预压应力 $\sigma_{pcII}$ 抵消至零，即

$$\sigma_{pcII}-\frac{M_0}{W_0}=0$$

从而

$$M_0=\sigma_{pcII}W_0 \tag{10.54}$$

必须注意的是，轴心受拉构件中，当加载到 $N_0$、混凝土应力为零时，整个截面的混凝土应力全部为零。但在受弯构件中，当加载至 $M_0$ 时，只有下边缘的混凝土应力为零，截面上其他各点的应力并不等于零。

(4) 加荷至受拉区裂缝即将出现(使用阶段)

这时混凝土受拉区的拉应力达到混凝土的抗拉强度标准值 $f_{tk}$，截面上受到的弯矩定义为 $M_{cr}$。

(5) 加荷至破坏(使用阶段)

这时预应力钢筋受拉屈服，截面上部混凝土弯曲受压破坏，应力状态与普通钢筋混凝土受弯构件类似，计算方法也基本相同。

### 10.8.2　后张法预应力受弯构件各阶段应力分析

(1) 完成第一批预应力损失(施工阶段)

预应力钢筋的合力、预应力钢筋的合力点至净截面重心轴的距离以及截面上混凝土和钢筋的应力分别按下列公式计算

$$N_{pI}=(\sigma_{con}-\sigma_{lI})A_p+(\sigma'_{con}-\sigma'_{lI})A'_p \tag{10.55}$$

$$e_{pnI}=\frac{(\sigma_{con}-\sigma_{lI})A_p y_{pn}-(\sigma'_{con}-\sigma'_{lI})A'_p y'_{pn}}{N_{pI}} \tag{10.56}$$

$$\sigma_{pcI}=\frac{N_{pI}}{A_n}\pm\frac{N_{pI}e_{pnI}}{I_n}y_n \tag{10.57}$$

$$\sigma_{pI}=\sigma_{con}-\sigma_{lI} \tag{10.58}$$

$$\sigma'_{pI}=\sigma_{con}-\sigma'_{lI} \tag{10.59}$$

式中　$A_n, I_n$——净截面的面积和惯性矩；

$y_{pn}, y'_{pn}$——受拉区及受压区预应力合力点至净截面重心轴的距离；

$y_n$——净截面重心轴至所计算应力纤维处的距离。

后张法构件的换算截面，在不考虑非预应力钢筋时取净截面。

(2) 完成第二批预应力损失(施工阶段)

预应力钢筋的有效预应力为

$$\left.\begin{aligned}\sigma_{pII}&=\sigma_{con}-\sigma_l\\ \sigma'_{pII}&=\sigma_{con}-\sigma'_l\end{aligned}\right\} \tag{10.60}$$

预应力钢筋的合力 $N_{pII}$、偏心矩 $e_{pnII}$ 以及截面上混凝土和钢筋的应力为

$$N_{pII}=(\sigma_{con}-\sigma_l)A_p+(\sigma'_{con}-\sigma'_l)A'_p-\sigma_{l5}A_s-\sigma'_{l5}A'_s \tag{10.61}$$

$$e_{pnII}=\frac{(\sigma_{con}-\sigma_l)A_p y_{pn}-(\sigma'_{con}-\sigma'_l)A'_p y'_{pn}-\sigma_{l5}A_s y_{sn}+\sigma'_{l5}A'_s y'_{sn}}{N_{pII}} \tag{10.62}$$

$$\sigma_{pc\text{II}}=\frac{N_{p\text{II}}}{A_n}\pm\frac{N_{p\text{II}}e_{pn\text{II}}}{I_n}y_n \tag{10.63}$$

(3) 加荷至受拉边缘混凝土预压应力为零(使用阶段)

在外荷载作用下,截面上承受的弯矩定义为 $M_0$,在截面下边缘产生的拉应力恰好把预压应力 $\sigma_{pc\text{II}}$ 抵消至零,有

$$M_0=\sigma_{pc\text{II}}W_0 \tag{10.64}$$

(4) 加荷至受拉区裂缝即将出现(使用阶段)

这时混凝土受拉区的拉应力达到混凝土的抗拉强度标准值 $f_{tk}$,截面上受到的弯矩用 $M_{cr}$ 表示。

(5) 加荷至破坏(使用阶段)

这时预应力钢筋受拉屈服,截面上部混凝土弯曲受压破坏,应力状态和计算方法与普通钢筋混凝土受弯构件类似。

先张法和后张法预应力混凝土受弯构件各阶段的应力分析汇总于表 10.7 及表 10.8。在表中为了说明问题和主要受力特点,只考虑在截面上配置一种钢筋,即受拉区的预应力钢筋。

**表 10.7 先张法预应力混凝土受弯构件各阶段应力分析**

| 受力阶段 | | 预应力钢筋应力 | 混凝土应力(截面下边缘) |
|---|---|---|---|
| 施工阶段 | 张拉钢筋 | $\sigma_{con}$ | — |
| | 完成 $\sigma_{l\text{I}}$ | $\sigma_{con}-\sigma_{l\text{I}}$ | 0 |
| | 放松钢筋,完成第一批损失 | $\sigma_{p\text{I}}=\sigma_{con}-\sigma_{l\text{I}}-\alpha_E\sigma_{pc\text{I}}$ | $\sigma_{pc\text{I}}=\frac{N_{p\text{I}}}{A_0}+\frac{N_{p\text{I}}e_{p0\text{I}}}{I_0}y_0$ |
| | 完成第二批损失 | $\sigma_{p\text{II}}=\sigma_{con}-\sigma_l-\alpha_E\sigma_{pc\text{II}}$ | $\sigma_{pc\text{II}}=\frac{N_{p\text{II}}}{A_0}+\frac{N_{p\text{II}}e_{p0\text{II}}}{I_0}y_0$ |
| 使用阶段 | 加载至 $\sigma_{pc}=0$ | $\sigma_{con}-\sigma_l$ | 0 |
| | 加载至裂缝即将出现 | $\sigma_{con}-\sigma_l+\alpha_E f_{tk}$ | $f_{tk}$ |
| | 加载至破坏 | $f_{py}$ | — |

**表 10.8 后张法预应力混凝土受弯构件各阶段应力分析**

| 受力阶段 | | 预应力钢筋应力 | 混凝土应力(截面下边缘) |
|---|---|---|---|
| 施工阶段 | 穿钢筋 | 0 | 0 |
| | 张拉钢筋 | $\sigma_{p\text{I}}=\sigma_{con}-\sigma_{l2}$ | $\sigma_{pc}=\frac{N_p}{A_n}+\frac{N_p e_{pn}}{I_n}y_n$ |
| | 完成第一批损失 | $\sigma_{p\text{I}}=\sigma_{con}-\sigma_{l\text{I}}$ | $\sigma_{pc\text{I}}=\frac{N_{p\text{I}}}{A_\text{I}}+\frac{N_{p\text{I}}e_{pn\text{I}}}{I_n}y_n$<br>$N_{p\text{I}}=(\sigma_{con}-\sigma_{l\text{I}})A_p$ |
| | 完成第二批损失 | $\sigma_{p\text{II}}=\sigma_{con}-\sigma_l$ | $\sigma_{pc\text{II}}=\frac{N_{p\text{II}}}{A_n}+\frac{N_{p\text{II}}e_{pn\text{II}}}{I_n}y_n$<br>$N_{p\text{II}}=(\sigma_{con}-\sigma_l)A_p$ |
| 使用阶段 | 加载至 $\sigma_{pc}=0$ | $\sigma_{con}-\sigma_l+\alpha_E\sigma_{pc\text{II}}$ | 0 |
| | 加载至裂缝即将出现 | $\sigma_{con}-\sigma_l+\alpha_E\sigma_{pc\text{II}}+\alpha_E f_{tk}$ | $f_{tk}$ |
| | 加载至破坏 | $f_{py}$ | — |

## 10.9 预应力混凝土受弯构件计算

预应力混凝土受弯构件是最常见的一类预应力构件。在设计中，通常要进行使用阶段正、斜截面承载力计算，使用阶段正、斜截面裂缝验算，施工阶段验算以及端面局部承压计算等。

### 10.9.1 使用阶段正截面承载力计算

对于矩形截面预应力混凝土受弯构件，与普通钢筋混凝土受弯构件相比时，截面中仅多出$A_p$与$A'_p$两项钢筋，亦可由截面上内外力的平衡条件$\sum x=0$和$\sum M=0$得(图 10.11)

$$\alpha_1 bxf_c-A'_p\sigma'_p+A'_sf'_y=A_pf_{py}+A_sf_y \tag{10.65}$$

$$M=\alpha_1 bxf_c\left(h_0-\frac{x}{2}\right)-A'_p\sigma'_p(h_0-a'_p)+A'_sf'_y(h_0-a'_s) \tag{10.66}$$

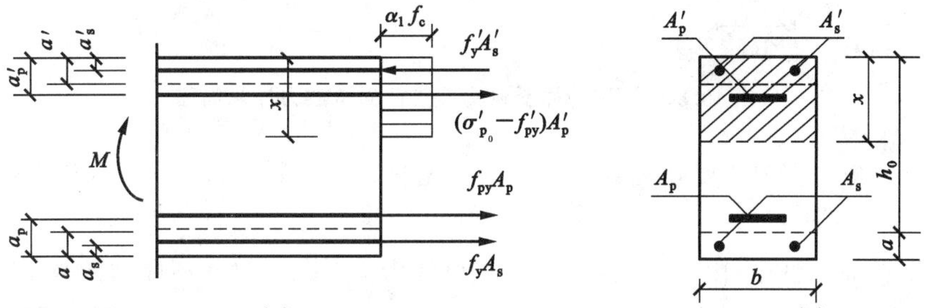


**图 10.11 矩形截面受弯构件正截面承载力计算简图**

该方程组存在五个未知量($A_p$、$A'_p$、$A_s$、$A'_s$、$x$)的多组解。设计预应力混凝土受弯构件时，需根据构造要求和施工阶段抗裂度要求预先假定$A_s$、$A'_s$和$A'_p$的用量，然后可由方程组解得$x$和$A_p$。如所设$A_s$、$A'_s$和$A'_p$经以后各阶段计算证明不合适时，则需要重新调整它们的用量，直到满意为止。

该方程组的适用条件是

$$x\leqslant\xi_b h_0 \tag{10.67}$$

$$x\geqslant 2a' \tag{10.68}$$

式中 $\xi_b$——相对界限受压区高度；

$a'$——截面受压区边缘至受压钢筋$A'_s$和$A'_p$合力作用点的距离，当$A'_p$的设计应力$\sigma'_p$为拉应力时，取$a'=a'_s$。

当$x<2a'$时，可近似按下述方法进行正截面的计算。

如$\sigma'_p>0$(压)，可取$x=2a'$，并绕受压区合力重心取力矩平衡，按下式进行强度计算

$$M\leqslant A_pf_{py}(h-a_p-a')+A_sf_y(h-a_s-a') \tag{10.69}$$

如$\sigma'_p<0$，忽略$A'_p$，取$x=2a'$，并绕受压区合力作用点(即$A'_s$所在点)取力矩平衡，按下式进行强度计算

$$M\leqslant A_pf_{py}(h-a_p-a'_s)+A_sf_y(h-a_s-a'_s) \tag{10.70}$$

对于T形截面的预应力混凝土受弯构件，仍类似于T形截面的普通钢筋混凝土受弯构件，将截面分为两种类型(图 10.12)。

预应力混凝土T形截面受弯构件属于第一类T形截面的判别条件为

$$\alpha_1 b'_fh'_ff_c-A'_p\sigma'_p+A'_sf'_y\geqslant A_pf_{py}+A_sf_y \tag{10.71}$$

$$M\leqslant\alpha_1 b'_fh'_ff_c\left(h_0-\frac{h'_f}{2}\right)-A'_p\sigma'_p(h_0-a'_p)+A'_sf'_y(h_0-a'_s) \tag{10.72}$$

上两式分别用于截面设计和强度校核。当满足以上条件时，构件可按宽度为 $b_f'$ 的矩形截面预应力受弯构件来计算。当不满足该条件时，应按第二类 T 形截面进行计算。

第二类 T 形截面其平衡方程为

$$\alpha_1 bxf_c+\alpha_1(b_f'-b)h_f'f_c-A_p'\sigma_p'+A_s'f_y'=A_pf_{py}+A_sf_y \tag{10.73}$$

$$M=\alpha_1 bf_cx\left(h_0-\frac{x}{2}\right)+\alpha_1(b_f'-b)h_f'f_c\left(h_0-\frac{h_f'}{2}\right)+A_s'f_y'(h_0-a_s')-A_p'\sigma_p'(h_0-a_p') \tag{10.74}$$

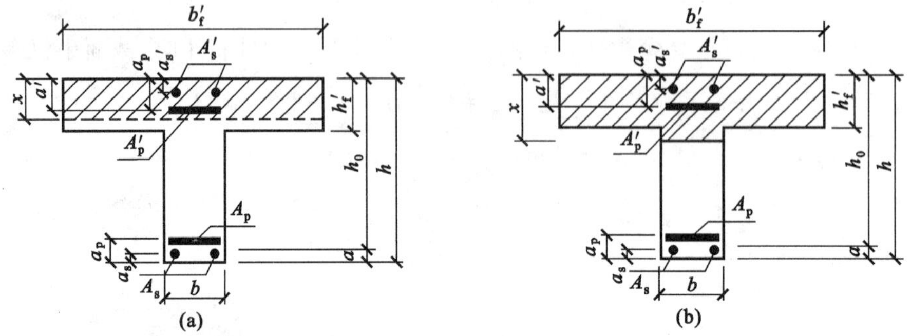


**图 10.12　T 形截面受弯构件正截面承载力计算简图**

对于 T 形截面预应力混凝土受弯构件同样可以预先假定 $A_s$、$A_s'$ 和 $A_p'$，然后利用上述方程组可求得 $x$ 和 $A_p$。

在矩形和 T 形截面构件中，由于 $\sigma_p'$ 可能为正，也可能为负，故 $A_p'$ 对承载能力的贡献也可能为正（增加构件承载能力），也可能为负（减小构件承载能力）。从承载能力的角度看，只要满足了施工阶段的抗裂度或裂缝开展要求，$A_p'$ 宜尽可能小些，其张拉控制应力也宜低些。

### 10.9.2　斜截面受剪承载力计算

预应力混凝土受弯构件斜截面上的抗剪强度计算应当考虑截面上混凝土预压应力对抗剪承载能力的提高作用。为此，《混凝土结构设计标准》在普通钢筋混凝土受弯构件抗剪承载能力的基础上，考虑了这一有利作用，给出预应力混凝土受弯构件的斜截面受剪承载力计算公式如下

$$V\leqslant V_{cs}+V_p+0.8A_{sb}f_y\sin\alpha_s+0.8A_{pb}f_{py}\sin\alpha_p \tag{10.75}$$

式中　$V_{cs}$——斜截面上受压区混凝土和箍筋的受剪承载力设计值，计算方法和普通钢筋混凝土受弯构件斜截面受剪承载力中的计算方法相同；

$V_p$——混凝土预压应力对截面受剪承载力的贡献，按下式计算

$$V_p=0.05N_{p0} \tag{10.76}$$

$A_{pb}$，$\alpha_p$——计算截面预应力弯筋的截面面积与倾角；

$N_{p0}$——混凝土消压状态预应力钢筋的合力。

当不考虑 $A_s$、$A_s'$ 参与工作时 $N_{p0}=A_p\sigma_{p0}+A_p'\sigma_{p0}'$；当考虑 $A_s$、$A_s'$ 参与工作时 $N_{p0}=A_p\sigma_{p0}+A_p'\sigma_{p0}'+\sigma_{l5}A_s-\sigma_{l5}'A_s'$。上两式中 $\sigma_{p0}$、$\sigma_{p0}'$ 分别为混凝土消压状态预应力筋 $A_p$ 和 $A_p'$ 的应力：对先张法构件有 $\sigma_{p0}=\sigma_{con}-\sigma_l$，$\sigma_{p0}'=\sigma_{con}'-\sigma_l'$；对后张法构件 $\sigma_{p0}=\sigma_{con}-\sigma_l+\alpha_E\sigma_{pcⅡ}$，$\sigma_{p0}'=\sigma_{con}'-\sigma_l'+\alpha_E\sigma_{pcⅡ}'$。其中 $\sigma_{pcⅡ}$、$\sigma_{pcⅡ}'$ 分别为全部损失完成后在 $A_p$ 和 $A_p'$ 位置处的混凝土预应力值；如构件计算所得的 $N_{p0}>0.3A_0f_c$，取 $N_{p0}=0.3A_0f_c$，$A_0$ 为构件的换算截面面积。

### 10.9.3　使用阶段正截面裂缝验算

正截面裂缝验算时，根据构件抗裂要求的不同，分别按相关规定验算。对抗裂的要求在轴心受拉构件计算中已给出，这些要求适用于所有预应力混凝土构件，而不仅仅是预应力轴心受拉构件。

裂缝计算中的$\sigma_{pc}$必须是扣除全部预应力损失后在抗裂验算边缘混凝土的预压应力。对于预应力受弯构件有

$$\sigma_{ck}=\frac{M_k}{W_0},\quad \sigma_{cq}=\frac{M_q}{W_0} \tag{10.77}$$

式中 $\sigma_{ck}$,$\sigma_{cq}$——荷载的标准组合、准永久组合下抗裂验算边缘的混凝土法向应力;

$M_k$——按荷载的标准组合计算的弯矩值;

$M_q$——按荷载的准永久组合计算的弯矩值;

$W_0$——换算截面的抵抗矩,考虑混凝土净截面和全部预应力钢筋及非预应力钢筋。

混凝土预压应力$\sigma_{pc}$根据各阶段应力分析的方法得出,在验算使用阶段的裂缝时,相当于各阶段应力分析中的$\sigma_{pc\text{II}}$。

对于允许出现裂缝的受弯构件,裂缝宽度的计算仍然和普通钢筋混凝土使用同一个公式,在计算$\rho_{te}$、$d_{eq}$和$\sigma_{sk}$时,同样也要将预应力钢筋和非预应力钢筋都考虑进去。

### 10.9.4 使用阶段斜截面裂缝验算

预应力混凝土构件在斜截面开裂前,基本上处于弹性工作状态,可按材料力学方法进行抗裂计算。在荷载作用下,截面上的剪力和弯矩使梁端产生较大的主拉应力和主压应力,以致形成斜裂缝。梁斜截面抗裂验算的要求是使主拉应力和主压应力分别限制在一定范围之内,因此问题归结为梁中主应力的计算。除了以下介绍的计算方法外,还有一些其他方法。

在荷载标准组合作用下,截面上任一点的正应力和剪应力分别为$\sigma=\frac{M_k y_0}{I_0}$,$\tau=\frac{V_k S_0}{bI_0}$。如果梁中仅配置预应力纵向钢筋,混凝土中则将产生预压应力$\sigma_{pc\text{II}}$。梁中的正应力为

$$\sigma_x=\sigma_{pc\text{II}}+\sigma=\sigma_{pc\text{II}}+\frac{M_k y_0}{I_0} \tag{10.78}$$

如果梁中还配有预应力弯起钢筋,则不仅产生平行于梁纵轴方向的预压应力$\sigma_{pcx}$,还将产生垂直于梁纵轴方向的预应力$\sigma_y$以及预剪应力$\tau_{pc}$,其值分别按下式确定

$$\sigma_y=\frac{0.6F_k}{bh} \tag{10.79}$$

$$\tau_{pc}=-\frac{\sum\sigma_{pe}A_{pb}\sin\alpha_p\cdot S_0}{bI_0} \tag{10.80}$$

式中 $F_k$——集中荷载标准值;

$S_0$——计算纤维以上部分的换算截面面积对构件换算截面重心的面积矩。

梁中的剪应力与$\tau_{pc}$叠加后变为

$$\tau=\frac{V_k-\sum\sigma_{pe}A_{pb}\sin\alpha_p}{bI_0}S_0 \tag{10.81}$$

梁中的主拉应力$\sigma_{tp}$及主压应力$\sigma_{cp}$可用下式求得

$$\left.\begin{matrix}\sigma_{tp}\\ \sigma_{cp}\end{matrix}\right\}=\frac{\sigma_x+\sigma_y}{2}\pm\sqrt{\left(\frac{\sigma_x-\sigma_y}{2}\right)^2+\tau^2} \tag{10.82}$$

试验和分析表明,如果验算截面处于集中荷载作用点附近,则还应考虑集中荷载作用所产生的竖向压应力及剪应力。

斜截面抗裂验算时,应先取主应力可能最大的地方验算。一般来说,根据沿梁跨方向$M$、$V$的变化和构件外形的变化特点,选取$M$及$V$都比较大的截面或外形有突变的截面;沿截面高度,选取截面宽度有突变处和截面重心处。此外,对等高度吊车梁,可仅验算在集中荷载作用点向临近支座方向距离$0.6h$处

的截面。

斜截面抗裂验算，对严格要求不出现裂缝的构件要求满足

$$\sigma_{tp} \leqslant 0.85 f_{tk}$$

对一般要求不出现裂缝的构件要求满足

$$\sigma_{tp} \leqslant 0.95 f_{tk}$$

对混凝土主压应力均要求满足

$$\sigma_{cp} \leqslant 0.6 f_{ck}$$

### 10.9.5 使用阶段的变形验算

在使用阶段要求不出现裂缝的预应力受弯构件，考虑混凝土受拉区开裂前出现一定的塑性变形，短期刚度取

$$B_s = 0.85 E_c I_0 \tag{10.83}$$

在使用阶段允许出现裂缝件，$B_s$ 的计算公式为

$$B_s = \frac{0.85 E_c I_0}{k_{cr} + (1 - k_{cr})\omega} \tag{10.84}$$

$$k_{cr} = \frac{M_{cr}}{M_k} \tag{10.85}$$

$$\omega = \left(1.0 + \frac{0.21}{\alpha_E \rho}\right)(1 + 0.45\gamma_f) - 0.7 \tag{10.86}$$

$$M_{cr} = (\sigma_{pc} + \gamma f_{tk}) W_0 \tag{10.87}$$

$$\gamma_f = \frac{(b_f - b) h_f}{b h_0} \tag{10.88}$$

式中 $\rho$——纵向受拉钢筋配筋率，对预应力受弯构件，取 $\rho = \dfrac{(\alpha_1 A_p + A_s)}{b h_0}$；对灌浆后的后张预应力钢筋，取 $\alpha_1 = 1.0$，对无粘结后张预应力筋，取 $\alpha_1 = 0.3$。

$I_0$——换算截面惯性矩。

$\gamma_f$——受拉翼缘截面面积与腹板有效截面面积的比值，其中 $b_f$、$h_f$ 为受拉区翼缘的宽度、高度。

$k_{cr}$——预应力混凝土受弯构件的正截面开裂弯矩 $M_{cr}$ 与荷载标准组合弯矩 $M_k$ 的比值，当 $k_{cr} > 1.0$ 时，取 $k_{cr} = 1.0$。

$\gamma$——混凝土构件截面抵抗矩塑性影响系数。

$\sigma_{pc}$——扣除全部预应力损失后，由预加力在抗裂验算边缘产生的混凝土预压应力。

对预压时预拉区出现裂缝的构件，上述 $B_s$ 计算结果应再降低 10%。在长期荷载作用下的构件长期刚度是在短期刚度的基础上加以修正的，计算时和普通钢筋混凝土受弯构件长期刚度的计算采用同样的原理、同一公式。

预应力混凝土受弯构件的变形由两部分合成。一部分是由外荷载（包括恒荷载和活荷载）产生的变形，另一部分是预加应力时产生的反拱。这两部分变形的叠加所得就是构件的总挠度。在荷载的长期作用下，受压混凝土发生徐变，更会使梁的反拱值增加。

预应力混凝土构件在偏心距为 $e_{p0}$ 的总预压力作用下将产生反拱 $f_c$。按结构力学公式计算时，对于配有偏心距为 $e_{p0}$ 的直线预应力筋的梁，可按两端有力矩 $N_p e_{p0}$ 作用的简支梁（跨度为 $l$，截面刚度为 $B$）来计算，即

$$f_c = \frac{N_p e_{p0} l^2}{8B} \tag{10.89}$$

式中 $N_p$、$e_{p0}$、$B$ 等根据不同情况取用不同的值。《混凝土结构设计标准》规定，预应力混凝土受弯构件在使用阶段的预加应力反拱值，可用结构力学方法进行计算。短期截面刚度可取 $E_c I_0$，考虑预加应力长期影响后的截面刚度可取 $0.5E_c I_0$，此时，预应力钢筋中的应力应扣除全部预应力损失。

### 10.9.6 施工阶段验算

先张法构件在放松预应力筋，后张法构件在刚张拉完预应力筋时，构件处于混凝土强度最低，预应力筋应力最高的不利阶段，同轴心受拉构件一样，需进行此阶段的验算。此时先张法构件预应力筋 $A'_p$、$A_p$ 的张拉力为

$$N'_p=(\sigma'_{con}-\sigma'_{l\,\text{I}})A'_p \tag{10.90}$$

$$N_p=(\sigma_{con}-\sigma_{l\,\text{I}})A_p \tag{10.91}$$

后张法构件预应力筋 $A'_p$、$A_p$ 的张拉力可取为

$$N'_p=\sigma'_{con}A'_p \tag{10.92}$$

$$N_p=\sigma_{con}A_p \tag{10.93}$$

构件处在 $N_p$ 和 $N'_p$ 合力作用下，截面上混凝土的压应力 $\sigma_{cc}$ 和拉应力 $\sigma_{ct}$ 可按换算截面用材料力学的方法计算。对于先张法构件有(图 10.13)

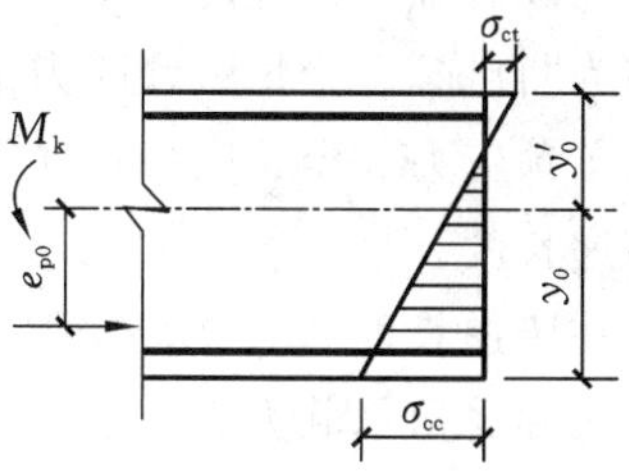


图 10.13 施工阶段验算时的法向应力

$$\sigma_{cc}=\frac{N_p}{A_0}+\frac{N_p e_0}{I_0}y_0 \tag{10.94}$$

$$\sigma_{ct}=\frac{N_p}{A_0}+\frac{N_p e_0}{I_0}y'_0 \tag{10.95}$$

对于后张法构件有

$$\sigma_{cc}=\frac{N_p}{A_n}+\frac{N_p e_n}{I_n}y_n \tag{10.96}$$

$$\sigma_{ct}=\frac{N_p}{A_n}+\frac{N_p e_n}{I_n}y'_n \tag{10.97}$$

预应力混凝土受弯构件在使用阶段一般承受的是正弯矩，构件的下边缘受拉，其强度与抗裂度已由所配 $A_p$、$A_s$ 予以保证。然而在运输、吊装时则会在构件的吊点附近出现负弯矩(图 10.14)，再加上预应力本身也使梁的上表面受拉，因而构件有可能在吊点处由于起吊负弯矩和预应力的共同作用而开裂。此时该截面下缘混凝土的压应力也可能很高，也会由于混凝土抗压强度不足而压坏。故应分别予以验算，如强度或抗裂度不足，则应调整吊点位置或采取其他措施，以确保运输、吊装阶段的安全；如仅抗裂度不足，则可通过调整 $A'_p$ 或其张拉控制应力 $\sigma'_{con}$ 值来解决。

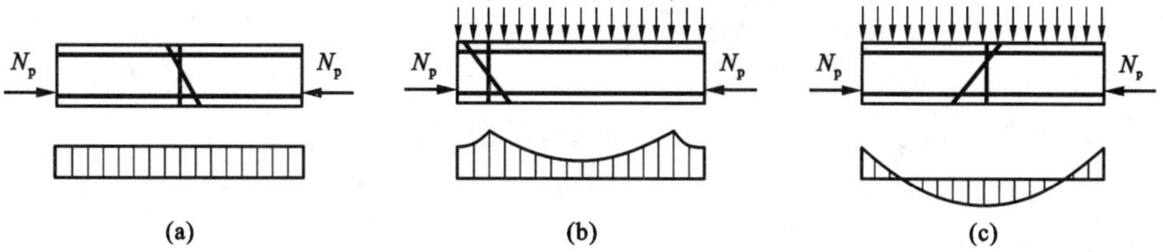


图 10.14 预应力受弯构件不同阶段的弯矩图

(a) 预压时；(b) 起吊时；(c) 工作时

吊点处截面上、下边缘混凝土的应力为

$$\sigma_{cc}=\sigma_c+\frac{M_{in}}{I_0}y_0 \tag{10.98}$$

$$\sigma_{ct}=\sigma_c'+\frac{M_{in}}{I_0}y_0' \qquad (10.99)$$

式中　$M_{in}$——运输、吊装阶段构件中可能出现的最大负弯矩，应考虑动力系数 $n=1.5$；

$\sigma_c$，$\sigma_c'$——运输、吊装阶段由预应力在截面下、上边缘产生的应力，可为 $\sigma_{pc\,\mathrm{I}}$、$\sigma_{pc\,\mathrm{I}}'$ 或 $\sigma_{pc\,\mathrm{II}}$、$\sigma_{pc\,\mathrm{II}}'$，视运输、吊装时刻而定，也可为中间某一时刻，此时 $\sigma_{l5}$ 应按相关规定考虑起吊时间的影响。

《混凝土结构设计标准》规定，对预拉区允许出现拉应力的构件或预压时全截面受压的构件在施工阶段应满足 $\sigma_{ct}\leqslant f_{tk}'$，$\sigma_{cc}\leqslant 0.8f_{ck}'$。以上各式中 $\sigma_{ct}$、$\sigma_{cc}$ 为相应于施工阶段截面边缘纤维的混凝土拉应力及压应力，$f_{tk}'$、$f_{ck}'$ 为相应于施工阶段的混凝土抗拉强度标准值及轴心抗压强度标准值。

## 10.10　预应力的传递长度和锚固区的局部承压

在没有锚固措施的先张法构件中，预应力是靠钢筋和混凝土之间的粘结作用来传递的。这种锚固方式称为“自锚”。当切断预应力钢筋时，钢筋回缩而直径变粗，挤压混凝土；结硬后的混凝土阻止钢筋回缩，建立了预应力。但预应力钢筋的自锚或预应力的传递并不能在构件端部集中地突然完成，而必须有一定的传递长度。

在传递长度 $l_{tr}$ 范围内，预应力可近似地认为按直线规律变化。在验算先张法构件端部正截面、斜截面抗裂和受剪承载力时，应考虑预应力钢筋在其传递长度 $l_{tr}$ 范围内的实际预应力值的变化。

传递长度 $l_{tr}$ 的大小与预应力钢筋种类、预压时的混凝土强度等因素有关，按以下公式计算：

$$l_{tr}=\alpha\frac{\sigma_{pe}}{f_{tk}'}d \qquad (10.100)$$

式中　$\sigma_{pe}$——放张时预应力钢筋的有效应力；

$\alpha$——预应力钢筋的外形系数；

$d$——预应力钢筋的公称直径；

$f_{tk}'$——放张时的混凝土轴心抗拉强度标准值。

在后张法构件中，预应力是通过锚具经垫板传给混凝土的。预压力很大，而锚具和垫板的尺寸一般均较小，因此构件端部混凝土承受着很大的局部应力。设计时如不进行局部加强，构件端部混凝土将可能出现裂缝或因局部承压不足而遭破坏，并导致预加应力的失败。设计时，要保证在张拉钢筋时锚具下锚固区的混凝土不开裂和不产生过大的变形，即要保证锚具下的钢筋配置能满足端部混凝土局部承压强度的要求。工程中通常采用配置间接钢筋（横向钢筋）的方法来达到满足局部承压强度的要求。

《混凝土结构设计标准》规定，配置间接钢筋的混凝土结构构件，其局部受压区的截面尺寸应符合下列要求

$$F_l=1.35\beta_c\beta_l f_c A_{ln} \qquad (10.101)$$

式中　$F_l$——混凝土局部承压的压力设计值；

$f_c$——混凝土的轴心抗压强度设计值；

$A_{ln}$——锚具垫圈下的混凝土局部承压净面积，计算时应扣除孔道面积；

$\beta_c$——混凝土强度影响系数，当 $f_{cu,k}\leqslant 50\ \mathrm{N/mm^2}$ 时取 1.0，当 $f_{cu,k}=80\ \mathrm{N/mm^2}$ 时取 0.8，其间按内插法取值；

$\beta_l$——混凝土局部承压时的强度提高系数

$$\beta_l=\sqrt{\frac{A_b}{A_l}} \qquad (10.102)$$

$A_b$——局部承压时计算底面面积，可根据同心、短边对称的原则确定，通常可按图 10.15 取用，它与 $A_l$ 一样，都不扣除孔道面积；

$A_l$——混凝土局部受压面积。

在取用计算底面面积 $A_b$ 时采用同心、短边对称的原则，就是要求计算底面面积 $A_b$ 与局部受压面积 $A_l$ 具有相同的重心位置并对称；沿 $A_l$ 各边向外扩大的有效距离不超过承压板窄边尺寸 $b$（对圆形承压板，可沿周边扩大一倍 $d$）。

当不满足式(10.101)的要求时，应加大构件端部锚固区的截面尺寸，调整锚具位置或提高混凝土强度等级。

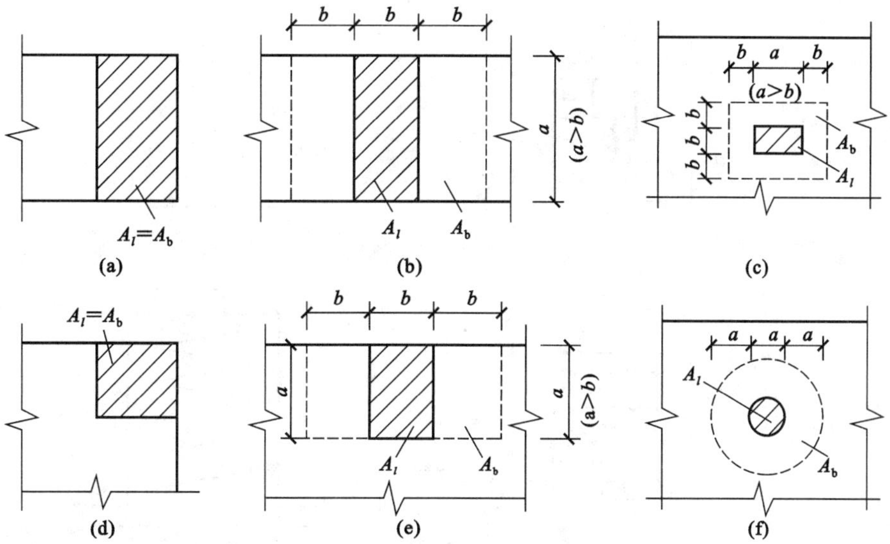


图 10.15　局部承压时的计算底面面积

锚固区段配置间接钢筋（焊接钢筋网或螺旋式钢筋）可以有效地提高锚固区段的局部承压强度。当符合 $A_l \leqslant A_{cor}$ 的条件时，其局部承压强度可按下列公式计算

$$F_l \leqslant 0.9(\beta_c \beta_l f_c + 2\alpha \rho_v \beta_{cor} f_{yv}) A_{ln} \tag{10.103}$$

式中　$\alpha$——间接钢筋对混凝土约束的折减系数，当混凝土强度等级不超过 C50 时，取 1.0；当混凝土强度等级为 C80 时，取 0.85；其间按线性内插法确定。

$\rho_v$——间接钢筋的体积配筋率，按核心面积 $A_{cor}$ 范围单位混凝土体积中所包含的间接钢筋体积计算。

$\beta_{cor}$——配置间接钢筋后的局部承压强度提高系数，由下列公式计算

$$\beta_{cor} = \sqrt{\frac{A_{cor}}{A_l}} \tag{10.104}$$

式中　$A_{cor}$——钢筋网或螺旋式配筋以内的混凝土核芯面积，当 $A_{cor} > A_b$ 时，取 $A_{cor} = A_b$；当 $A_{cor}$ 小于或等于局部受压面积 $A_l$ 的 1.25 倍时，直接取 $\beta_{cor} = 1$。

当间接钢筋为方格网式时[图 10.16(a)]，$\rho_v$ 按式(10.105)计算，且要求在两个方向上钢筋网单位长度的钢筋面积之比不大于 1.5 倍。

$$\rho_v = \frac{n_1 A_{s1} l_1 + n_2 A_{s2} l_2}{A_{cor} s} \tag{10.105}$$

当间接钢筋为螺旋式配筋时[图 10.16(b)]应按下列公式计算

$$\rho_v = \frac{4A_{ss1}}{s d_{cor}} \tag{10.106}$$

式中　$n_1, A_{s1}$——钢筋网沿 $l_1$ 方向的钢筋根数及单根钢筋的截面面积；

$n_2, A_{s2}$——钢筋网沿 $l_2$ 方向的钢筋根数及单根钢筋的截面面积；

$A_{ss1}$——螺旋式配筋的截面面积；

$d_{cor}$——螺旋式配筋以内的混凝土直径；

$s$——钢筋网或螺旋式钢筋的间距。

锚固区段配置间接钢筋时，可采用方格钢筋网（焊接钢筋网、正交叠置的回形钢筋网）或螺旋式钢筋。方格网不少于 4 片，螺旋式钢筋不少于 4 圈。

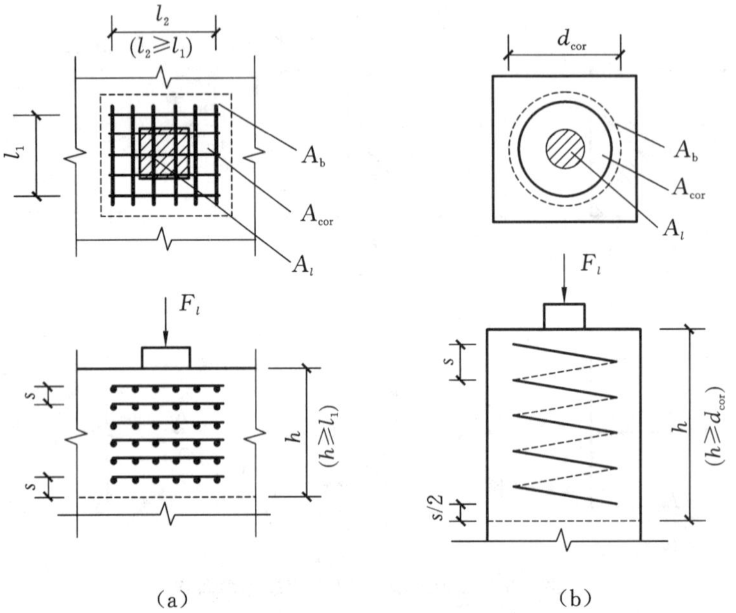


**图 10.16　局部受压区的间接钢筋**

(a) 方格网式配筋；(b) 螺旋式配筋

## 10.11　部分预应力混凝土的基本原理

不少预应力混凝土构件设计为在使用荷载作用下横截面上不允许出现拉应力，即预加应力必须全部抵消荷载所产生的拉应力，这种构件称为全预应力混凝土构件。全预应力混凝土虽然有抗裂性好、刚度大、节约钢材等优点，但也有延性差、对抗震不利以及反拱过大等缺点。

由于预应力是按全部使用荷载设计的（包括恒荷载和活荷载在内），但全部使用荷载并不是时刻都发生，如活荷载就不是持续不断地作用在结构上的。因此在预应力的作用下，构件会产生较大的反拱，并且由于混凝土徐变的影响，这种反拱在一定时间内还会不断加大，甚至会影响到构件的正常使用。

在工程中也发现不少全预应力混凝土结构存在裂缝，有的甚至还比较严重。这主要是因为按"无拉应力"准则设计的预应力混凝土，把温度变化、收缩徐变、变形约束以及其他局部效应的影响，都当作次要应力而忽略不计。但这些应力常可超过混凝土允许抗拉强度值，导致结构在不同部位产生裂缝。

相对于全预应力混凝土结构，部分预应力混凝土结构可以避免上述的问题。部分预应力混凝土是预应力度比较低，且有比较多的中等强度的非预应力钢筋的配筋混凝土结构。

预应力混凝土结构根据对抗裂性能要求的不同，分为严格要求不出现裂缝、一般要求不出现裂缝和允许出现裂缝三类。通常认为以钢材为配筋的预应力混凝土与钢筋混凝土是个统一的配筋混凝土系列。它以全预应力混凝土与普通钢筋混凝土为两个边界，中间则是允许出现拉应力或开裂的部分预应力混凝土。即配筋混凝土按预应力度的不同，分成全预应力混凝土、部分预应力混凝土和普通钢筋混凝土三种。设计者可以根据对结构功能的要求和所处的环境条件，合理选用预应力度，以获得使用性能好、造价低的最优结构设计方案。

预应力度是衡量混凝土结构上施加的预应力大小的一个指标。对受弯构件，它定义为

$$\lambda=\frac{M_0}{M_k} \tag{10.107}$$

式中 $M_0$——消压弯矩，是使构件控制截面受拉边缘混凝土应力抵消到零时的弯矩；

$M_k$——使用荷载(不包括预加应力)标准组合作用下控制截面的弯矩。

对轴拉构件的预应力度定义为

$$\lambda=\frac{N_0}{N_k} \tag{10.108}$$

式中 $N_0$——消压轴向力，是使构件截面混凝土应力抵消到零时的轴向力；

$N_k$——使用荷载(不包括预加力)标准组合作用下的轴向拉力。

预应力度 $\lambda$ 的范围可从全预应力混凝土的 $\lambda\geqslant1$ 变化到钢筋混凝土的 $\lambda=0$。$\lambda\geqslant1$ 为全预应力混凝土；$0<\lambda<1$ 为部分预应力混凝土；$\lambda=0$ 时为普通钢筋混凝土。

施加部分预应力可以采用几种不同的方法。比如可以按承载力要求所需的全部预应力钢筋均匀施加较低的预应力，也可以按承载力条件配置同一种预应力钢筋，但仅张拉其中一部分且张拉足，另一部分却不张拉。这样可节省一些张拉工序和锚具。

较好的一种施加部分预应力方法是按满足抗裂要求采用与全预应力相比较少的预应力钢筋进行张拉，另配置部分非预应力钢筋以补足承载力要求。这种以预应力钢筋来满足预期的抗裂、刚度和大部分承载力要求，再由非预应力钢筋来补充极限承载能力并加强预应力钢筋无法覆盖的部分的方法，是最合理的。设计者可根据不同的使用要求，选择适量的预应力钢筋和非预应力钢筋，以达到不同极限状态下安全度相均衡的目的，并使构件具有较大的变形性能和较高的延性。非预应力钢筋可以布置在构件的不同位置上，以发挥不同的作用，有效地加强构件。

部分预应力混凝土的计算内容与全预应力混凝土相同，但有些计算方法有所变化。其计算内容包括承载力极限状态验算；制造、运输、安装及使用各阶段的抗裂和变形验算；允许开裂的构件还应验算裂缝宽度，对承受重复荷载的构件必要时还需进行疲劳强度的验算和斜截面裂缝验算，其主应力的允许值应按各有关规定采用。

部分预应力混凝土的设计一般有三种不同的方法。

(1) 第一种方法是以极限承载力为基础的设计方法，它是将部分预应力混凝土构件视为与预应力混凝土构件和普通混凝土构件在承载力极限状态时具有同样的性能，在满足承载力之后再选择预应力钢筋，验算使用阶段的性能。这种方法的步骤是：

① 按介于钢筋混凝土和预应力混凝土的中间情况拟定截面；

② 按照正截面承载力要求确定总的受拉钢筋截面面积 $A$(假设都为预应力钢筋)；

③ 按照抗裂要求确定所需的预应力度，并根据预应力度计算所需的预应力钢筋面积 $A_p$；

④ 确定非预应力钢筋的强度与面积

$$A_s=(A-A_p)\frac{f_y}{f_{py}} \tag{10.109}$$

⑤ 按照承载力和抗裂要求统筹考虑选择的预应力筋和非预应力筋，重新准确地计算一次，同时，进行其他各项计算。

(2) 第二种方法是以使用阶段为基础，先根据抗裂等使用阶段要求来选择预应力钢筋，然后按照承载力要求来确定非预应力筋。其步骤是：

① 按介于钢筋混凝土和预应力混凝土的中间情况拟定截面。

② 按抗裂要求，选择预应力筋($A_p$)，比如根据 $\sigma_{ck}-\sigma_{pc}\leqslant f_{tk}$、$\sigma_{cq}-\sigma_{pc}\leqslant 0$ 等要求先求得 $\sigma_{pc}$；再由$\sigma_{pc}=N_p/A_n+N_p e_{pn}/W_n$ 求得所需施加的预应力 $N_p$；最后由 $A_p=\dfrac{N_p}{(0.7\sim0.8)\sigma_{con}}$求得预应力筋面积 $A_p$，式中 0.7～0.8 为考虑预应力损失的系数。

③ 根据承载力要求，选择非预应力筋($A_s$)；由 $M\leqslant f_{py}A_p\left(h_{op}-\dfrac{x}{2}\right)+f_yA_s\left(h_{os}-\dfrac{x}{2}\right)$及 $x=(f_{py}A_p+f_yA_s)/(\alpha_1 f_c b)$可求得 $A_s$，式中的 $h_{op}$、$h_{os}$分别为预应力筋、非预应力筋重心至截面受压边缘的高度，即有效高度。

④ 由所求得的 $A_p$、$A_s$ 重新准确地验算使用性能和承载力，包括计算预应力损失等。同时进行斜截面承载力和抗裂验算等。

(3) 第三种方法是使用计算机大量试算，决定一个合适的预应力钢筋强度与非预应力钢筋强度之比 $\eta$($\eta=\dfrac{f_{py}A_p}{f_{py}A_p+f_yA_s}$，对各种荷载情况和使用要求有不同的最佳 $\eta$ 值)，使其设计既满足承载力要求，又满足使用性能(抗裂度、刚度、裂缝宽度和疲劳等)的要求。但这种设计方法计算量较大。

目前，多采用第二种方法设计截面。

目前，控制部分预应力构件裂缝的方法通常有两类，一类是直接进行裂缝宽度验算，另一类是用名义拉应力、抗裂安全系数或限制钢筋应力增量等方法来限制裂缝宽度。直接计算裂缝宽度时，可使用《混凝土结构设计标准》中的公式。部分预应力混凝土受弯构件的裂缝、刚度、变形也可使用《混凝土结构设计标准》中的方法。

部分预应力混凝土除要求满足对预应力混凝土的一般构造要求外，还应注意一些其他问题。部分预应力混凝土构件的预应力筋为高强钢材时，宜采用混合配筋。非预应力钢筋宜布置在构件受拉边的外侧。先张法构件当预应力筋采用均匀布置的单根钢丝时，如预应力钢丝能满足强度要求，可不设置非预应力钢筋。

在采用混合配筋时，非预应力钢筋根据预应力度 $\lambda$ 的大小按以下原则配置：当 $\lambda$ 较高时，非预应力钢筋宜采用较小的直径及较密的间距；当 $\lambda<0.3$ 时，可按钢筋混凝土构件的构造规定布置非预应力钢筋。

## 10.12 无粘结预应力混凝土的基本原理

前面讲述的预应力混凝土构件中，预应力钢筋与混凝土之间是有粘结的。对先张法，预应力筋张拉后直接浇筑在混凝土内；对后张法，在张拉之后要在预留孔道中压入水泥浆，从而使预应力筋与混凝土粘结在一起。这类预应力混凝土构件称为有粘结预应力混凝土构件。与之对应，无粘结预应力混凝土构件是指预应力钢筋与混凝土之间不存在粘结的预应力混凝土构件。

无粘结预应力钢筋一般是由钢绞线、高强钢丝或粗钢筋外涂防腐油脂并设外包层组成。现使用较多的是钢绞线外涂油脂并外包 PE(聚乙烯)层的无粘结预应力钢筋。

无粘结预应力混凝土最显著的特点是施工简便。在施工时可将无粘结预应力钢筋像普通钢筋那样埋设在混凝土中，混凝土硬结后即可进行预应力筋的张拉和锚固。由于在钢筋和混凝土之间有涂层和外包层隔离，二者之间能产生相对滑移。无粘结预应力混凝土省去了后张法有粘结预应力混凝土的预留孔道、穿预应力钢筋、压浆等工艺，有利于节约设备和缩短工期。但是，在无粘结预应力混凝土中，预应力筋完全依靠锚具来锚固，一旦锚具失效，整个结构将会发生严重破坏，因此对锚具的要求较高。

无粘结预应力混凝土构件也分为两类：一类是纯无粘结预应力混凝土构件，另一类是混合配筋无粘结部分预应力混凝土构件。前者指受力主筋全部采用无粘结预应力钢筋，后者指受力主筋既采用无粘结预应力钢筋，也采用有粘结非预应力钢筋，两者混合配筋。

无粘结预应力混凝土的特点是钢筋与混凝土之间允许相对滑移。如果忽略摩擦的影响，则无粘结筋中的应力沿全长是相等的。外荷载在任一截面处产生的应变将分布在预应力筋的整个长度上。因此，无粘结预应力筋中的应力比有粘结预应力筋的应力要低。构件受弯破坏时，无粘结筋的极限应力小于最大弯矩截面处有粘结筋的极限应力，所以无粘结预应力混凝土梁的极限强度低于有粘结预应力混凝土梁。试验表明，前者一般比后者低10%～30%。

无粘结预应力混凝土的计算方法与有粘结预应力混凝土不同。本节内容只涉及有关的基本原理，在设计无粘结预应力混凝土时，仍需参照有关规范的规定。

计算无粘结筋中的极限应力不能采用有粘结筋极限应力的计算方法，因为后者是假定由使用荷载引起的预应力筋的应变增量与其周围混凝土的应变增量相同。而无粘结筋由于存在钢筋与混凝土之间的相对滑移，该假定不能成立。但由于在两端锚头处，无粘结筋的位移与其周围混凝土位移是协调的，因此，相应的位移协调条件为：在荷载作用下，无粘结筋的总伸长量与它整个长度范围内周围混凝土的总伸长量相等。设 $M$ 为无粘结预应力混凝土受弯构件某截面上的弯矩，$e_0$ 为无粘结筋重心至轴线的偏心距，则无粘结筋的总伸长量为

$$\Delta=\int_L \varepsilon_c \mathrm{d}x=\int_L \frac{Me_0}{E_c I_c}\mathrm{d}x \tag{10.110}$$

式中 $E_cI_c$—— 混凝土截面抗弯刚度；

$L$—— 无粘结筋长度。

于是，无粘结筋中的应力增量 $\Delta\sigma_p$ 为

$$\Delta\sigma_p=E_s\frac{\Delta}{L}=\frac{\alpha_E}{L}\int_L \frac{Me_0}{I_c}\mathrm{d}x \tag{10.111}$$

在实际应用中，式(10.111)的计算很不方便，因为其中的弯矩 $M$ 和偏心距等是多变的，很难得出积分的解答。目前多根据经验公式进行计算。对采用钢绞线作为无粘结预应力筋的受弯构件，在进行正截面承载力计算时，无粘结预应力筋的应力设计值 $\sigma_{pu}$ 宜按下式计算，计算值应不小于 $\sigma_{pe}$ 且不大于 $f_{py}$。

$$\sigma_{pu}=\sigma_{pe}+\Delta\sigma_p \tag{10.112}$$

$$\Delta\sigma_p=(240-335\xi_p)\left(0.45+5.5\frac{h}{l_0}\right)\frac{l_2}{l_1} \tag{10.113}$$

$$\xi_p=\frac{\sigma_{pe}A_p+f_yA_s}{f_cbh_p} \tag{10.114}$$

式中 $\sigma_{pe}$—— 扣除各项损失后的有效预应力；

$f_y,f_c$—— 分别为非预应力钢筋抗拉强度设计值和混凝土抗压强度设计值；

$b,h$—— 梁的截面宽度和截面高度；

$l_0$—— 梁的计算跨度；

$h_p$—— 无粘结筋合力点至梁截面受压边缘距离；

$\Delta\sigma_p$—— 无粘结筋合力点的应力增量，取值不应小于50 $N/mm^2$；

$\xi_p$—— 综合配筋指标，不宜大于0.4；

$l_1$—— 连续无粘结预应力筋两个锚固端间的总长度；

$l_2$—— 与 $l_1$ 相关的活荷载最不利布置图所确定的荷载跨的长度之和。

## 10.13 预应力混凝土构件计算实例

**【例10.1】** 后张法预应力混凝土屋架下弦杆。

**1. 基本资料**

(1) 构件与截面几何尺寸如图10.17所示。

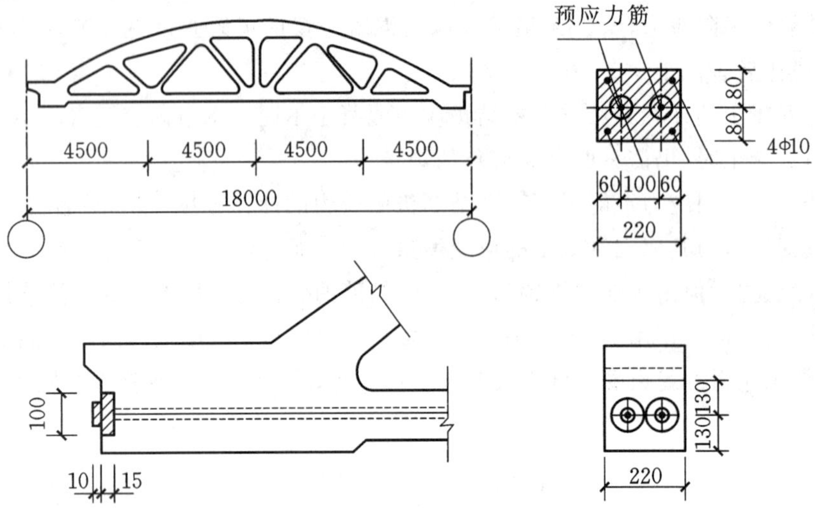


**图10.17　例10.1构件简图**

(2) 材料选用

混凝土：C40($f_c=19.1\ \text{N/mm}^2$，$f_t=1.71\ \text{N/mm}^2$，$f_{tk}=2.39\ \text{N/mm}^2$，$E_c=32.5\ \text{kN/mm}^2$)；

预应力钢筋：3股钢绞线($f_{py}=1320\ \text{N/mm}^2$，$f_{ptk}=1860\ \text{N/mm}^2$，$E_{s1}=195\ \text{kN/mm}^2$)；

非预应力筋及箍筋：采用HPB300钢筋($f_y=270\ \text{N/mm}^2$，$E_{s2}=210\ \text{kN/mm}^2$)。

(3) 内力

轴拉力设计 $N=460$ kN，荷载标准组合的轴拉力 $N_k=400$ kN，荷载准永久组合的轴拉力 $N_q=350$ kN。

(4) 施工方法

① 采用后张法生产，孔道采用充压橡皮管抽芯成型，$d=30$ mm。

② 采用夹片式锚具(锚杯外径100 mm)有预压。

③ 张拉预应力筋时，采用超张拉工艺($1.05\sigma_{con}$)，一端张拉。

④ 混凝土达100%设计强度时放松预应力筋。

(5) 抗裂要求

裂缝控制等级为二级。

**2. 使用阶段正截面强度计算**

(1) 确定非预应力

根据构造要求设4Φ10，布置在截面四角。

$$A_p=\frac{\gamma_0 N-A_s f_y}{f_{py}}=\frac{1.1\times460000-314\times270}{1320}=319.1\ \text{mm}^2$$

(2) 计算预应力筋截面面积 $A_p$

每孔配置2束公称直径为12.9 mm(3股)钢绞线，$A_p=319.1\ \text{mm}^2$

**3. 使用阶段抗裂度验算**

(1) 截面几何特征

$$\alpha_{E1}=\frac{E_{s1}}{E_c}=\frac{195}{32.5}=6.0$$

$$\alpha_{E2}=\frac{E_{s2}}{E_c}=\frac{210}{32.5}=6.46$$

$$A_n=A_c+\alpha_{E2}A_s=160\times220-2\times\frac{3.14}{4}\times30^2+6.46\times314=35815\ \text{mm}^2$$

$$A_0=A_n+\alpha_{E1}A_p=35815+6.0\times319.1=37730\ \text{mm}^2$$

(2) 确定预应力筋张拉控制应力 $\sigma_{con}$

取

$$\sigma_{con}=0.75f_{ptk}=0.75\times1860=1395\ \text{N/mm}^2$$

(3) 计算预应力损失

① 钢筋松动损失

采用夹片式锚片夹具(有顶压),查表 10.2 可知内缩值 $a=5$ mm,则

$$\sigma_{l1}=\frac{a}{l}\cdot E_{s1}=\frac{5}{18000}\times195000=54.2\ \text{N/mm}^2$$

② 孔道摩擦损失

按锚固端计算,$l=18.0$ m,且有

$$\mu\theta+\kappa x=0.55\times0+0.0015\times18=0.027<0.3$$

$$\sigma_{l2}=\sigma_{con}(\mu\theta+\kappa x)=1395\times0.027=37.7\ \text{N/mm}^2$$

第一批预应力损失为

$$\sigma_{l\,\mathrm{I}}=\sigma_{l1}+\sigma_{l2}=54.2+37.7=91.9\ \text{N/mm}^2$$

③ 预应力钢筋的松弛损失(一端超张拉)

$$\sigma_{l4}=0.2\left(\frac{\sigma_{con}}{f_{ptk}}-0.575\right)\sigma_{con}=0.2\times\left(\frac{1395}{1860}-0.575\right)\times1395=48.8\ \text{N/mm}^2$$

④ 混凝土收缩、徐变损失

完成第一批预应力损失后截面上的混凝土预压应力为

$$\sigma_{pc\,\mathrm{I}}=\frac{N_{p\,\mathrm{I}}}{A_n}=\frac{(\sigma_{con}-\sigma_{l\,\mathrm{I}})A_p}{A_n}=\frac{(1395-91.9)\times319.1}{35815}=11.61\ \text{N/mm}^2$$

$$\rho=\rho'=\frac{A_p+A_s}{2A_n}=\frac{319.1+314}{2\times35815}=0.00884$$

因而该项损失为

$$\sigma_{l5}=\frac{55+300\dfrac{\sigma_{pc\,\mathrm{I}}}{f'_{cu}}}{1+15\rho}=\frac{55+300\times\dfrac{11.61}{40}}{1+15\times0.00884}=125.4\ \text{N/mm}^2$$

故第二批损失为:

$$\sigma_{l\,\mathrm{II}}=\sigma_{l4}+\sigma_{l5}=48.8+125.4=174.2\ \text{N/mm}^2$$

预应力总损失为

$$\sigma_l=\sigma_{l\,\mathrm{I}}+\sigma_{l\,\mathrm{II}}=91.9+174.2=266.1\ \text{N/mm}^2>80\ \text{N/mm}^2$$

(4) 抗裂度验算

① 计算混凝土预压应力 $\sigma_{pc\,\mathrm{II}}$

$$\sigma_{pc\,\mathrm{II}}=\frac{N_{p\,\mathrm{II}}}{A_n}=\frac{(\sigma_{con}-\sigma_l)A_p-\sigma_{l5}A_s}{A_n}=\frac{(1395-266.1)\times319.1-125.4\times314}{35815}=8.96\ \text{N/mm}^2$$

② 计算荷载在截面中引起的拉应力

荷载标准组合下的应力为

$$\sigma_{ck}=\frac{N_k}{A_0}=\frac{400000}{37730}=10.60\ \text{N/mm}^2$$

③ 验算抗裂度

$$\sigma_{ck}-\sigma_{pc\text{II}}=10.60-8.96=1.664\text{N/mm}^2<f_{tk}=2.39\ \text{N/mm}^2$$，满足要求。

**4. 施工阶段验算**

采用超张拉5%，最大张拉力为

$$N_p=1.05\sigma_{con}A_p=1.05\times1395\times319.1=467402\ \text{N}$$

在此张拉力作用下，截面混凝土的压应力为

$$\sigma_{cc}=\frac{N_p}{A_0}=\frac{467402}{37730}=12.39\ \text{N/mm}^2<0.8f'_{ck}=0.8\times26.8=21.4\ \text{N/mm}^2$$，满足要求。

**5. 端面局部承压计算**

（1）几何特征与参数

局部承压面积为

$$A_l=2\times\frac{\pi}{4}d_l^2=2\times\frac{3.14}{4}\times100^2=15700\ \text{mm}^2$$

$$A_{ln}=A_l-2\times\frac{\pi}{4}d_{lm}^2=15700-2\times\frac{3.14}{4}\times30^2=14287\ \text{mm}^2$$

局部承压计算底面面积近似按照 220 mm×200 mm 的矩形计算

$$A_b=220\times200=44000\ \text{mm}^2$$

局部承压强度提高系数为

$$\beta_l=\sqrt{\frac{A_b}{A_l}}=\sqrt{\frac{44000}{15700}}=1.674$$

（2）局部承压力（图 10.18）

$$F_l=1.2\sigma_{con}A_p=1.2\times1395\times319.1=534173\ \text{N}=534.2\ \text{kN}$$

（3）局部承压尺寸验算

$$1.35\beta_c\beta_l f_c A_{ln}=1.35\times1.0\times1.674\times19.1\times14287=616685\ \text{N}=616.7\ \text{kN}>F_l=534.2\ \text{kN}$$

满足要求。

（4）强度验算

$$A_{s1}=A_{s2}=50.3\ \text{mm}^2$$

① 钢筋网片（图 10.19）

$$A_{cor}=195\times195=38025\ \text{mm}^2$$

$$\beta_{cor}=\sqrt{\frac{A_{cor}}{A_l}}=\sqrt{\frac{38025}{15700}}=1.556$$

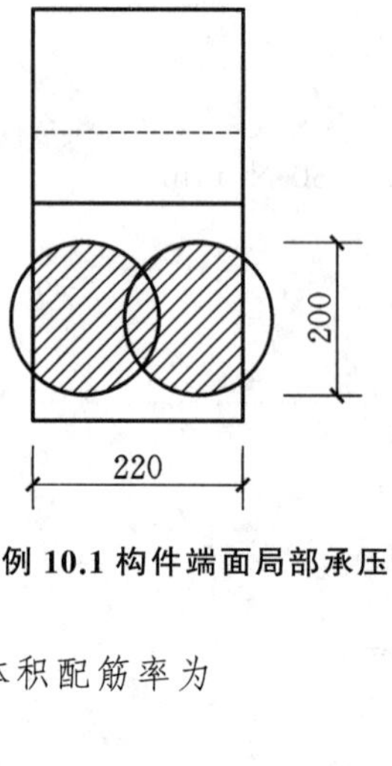


**图 10.18 例 10.1 构件端面局部承压计算简图**

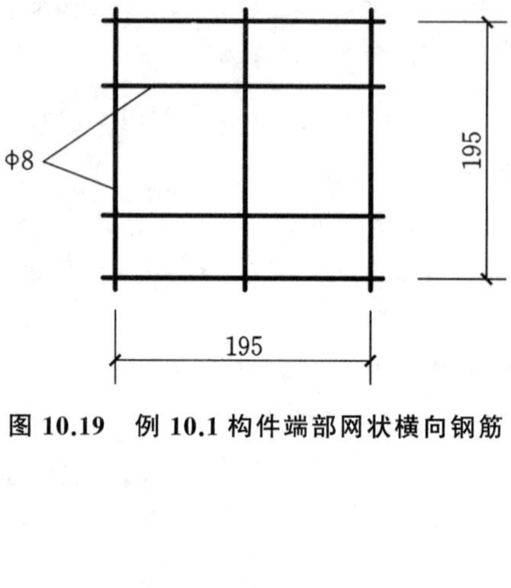


**图 10.19 例 10.1 构件端部网状横向钢筋**

横向钢筋体积配筋率为

$$\rho_v=\frac{n_1A_{s1}l_1+n_2A_{s2}l_2}{A_{cor}s}=\frac{4\times50.3\times195+3\times50.3\times195}{38025\times50}=0.036$$

② 强度验算

$$0.9\times(\beta_c\beta_l f_c+2\alpha\rho_v\beta_{cor}f_y)A_{ln}=0.9\times(1.0\times1.674\times19.1+2\times1.0\times0.036\times1.556\times270)\times14287$$
$$=800070\ \text{N}=800.1\ \text{kN}>F_l=534.2\ \text{kN}$$

满足要求。

**【例 10.2】** 先张法预应力混凝土薄腹梁。

**1. 基本资料**

(1) 构件与截面几何尺寸如图 10.20 所示。

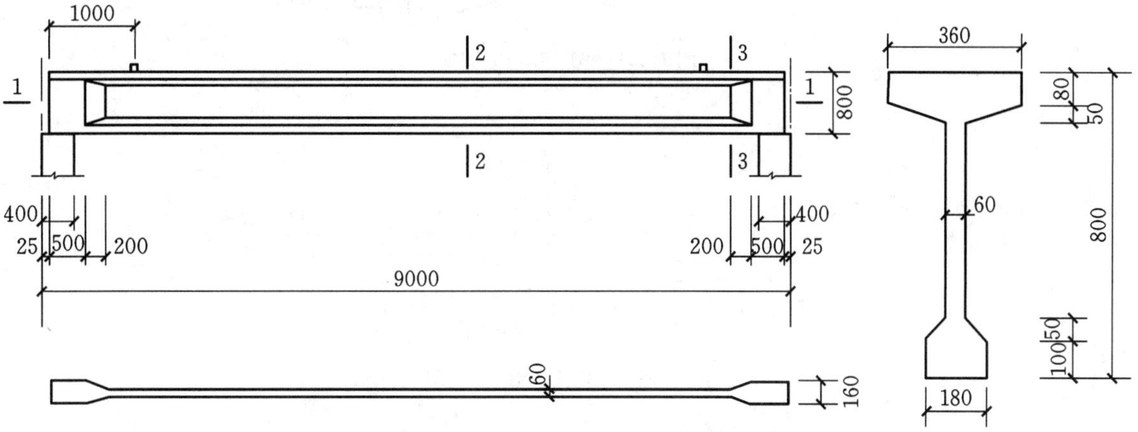


**图 10.20 例 10.2 构件简图**

(2)材料选用

混凝土:C40($f_c=19.1\ \text{N/mm}^2$,$f_t=1.71\ \text{N/mm}^2$,$f_{tk}=2.39\ \text{N/mm}^2$,$E_c=32.5\ \text{kN/mm}^2$);

预应力钢筋:消除应力钢丝($f_{py}=1040\ \text{N/mm}^2$,$f_{ptk}=1470\ \text{N/mm}^2$,$E_s=205\ \text{kN/mm}^2$);

非预应力钢筋及箍筋:采用 HPB300 钢筋($f_y=270\ \text{N/mm}^2$,$E_s=210\ \text{kN/mm}^2$)。

(3) 荷载

恒荷载 $g_k=25\ \text{kN/m}$,其中梁本身重 $g_{bk}=2.35\ \text{kN/m}$。

屋面活荷载 $q_k=4.2\ \text{kN/m}$,准永久值系数 $\psi_c=0.7$。

雪荷载因小于屋面活荷载,故不考虑。

(4) 施工方法

① 采用先张法生产,台座长度 80 m。

② 张拉预应力筋时,采用超张拉工艺。

③ 混凝土达 90%设计强度时放松预应力筋。

④ 蒸汽养护,采用两阶段升温养护体制。

⑤ 采用销片夹具。

(5) 抗裂要求

构件使用阶段正截面裂缝控制等级为二级。斜截面要求一般不得开裂,施工阶段预拉区混凝土允许开裂。

**2. 使用阶段正截面强度计算**

(1) 内力计算(图 10.21)

① 确定计算跨度

$$l=l_n+a=(9-2\times0.4)+0.375=8.575\ \text{m}$$
$$l=1.05l_n=1.05\times8.2=8.61\ \text{m}$$

取 $l=8.575$ m。

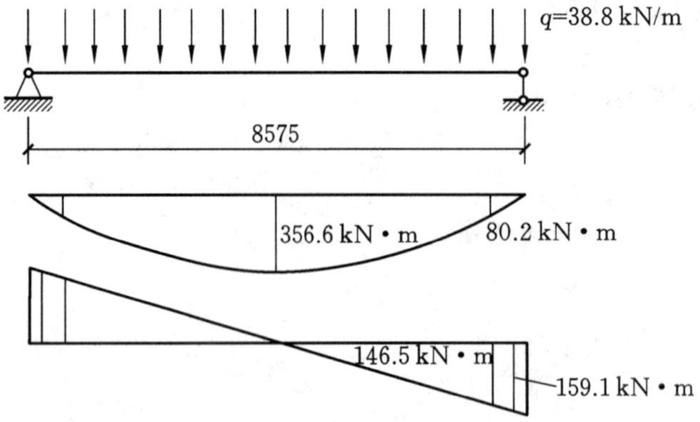


**图 10.21　例 10.2 内力图**

② 计算内力

$$q=1.3\times 25+1.5\times 4.2=38.8\ \text{kN/m}$$

则荷载设计值 $q=38.8$ kN/m。

则梁中最大计算内力为

$$M=\frac{1}{8}ql^2=\frac{1}{8}\times 38.8\times 8.575^2=356.6\ \text{kN}\cdot\text{m}$$

$$V=\frac{1}{2}ql_n=\frac{1}{2}\times 38.8\times 8.2=159.1\ \text{kN}$$

梁端变截面处(3—3 截面)的弯矩、剪力:

$$M=\frac{1}{2}\times 38.8\times 8.575\times\left(0.7-\frac{0.375}{2}\right)-\frac{1}{2}\times 38.8\times\left(0.7-\frac{0.375}{2}\right)^2=80.2\ \text{kN}\cdot\text{m}$$

$$V=\frac{1}{2}\times 38.8\times(8.95-0.7\times 2)=146.5\ \text{kN}$$

(2) 承载力计算

① 确定非预应力筋数量

下翼缘内不设非预应力筋,上翼缘内根据构造要求设 6Φ10 架立筋,但不考虑其受力,故

$$A_s=A'_s=0$$

② 计算预应力筋截面面积 $A_p$

取 $a_p=50$ mm,有 $h_0=h-a_p=800-50=750$ mm

a. 判别 T 形截面类型

屋面梁的结构重要性系数应取 $\gamma_0=1.1$,则截面的计算弯矩应为

$$M=1.1\times 356.6=392.3\ \text{kN}\cdot\text{m}$$

取 $h'_f=80+\frac{50}{2}=105$ mm,则

$$\alpha_1 b'_f h'_f f_c\left(h_0-\frac{h'_f}{2}\right)=1.0\times 360\times 105\times 19.1\times\left(750-\frac{105}{2}\right)=503581050\ \text{N}\cdot\text{mm}$$

$$=503.6\ \text{kN}\cdot\text{m}>M=392.3\ \text{kN}\cdot\text{m}$$

故属于第一类 T 形截面。

b. 计算 $A_p$

$$\alpha_s=\frac{M}{\alpha_1 b'_f h_0^2 f_c}=\frac{392.3\times 10^6}{1.0\times 360\times 750^2\times 19.1}=0.1014$$

$$\gamma_s=0.947$$

则

$$A_p=\frac{M}{\gamma_s h_0 f_{py}}=\frac{392.3\times10^6}{0.947\times750\times1040}=531\ \text{mm}^2$$

取 5 根直径为 12 mm 的预应力钢筋，$A_p=565\ \text{mm}^2$

**3. 使用阶段垂直截面抗裂度验算**

(1) 截面几何特征(图 10.22)

$$\alpha_E=\frac{E_s}{E_c}=\frac{205}{32.5}=6.31$$

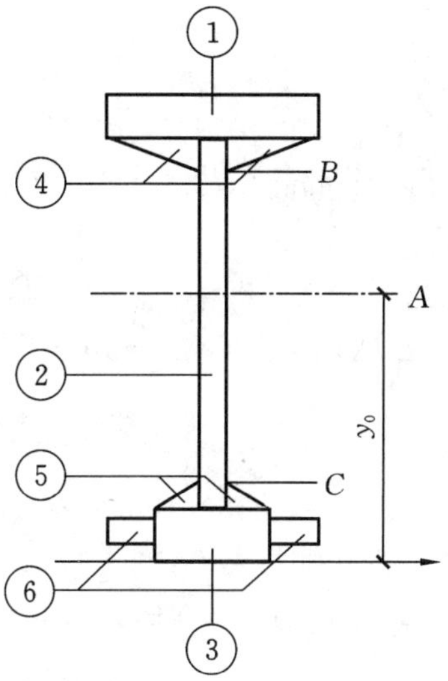


**图 10.22　例 10.2 截面划分**

在进行截面抗裂度验算时，截面几何特征的计算同样不考虑上翼缘中所配架立钢筋。则截面各分区和整个截面的几何特性计算见表 10.9。其中

$$A_s=\alpha_E A_p-A_p=(\alpha_E-1)A_p=(6.31-1)\times565=3000\ \text{mm}$$

**表 10.9　截面几何特性**

| 区号 | $A_i$ | $a_i$ | $S_i=A_i\cdot a_i$ | $y_i$ | $A_i y_i^2$ | $I_i$ |
|---|---|---|---|---|---|---|
| 1 | 28800 | 760 | 21888000 | +315 | $285768\times10^4$ | $\frac{1}{12}\times360\times80^3=1536\times10^4$ |
| 2 | 37200 | 410 | 15252000 | −35 | $4557\times10^4$ | $\frac{1}{12}\times60\times620^3=119164\times10^4$ |
| 3 | 18000 | 50 | 900000 | −395 | $280845\times10^4$ | $\frac{1}{12}\times180\times100^3=1500\times10^4$ |
| 4 | 7500 | 703 | 5723000 | +258 | $49923\times10^4$ | $\frac{2}{36}\times150\times50^3=104\times10^4$ |
| 5 | 3000 | 117 | 351000 | −328 | $32275\times10^4$ | $\frac{2}{36}\times60\times50^3=11.7\times10^4$ |
| 6 | 2426 | 50 | 121300 | −395 | $37852\times10^4$ | — |
| $\sum$ | 96926 | — | 43785300 | — | $691220\times10^4$ | $122345.7\times10^4$ |

注：表中 $a_i$ 为第 $i$ 小区重心至截面下边缘距离；$y_i$ 为第 $i$ 小区重心至截面总重心轴的距离。

由表 10.9 可求得

$$A_0=96926=9.69\times10^4\ \text{mm}^2$$

$$y_0=\frac{\sum S_i}{\sum A_i}=\frac{43785300}{96926}=452\ \text{mm}$$

$$I_0=\sum A_i y_i^2+\sum I_i=691220\times10^4+122345.7\times10^4=813566\times10^4\ \text{mm}^4$$
$$\approx 8.1\times10^9\ \text{mm}^4$$

(2) 确定预应力筋张拉控制应力 $\sigma_{con}$

取
$$\sigma_{con}=0.70f_{ptk}=0.70\times1470=1029\ \text{N/mm}^2$$

(3) 计算预应力损失

① 钢筋松动损失

采用销片夹具,取 $a=2$ mm,则

$$\sigma_{l1}=\frac{a}{l}\cdot E_s=\frac{2}{80000}\times205\times10^3=5.13\ \text{N/mm}^2$$

② 温差损失

因采用两阶段升温养护体制,取 $\Delta T_1=20$ ℃,故有

$$\sigma_{l3}=2.0\Delta T_1=2.0\times20=40\ \text{N/mm}^2$$

③ 钢筋松弛损失

因采用超张拉工艺,故该项损失为

$$\sigma_{l4}=0.035\sigma_{con}=0.035\times1029=36\ \text{N/mm}^2$$

按两批预应力中 $\sigma_{l4}$ 各占 50%考虑。第一批损失为

$$\sigma_{l\text{I}}=\sigma_{l1}+\sigma_{l3}+0.5\sigma_{l4}=5.13+40+0.5\times36=63.13\ \text{N/mm}^2$$

④ 混凝土收缩、徐变损失

截面上计算张拉力与其偏心距为

$$N_{p\text{I}}=(\sigma_{con}-\sigma_{l\text{I}})A_p=(1029-63.13)\times565=545717\ \text{N}=546\ \text{kN}$$
$$e_0=y_0-a_p=452-50=402\ \text{mm}$$

则预应力合力作用点处的混凝土预压应力为

$$\sigma_{pc\text{I}}=\frac{N_{p\text{I}}}{A_0}+\frac{N_{p\text{I}}e_0}{I_0}y_0=\frac{546\times10^3}{9.69\times10^4}+\frac{546\times10^3\times402}{8.1\times10^9}\times452$$
$$=17.9\ \text{N/mm}^2<0.5f'_{cu}=0.5\times0.9\times40=18\ \text{N/mm}^2$$
$$\rho=\frac{A_p+A_s}{A_0}=\frac{565+3000}{9.69\times10^4}=0.0368$$

因而该项损失为

$$\sigma_{l5}=\frac{60+340\dfrac{\sigma_{pc\text{I}}}{f'_{cu}}}{1+15\rho}=\frac{60+340\dfrac{17.9}{0.9\times40}}{1+15\times0.0368}=147.59\ \text{N/mm}^2$$

故第二批损失为

$$\sigma_{l\text{II}}=0.5\sigma_{l4}+\sigma_{l5}=0.5\times36+147.59=165.59\ \text{N/mm}^2$$

预应力总损失为

$$\sigma_l=\sigma_{l\text{I}}+\sigma_{l\text{II}}=63.13+165.59\approx229\ \text{N/mm}^2>100\ \text{N/mm}^2$$

(4) 抗裂度验算

① 计算 $\sigma_{pc\text{II}}$

完成全部损失后预应力筋的计算张拉力为

$$N_{p\text{II}}=(\sigma_{con}-\sigma_l)A_p=(1029-229)\times565=452000\ \text{N}\approx452\ \text{kN}$$

则截面下边缘处混凝土的预压应力为

$$\sigma_{pc\text{II}}=\frac{N_{p\text{II}}}{A_0}+\frac{N_{p\text{II}}e_0}{I_0}y_0=\frac{452\times10^3}{9.69\times10^4}+\frac{452\times10^3\times402}{8.1\times10^9}\times452\approx14.8\ \text{N/mm}^2$$

② 计算$\sigma$

按荷载标准组合的梁跨中最大标准弯矩为

$$M_k=\frac{1}{8}(g_k+q_k)l^2=\frac{1}{8}\times(25+4.2)\times8.575^2=268.4\ \text{kN}\cdot\text{m}$$

在此弯矩作用下，截面边缘处的混凝土拉应力为

$$\sigma_k=\frac{M_k}{I_0}y_0=\frac{268.4\times10^6}{8.1\times10^9}\times452=15.0\ \text{N/mm}^2$$

按荷载准永久组合的梁跨中最大标准弯矩为

$$M_q=\frac{1}{8}(g_k+\psi_c q_k)l^2=\frac{1}{8}\times(25+0.7\times4.2)\times8.575^2=256.8\ \text{kN}\cdot\text{m}$$

在此弯矩作用下，截面下边缘处的混凝土拉应力为

$$\sigma_q=\frac{M_q}{I_0}y_0=\frac{256.8\times10^6}{8.1\times10^9}\times452=14.3\ \text{N/mm}^2$$

③ 验算抗裂度

$$\sigma_k-\sigma_{pcII}=15.0-14.8=0.2\ \text{N/mm}^2<f_{tk}=2.39\ \text{N/mm}^2$$

$$\sigma_q-\sigma_{pcII}=14.3-14.8<0$$

垂直截面抗裂满足要求。

**4. 使用阶段斜截面承载力计算**

按截面3—3进行此项强度计算

(1) 计算$V_p$

$$V_p=0.05N_{p0}=0.05\times A_p\sigma_{p0}=0.05\times A_p(\sigma_{con}-\sigma_l)=0.05\times565\times(1029-229)\approx22600\ \text{N}\approx22.6\ \text{kN}$$

(2) 判别是否按计算需配置横向抗剪钢筋$\left(\frac{h_w}{b}>6\right)$

$$\frac{\gamma_0V-V_p}{\beta_c bh_0f_c}=\frac{1.1\times146.5\times10^3-22.6\times10^3}{1.0\times60\times750\times19.1}\approx0.161<0.20$$

故截面几何尺寸满足要求。

(3) 箍筋计算

采用Φ6箍筋($A_{sv1}=28.3\ \text{mm}^2$)并取$n=2$，则箍筋间距应为

$$s=\frac{1.25nA_{sv1}f_yh_0}{\gamma_0V-V_p-0.7bh_0f_t}=\frac{1.25\times2\times28.3\times270\times750}{1.1\times146.5\times10^3-22.6\times10^3-0.7\times60\times750\times1.71}=169.2\ \text{mm}$$

取$s=160$ mm。

**5. 使用阶段斜截面抗裂度验算**

以截面3—3作为计算截面，并取图10.22中所示$A$、$B$、$C$三点作为计算点。该截面在外荷载作用下的标准内力为

$$M_k=\frac{1}{2}\times(25+4.2)\times8.575\times\left(0.7-\frac{0.375}{2}\right)-\frac{1}{2}\times(25+4.2)\times\left(0.7-\frac{0.375}{2}\right)^2=60.3\ \text{kN}\cdot\text{m}$$

$$V_k=\frac{1}{2}\times(25+4.2)\times(8.95-0.7\times2)=110.2\ \text{kN}$$

(1) $A$点(截面重心处，$y_0=0$)

在标准外力$M_k$和预应力共同作用下，该点正应力为

$$\sigma_x=\frac{N_{pII}}{A_0}+\frac{N_{pII}e_0}{I_0}y_0+\frac{M_k}{I_0}y_0=\frac{452\times10^3}{9.69\times10^4}+\frac{452\times10^3\times402}{8.1\times10^9}\times0+\frac{60.3\times10^6}{8.1\times10^9}\times0=4.66\ \text{N/mm}^2$$

$$\sigma_y=0$$

相应于$A$点的静面矩$S_0$为

$$S_0=360\times80\times308+50\times150\times251.3+268\times60\times\frac{268}{2}=1291\times10^4\ \text{mm}^3$$

故该点剪应力为

$$\tau=\frac{V_kS_0}{bI_0}=\frac{110.2\times10^3\times1291\times10^4}{60\times8.1\times10^9}=2.93\ \text{N/mm}^2$$

假定正应力以拉为正，压为负，则该点的主应力为

$$\sigma_{tp}=\frac{\sigma_x+\sigma_y}{2}+\sqrt{\left(\frac{\sigma_x-\sigma_y}{2}\right)^2+\tau^2}=\frac{-4.66}{2}+\sqrt{\left(\frac{-4.66}{2}\right)^2+2.93^2}=1.41\ \text{N/mm}^2<0.85f_{tk}$$
$$=0.85\times2.39=2.03\ \text{N/mm}^2$$

$$\sigma_{cp}=\frac{\sigma_x+\sigma_y}{2}-\sqrt{\left(\frac{\sigma_x-\sigma_y}{2}\right)^2+\tau^2}=\frac{-4.66}{2}-\sqrt{\left(\frac{-4.66}{2}\right)^2+2.93^2}=-6.07\ \text{N/mm}^2<0.6f_{ck}$$
$$=0.6\times26.8=16.08\ \text{N/mm}^2$$

(2) $B$ 点（$y_0=218$ mm）

在外力 $M_k$ 与预应力共同作用下该点的正应力为

$$\sigma_x=\frac{N_{p\text{II}}}{A_0}-\frac{N_{p\text{II}}e_0}{I_0}y_0+\frac{M_k}{I_0}y_0=\frac{452\times10^3}{9.69\times10^4}-\frac{452\times10^3\times402}{8.1\times10^9}\times218+\frac{60.3\times10^6}{8.1\times10^9}\times218$$
$$=1.40\ \text{N/mm}^2$$

$$\sigma_y=0$$

相应于 $B$ 点的静面矩为

$$S_0=360\times80\times308+50\times150\times251.3+50\times60\times243=1148.4\times10^4\ \text{mm}^3$$

该点的剪应力为

$$\tau=\frac{V_kS_0}{bI_0}=\frac{110.2\times10^3\times1148.4\times10^4}{60\times8.1\times10^9}=2.61\ \text{N/mm}^2$$

该点的主应力为

$$\sigma_{tp}=\frac{\sigma_x+\sigma_y}{2}+\sqrt{\left(\frac{\sigma_x-\sigma_y}{2}\right)^2+\tau^2}=\frac{-1.40}{2}+\sqrt{\left(\frac{-1.40}{2}\right)^2+2.61^2}=2.00\ \text{N/mm}^2<0.85f_{tk}$$
$$=2.03\ \text{N/mm}^2$$

$$\sigma_{cp}=\frac{\sigma_x+\sigma_y}{2}-\sqrt{\left(\frac{\sigma_x-\sigma_y}{2}\right)^2+\tau^2}=\frac{-1.40}{2}-\sqrt{\left(\frac{-1.40}{2}\right)^2+2.61^2}=-3.40\ \text{N/mm}^2<0.6f_{ck}$$
$$=16.08\ \text{N/mm}^2$$

(3) $C$ 点（$y_0=308$ mm）

在标准外力 $M_k$ 和预应力共同作用下该点正应力为

$$\sigma_x=\frac{N_{p\text{II}}}{A_0}+\frac{N_{p\text{II}}e_0}{I_0}y_0-\frac{M_k}{I_0}y_0$$

$$\sigma_x=\frac{452\times10^3}{9.69\times10^4}+\frac{452\times10^3\times402}{8.1\times10^9}\times308-\frac{60.3\times10^6}{8.1\times10^9}\times308=9.28\ \text{N/mm}^2$$

$$\sigma_y=0$$

相应于该点的静面矩为

$$S_0=180\times100\times402+50\times60\times335.3+50\times60\times327+(6.15-1)\times471\times402=10.20\times10^6\ \text{mm}^3$$

故该点的剪应力为

$$\tau=\frac{V_kS_0}{bI_0}=\frac{110.2\times10^3\times10.20\times10^6}{60\times8.1\times10^9}=2.31\ \text{N/mm}^2$$

则该点主应力为

$$\sigma_{tp}=\frac{-9.28}{2}+\sqrt{\left(\frac{-9.28}{2}\right)^2+2.31^2}=0.54\ \text{N/mm}^2<0.85f_{tk}=2.03\ \text{N/mm}^2$$

$$\sigma_{cp}=\frac{-9.28}{2}-\sqrt{\left(\frac{-9.28}{2}\right)^2+2.31^2}=-9.82\ \text{N/mm}^2<0.6f_{ck}=16.08\ \text{N/mm}^2$$

各点抗裂度满足要求。

**6. 施工阶段验算**

(1) 制作阶段强度与裂缝开展验算

放松预应力筋时预应力筋的计算张拉力为 $N_{pI}$。在该力作用下截面上、下边缘的混凝土应力为

$$\sigma_{ct}=\frac{N_{pI}}{A_0}-\frac{N_{pI}e_0}{I_0}y_0'=\frac{546\times10^3}{9.69\times10^4}-\frac{546\times10^3\times402}{8.1\times10^9}\times348$$

$$=-3.80\ \text{N/mm}^2(\text{以压应力为正})$$

$$\sigma_{cc}=\frac{N_{pI}}{A_0}+\frac{N_{pI}e_0}{I_0}y_0=\frac{546\times10^3}{9.69\times10^4}+\frac{546\times10^3\times402}{8.1\times10^9}\times452$$

$$=17.9\ \text{N/mm}^2<0.8f_{ck}'=0.8\times0.9\times26.8=19.3\ \text{N/mm}^2$$

满足要求。

(2) 运输、吊装阶段强度与裂缝开展验算(图 10.23)

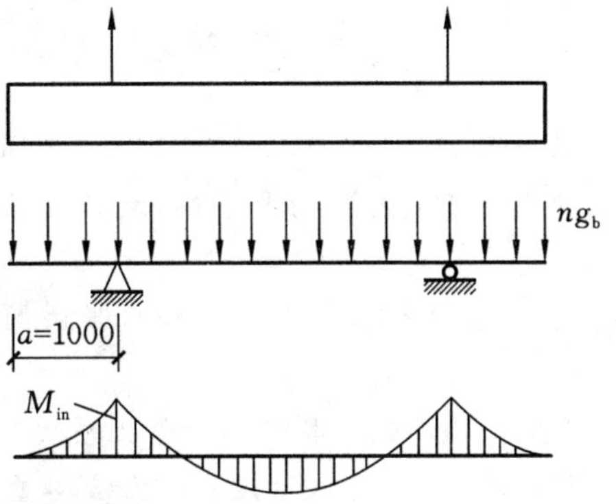


**图 10.23 例 10.2 吊装节段弯矩分布**

$$ng_b=n\gamma_G g_{bk}=1.5\times1.3\times2.35=4.58\ \text{kN/m}$$

$$M_{in}=\frac{1}{2}n\gamma_G g_{bk}a^2=\frac{1}{2}\times4.58\times1.0^2=2.29\ \text{kN}\cdot\text{m}$$

式中 $M_{in}$——运输、吊装阶段构件中可能出现的最大负弯矩,应考虑动力系数 $n=1.5$。

出现于吊点截面上、下边缘的应力为

$$\sigma_{ct}=\frac{N_{pII}}{A_0}-\frac{N_{pII}e_0}{I_0}y_0'-\frac{M_{in}}{I_0}y_0'=\frac{452\times10^3}{9.69\times10^4}-\frac{452\times10^3\times402}{8.1\times10^9}\times348-\frac{2.29\times10^6}{8.1\times10^9}\times348$$

$$=-3.24\ \text{N/mm}^2(\text{以压应力为正})$$

$$3.24\ \text{N/mm}^2<2.0f_{tk}'=2.0\times0.9\times2.39=4.30\ \text{N/mm}^2$$

$$\sigma_{cc}=\frac{N_{pII}}{A_0}+\frac{N_{pII}e_0}{I_0}y_0+\frac{M_{in}}{I_0}y_0=\frac{452\times10^3}{9.69\times10^4}+\frac{452\times10^3\times402}{8.1\times10^9}\times452+\frac{2.29\times10^6}{8.1\times10^9}\times452$$

$$=14.93\ \text{N/mm}^2<0.8f_{ck}'=0.8\times0.9\times26.8=19.3\ \text{N/mm}^2$$

满足要求。

**7. 变形验算**

(1) 不考虑荷载长期作用的刚度计算

垂直截面抗裂度验算表明,使用阶段构件不会开裂,但考虑到施工阶段梁顶面已出现裂缝,故其刚度应降低 10%。

$$B_s=0.9(0.85E_cI_0)=0.9\times0.85\times32.5\times10^3\times8.1\times10^9=2.01\times10^{14}\ \text{N}\cdot\text{mm}^2$$

(2) 考虑部分荷载长期作用的刚度计算

$$B_l=\frac{M_k}{M_q(\theta-1)+M_k}B_s=\frac{g_k+q_k}{g_k(\theta-1)+(g_k+q_k)}B_s$$

$$=\frac{25+4.2}{25\times(2.0-1)+(25+4.2)}\times2.01\times10^{14}=1.1\times10^{14}\ \text{N}\cdot\text{mm}^2$$

(3) 外荷载作用下构件的挠度计算

$$f_{ol}=\frac{5}{384}\times\frac{(g_k+q_k)l^4}{B_l}=\frac{5}{384}\times\frac{(25+4.2)\times8575^4}{1.1\times10^{14}}=18.7\ \text{mm}$$

(4) 使用阶段预应力反拱值计算

$$f_{pl}=\frac{M_{p\text{II}}l^2}{4E_cI_0}=\frac{N_{p\text{II}}e_0l^2}{4E_cI_0}=\frac{452\times10^3\times402\times8575^2}{4\times3.25\times10^4\times8.1\times10^9}=12.7\ \text{mm}$$

(5) 构件最终挠度计算

$$f=f_{ol}-f_{pl}=18.7-12.7=6.0\ \text{mm}<\left[\frac{f}{l}\right]l=\frac{1}{250}\times8575=34.3\ \text{mm}$$

变形满足要求。

## 本章小结

(1) 预应力混凝土和非预应力混凝土相比,优点在于可以充分利用材料强度,可以使用高强度的材料,抗裂性能好、刚度高、耐久性好;缺点在于对材料的要求高,施工复杂、费用高。因此,预应力混凝土有其适用范围。

(2) 预应力的施加通过张拉预应力钢筋实现,有先张法和后张法两种,两者原理大同小异、施工方法有所不同,有各自的优缺点和适用范围。

(3) 预应力钢筋的张拉控制应力主要是由钢筋具体的力学性质决定的,也考虑了构件的延性、材料性质的离散性、施工误差等因素,在允许的范围内,其张拉控制应力应尽量取得高些。

(4) 预应力损失使钢筋中能够建立的张拉应力大大减小。预应力损失主要有六项。

(5) 预应力损失是一个长期、复杂的过程,但大部分发生在施工阶段。为计算方便,将预应力损失简单地划分为两个阶段,并且规定了每个阶段中考虑的各项预应力损失。

(6) 预应力构件各个受力阶段中的应力分布是预应力构件计算的基础,其原理基于材料力学但略深入:两种材料共同变形时,应力增量的比例等于弹性模量比例;多种材料共同工作组成的截面可以应用材料弹性模量的比例换算成等效截面。

(7) 本章内容只涉及了预应力轴心受拉和预应力受弯构件的设计计算。预应力构件的计算内容包括正截面强度计算、斜截面强度计算、抗裂或裂缝宽度计算、刚度计算、端面局部承压计算。

(8) 预应力构件计算时,应先掌握各阶段应力计算的方法。因为各阶段的应力状态不同,所以必须分析预应力混凝土构件从张拉钢筋到在荷载作用下破坏的受力全过程,清晰地掌握概念和计算方法。

(9) 先张法构件中,预应力传递需要有一定的传递长度,预应力发挥作用也需要一定的锚固长度。锚固区段内的预应力较小,因此要验算先张法构件锚固区的正截面和斜截面的抗裂性以及斜截面受剪承载力。在后张法构件中,不存在传递长度和锚固长度的问题,但存在构件端面局部承压的问题,要加以验算,不满足时采取相应的措施。

(10) 部分预应力混凝土介于全预应力混凝土和普通钢筋混凝土之间,并用预应力度来衡量施加预应力的程度。它保留了完全预应力混凝土的一些优点,但又在一定程度上改进了完全预应力混凝土延性较差、反拱度不易控制、可能在预应力作用较小处开裂的缺点。

(11) 无粘结预应力混凝土用后张法施加预应力。它不需要在混凝土中事先预留孔道,施工方便且对截面削弱小;尤其适用于楼盖等厚度较薄的构件。也正由于"无粘结"的特点,其计算方法与有粘结的预应力混凝土有所不同。

## 思考题与习题

10.1　为什么要采用预应力混凝土？预应力混凝土的主要优点是什么？

10.2　对构件施加预应力是否能提高构件的承载能力？

10.3　采用预应力混凝土是否有经济意义，体现在什么地方？

10.4　为什么在普通钢筋混凝土中不能有效地利用高强度材料的强度？为什么在预应力构件中可以有效地采用高强度的材料？

10.5　什么是张拉控制应力？为什么张拉控制应力的取值不能过高或过低？

10.6　预应力损失分为哪几项？如何减小各项预应力损失？

10.7　以轴心受拉构件为例，分析先张法和后张法构件的各阶段应力状态，并比较两者的差异。

10.8　对允许出现裂缝的预应力混凝土构件，裂缝宽度的要求是否和普通钢筋混凝土相同？其裂缝宽度的计算方法是否和普通钢筋混凝土相同？

10.9　如何计算预应力混凝土受弯构件的变形？其计算方法和普通钢筋混凝土是否相同？

10.10　如何进行预应力混凝土构件施工阶段的验算？

10.11　预应力钢筋是如何将其张力传给混凝土的？这种传递对构件端部的应力状态是否有影响？如果有影响的话，是什么样的影响？

10.12　为什么局部承压强度要比均匀受压强度高？

10.13　预应力构件有哪些构造要求？

10.14　部分预应力混凝土这一名称中的"部分"是什么意思？部分预应力是如何实现的？部分预应力混凝土和完全预应力混凝土在计算上的主要不同之处有哪些？

10.15　无粘结预应力混凝土这一名称中的"无粘结"是什么意思？"无粘结"是如何实现的？又给计算带来了什么样的特点？

10.16　设计 24 m 跨度折线形预应力混凝土屋架下弦杆。基本设计条件如下：

(1) 构件端部尺寸：宽 250 mm，高 160 mm。

(2) 材料：采用 C40 混凝土，预应力筋采用钢绞线，非预应力筋采用 HRB400 钢筋。

(3) 内力：$N=550$ kN，$N_k=480$ kN，$N_q=430$ kN。

(4) 施工方法：后张法，预留 2 个孔道，充压橡皮管抽芯孔道成型，夹片锚(锚杯外径 100 mm)，超张拉($1.1\sigma_{con}$)，混凝土达 100%强度时张拉预应力筋，一端张拉。

(5) 裂缝控制等级二级。

10.17　设计 6.9 m 预应力空心板。基本设计条件如下：

(1) 构件截面几何尺寸如图 10.24 所示，计算长度取 6800 mm。

(2) 材料：采用 C30 混凝土，预应力筋采用刻痕钢丝，不配非预应力筋。

(3) 荷载：20 mm 厚水泥砂浆地面面层，15 mm 石灰砂浆天花抹面，空心板折算厚度(包括灌缝)142 mm，楼面活荷载 3.0 kN/mm$^2$。

(4) 施工方法：先张法，台座长度 60 m，夹片锚具临时固定，两阶段升温养护，一次张拉，混凝土达 75%强度时放松钢筋。

(5) 裂缝控制等级二级。

提示：首先将空心板圆孔按面积与惯性矩相等的原则折算成方孔(维持中心位置不变)。

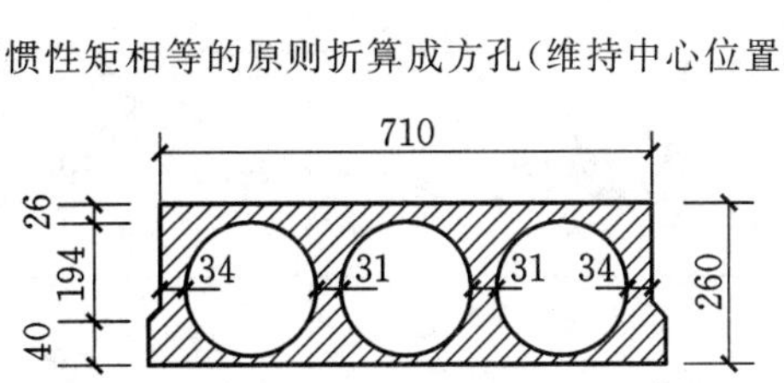


**图 10.24　构件截面几何尺寸**

# 附　　表

**附表1　混凝土强度标准值**(N/mm²)

| 强度种类 | 符　号 | 混凝土强度等级 | | | | | | | | | | | | |
|---|---|---|---|---|---|---|---|---|---|---|---|---|---|---|
| | | C20 | C25 | C30 | C35 | C40 | C45 | C50 | C55 | C60 | C65 | C70 | C75 | C80 |
| 轴心抗压 | $f_{ck}$ | 13.4 | 16.7 | 20.1 | 23.4 | 26.8 | 29.6 | 32.4 | 35.5 | 38.5 | 41.5 | 44.5 | 47.4 | 50.2 |
| 轴心抗拉 | $f_{tk}$ | 1.54 | 1.78 | 2.01 | 2.20 | 2.39 | 2.51 | 2.64 | 2.74 | 2.85 | 2.93 | 2.99 | 3.05 | 3.11 |

**附表2　混凝土强度设计值**(N/mm²)

| 强度种类 | 符　号 | 混凝土强度等级 | | | | | | | | | | | | |
|---|---|---|---|---|---|---|---|---|---|---|---|---|---|---|
| | | C20 | C25 | C30 | C35 | C40 | C45 | C50 | C55 | C60 | C65 | C70 | C75 | C80 |
| 轴心抗压 | $f_c$ | 9.6 | 11.9 | 14.3 | 16.7 | 19.1 | 21.1 | 23.1 | 25.3 | 27.5 | 29.7 | 31.8 | 33.8 | 35.9 |
| 轴心抗拉 | $f_t$ | 1.10 | 1.27 | 1.43 | 1.57 | 1.71 | 1.80 | 1.89 | 1.96 | 2.04 | 2.09 | 2.14 | 2.18 | 2.22 |

**附表3　混凝土弹性模量**($\times 10^4$ N/mm²)

| 混凝土强度等级 | C20 | C25 | C30 | C35 | C40 | C45 | C50 | C55 | C60 | C65 | C70 | C75 | C80 |
|---|---|---|---|---|---|---|---|---|---|---|---|---|---|
| $E_c$ | 2.55 | 2.80 | 3.00 | 3.15 | 3.25 | 3.35 | 3.45 | 3.55 | 3.60 | 3.65 | 3.70 | 3.75 | 3.80 |

注:① 当有可靠试验依据时,弹性模量值也可根据实测数据确定;
② 当混凝土中掺有大量矿物掺合料时,弹性模量可按规定龄期根据实测值确定。

**附表4　普通钢筋强度标准值**

| 牌　号 | 符　号 | 公称直径 $d$(mm) | 屈服强度标准值 $f_{yk}$(N/mm²) | 极限强度标准值 $f_{stk}$(N/mm²) |
|---|---|---|---|---|
| HPB300 | $\phi$ | 6～14 | 300 | 420 |
| HRB400<br>HRBF400<br>RRB400 | $\Phi$<br>$\Phi^F$<br>$\Phi^R$ | 6～50 | 400 | 540 |
| HRB500<br>HRBF500 | $\Phi$<br>$\Phi^F$ | 6～50 | 500 | 630 |

**附表 5　普通钢筋强度设计值(N/mm²)**

| 牌　号 | 抗拉强度设计值 $f_y$ | 抗压强度设计值 $f_y'$ |
|---|---|---|
| HPB300 | 270 | 270 |
| HRB400、HRBF400、RRB400 | 360 | 360 |
| HRB500、HRBF500 | 435 | 435 |

注:①轴心受压构件,当采用 HRB500、HRBF500 钢筋时,钢筋的抗压强度设计值应取 400 N/mm²。横向钢筋的抗拉强度计值 $f_{yv}$应按表中 $f_y$ 的数值采用;但用作受剪、受扭、受冲切承载力计算时,其数值大于 360 N/mm² 时应取 360 N/mm²;

②构件中配有不同种类的钢筋时,每根钢筋根据其受力情况应采用各自的强度设计值。

**附表 6　预应力钢筋强度标准值(N/mm²)**

| 种　类 | | 符　号 | 公称直径 $d$(mm) | 屈服强度标准值 $f_{pyk}$ | 极限强度标准值 $f_{ptk}$ |
|---|---|---|---|---|---|
| 中强度预应力钢丝 | 光面<br>螺旋肋 | $\Phi^{PM}$<br>$\Phi^{HM}$ | 5、7、9 | 620 | 800 |
| | | | | 780 | 970 |
| | | | | 980 | 1270 |
| 预应力螺纹钢筋 | 螺纹 | $\Phi^{T}$ | 18、25、32、40、50 | 785 | 980 |
| | | | | 930 | 1080 |
| | | | | 1080 | 1230 |
| 消除应力钢丝 | 光面<br>螺旋肋 | $\Phi^{P}$<br>$\Phi^{H}$ | 5 | — | 1570 |
| | | | | — | 1860 |
| | | | 7 | — | 1570 |
| | | | 9 | — | 1470 |
| | | | | — | 1570 |
| 钢绞线 | 1×3<br>(三股) | $\Phi^{S}$ | 8.6、10.8、12.9 | — | 1570 |
| | | | | — | 1860 |
| | | | | — | 1960 |
| | 1×7<br>(七股) | | 9.5、12.7、15.2、17.8 | — | 1720 |
| | | | | — | 1860 |
| | | | | — | 1960 |
| | | | 21.6 | — | 1860 |

注:极限强度标准值为 1960 N/mm² 的钢绞线作后张预应力配筋时,应有可靠的工程经验。

**附表 7　预应力钢筋强度设计值**(N/mm²)

| 种　类 | 极限强度标准值 $f_{ptk}$ | 抗拉强度设计值 $f_{py}$ | 抗压强度设计值 $f'_{py}$ |
|---|---|---|---|
| 中强度预应力钢丝 | 800 | 510 | 410 |
| | 970 | 650 | |
| | 1270 | 810 | |
| 消除应力钢丝 | 1470 | 1040 | 410 |
| | 1570 | 1110 | |
| | 1860 | 1320 | |
| 钢绞线 | 1570 | 1110 | 390 |
| | 1720 | 1220 | |
| | 1860 | 1320 | |
| | 1960 | 1390 | |
| 预应力螺纹钢筋 | 980 | 650 | 400 |
| | 1080 | 770 | |
| | 1230 | 900 | |

注:当预应力钢筋的强度标准值不符合表中的规定时,其强度设计值应进行相应的比例换算。

**附表 8　钢筋的弹性模量**(×10⁵ N/mm²)

| 牌号或种类 | 弹性模量 $E_s$ |
|---|---|
| HPB300 | 2.10 |
| HRB400、HRB500<br>HRBF400、HRBF500、RRB400<br>预应力螺纹钢筋 | 2.00 |
| 消除应力钢丝、中强度预应力钢丝 | 2.05 |
| 钢绞线 | 1.95 |

**附表 9　普通钢筋疲劳应力幅限值**(N/mm²)

| 疲劳应力比值 $p_s^f$ | HRB400 疲劳应力幅限值 $\Delta f_y^f$ |
|---|---|
| 0 | 175 |
| 0.1 | 162 |
| 0.2 | 156 |
| 0.3 | 149 |
| 0.4 | 137 |
| 0.5 | 123 |
| 0.6 | 106 |
| 0.7 | 85 |
| 0.8 | 60 |
| 0.9 | 31 |

注:当纵向受拉钢筋采用闪光接触对焊连接时,其接头处的钢筋疲劳应力幅限值应按表中数值乘以 0.8 取用。

**附表 10　预应力钢筋疲劳应力幅限值**(N/mm²)

| 疲劳应力比值 $\rho_p^f$ | 钢绞线 $f_{ptk}=1570$ | 消除应力钢丝 $f_{ptk}=1570$ |
|---|---|---|
| 0.7 | 144 | 240 |
| 0.8 | 118 | 168 |
| 0.9 | 70 | 88 |

注:①当 $\rho_p^f \geqslant 0.9$ 时,可不作预应力筋疲劳验算;

②当有充分依据时,可对表中规定的疲劳应力幅限值作适当调整。

**附表 11　混凝土保护层最小厚度**(mm)

| 环境类别 | 板、墙、壳 | 梁、柱、杆 |
|---|---|---|
| 一 | 15 | 20 |
| 二 a | 20 | 25 |
| 二 b | 25 | 35 |
| 三 a | 30 | 40 |
| 三 b | 40 | 50 |

注:①混凝土强度等级不大于 C25 时,表中保护层厚度数值应增加 5 mm;

②钢筋混凝土基础宜设置混凝土垫层,基础中钢筋的混凝土保护层厚度应从垫层顶面算起,且不应小于 40 mm。

**附表 12　受拉钢筋搭接接头面积百分率系数** $\zeta_v$

| 同一连接范围内搭接钢筋面积百分率 $\phi$(%) | ≤25 | 50 | 100 |
|---|---|---|---|
| 接头面积百分率系数 $\zeta_v$ | 1.2 | 1.45 | 1.6 |

**附表 13　锚固钢筋的外形系数** $\alpha$

| 钢筋类型 | 光面钢筋 | 带肋钢筋 | 螺旋肋钢丝 | 三股钢绞线 | 七股钢绞线 |
|---|---|---|---|---|---|
| 钢筋外形系数 $\alpha$ | 0.16 | 0.14 | 0.13 | 0.16 | 0.17 |

注:光面钢筋末端应做 180°弯钩,弯后平直段长度不应小于 $3d$,但作受压钢筋时可不做弯钩。

**附表 14　厚度修正系数**

| 保护层厚度 | $>2d$ | $>3d$ | $>4d$ | $>5d$ |
|---|---|---|---|---|
| 钢筋中心到中心间距 | $>4d$ | $>6d$ | $>8d$ | $>10d$ |
| 厚度修正系数 | 0.9 | 0.8 | 0.75 | 0.7 |

注:对位于构件顶部混凝土的水平钢筋,不应进行上述厚度的修正。

**附表 15　受拉钢筋的最小锚固长度**(mm)

| 钢筋类型 | 光面钢筋 | 带肋钢筋 | 三面刻痕钢丝 | 螺旋肋钢丝 | 三股钢绞线 | 七股钢绞线 |
|---|---|---|---|---|---|---|
| 最小锚固长度 | $20d$ | $25d$ | $100d$ | $80d$ | $90d$ | $100d$ |

**附表 16　受弯构件的挠度限值**

| 构件类型 | | 挠度限值 |
|---|---|---|
| 吊车梁 | 手动吊车 | $l_0/500$ |
| | 电动吊车 | $l_0/600$ |
| 屋盖、楼盖及楼梯构件 | 当 $l_0<7$ m 时 | $l_0/200(l_0/250)$ |
| | 当 7 m$\leqslant l_0 \leqslant$9 m 时 | $l_0/250(l_0/300)$ |
| | 当 $l_0>9$ m 时 | $l_0/300(l_0/400)$ |

注：① 表中 $l_0$ 为构件的计算跨度；计算悬臂构件的挠度限值时，其计算跨度 $l_0$ 按实际悬臂长度的 2 倍取用。

② 表中括号内的数值适用于使用上对挠度有较高要求的构件。

③ 如果构件制作时预先起拱，且使用上也允许，则在验算挠度时，可将计算所得的挠度值减去起拱值；对预应力混凝土构件，尚可减去预加力所产生的反拱值。

④ 构件制作时的起拱值和预加力所产生的反拱值，不宜超过构件在相应荷载组合作用下的计算挠度值。

**附表 17　结构构件的裂缝控制等级和最大裂缝宽度限值(mm)**

| 环境类别 | 钢筋混凝土结构 | | 预应力混凝土结构 | |
|---|---|---|---|---|
| | 裂缝控制等级 | $w_{\lim}$ | 裂缝控制等级 | $w_{\lim}$ |
| 一 | 三级 | 0.30(0.40) | 三级 | 0.20 |
| 二 a | | 0.20 | | 0.10 |
| 二 b | | | 二级 | — |
| 三 a、三 b | | | 一级 | — |

注：①对处于年平均相对湿度小于 60%地区一类环境下的受弯构件，其最大裂缝宽度限值可采用括号内的数值。

②在一类环境下，对钢筋混凝土屋架、托架及需作疲劳验算的吊车梁，其最大裂缝宽度限值应取为 0.20 mm；对钢筋混凝土屋面梁和托梁，其最大裂缝宽度限值应取为 0.30 mm。

③在一类环境下，对预应力混凝土屋架、托架及双向板体系，应按二级裂缝控制等级进行验算；对一类环境下的预应力混凝土屋面梁、托梁、单向板，应按表中二 a 类环境的要求进行验算；在一类和二 a 类环境下需作疲劳验算的预应力混凝土吊车梁，应按裂缝控制等级不低于二级的构件进行验算。

④表中规定的预应力混凝土构件的裂缝控制等级和最大裂缝宽度限值仅适用于正截面的验算；预应力混凝土构件的斜截面裂缝控制验算应符合《混凝土结构设计标准》(GB/T 50010—2010)第 7 章的有关规定。

⑤对于烟囱、筒仓和处于液体压力下的结构，其裂缝控制要求应符合专门标准的有关规定。

⑥对于处于四、五类环境下的结构构件，其裂缝控制要求应符合专门标准的有关规定。

⑦表中的最大裂缝宽度限值为用于验算荷载作用引起的最大裂缝宽度。

**附表 18　钢筋混凝土矩形截面受弯构件正截面受承载力计算系数表**

| $\xi$ | $\gamma_s$ | $\alpha_s$ | $\xi$ | $\gamma_s$ | $\alpha_s$ |
|---|---|---|---|---|---|
| 0.01 | 0.995 | 0.010 | 0.33 | 0.835 | 0.275 |
| 0.02 | 0.990 | 0.020 | 0.34 | 0.830 | 0.282 |
| 0.03 | 0.985 | 0.030 | 0.35 | 0.825 | 0.289 |
| 0.04 | 0.980 | 0.039 | 0.36 | 0.820 | 0.295 |
| 0.05 | 0.975 | 0.048 | 0.37 | 0.815. | 0.301 |
| 0.06 | 0.970 | 0.058 | 0.38 | 0.810 | 0.309 |

续附表 18

| $\xi$ | $\gamma_s$ | $\alpha_s$ | $\xi$ | $\gamma_s$ | $\alpha_s$ |
|---|---|---|---|---|---|
| 0.07 | 0.965 | 0.067 | 0.39 | 0.805 | 0.314 |
| 0.08 | 0.960 | 0.077 | 0.40 | 0.800 | 0.320 |
| 0.09 | 0.955 | 0.085 | 0.41 | 0.795 | 0.326 |
| 0.10 | 0.950 | 0.095 | 0.42 | 0.790 | 0.332 |
| 0.11 | 0.945 | 0.104 | 0.43 | 0.785 | 0.337 |
| 0.12 | 0.940 | 0.113 | 0.44 | 0.780 | 0.343 |
| 0.13 | 0.935 | 0.121 | 0.45 | 0.775 | 0.349 |
| 0.14 | 0.930 | 0.130 | 0.46 | 0.770 | 0.354 |
| 0.15 | 0.925 | 0.139 | 0.47 | 0.765 | 0.359 |
| 0.16 | 0.920 | 0.147 | 0.48 | 0.760 | 0.365 |
| 0.17 | 0.915 | 0.155 | 0.49 | 0.755 | 0.370 |
| 0.18 | 0.910 | 0.164 | 0.50 | 0.750 | 0.375 |
| 0.19 | 0.905 | 0.172 | 0.51 | 0.745 | 0.380 |
| 0.20 | 0.900 | 0.180 | 0.52 | 0.740 | 0.385 |
| 0.21 | 0.895 | 0.188 | 0.528 | 0.736 | 0.389 |
| 0.22 | 0.890 | 0.195 | 0.53 | 0.735 | 0.390 |
| 0.23 | 0.885 | 0.203 | 0.54 | 0.730 | 0.394 |
| 0.24 | 0.880 | 0.211 | 0.544 | 0.728 | 0.396 |
| 0.25 | 0.875 | 0.219 | 0.55 | 0.725 | 0.400 |
| 0.26 | 0.870 | 0.226 | 0.556 | 0.722 | 0.401 |
| 0.27 | 0.865 | 0.234 | 0.56 | 0.720 | 0.403 |
| 0.28 | 0.860 | 0.241 | 0.57 | 0.715 | 0.408 |
| 0.29 | 0.855 | 0.248 | 0.58 | 0.710 | 0.412 |
| 0.30 | 0.850 | 0.255 | 0.59 | 0.705 | 0.416 |
| 0.31 | 0.845 | 0.262 | 0.60 | 0.700 | 0.420 |
| 0.32 | 0.840 | 0.269 | 0.614 | 0.693 | 0.426 |

**附表 19　钢筋的计算截面面积及公称质量表**

| 直径 $d$ (mm) | 不同根数钢筋的计算截面面积(mm²) | | | | | | | | | 单根钢筋公称质量(kg/m) |
|---|---|---|---|---|---|---|---|---|---|---|
| | 1 | 2 | 3 | 4 | 5 | 6 | 7 | 8 | 9 | |
| 2.5 | 4.9 | 9.8 | 14.7 | 19.6 | 24.5 | 29.4 | 34.3 | 39.2 | 44.1 | 0.039 |
| 8 | 7.1 | 14.1 | 21.2 | 23.3 | 35.3 | 42.4 | 49.5 | 56.5 | 63.6 | 0.055 |
| 4 | 12.6 | 25.1 | 37.7 | 50.2 | 62.8 | 75.4 | 87.9 | 100.5 | 113 | 0.099 |
| 5 | 19.6 | 39 | 59 | 79 | 98 | 118 | 138 | 157 | 177 | 0.154 |
| 6 | 28.3 | 57 | 85 | 113 | 142 | 170 | 198 | 226 | 255 | 0.222 |
| 6.5 | 33.2 | 66 | 100 | 133 | 166 | 199 | 232 | 265 | 299 | 0.260 |
| 8 | 50.3 | 101 | 151 | 201 | 252 | 302 | 352 | 402 | 453 | 0.395 |
| 8.2 | 52.8 | 106 | 158 | 211 | 264 | 317 | 370 | 423 | 475 | 0.432 |
| 10 | 78.5 | 157 | 236 | 314 | 393 | 471 | 550 | 628 | 707 | 0.617 |
| 12 | 113.1 | 226 | 339 | 452 | 565 | 678 | 791 | 904 | 1017 | 0.888 |
| 14 | 153.9 | 308 | 461 | 615 | 769 | 923 | 1077 | 1230 | 1387 | 1.21 |
| 16 | 201.1 | 402 | 603 | 804 | 1005 | 1206 | 1407 | 1608 | 1809 | 1.58 |
| 18 | 254.5 | 509 | 763 | 1017 | 1272 | 1526 | 1780 | 2036 | 2290 | 2.00 |
| 20 | 314.2 | 628 | 941 | 1256 | 1570 | 1884 | 2200 | 2513 | 2827 | 2.47 |
| 22 | 380.1 | 760 | 1140 | 1520 | 1900 | 2281 | 2661 | 3041 | 3421 | 2.98 |
| 25 | 490.9 | 982 | 1473 | 1964 | 2454 | 2945 | 3436 | 3927 | 4418 | 3.85 |
| 28 | 615.3 | 1232 | 1847 | 2463 | 3079 | 3695 | 4310 | 4926 | 5542 | 4.83 |
| 32 | 804.3 | 1609 | 2418 | 3217 | 4021 | 4826 | 5630 | 6434 | 7238 | 6.31 |
| 36 | 1017.9 | 2036 | 3054 | 4072 | 5089 | 6107 | 7125 | 8143 | 9161 | 7.99 |
| 40 | 1256.1 | 2513 | 3770 | 5027 | 6283 | 7540 | 8796 | 10053 | 11310 | 9.87 |

**附表 20　钢筋混凝土板每米宽的钢筋面积表**(mm²)

| 钢筋间距(mm) | 钢筋直径(mm) | | | | | | | | | | | |
|---|---|---|---|---|---|---|---|---|---|---|---|---|
| | 3 | 4 | 5 | 6 | 6/8 | 8 | 8/10 | 10 | 10/12 | 12 | 12/14 | 14 |
| 70 | 101.0 | 180.0 | 280.0 | 404.0 | 561.0 | 719.0 | 920.0 | 1121.0 | 1369.0 | 1616.0 | 1907.0 | 2199.0 |
| 75 | 94.2 | 168.0 | 262.0 | 377.0 | 524.0 | 671.0 | 859.0 | 1047.0 | 1277.0 | 1508.0 | 1780.0 | 2052.0 |
| 80 | 88.4 | 157.0 | 245.0 | 354.0 | 491.0 | 629.0 | 805.0 | 981.0 | 1198.0 | 1414.0 | 1669.0 | 1924.0 |
| 85 | 83.2 | 148.0 | 231.0 | 333.0 | 462.0 | 592.0 | 758.0 | 924.0 | 1127.0 | 1331.0 | 1571.0 | 1811.0 |
| 90 | 78.5 | 140.0 | 218.0 | 314.0 | 437.0 | 559.0 | 716.0 | 872.0 | 1064.0 | 1257.0 | 1483.0 | 1710.0 |
| 95 | 74.5 | 132.0 | 207.0 | 298.0 | 414.0 | 529.0 | 678.0 | 826.0 | 1008.0 | 1190.0 | 1405.0 | 1620.0 |
| 100 | 70.6 | 126.0 | 196.0 | 283.0 | 393.0 | 503.0 | 644.0 | 785.0 | 958.0 | 1131.0 | 1335.0 | 1539.0 |
| 110 | 64.2 | 114.0 | 178.0 | 257.0 | 357.0 | 457.0 | 585.0 | 714.0 | 871.0 | 1028.0 | 1214.0 | 1399.0 |
| 120 | 58.9 | 105.0 | 163.0 | 236.0 | 327.0 | 419.0 | 537.0 | 654.0 | 798.0 | 942.0 | 1113.0 | 1283.0 |
| 125 | 56.5 | 101.0 | 157.0 | 226.0 | 314.0 | 402.0 | 515.0 | 628.0 | 766.0 | 905.0 | 1068.0 | 1231.0 |

**续附表 20**

| 钢筋间距（mm） | 钢筋直径（mm） | | | | | | | | | | | |
|---|---|---|---|---|---|---|---|---|---|---|---|---|
| | 3 | 4 | 5 | 6 | 6/8 | 8 | 8/10 | 10 | 10/12 | 12 | 12/14 | 14 |
| 130 | 54.4 | 96.6 | 151.0 | 218.0 | 302.0 | 387.0 | 495.0 | 604.0 | 737.0 | 870.0 | 1027.0 | 1184.0 |
| 140 | 50.5 | 89.8 | 140.0 | 202.0 | 281.0 | 359.0 | 460.0 | 561.0 | 684.0 | 808.0 | 954.0 | 1099.0 |
| 150 | 47.1 | 83.8 | 131.0 | 189.0 | 262.0 | 335.0 | 429.0 | 523.0 | 639.0 | 754.0 | 890.0 | 1026.0 |
| 160 | 44.1 | 78.5 | 123.0 | 177.0 | 246.0 | 314.0 | 403.0 | 491.0 | 599.0 | 707.0 | 834.0 | 962.0 |
| 170 | 41.5 | 73.9 | 115.0 | 166.0 | 231.0 | 296.0 | 379.0 | 462.0 | 564.0 | 665.0 | 785.0 | 905.0 |
| 180 | 39.2 | 69.8 | 109.0 | 157.0 | 218.0 | 279.0 | 358.0 | 436.0 | 532.0 | 628.0 | 742.0 | 855.0 |
| 190 | 37.2 | 66.1 | 103.0 | 149.0 | 207.0 | 265.0 | 339.0 | 413.0 | 504.0 | 595.0 | 703.0 | 810.0 |
| 200 | 35.3 | 62.8 | 98.2 | 141.0 | 196.0 | 251.0 | 322.0 | 393.0 | 479.0 | 565.0 | 668.0 | 770.0 |
| 220 | 32.1 | 57.1 | 89.2 | 129.0 | 179.0 | 229.0 | 293.0 | 357.0 | 436.0 | 514.0 | 607.0 | 700.0 |
| 240 | 29.4 | 52.4 | 81.8 | 118.0 | 164.0 | 210.0 | 268.0 | 327.0 | 399.0 | 471.0 | 556.0 | 641.0 |
| 250 | 28.3 | 50.3 | 78.5 | 113.0 | 157.0 | 201.0 | 258.0 | 314.0 | 383.0 | 452.0 | 534.0 | 616.0 |
| 260 | 27.2 | 48.3 | 75.5 | 109.0 | 151.0 | 193.0 | 248.0 | 302.0 | 369.0 | 435.0 | 513.0 | 592.0 |
| 280 | 25.2 | 44.9 | 70.1 | 101.0 | 140.0 | 180.0 | 230.0 | 280.0 | 342.0 | 404.0 | 477.0 | 550.0 |
| 300 | 23.6 | 41.9 | 65.5 | 94.2 | 131.0 | 168.0 | 215.0 | 262.0 | 319.0 | 377.0 | 445.0 | 513.0 |
| 320 | 22.1 | 39.3 | 61.4 | 88.4 | 123.0 | 157.0 | 201.0 | 245.0 | 299.0 | 353.0 | 417.0 | 481.0 |

**附表 21　纵向受力钢筋的最小配筋率 $\rho_{min}$（%）**

| 受力类型 | | | 最小配筋百分率 |
|---|---|---|---|
| 受压构件 | 全部纵向钢筋 | 强度为 500 MPa | 0.50 |
| | | 强度为 400 MPa | 0.55 |
| | | 强度为 300 MPa | 0.60 |
| | 一侧纵向钢筋 | | 0.20 |
| 受弯构件、偏心受拉、轴心受拉构件一侧的受拉钢筋 | | | 0.20 和 $45f_t/f_y$ 中的较大值 |

注：① 受压构件全部纵向钢筋最小配筋百分率，当采用 C60 以上强度等级的混凝土时，应按表中规定增加 0.10；

② 板类受弯构件（不包括悬臂板）的受拉钢筋，当采用强度为 400MPa、500MPa 的钢筋时，其最小配筋百分率应允许采用 0.15 和 $45f_t/f_y$ 中的较大值；

③ 偏心受拉构件中的受压钢筋，应按受压构件一侧纵向钢筋考虑；

④ 受压构件的全部纵向钢筋和一侧纵向钢筋的配筋率，以及轴心受拉构件和小偏心受拉构件一侧受拉钢筋的配筋率均应按构件的全截面面积计算；

⑤ 受弯构件、大偏心受拉构件一侧受拉钢筋的配筋率应按全截面面积扣除受压翼缘面积 $(b_f'-b)h_f'$ 后的截面面积计算；

⑥ 当钢筋沿构件截面周边布置时，"一侧纵向钢筋"系指沿受力方向两个对边中一边布置的纵向钢筋。

## 参考文献


[1] 中华人民共和国住房和城乡建设部.工程结构通用规范:GB 55001—2021[S].北京:中国建筑工业出版社,2021.

[2] 中华人民共和国住房和城乡建设部.混凝土结构通用规范:GB 55008—2021[S].北京:中国建筑工业出版社,2021.

[3] 中华人民共和国住房和城乡建设部.建筑结构可靠性设计统一标准:GB 50068—2018[S].北京:中国建筑工业出版社,2018.

[4] 中华人民共和国住房和城乡建设部.混凝土结构设计标准:GB/T 50010—2010[S].北京:中国建筑工业出版社,2024.

[5] 中华人民共和国住房和城乡建设部.建筑抗震设计标准:GB/T 50011—2010[S].北京:中国建筑工业出版社,2024.

[6] 中华人民共和国住房和城乡建设部.建筑结构荷载规范:GB 50009—2012[S].北京:中国建筑工业出版社,2012.

[7] 中华人民共和国住房和城乡建设部.装配式混凝土建筑技术标准:GB/T 51231—2016[S]. 北京:中国建筑工业出版社,2016.

[8] 东南大学,天津大学,同济大学,等.混凝土结构[M].北京:中国建筑工业出版社,2020.